图解

女人就是要有气质

微阳⊙编著

中國華僑出版社

图书在版编目（CIP）数据

图解女人就是要有气质 / 微阳编著 . — 北京 : 中国华侨出版社 , 2017.7

ISBN 978-7-5113-6929-1

Ⅰ . ①图… Ⅱ . ①微… Ⅲ . ①女性–气质–通俗读物 Ⅳ . ① B848.1-49

中国版本图书馆 CIP 数据核字（2017）第 153514 号

图解女人就是要有气质

编　　著：微　阳
出 版 人：刘凤珍
责任编辑：梦　彤
封面设计：韩立强
文字编辑：徐　云
美术编辑：吴秀侠
插图绘制：韩渝可　李小永
经　　销：新华书店
开　　本：720mm × 1020mm　1/16　印张：28　字数：510 千字
印　　刷：北京市松源印刷有限公司
版　　次：2017 年 11 月第 1 版　2017 年 11 月第 1 次印刷
书　　号：ISBN 978-7-5113-6929-1
定　　价：39.80 元

中国华侨出版社　北京市朝阳区静安里 26 号通成达大厦 3 层　邮编：100028
法律顾问：陈鹰律师事务所
发 行 部：（010）58815874　　传真：（010）58815857
网　　址：www.oveaschin.com
E-mail：oveaschin@sina.com

前言

女人不一定要美丽，但一定要有气质。对一个女人而言，气质的价值远远胜于外表的美丽。外表的美丽就如同昙花一现般稍纵即逝，然而气质却是伴随女人一生的资本，它绝非爹妈所赐，它可以通过后天多方面的努力和培养使女人展露风采。所以，一个女人自身的气质如何，完全是把握在自己手中的。

那么，什么样的女人才算得上是有气质的女人呢？罗曼·罗兰说过："气质是很抽象的东西，但是它给人的印象却非常明显。"气质是一种内在的修养，它是思想内涵的体现，洗练出了超凡脱俗的"女人味"。在女人的成长过程中，气质会融入个性，并不断地更新，最终造就女人与众不同的韵味。气质是一种智慧，它在点点滴滴的细节中对女人本身进行着雕塑，让女人散发出迷人的味道，拥有持久的魅力。她们不仅仅是如诗如画的女人，更重要的是她们已学会如何绘织如诗如画的风景。气质女人不依附于男人，不脱离女人本质，在自己能力之内尽量做得更好；气质女人拥有独立的思考能力，拥有美好的理想，也有为这个理想不断付出、持续前进的激情。

气质决定着女人在公众心目中的形象，是女人在现代生活的各个领域中获得成功的必要前提。气质是女人获得幸福的最大资本，在很大程度上决定了女人一生的幸福。现代女人，既要温柔，又要坚强；既要注重内在修养，又要注意外在装扮；既要幸福的家庭，又要成功的事业；既要奉献，又要善待自己……这些都需要女人在现实的生活中不断修炼自己的气质，只有发掘出属于自己的独特魅力，女人才能找到通往幸福的路径，拥有完美的人生。

如何才能让自己拥有超凡脱俗的气质呢？女人的气质模仿不来、着急不得，它不同于时尚，时尚可以追、可以赶，可以花大钱去"入流"，气质比时尚更恒久，它是一种文化和素养的积累，是修养和知识的沉淀。许多女性将希望寄托于一些教女性气质的书上，这些书实际上所教的不过是如何抛弃自我原有性格去取悦男人。在这样的教育中，女性与这个世界的关系永远都是通过男人的观点来维系的，女性的行为、女性的审美标准都是男性偏好的一种诠释——以此为标准，女性根本不会获得期望中的气质，只可能沦为众多男性声音中的一个回应。女性要想走出被男性眼光左右的依赖式女人，成为真正的气质女人，不妨翻开这本《图解女人就是要有气质》，本书从关注女性自我生存、生活状态入手，对现代女性培养自我气质与修养、内涵与品位的重要方面进行了总结。本书旨在告诉女性朋友们，如何让自己活得更精彩，如何让自己在发挥自我性格优势的同时，拥有更出色的气质。它会让你无论何时都可以做到秀外慧中，优雅贤淑，更能让你从现实残酷的生活中挣脱羁绊、从容自由。

气质是女人永恒的化妆品。动人的容颜无法抗拒岁月的印痕，唯有气质，如陈年佳酿般随着人们自身修养的完善和自我价值的提升，体现出无与伦比的恒久魅力，永远散发着迷人的芳香。一个女性如果全靠各种化妆品构成，生命必定是空白的，而内在的气质美却可以延缓衰老并使人年轻，可以在他人心灵上留有印记和引起震荡。气质教会女人不断地积聚正能量、扩大气场，让女人生命中的每一个层面都能够变得更加丰富而完整。气质女人是上帝心情最好的时候打造的艺术品，气质女人的一举一动、一言一语、一颦一笑都像水一样柔软，像风一样迷人，一个不经意的动作，就能吸引所有人的目光。愿每一个追求气质出众的女人在读完本书后，都能心想事成，拥有迷人的气质，活出自己生命的精彩。

目录

第一章

能做女王，就不要做公主

第一节

不做女强人，要做强女人

“安稳”不是女孩最好的归宿

平凡的女人，之所以一生无大的成就，因为她一直在追求一种安全平稳的生活，一旦得到，便想固守不求进取了。这样，她一生只会机械地工作，挣来维持温饱的薪金，然后静待死神的光临。

眷恋安稳的女人在开始做一件事情之前，总是会做过多的准备工作。她们认为每一项计划和行动都需要完美的准备。她们只在自己熟悉的领域搭建一个舒适的温室，将“在家靠父母，出门靠朋友”这句话彻底执行。她们不敢向陌生的领域踏出一步，对生活中不时出现的那些困难，更是不敢主动发起“进攻”，只是一躲再躲。她们认为，保持自己熟悉的现状就好，对于那些新鲜事物，还是躲远点，否则，就有可能被撞得头破血流。安稳是一个陷阱，让她们丧失了斗志和激情，她们不敢打破现有的生活方式，不敢寻求新的改变，结果在懒散之中松弛了自己的皮肤和精神。

西方有句名言：“一个人的思想决定一个人的命运。”做任何事都寻求安全感，不敢挑战冒险，是对自己潜能的否定，只能使自己的潜能不断地缩小。与此同时，安全感会使你的天赋被削弱，就像疾病让人体的机能萎缩、退化一般。

如果女人能够突破“安稳”这一关，尤其在二十几岁的最佳年龄开始奋斗，就可能会有很大的改观。

香奈儿这个名字是一个传奇，她从来就不是一个安于本分的人。她的名字后来成为西方女性解放与自然魅力的代名词。香奈儿年轻时是巴黎一家咖啡厅的卖唱女，她经历过一次失败的情感——18 岁时当了花花公子博伊的情妇。但她没有就此沉沦下去，而是借助博伊的资金开了三家时装店，使她的服装进入巴黎的上流社会。

对于浮夸与矫情的上流社会，香奈儿的礼服是玛戈皇后装的翻版。香奈儿和她

♀ 女孩，不应该追求“安稳”♀

很多女人都认为安于现状、相夫教子是自己最好的归宿，但是这样“安稳”的生活却不是女孩最好的归宿。

成功的女人都有勇于冒险的精神，她们的生命就好似一场华丽的冒险，处处充满着悬念和惊喜。

而追求“安稳”的女人却总有一种不安全感，这使得她们特别眷恋安稳的感觉，养成“懒散”的毛病，一生也就没有大成就。

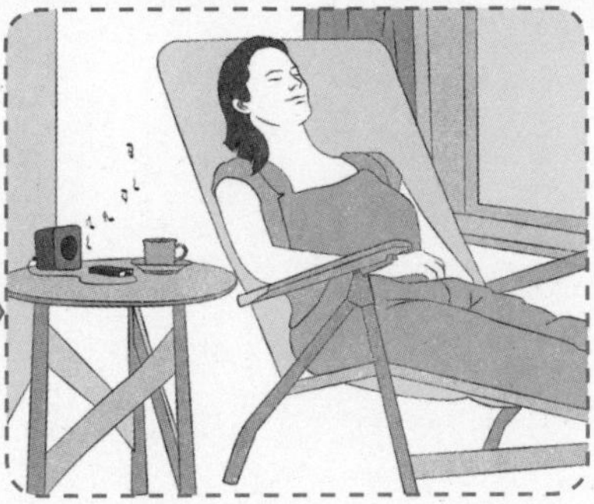

因此，女人想要有所成就就不能一味追求“安稳”，而是应该敢于冒险，大胆追求，成就不平凡的一生。

的服装充满了怪异，但也充满了致命的吸引力。有一次，她的长发不小心被烧去几绺，她索性拿起剪刀把长发剪成了超短发。在她走进巴黎舞剧院之后的第二天，巴黎贵妇们纷纷找到理发师给她们剪“香奈儿发型”。无论是香奈儿的香水还是香奈儿的服装，真正的魅力在它们的创造者身上。

30 岁以后的香奈儿还清了欠博伊的钱，她独立了。从 1930 年一直到去世，她都独自住在巴黎利兹饭店的顶楼上，她是世界上最著名的服装设计师之一。

每天晚上睡觉的时候，她唯一需要确定的是，那把心爱的剪刀是否放在床头柜上。她说：“上帝知道我渴望爱情，如果非要我选择，我选择时装。”

香奈儿给女人们的忠告是：“也许我会令你感到惊讶，但归根结底，我认为一个女人若想要快乐，最好不要遵从陈腐的道德。做出这种选择的女人具有英雄的勇气，虽然付出孤独的代价，但孤独能帮助女人们找到自我。我爱过的两个男人从来不了解我。他们很有钱，却不曾了解女人也想做些事。忙碌起来能使你的分量加重。我很快乐，但几乎没人知道这一点。”

在她最后的日子里，她说：“由种种事情来看，我的一生完全正确，我没有丈夫、孩子，但我有一堆财富。”

不安于室给了香奈儿成功的灵感和动机，让香奈儿走出了“安稳”的牢笼，创造了一个经典的品牌。每一个女人，不管你的外表是美还是丑，也不管你的心智是聪明还是愚笨，都要凭着自己的努力去过自己想要的生活，而不要被“安稳”的陷阱温柔地杀死。多一些冒险精神，做一个独立的个体，经济独立、事业有成，这样的女人永远自信快乐。

别让“贤淑”埋没你的精彩

在现实中生活中，相当一部分的女性尤其是婚后醉心于“柴米油盐”的女性，恐怕很少有人对自己在婚前婚后的巨大反差进行过思考：我为什么不见了往日的清纯？为什么不再拥有当年赏花吟月的情怀？这样的女性在结婚后是循着“男主外，女主内”的传统思维路线生活的。她们一旦结了婚，就会自觉地把绝大部分精力用于家庭，而放弃原先的梦想和进取精神。以前的女性凭着“贤淑”还能维持一个安稳牢靠的家，现代女性再固守“贤淑”，情形恐怕就没那么乐观了。

一个女人如果自愿放弃对事业的追求、自我的提升而满足于屋里屋外的生活，甘愿做男人背后的那个“伟大女人”的话，终有一天岁月的风尘会淹没她昔日的灵光，烦琐的家务会将她的高贵磨平，日复一日的操劳会让她的青春黯然失色，这时，女人的生活是否还能继续下去？

这就是现代社会一些女性的血泪经历。看看如今居高不下的离婚率，其中有不少女人是起早贪黑、任劳任怨的好女人。她们不仅要“主内”，还要“兼外”，既要上班又要照顾家庭，还把自己辛苦所得的薪水全部用来补贴家用。她们承受着内外的双倍压力，日复一日地劳作，却换不来男人真心的感动，她们的一切付出，在男人眼里是“理所当然”。女人要“贤淑”，这是古训，是女人应该做的，女人的爱、美德、奉献、忘我在“贤淑”面前被一笔抹杀了。男人把“贤淑”当成女人的天职，他们认为是自己在支撑着整个家庭，女人没有他活不了，是他的“主外”成就了女人“主内”的“闲职”。

这就是女人“贤淑”所换来的后果。贤淑一度被赞誉为美德，可懂得欣赏这种美德的男人有多少？懂得珍惜这种美德的男人又有多少？

贤淑是自古以来中国男子对女子的“殷殷期盼”，今天看来，其实就是给女人套了一个“愚民”的枷锁！女人在“贤淑”里挣扎着，男人在“贤淑”外享受着，这难道就是女人“贤淑”之后想要得到的？

我们不是说“贤淑”不好，而是说在这个喧嚣浮躁、不懂感恩的社会中，女人要学会为自己着想，与其辛辛苦苦换来肝肠寸断的结局，不如放开手脚创造自己的精彩。

没有意见，不代表没有主见

女孩跟同学一起出去，同学问她：“你想吃什么？”

“什么都可以。”

“咱们吃了饭去逛街吧。”同学提议。

“好的，我没意见。”女孩回答。

“你有什么买的吗？”

“目前还没有，到时候再看吧。”

女孩的回答，让同学有些扫兴。在同学的眼里，她是一个没有主见的人，做什么事情都没有自己的主意。其实，女孩只不过是没有发表自己的意见，并不是没有自己的主见。因为在女孩心里，像买衣服吃饭这一类的事情，并没有必要较真。对于人生中的大事，女孩就不会犹豫了。

许多女孩都与故事中的女孩一样，一旦做了决定，即使身边的人再怎么反对，都不会动摇她们的信念；不管自己的选择将面临怎样的困难，她们都不会放弃。

许多年前，一个妙龄少女来到酒店当服务员。这是她的第一份工作，因此她很激动，暗下决心：一定要好好干。但她没想到，上司竟安排她洗厕所。

这时，她面临着人生的一大抉择：是继续干下去，还是另谋职业？如果自己做第一份工作就打退堂鼓，那么以后遇到更大的问题怎么办？她不甘心就这样败下阵来，因为她曾下过决心：人生第一步一定要走好，马虎不得！

♀ 聪明的女孩要有主见 ♀

成功的女人都是有主见的人，她们不会因为周围的人说什么就动摇自己的信念，更不会因为别人说“不”就停止自己前行的脚步。

在面对日常生活中的琐事时，女孩可以不发表自己的意见，但是在面对重大决策时，女孩应该要有自己的主见，不被他人所左右。

这时，同单位一位前辈及时出现在她面前，他帮她摆脱了困惑、苦恼，帮她迈好这人生第一步，更重要的是帮她认清了人生路应该如何走。他并没有用空洞理论去说教，而是亲自做给她看。

首先，他一遍遍地刷洗着马桶，直到洗得光洁如新；然后，他从马桶里盛了一杯水，一饮而尽，毫不勉强。实际行动胜过万语千言，他不用一言一语就告诉了少女一个极为朴素、极为简单的真理：光洁如新，要点在于“新”，新则不脏，因为不会有人认为新马桶脏，也因为马桶中的水是不脏的，是可以喝的；反过来讲，只有马桶中的水达到可以喝的洁净程度，才算是把马桶刷洗得“光洁如新”了。

看到这一切，她痛下决心：“就算一生洗厕所，也要做一名洗厕所最出色的人！”

从此，她成为一个全新的、振奋的人，她的工作质量也达到了那位前辈的高水平，当然她也多次喝过马桶水——为了检验自己的自信心，为了证实自己的工作质量，也为了强化自己的敬业心。

大多数成功的女人都是有主见的，她们不会因为周围的人说什么就动摇自己的信念，更不会因为别人说“不”就停止自己前行的脚步。

第二节

女人的独立宣言：做我自己

想要什么，就要自己去争取

罗马纳·巴纽埃洛斯是一位年轻的墨西哥姑娘，16岁就结婚了。在两年当中她生了两个儿子，之后丈夫离家出走，罗马纳只好独自支撑家庭。但是，她决心谋求一种令她自己及两个儿子感到体面和自豪的生活。

她带着一块普通披巾包起全部财产，跨过里奥兰德河，在得克萨斯州的埃尔帕索安顿下来。她在一家洗衣店工作，一天仅赚一美元，但她从没忘记自己的梦想，她要摆脱贫困过上受人尊敬的生活。于是，口袋里只有7美元的她，带着两个儿子乘公共汽车来到洛杉矶寻求更好的发展。

她开始做洗碗的工作，后来找到什么活就做什么。拼命攒钱直到存了400美元后，便和她的姨母共同买下一家拥有一台烙饼机及一台烙小玉米饼机的店。

她与姨母共同制作的玉米饼非常成功，后来还开了几家分店。直到最后，姨母感觉到工作太辛苦了，便把股份卖给她。

不久，她经营的小玉米饼店成为美国最大的墨西哥食品批发商，拥有员工300多人。在她和两个儿子经济上有了保障之后，这位勇敢的年轻妇女便将精力转移到提高美籍墨西哥同胞的地位上。

"我们需要自己的银行。"她想。后来她便和许多朋友在东洛杉矶创建了"泛美国民银行"。这家银行主要是为美籍墨西哥人所居住的社区服务。如今，银行资产已增长到2200多万美元，这位年轻妇女的成功确实得之不易。

起初，抱有消极思想的专家们告诉她："不要做这种事。"他们说："美籍墨西哥人不能创办自己的银行，你们没有资格创办一家银行，同时永远不会成功。"

“我行，而且一定要成功。”她平静地回答。结果她梦想成真了。

她与伙伴们在一个小拖车里创办起他们的银行。可是，到社区销售股票时却遇到另外一个麻烦，因为人们对他们毫无信心，她向人们兜售股票时遭到拒绝。

他们问道：“你怎么可能办得起银行呢？我们已经努力了十几年，总是失败，你知道吗？墨西哥人不是银行家呀！”

♀ 想要，就大声说出来 ♀

许多女人习惯于压抑自己的个性，她们将内心的需要藏得很深，明明很想要，或者很在意，却总是装作一副无所谓的样子。

这样的性格不是一朝一夕形成的，但是有这种习惯的女人，常常会错过自己的幸福。

聪明的女人，想要什么就大胆地喊出来，并且努力实现自己的目标。

只有这样，我们才能达成自己的心愿，过上自己想要的生活。

但是，她始终不愿放弃自己的梦想，始终努力不懈。如今，这家银行取得伟大成功的故事在东洛杉矶已经传为佳话。后来她的签名出现在无数的美国货币上，她由此成为美国第三十四任财政部长。

通过上面这个故事，我们可以看出，在女人成就梦想的路上，总是会遇到很多的困难，也经常会有人提出异议。可是，只要我们勇敢地喊出自己的目标，并且拿出勇气应对一切困难和挫折，那么我们就能摆脱一切困难，实现自己的目标。

当然，社会的发展还没能让我们摆脱“淑女”的枷锁，女人像男孩一样在社会上打拼，也常常会得到身边人的不解。但是，周围的一切不过是社会给予女人的“精神监牢”，只有勇敢地打破它，女人才能获得自由和快乐。

特立独行的你最美

上天赐予我们每个人最珍贵的礼物就是独一无二的脸孔和个性。世界上所有珍贵的东西，都是不可仿制也无须仿制的。

成功女性往往都具有独特的个性，无论是着装打扮、言谈举止，还是思维方式、处世风格，都与众不同。正是因为有了这许许多多的“不同”，才孕育出了她们不同凡响的成功。因此，每个想要成功的女性，都应该坚守自己的个性，保持自己的本色。

“保持本色的问题，像历史一样的古老，”詹姆斯·高登·季尔基博士说，“也像人生一样的普遍。”不愿意保持本色，即是很多精神和心理问题的潜在原因。安吉罗·帕屈在幼儿教育方面，曾写过13本书和数以千计的文章，他说：“没有比那些想做其他人和除他自己以外其他东西的人更痛苦的了。”在个人成功的经验之中，保持自我的本色及以自身的创造性去赢得一个新天地，是有意义的。你和我都有这样的能力，所以我们不应再浪费任何一秒钟，去忧虑我们不是其他人这一点。

你是独一无二的，你应该为这一点而庆幸，应该尽量利用大自然所赋予你的一切。说到底，所有的艺术都带着一些自传色彩，你只能唱你自己的歌，你只能画你自己的画，你只能做一个由你的经验、你的环境和你的家庭所造成的你。不论情况怎样，你都是在创造一个自己的小花园；不论情况怎样，你都得在生命的交响乐中，演奏你自己的小乐器；不论情况怎样，你都要在生命的沙漠上数清自己已走过的脚印。

玛丽·玛格丽特·麦克布蕾刚刚进入广播界的时候，想做一个爱尔兰喜剧演员，结果失败了。后来她发挥了自己的长处，做一个从密苏里州来的、很平凡的乡下女人，结果成为纽约最受欢迎的广播明星。

著名世界影星索菲亚·罗兰第一次踏入电影圈试镜时，摄影师抱怨她那异乎寻常的容貌，认为她的颧骨、鼻子太突出，嘴也太大，应当先去整容一下再试镜。她却说："我不打算削平颧骨、换个鼻子和嘴巴，尽管你们摄影师不喜欢灯光照在我脸上的样子。要解决这个问题，不是我去整容，而是你们要好好琢磨琢磨应当怎样给我拍照。我认为，如果我看上去与众不同，这是件好事。我的脸长得不漂亮，但长得很有特色。"这就是自信自爱、特立独行。

在每一个女人的成长过程中，她一定会在某个时候发现，羡慕是无知的，模仿也就意味着自杀。不论好坏，你都必须保持本色。个性是一笔财富，一个可爱的个性，会让你一辈子受益无穷。

"尺有所短，寸有所长"，各人有各人的优势和长处，没有必要拿自己和她去对照，更没有必要通过自己的有意对比给自己造成某种压力。

个性就是特点，特点就是力量，力量就是美。

外表要温顺，内心要强大

美国前总统老布什的妻子芭芭拉是一位很坚强的女性，面对家庭诸事，她总能沉着应对。她患有甲状腺炎，布什也有心脏病，女儿多罗蒂离婚、儿子尼尔职位被解除，特别是 1953 年女儿罗宾死于白血病，但这一切都没有压倒布什夫人，她总是竭尽全力保护他们。有一次，布什出席一个宴会时突然晕倒，在场人员不知所措，芭芭拉却当机立断，打电话叫急救车，亲自送丈夫去医院。

坚强，是每一个成功人士必备的品质之一。《易经》曰："天行健，君子以自强不息。"也许有时候，我们无奈于生命的长度，但是坚强能够让我们选择生命的宽度与厚度。在这个世界上，我们会遇到赏罚不公，会遇到就业压力，会遇到竞争，会遇到病魔，会遇到……但是，女人可以运用自己手中坚强的画笔，为自己在逆境中描绘一片属于自己的蓝天，为自己绘出红花绿草，清风习习。

2004 年 3 月 8 日晚上，中央电视台《半边天》节目对 6 位女性做了访谈。

第一位是一个阿姨辈的女人——王自萍，54 岁。但是她的状态，也可以说是心态，丝毫不亚于年轻人，甚至强过年轻人。她的乐观、自信、热情，瞬时感染了现场及电视机前的观众，也让人们羡慕不已。她是退休后，以不惑之年闯北京的，在这之前，她坚决地结束了一段不幸的婚姻。到了北京，种种努力自不必说，她终于做上了一家会计事务所的经理，通过了三项非常困难的资格认证考试。工作之余，她有着同样精彩的业余生活，她的幸福是每个人都可以感受到的，我们从她风趣的话语中知道了幸福的来源——坚强。

还有一个残疾姑娘，她身上所拥有的自信同样让她光彩照人。她来自石家庄，尽管残疾，但偏偏是个不服输的人。为了做一名职业歌手，她坐着轮椅跑到了北京，要实现自己的梦想。

设想一个四肢健全的人假若要到北京生活，都有那么多的艰难，何况她一个残

♀ 女人要学会坚强 ♀

遇到困难时，越是坚强的女人，越有一股让人尊敬与心疼的魅力。唯有自己表现得更坚强，别人才能帮助你。

很多女人遭遇变故时，总会不停埋怨老天，可是即使哭哑了嗓子，事情也不会无缘无故地好转。

而坚强的女人的第一个念头是告诉自己要勇敢面对，这样才能走过生命的黑暗期，迎向灿烂的明天。

女人要活出自我，活得幸福，坚强是第一要素。不管你的外表多么柔弱，多么小鸟依人，有一颗坚强的内心，女人才能活得更加精彩。

疾人。她有一千个不会成功的理由，但就有一千零一个成功的理由给予了她成功。她现在是一名签约歌手。这一千零一个理由便是永不放弃，坚强。主持人问："上帝为什么要给你一个这样的命运？"她说命运只是要她活得更艰难一点。她在地铁站中的歌声嘹亮而高亢，远远地听去，就像是对命运的宣战。坚强是她的武器，任何困难都不能逃过她的冲击。

她是云南昆明一家饭店的老板，手下有200余名员工，有2000多平方米的大楼。主持人关于她身家的渲染并没有引来多少人的羡慕，大家的心情很快被她的叙述所吸引。她有一个不幸的童年，险些被母亲以400元的价钱送人，从此她与母亲断绝了关系。这之后便是如何努力，如何奋斗，才有今天的成就。在她身上，所洋溢的依然是"坚强"二字。

人生不可能一帆风顺，所以自从你有自我意识的那一刻起，你就要有一个明确的认识，那就是人的一辈子必定有风有浪，绝对不可能日日是好日、年年是好年。当你遇到挫折时，不要觉得惊讶和沮丧，反而应该视为当然，然后冷静地看待它、解决它。

少了坚强做伴的女人，或是唯唯诺诺，没有自我；或是哀哀怨怨，陷在一件可小可大的事里，挣扎在一段越理越乱的感情里不能自拔。只有坚强的女人，为了坚强而追求着坚强，从不停下脚步，坚强于她只是一种习惯。

面对挫折或者失败，女人更需要的是从失败中站起来，微笑着面对风霜的袭击，用宽阔的胸怀去拥抱挫折。女人用怀抱守护心灵的沃土，懦弱才不会乘虚而入，灵魂才会在美好的港湾停泊、歇息。

学会说"不"，没主见的女人往往没自尊

在与人交往的过程中，我们经常会遇到很多自己不愿意做的事。这时，只要我们轻易地说出一个"不"字，也许就能轻松、坦然了，但有些人就感觉这个"不"一字千金，憋足了劲也说不出口，结果苦了自己，也苦了别人。所以，该说"不"时，我们要毫不犹豫、斩钉截铁地说"不"。

身边常有这样的女人，一味地照顾别人的感受，凡事都习惯于说"Yes"的女人，经常给别人面子，认为那是一种对别人的尊重。然而，她们没有意识到，自己这样做却没有得到别人的尊重。聪明的女人应该学会如何果断而尊重地拒绝。

米勒刚参加工作不久，姑妈来到这个城市看她。米勒陪着姑妈把这个小城转了转，就到了吃饭的时间。

米勒身上只有50元钱，这已是她所能拿出来招待姑妈的全部资金，她很想找个

小餐馆随便吃一点，可姑妈却偏偏相中了一家很体面的餐厅。米勒没办法，只得硬着头皮随她走了进去。

俩人坐下来后，姑妈开始点菜，当她征询米勒意见时，米勒只是含混地说：“随便，随便。”此时，她的心里七上八下，衣袋中仅有的50元钱显然是不够的，怎么办？

可是姑妈一点也没注意到米勒的不安，她不停地夸赞着可口的饭菜，米勒却什么味道都没吃出来。

♀ 拒绝别人要委婉 ♀

当你不得不拒绝别人时，也要注意礼貌，这对于你的形象是大有益处的。

如果一开口就说“不行”，势必会伤害对方的自尊心，引起对方强烈的反感。

如果话语中让他感觉到“不”的意思，从而委婉地拒绝对方，就能够收到良好的效果。

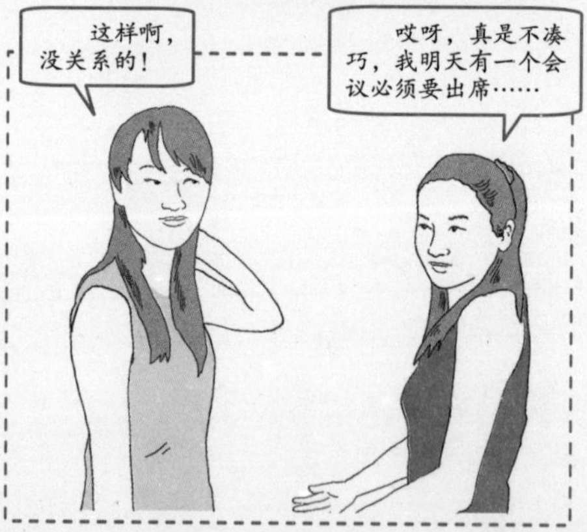

所以，掌握好说“不”的分寸和技巧就显得很有必要。

最后的时刻终于来了，彬彬有礼的侍者拿来了账单，径直向米勒走来，米勒张开嘴，却什么也没说出来。

姑妈温和地笑了，她拿过账单，把钱给了侍者，然后盯着米勒说："米勒，我知道你的感觉，我一直在等你说不，可你为什么不说呢？要知道，有些时候一定要勇敢坚决地把这个字说出来，这是最好的选择。我来这里，就是想让你知道这个道理。"

有人认为受人请托，倘若拒绝，面子上过不去，若不拒绝又实在无能为力。如此一来，只好勉强答应，结果发生后悔的情形就相当常见了。

事实上，那些顾于面子不敢说"不"的人其实是自己意志不坚的表现。他们通常认为断然拒绝对方的请求未免显得太过无情，而若是在答应后方觉不妥，且又力不从心难以履行诺言时，再改变心意拒绝对方，显然已经太迟。因为，等无法做到允诺的事情，再提出拒绝，给人的印象更糟。甚至需要付出相当的代价去弥补缺失或兑现承诺。如果这件事只限于个人的烦恼，还称得上不幸中的大幸，就像米勒那样，姑妈只是想考验她、教育她。若是换成朋友真想让米勒请客，那就会发生不愉快的情形，甚至产生怨恨、敌视，演变成双方人际关系上的对立与冲突，岂不更得不偿失？

敢于说"不"的人是果断的人，做事情不会拖泥带水、犹豫不决；敢于说"不"的人是有主见、有魄力的人。当然随意说"不"的人也可能是轻率而怕负责任的人。我们需要的是在慎重考虑以后，权衡利弊以后的断然否决。敢于说"不"是需要勇气的，很多不敢说"不"的人往往缺乏勇气，顾虑太多。

敢于说"不"是一种人格魅力，能给自己树立一个硬朗的形象。因为敢于说"不"是对自己的负责，也是对别人的负责。

第三节

你可以无价，但不能廉价

你不需要活在别人的认可里

总有这样一类女人值得我们欣赏——她们无论在任何情况下，都对自己的美丽深信不疑。每天走在街上，对旁人的眼光视若无睹，就那样微笑地信步走着，把自信的身影拖得很长很长。事实正是如此，有些时候，别人的建议再好也权当参考，你要按照自己的方法去思考和行动。毕竟有些事情自己是当事人，更清楚要怎么做，虽然现在你无法完全摆脱这种状态，但只要你下定决心，总能够果断地做出自己的正确决定。

玛丽亚每天都在房前的空地上练习唱歌。一位邻居听了，冷笑着说："你即使练破了嗓子，也不会有人为你喝彩，因为你的声音实在是太难听了。"

玛丽亚回答道："我知道，你所说的这番话，其他人也对我说过多次，但我不在乎，我是为自己而活着，不需要活在别人的认可里。我只知道在唱歌时我很快乐，所以无论你们怎么指责我的声音难听，都不会动摇我唱下去的决心。"

你不需要永远活在别人的认可里，快快乐乐地为自己活，潇潇洒洒地"自恋"，哪怕别人把自己当成"精神病患者"，我们也要做一个快乐的"美人症患者"。玛丽就是这样一位快乐的"美人症患者"，但是谁又知道，她的执着和热情不会成就她的梦想呢?

虽然我们有必要听取别人对自己的评价，但也不能过分在乎，否则，烦恼的是你自己，痛苦的也必定是你自己。

范晓萱在一次访问时说："以前我很辛苦，因为我太在乎别人的感觉，太在乎其他人怎么看我，所以，我很多时间都要去想别人怎么看，我都想做得面面俱到，把自己弄得很辛苦。现在，我开始跟着感觉走，也能比较清楚地表达我的看法。我只是想活得轻松一些，不要那么辛苦。”

的确，一个人一生为别人的评论而活着是很累的，也很愚蠢。艾莉诺·罗斯福说：“未经你的同意，没有人能使你感觉卑微。”古希腊谚语也说：“除了自己，没有人能

♀ 女人要为自己而活 ♀

一个人是否实现自我并不在于她比别人优秀多少，而在于她在精神上能否得到幸福的满足。

人活在这个世上，并不是一定要压倒他人，也不是为了他人而活，一个人所追求的应当是自我价值的实现以及对自我的珍惜。

然而，在现实生活中，很多女人却常常为他人一句无意的嘲笑，或在工作中同事一次无心的抱怨而闷闷不乐，甚至开始怀疑自己、否定自己。其实，这样的心态是不对的。

如果你追求的快乐是处处参照他人的模式，那么你的一生只能悲哀地活在他人的阴影里。

够侮辱我们。”

我们每个人都不可能孤立地生活在这个世界上，很多的知识和信息来自别人的教育和环境的影响，但你怎样接受、理解、加工和组合，是属于你个人的事情，这一切都要你自己去看待、去选择。谁是最高仲裁者？不是别人，正是你自己！歌德说：“每个人都应该坚持走为自己开辟的道路，不被流言所吓倒，不受他人的观点所牵制。”让人人都对自己满意，这是不切实际、应当放弃的期望。

如果你期望人人都对你感到满意，你必然会要求自己面面俱到。不论你怎么认真努力去尽量适应他人，能做到完美无缺，让人人都满意吗？显然不可能！这种不切合实际的期望，只会让你背上沉重的包袱，让你因此顾虑重重，活得太累。只有懂得享受自己的生活，不受别人的消极影响，不管别人如何评论你，只要你自己觉得高兴、满足、自得其乐，你的生活就是幸福的。

我们周围的世界是错综复杂的，我们所面对的人和事总是多方面、多角度、多层次的。我们每个人都生活在自己所感知的现实中，别人对你的看法大多有一定的原因和道理，但不可能完全反映你的本来面目和完整形象。别人对你的态度或许是多棱镜，甚至有可能是让你扭曲变形的哈哈镜，你怎么让人人都满意呢？

我们永远都不要跟自己较劲儿。过分强调别人的看法，那样只会徒增烦恼。最重要的莫过于自己的体会，把那些不相干的议论丢到一边，学着做一个有主见的女人。重新回归自我，你才能真正快乐起来！最后，我很想把亦舒说的一句话送给大家：“人生短短数十载，最要紧的是满足自己，不是讨好他人。”所以，我们千万不要迷失在别人的眼光里。

只需改变自己一点点

我们常说：世界上唯一不变的就是改变。这个世界都处在不断的变化中，变是绝对的，不变只是相对的。只有承认改变，接受改变，把握改变，我们才能不断取得进步，突破自我，跟上时代的脚步。

埃莉诺起初并不热衷于政治，只因嫁给了罗斯福总统，才与政治结缘。为了帮助和支持丈夫，她积极地参与政治活动，她曾说过：“你一定要去做不能做的事。”正是这种敢于挑战和突破自我的精神，带来了她的精彩人生。

《中国美容时尚报》社长兼总编辑张晓梅女士，是“中国美”概念的首倡者，被称为“中国美容经济女掌门”。她也是一位勇于在改变求发展的成功女性。

张晓梅出生于一个军人家庭，从小随父母一起生活在四川一个偏僻山区的部队里。长期封闭的环境以及狭小的交际范围让她备感单调无趣的同时，亦令她对自己的未来感到十分迷茫。参加工作后，张晓梅被分配到某部队的一军事研究所，从事计算机类科研工作。如果按照正常的轨道，她大可安稳地就此工作生活下去，并一步一步地走向更高的位置。但是，张晓梅发现，这似乎并不是她想要的，她希望找到一个人生目标，实现自己的人生价值。

尽管在工作中表现出色，但是经过一番深思熟虑之后，张晓梅最终还是决定转业。1988 年，张晓梅离开了那个"有安全感、有保障"的舒适环境，她先是进入了香港的《亚洲风物》杂志社，做了一名记者。凭借着天资和勤奋，才两个月左右的时间，她就当上了社长助理。而在这家杂志社工作了 1 年后，她向社长递交了辞职。后者当时对此特别不能理解："你们内地的记者能拿到我的一本记者证，是梦寐以求的事情，你为什么要离开这？"她说："我很想独立地做一些自己想做的事情。"

1989 年 12 月，这个渴望独立的女人在成都开设了自己的第一家美容院。随着生意的日渐红火，她的店面也越开越大，从最初的几平方米到一两百平方米再到几百平方米，她成功地淘到人生的第一桶金。

从部队转业，然后打工，最后自己创业，张晓梅用实际的行动完成了自己的职业三级跳，也最终找到了理想中的舞台。

同样不贪图安逸，勇于在变化中不断突破自我的还有凤凰卫视的著名主持人吴小莉。

1998 年，由她主持的《小莉看时事》成为当年凤凰卫视最热销的节目，而这个在镜头前滔滔不绝的女人也因此成为凤凰名嘴。

2001 年，吴小莉的身份悄然发生变化，她已经不仅仅是凤凰一个知名的主持人，她新的身份标签是凤凰资讯台副台长，同时，她还是中华慈善总会的形象大使。

为什么转型？因为一位聪明的职业女性懂得在事业上瓶颈期未到的时候，适时地转型，为自己的职业生涯注入新的活力。所以，如果能再有多一点的空余时间，她会去读书，读关于媒体管理的专业。从台前到幕后，虽然小莉一直在强调自己是一个从来不规划人生的人，只要是大方向对了，一切都顺其自然，但其实细心的你会发现，她又在敏锐地往前跳了一步。没有人能随随便便成功，吴小莉已经张开了双臂，迎接那随时可能降临的机会。在她这里，机遇不会擦肩而过，也不会敲错门，因为，其实她早就等在了那里。

很多人说吴小莉是一个善于把握人生的人，把家庭和事业都经营得很好。但有人总会觉得这样很不真实，怎么可能一个人就没有点波澜起伏的事情，而总是一帆风顺？

吴小莉承认说："其实每一年也会给自己新的突破、定位，每一年都在想让自己有新的变化。但后来明白，可能是做一个职业新闻人，你的职业比你本人的变化更快，比你的风格变化更快，所以有些时候，你还没来得及变，新闻在变，所以你也得变。所以后来索性放手，不为自己限定目标，因为一路走来，总会看到路边有很多自然风光，这样不经意间地采集而来，反倒有意想不到的惊喜。所以只要大的方向确定，就会一直走下去。碰到机会了，就抓紧机会，突破原有的束缚，静悄悄地转了型。”

吴小莉并不是刻意转型，她对大部分事情都认为顺其自然就好，却唯独对“快乐”二字是用心经营的。在复杂的成人世界中寻找儿时单纯的快乐实属不易，吴小莉自言在内心有一种对抗伤害的堡垒，痛苦也因此得到化解，从而保持健康的心理状态。对她而言，她希望能一直保持现在这样“阳光”的心态，而经营的方法其实也很简单，就是按部就班地，一步步，把每一件事情做好，等待下一个快乐。我们都需要这样一份定力与智慧来经营“快乐”。

今天，很多年轻人在不适合自己的岗位上耗费着时间和精力，想追求自己的梦想却又害怕改变。有时候，人生的逆转要的仅仅就是这样一点勇气。当你用尽办法也不能在现在的职业中实现自我价值的时候，请鼓起勇气改变，过多地思前想后只会贻误战机。赶快行动起来吧，在实践中突破自我。

第四节

宠辱不惊才是女王的最高境界

笑到最后才能笑得最好

如果世界上只有一种人可以获得成功，那他一定是坚持到底、执着追求自己理想的人。

女人在最初的意气风发中，渐渐走向生活的围城，失去快乐的笑声。平常许多女性做事都是半途而废，总是不能坚持到最后。许多年轻的女性都似乎有着这样的通病，就是凭一时冲动想干什么，就急不可耐地立即去干，可热度还未持续多久，兴头过了，就说什么也不再干了。这是一个极其严重的毛病，它令女人失去定性。女人若凡事轻率鲁莽，最后只能导致疲惫与倦怠，在生活中苍老得太快。只有坚持到最后的人才能获得胜利。

丁玲说过：“女人，只要有一种信念，有所追求，什么艰苦都能忍受，什么环境也都能适应。”只有执着的人才能坚持追求自己的目标，才有一股势不可挡的锐气。成功只会属于执着追求的人。史玉柱说：“一个人一生只能做一个行业，而且要做这个行业中自己最擅长的那个领域。”也正是因为史玉柱这种找准目标就坚持不懈，用毕生的经历去追求目标的信念，才能让他笑到最后。

苏格拉夫顿女士是美国著名的侦探小说作家，她讲述了自己的成名之路。

“如果25年前就有人告诉你，你将得到你想得到的一切，但是你必须等到25年后，你那时做何感想？而眼前的路你该如何走下去？”

她1915年底带着成为一位名作家的梦想来到了纽约，但纽约给她的第一份礼物就是失败。她寄出去的文章都被退回。但她没有放弃，仍怀着梦想不停地写作，走遍了纽约的大街小巷，奔波于各个杂志社、出版社之间。当希望还是很渺茫的时候，她没有说：“我放弃，算你赢了。”而是说：“很好，纽约，你可能打倒不少人，但是，绝不会是我，我会逼你放弃。”她没有像别人那样，碰到一次退稿就放弃了，因为她决心要赢。4 年之后，她终于有一篇文章刊登在周六的晚报上，之前该报已经退了她 36 次稿。

♀ 成功需要持之以恒 ♀

做事切莫三分钟热度，成功需要持之以恒。

平庸的女人往往因为无法在繁重和琐碎中继续坚持，以至于“蜻蜓点水”，凡事都流于肤浅。

而成功的女人则往往是那些不给自己留退路的人，她们勇往直前，一心地往前走！

胜利往往在那最黑暗的时刻降临，彩虹就会在风雨之后出现。所以，无论做什么，都应该持之以恒！

随后，她得到的回报更是一发而不可收。出版商开始络绎不绝地出入她的大门。再后来是拍电影的人发现了她。她的小说在改编后被搬上了屏幕，她在短期内富裕起来。

生活中总有许多不如意的事情。年轻女人初出茅庐，碰壁的机会更大。但只要我们学会坚持，在生活、工作中坚持微笑着面对困难，考研不成功，我们可以总结经验教训继续努力；工作不如意，那只是我们走向成功的必经之路，继续坚持，总会走出职场困境；想要美丽、想要气质，这个过程并不痛苦，我们只要怀着美好的想象，就会在过程中体会到快乐；感情上的冰河期，其实是因为我们对彼此都开始了解，并且把全部赤诚展现给对方的一种磨合，从来夫妻吵架都是床头吵床尾和，何况无伤大雅的小吵还是增进感情的良药……

所以我们不必为一些小问题而苦恼，坚持用微笑面对，一切问题都不再是问题，我们也能够笑到最后。

培养进取心，让智慧不断升级

有进取心的女人是美丽的，这种美丽是不可替代的。进取赋予了女人自立自强的人格魅力。如果把年轻靓丽的容颜比作花朵的话，那么经过进取历练的气质美便是从花朵中提炼出来的精华。前者娇嫩易逝，后者却历久弥香。要知道，事业上执着的信念、淡定的心态和宽广的胸怀，是修炼女性气质之美的三大法宝。有了它们，进取就无时无刻不在为女人化妆，使进取中的女人更美丽、更幸福。

如今，现代文明是越来越丰富了，也给予了每个人更加宽广的活动舞台。女人开始走向职场，和男人一样打拼，一样渴望成功。在各行各业也的确涌现出许多女性成功者。她们不仅事业上可以与男子比肩，生活上也相当圆满，她们代表着当前时代的特征——干练、简明、高效和精彩，成了这个社会大舞台中最亮丽的一道风景，也成为每一位渴望进步的女人学习的典范。

她们之所以能把生命经营得如此精彩，就在于她们能够不断进取，不断充实自己。

“打工皇后”吴士宏其貌不扬，却名声在外。她是第一个成为跨国信息产业公司中国区总经理的内地人，是唯一一个取得如此业绩的女性，也是唯一一个只有初中文凭和成人高考英语大专文凭的总经理。

她是如何取得这份不平凡的成功的呢？用她自己的话说，就是一分野心、两分努力。“没有一点雄心壮志的人，是肯定成不了什么大事的。”吴士宏生于 20 世纪 60 年代，十几岁时的她一无所有。1979 年到 1983 年，吴士宏又得了白血病，经过一次又一次的化疗，她的头发几乎掉光。大病过后，她才恍然觉得，自己的生命必须重新开始，因为生命也许留给她的时间并不宽裕了。就是从那时起，吴士宏开始萌发了她的一个想法：要做一个成功的人。从此，吴士宏以顽强的毅力开创起自己的新生活。

她仅仅凭着一台收音机，花了一年半时间学完了许国璋英语三年的课程，拿到了走向新生活的“入门证”，并开始谋求一份新的职业。在自学了高考英语专科的毕业前夕，她以对事业的无比热情和非凡的勇气通过外企服务公司成功应聘到 IBM 公司，而在此前外企服务公司向 IBM 推荐过好多人都没有被聘用。

吴士宏虽然没有高学历，也没有外企工作的资历，但她有一个信念，那就是:“绝不允许别人把我拦在任何门外！”面试那天，吴士宏来到了五星级标准的长城饭店，坚定地走进了世界最大的信息产业公司 IBM 公司北京办事处。吴士宏顺利地通过了笔试和口试两轮严格的筛选，成了这家世界著名企业的一个最普通的员工。

在 IBM 工作的最早的日子里，吴士宏扮演的是一个卑微的角色，沏茶倒水，打扫卫生。她曾感到非常自卑，连触摸心目中的高科技象征的传真机都是一种奢望。吴士宏仅仅为身处这个安全又能解决温饱的环境而感宽慰。

然而这种内心的平衡很快被打破了，在那样一个先进的工作环境中，由于学历低，她经常被无理非难。她曾被门卫故意拦在大楼门口，也曾被人侮辱为“办公室里偷喝咖啡的人”。她内心充满了屈辱，但却无法宣泄，吴士宏暗暗发誓：“这种日子不会久的，绝不允许别人把我拦在任何门外。”事后吴士宏对自己说：有朝一日，我要有能力去管理公司里的任何人。为此，她每天比别人多花 6 个小时用于工作和学习。经过艰辛的努力，吴士宏成为同一批聘用者中第一个做业务代表的人；继而，又成为第一批本土经理，第一个 IBM 华南区的总经理。

作为 TCL 信息产业集团总经理的吴士宏，已经不再是那个可以被流言蜚语随意中伤的弱女子，她已经在与命运的斗争中练就了更加坚毅的性格。

人生旅程就是一段漫长的奋斗过程，就是一段自我创造、自我完善的过程。每个人都在自己的生活道路上撰写着自己的人生篇章，只有那些经历过风吹雨打、体验过失败的考验的人生著作，才是最好的著作。

我们可以这样认为，一个人在社会大舞台上的活动越是频繁，她对社会的价值就越大，她的人生意义也就越大，她的生活就越精彩。亲爱的女性朋友们，你想出落得更精彩吗？用十二分饱满的精力和毅力投入你所做的事业上，不断进取，胜利正在你面前向你招手！

紧握幸福的缰绳

很多时候，我们一直默默地喜欢一个人，为他高兴，为他暗自心伤，女人的爱就像默默开着的花朵一样很寂寞，却又很纯情。当有一天，看到他牵起了一个女人的手从你的身边走过并幸福地向你打招呼，于是，顷刻间心碎了。而很多时候爱情就在咫尺，只是我们没有足够的勇气去用手抓住如此之近的幸福。

电影《四月物语》讲述的是一个发生在17岁美丽少女榆野卯月身上的“爱的奇迹”，因为暗恋学长，成绩不佳的她努力考取了学长所在的武藏野大学。影片的开始便是女人站在飘满樱花的东京街头，开始了她向往已久的大学生活，也开始了她对爱情的执着找寻。镜头一直以一个旁观者的身份注视着这个内心被爱的秘密填得满满的女人的日常生活：从她搬入东京的新居，到她在新班级里做自我介绍，到她参加钓鱼社的活动，到她在电影院外被陌生男子尾随……直到她被在书店打工的学长认出后，她才终于有勇气伴着淋漓的雨声对学长说出“对我来说，你是很出名的”。在这一场痛快淋漓的大雨中，影片缓慢平淡的节奏突然因为女人秘密的揭开而掀起了高潮，而电影也就此走向了尾声。故事很唯美，看上去又很伤感。

今日女性追求属于自己的一份爱情，不应该再这么吃力，这么无助，这么被动。

当你遇到自己喜欢的人，在什么都没有开始时，如果以为“他不一定喜欢我”，那么你可能会真的失去他，失去选择的机会。

害怕被拒绝也大可不必，女人需要做的是克服自己自卑不安的想法和自愧不如的心理。不要坐在电话机旁犹豫不决，事实上，只要你勇敢地拨一次电话，事情就会完全解决了，你也就将彻底摆脱忧心如焚的处境。即使遭到拒绝，也不算是什么大不了的事情，你只要保持轻松、宽容的心情就能度过情绪不稳定的日子。如果你什么都不去做，却只是终日停留在忐忑不安中，猜测他的心意，又有什么意义呢，为什么不给自己一点主动权呢？

被拒绝并不代表你有什么过失，也许他心中另有所属，而他恰恰是个忠诚的爱人；也许他目前为事业忙得焦头烂额，根本无暇分心经营爱情；也许他最近情绪不佳，偏偏你又撞在枪口上。所有这些都与你无关，不要因为被拒绝就觉得被判了死刑，失去了追求爱情和幸福生活的勇气。

如果爱就请深爱，用自己的勇气去抓住自己的幸福。很多时候幸福只是一个转身的距离，你抓住了就可能幸福一生，如果错过了就像流水一样一去不复返了。人生不给你后悔的机会，所以，女人要抓住自己身边的幸福，一句话，一辈子。

♀ 爱，就要敢于表白 ♀

爱，除了心灵的感应与感觉外，还应有行动的表白，不论是爱或者被爱，都是一件幸福的事。可幸福不是等来的，它需要努力，需要创造。

因为骄傲放不下面子，不肯先向对方示爱，这份爱情可能就这样错过了。

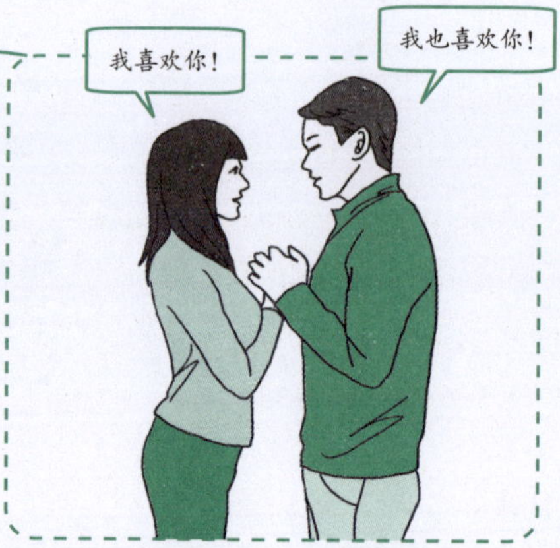

如果爱，就要敢于表白。表白对于一份爱情的开始十分重要。

示爱并不是示弱，假如这段感情幸运地开始了，先示爱的一方也并不就低人一等，敢于表白的人才能掌握自己的情感轨迹，才能抓住自己的幸福！

第二章

做个平均值高的精品女人

第一节

没有品位就不会有地位

品位是时间打不败的美丽

每个女人都渴望成为一个有品位的人，因为真正的品位，会使终日蒙尘的生活闪闪发亮。执着于品位的女人是热爱生活的人，追寻有品位生活的女人，绝对是优雅与别致的女人。我们从来不会吝啬把“美女”的头衔给一个女人，而我们却很少夸一个女人有品位。

高品位是内涵的外在表现。因为一个人的品位，是与其环境、经历、修养、知识分不开的。只有有意识地培养良好的修养，积累丰富的知识，才能有充实的内心世界，才能表现出高尚的思想和高雅的品位。有品位的女人是善良、机智的，又是成熟的；而且知识广博丰富，思想深刻充实，谈吐文雅大方，衣着雅致得体。女人可以容忍男人有种种缺点，却不会容忍男人无所事事。反之亦然，男人可以容忍女人没有工作，没有收入，没有好的家世相貌，但绝不会容忍一个不学无术的女人作为自己的另一半。

而且，不学无术的女人也就失去了自身的魅力，更谈不上品位二字。一个只会注重着装打扮的女人是浅薄的，内涵是空虚的，底蕴是单薄的。想要依靠男人的女人是脆弱的，她失去了自我，成为别人手中的玩偶，命运之线也就操控在别人的手中。真正有品位的女人，绝对不会让自己陷入这样的境地。

凌菲菲是一家知名房产集团的副总裁，几年前，她到一个破产拍卖的机械厂考察。这里到处是散布的大树和杂草，还有一些废旧的机械和厂房。在别人眼里，这块地方改造难度太大。但凌菲菲决定把这个破旧的花园式工厂彻底改造成一个低密度、高品质、50%原生态绿化覆盖率的大型艺术生态居住小区。

她请12名国内外知名艺术家以工厂原有的机器设备、生产的产品零部件为原料开始创作，那些原先看起来毫无用途的破旧厂房和废旧机器竟然成了园区的点睛之笔。为了保护分散生长的树木，她邀来美国某知名大学景观设计系主任做技术指导，再请来园林工人，将这些大树进行全冠移植。造房挖出的土，也被她像宝贝一样保存起来，而且还专门安排了两个人每天浇水。土里有很多珍贵的树种和草籽，可以让新建小区充满自然的野趣。不久，小山一样的土堆已经长满了不知名的野花和狗尾巴草。

这就是凌菲菲的品位。她不会跟风去做什么“欧式风”、“小镇系列”等楼市概念，而是在复杂细节中融合历史文化和现代技术，使自己的房子既有极高的品质，也凸现出大气的现代风格。这个生态小区一经推出就引发了购房热潮。凌菲菲的事业获得了巨大的成功。

从凌菲菲的故事中，我们可以得到，女人的品位其实是与她的博学程度相联系的。所以，不要做一个除了基本生活技能外什么都不知道的女人，多懂一些知识，就会多一些品位，让自己成为一个成功的女人。

人们常说，做人要有气质，做事要有风格。作为一个女人，也要有自己的特色。纯真的气质洋溢着女性深邃的内涵，高雅的风采闪烁着赏心悦目的亮光，这就是“女人的品位”。就像凌菲菲以独到的品位创造了自己事业的辉煌。

有品位的女人会用自己的眼睛发现身边的美，并用心去感受它。其实品位的培养并不复杂，每一个注重细节打造的女人，都有机会成为品位女人。一瓶花、一杯茶、一首歌……都可以在无形中烘托出一个品位女人。

茶道让有品位的女人心灵更安静。好茶一壶，能让女人的心更加宁静，散发柔美内涵和女人独有的味道。在闲暇之余，还会领悟到其他的一些东西。闲暇之余，泡一壶好茶，约二三知己，一盏香茗，促膝清谈，只谈风月，无关名利，享受这滚滚红尘里片刻的柔软时光。

厨艺让有品位的女人更幸福。系上漂亮围裙，挽起缕缕长发，走进清淡雅致的厨房，切丝削片，快炒慢炖之间打点出曼妙美味，或是煲一个好汤，与心爱的人一起分享，又何尝不是女人的另一种韵味呢？为了爱，倾尽手艺，烧一桌好菜，更能使女人赢尽爱人的心。

装扮让品位女人更美丽。可可·夏奈尔“永远要以最得体的打扮出门，因为，也许就在你转弯的墙角，你会遇到今生至爱的人”。这可以理解为女人装扮的最高境界：不能放过每个细节，一秒钟都不能懈怠。装扮是女人的第二语言，哪怕不交谈，它也一目了然地告诉别人，你的职业、品位、个人气质和文化层次。所以，即使是周末的午后，在阳台的躺椅上小憩，也要穿上雅致的便服。

♀ 培养自己的品位 ♀

女人的品位，是时间打不败的美丽。那么，女人该如何培养自己的品位呢？

插花是有品位的女人的一堂必修课

把大自然的绿色和鲜花带回家，通过自己动手和布置，可以调剂生活、陶冶情操。

音乐是有品位的女人应具备的艺术素养

沏一壶茶，闭上眼睛，走入音乐的世界。经典音乐，使女人如醍醐灌顶，一切烦躁都变得云淡风轻。

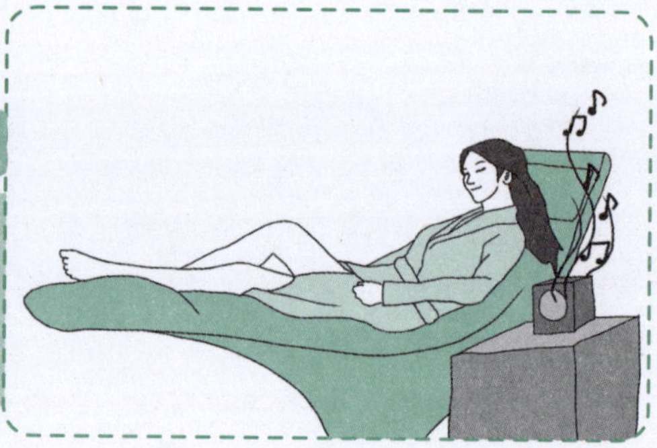

读书让有品位的女人更充实

腹有诗书的女人，好比一坛尘封已久的女儿红，一打开，香气扑面而来，令人迷醉。

旅行让有品位的女人更悠闲。对于女人来说，旅行是漫无目的地行走，直到遇到好风景、好人情，再也迈不开步伐。女人的旅行没有计划，没有日程，走到哪里都是欣喜。在日复一日的工作里，也要懂得放下手头的文件，走出去，享受艳阳天，晾晒自己发霉潮湿的心情。在山野的风里自在地呼吸，你会发现世界的美丽。

你的爱好透露你的品位

一个人的爱好是属于自己精神的、内心的东西，有什么样的爱好就能代表这个人的品位如何。人是千差万别的，爱好也会千差万别，所以人的品位也千差万别。要想让别人看到我们的良好品位，我们就要努力追求一些高品位的东西，不断升华自己的灵魂，培养一些有良好品位的爱好：

1. 读书，怡情悦性

书籍是人类进步的阶梯,我们的生活离不开书籍。尽管网络阅读的时代已经来临，但我们依然离不开书籍,因为我们需要的不仅仅是阅读,还有从中得到的乐趣和收益。阅读书籍让你浑身充满书卷味，给人造成一种有知识、有学问的印象，人们总是乐意和有知识的人交往。

腹有诗书气自华。品位虽然是通过一种外在的形式表现出来的，但它却与一个人的知识水平、精神面貌、道德修养、审美观念等密切相关。罗曼·罗兰说："多读一些书，让自己多一点自信，加上你因了解人情世故而产生的一种对人对物的爱与宽恕的涵养，那时你自然就会有一种从容不迫、雍容高贵的风度。"

读一本好书，就是在和许多高尚的人对话。当你徜徉于唐诗宋词里，你会觉得正在和李白、苏轼对酒当歌；当你漫步于那些长篇小说里，你会觉得像是坐在托尔斯泰、巴尔扎克面前听他们诉说；当你步入哲学的殿堂时，你会觉得是在听爱默生、黑格尔讲课。每每与作品产生共鸣时，我们就能深深地体会到这种乐趣。

有的人常常抱怨自己没时间读书或者抱怨学习的环境太差，其实这都是非常拙劣的借口。读书本来是很简单的事情。只要你有兴趣，什么时候都可以读，而没有必要非得要求一个好的环境，一个不爱读书的人，给他任何好的条件也没用；而喜欢读书的人，在什么地方都可以随手翻开书来阅读。

这是一个知识经济的时代，掌握了知识就掌握了改变世界、创造财富的力量。所以成功人士的书架上摆满了各种各样的书籍，虽然这些人中不乏有一些摆样、走形式的"作秀者"，但是也确有人从中吸取知识，为己所用，而这些人在说话办事时，从内到外都透露出一股儒雅的气质和夺人的魅力。

今天，我们不该停止读与自己专业相关的书，也不该连一本有关生命意义的书也不看。

总之，读书可以使人明心、清脑、益智、养气。明心是指读书可以开阔人的心胸，涤荡人的灵魂；清脑是指读书可以拓宽人的思路，开阔人的视野；益智是指读书可以增长人的智慧和才干;养气则是指读书能陶冶人的情操，提高人的自身修养和品位。

2. 运动，让你活力四射

运动能够增强体质，塑造完美形体，让你的形象散发着迷人的魅力。同时它还可以让你心情愉悦，彻底发泄出胸中累积的郁闷之气。

人们都知道“生命在于运动”，这是公元前 300 年，古希腊伟大思想家亚里士多德提出的名言，它深刻说明了运动对身体健康所起的重要作用。

人们早已发现，身体健康受损引起的各种生命障碍，皆因人体对外部环境不适应所致。为了保证机体内部与自然界的变化相适应,必须让身体始终处于运动状态中。后来，医学和生理学关于“适者生存”的理论明确地说明:人的健康状况和工作效率，不仅取决于全身各器官、系统的功能和相互协调，而且还取决于整个身体对自然和社会环境的适应能力。

人们都知道运动有助于身体健康，但研究证明人的心理健康状况也受运动的影响。运动塑造良好形象也会让人的内心平和、舒爽。人们日常可从事的运动项目很多，不同的运动项目，对人的心理所起的作用不尽相同。难怪有人说：“让身体快乐起来，精神也就会快乐，治疗烦恼的最佳‘解毒剂’就是运动。”

适当地运动，可以让你的身体各部位都变得健康，能够加快你的新陈代谢，还能够使你的精神愉悦，进而使你具备非同寻常的形象特点，显示了你独特的品位。

总之，一个人的爱好显示了他的品位。而你的品位也体现在你的爱好里。因此，我们更应该注重兴趣爱好的培养，为我们的品位和形象做一切准备。

良好的教养是品位的前提

良好的教养是品位的前提。良好的教养一般体现在以下这些方面：

（1）谈吐有度。注意从不冒冒失失地打断别人的谈话，总是先听完对方的发言，然后再去反驳或者补充对方的看法和意见，也不会口若悬河滔滔不绝，不给对方发言机会。

（2）态度亲切。懂得尊重别人，在同别人谈话的时候，总是望着对方的眼睛，保持注意力集中；而不是眼神飘忽不定，心不在焉，显得一副无所谓的样子。

（3）合理的语言表达方式。尊重他人的观点和智慧，即使自己不能接受或明确同意，也不情绪激动地提出尖锐反驳，更不会找第三者说别人坏话，而是陈述己见，

♀ 好教养、好品位的表现 ♀

有良好教养的人也往往有良好的品位，一般来说，有教养的人都会做到以下三点：

守时

无论是开会还是赴约，有教养的人从不迟到。他们懂得，不管什么原因迟到，对其他准时到场的人来说，是不尊重的表现。

语言文明

不会有一些污秽的口头禅，不会大声咆哮。

心地善良，富有同情心

在他人遇到不幸时，能尽自己所能给予支持和帮助。

讲清道理，给对方以思考和选择的空间。

（4）不自傲。在与人交往相处时，从不凭借自己某一方面的优势而在别人面前有意表现自己的优越感。

（5）恪守承诺。要做到言必行，行必果，即使遇到某种困难也从不食言。自己承诺过的事，要竭尽全力去完成，恪守诺言是忠于自己的最好体现形式。

（6）关怀体贴他人。不论何时何地，对妇女、儿童及上了年纪的老人，总是表示出关心并给予最大的照顾和方便，当别人利益和自己利益发生冲突时能设身处地地为别人想一想。

（7）体贴大度。与人相处胸襟开阔，不斤斤计较、睚眦必报，也不会对别人的一些过失耿耿于怀，无论对方怎么道歉都不肯原谅，更不会嫉贤妒能。

爱因斯坦曾经说过：“不管时代的潮流和社会的风尚怎样，人总可以凭着自己高贵的品质，超脱时代和社会，走自己正确的道路。”因此，尽量学习并做到以上7点，做一个有教养的人，你才能成为一个有品位的人，使自己的形象光彩照人。

钱买不来品位，满身名牌不等于有品位

一个房地产投资方面的天才发现，在越来越多的场合，自己被要求发表讲话。例如，对各种各样的商业人士、投资者以及顾客群体等。然而，因为他对于自己的形象缺少自信，对于应当选择什么样的衣服出席这种场合，他非常没有把握。他让助理为他购置了许多名牌时装，阿玛尼、路易·威登、罗夫·罗伦应有尽有，可是每次出场仍然得不到别人的认可。很明显，在着装的品位上，他远不如在商业领域里的职位那么高。

为此，他非常苦恼，终于有一天，他鼓起勇气去拜访一位著名的形象设计师。当设计师第一眼看到他时就已经找出症结所在，于是这位设计师简单地给他讲了一些关于着装的基本内容，比如合适而非保守的着装等。等他再一次见到这位设计师时，已经以一个成功的职业形象生动地出现在他面前了。他买了几套上好的羊毛套装、全新的衬衫（纯粹的颜色不再杂有条纹）、新的领带（当前最适合的宽度，并且带有浅浅的暗纹）。

身着名牌有助于提升形象，但如果穿得过于夸张，浑身上下珠光宝气，或者虽然满身名牌却搭配不当，也很容易给人不舒服的感觉。品位可以透过一个人的装扮展露出来，但是周身名牌不等于有品位，因为钱买不来品位。同理，一个人财力不足，没有华服、没有奢侈品，但也能够有品位。

当你没有财力、物力时，只要注意穿着美丽、优雅，搭配合理、艺术，也能够

体现你的良好修养和对服饰独到的审美品位，这样，你也可以释放出强大的吸引人的气场。尤其对于刚刚步入社会求职的大学生来说，认识并清醒地把握这一点是非常重要的，切记不要盲目跟风，只要你能根据自身情况，打扮得恰到好处，给招聘者留下一个好印象，面试时，即使在僧多粥少的竞争状态下，你也能脱颖而出。

通常，个人形象对于能否被录用有着举足轻重的作用。值得注意的是，良好的形象是得体的装扮等衬托出来的，而不是衣服的“牌子”所传达的。

要记住，服饰并非以新、奇、贵为最好，学习服饰艺术，了解其中的精华，也不仅仅是跟着流行走，重要的是服饰应与自己的年龄、职业、形体、肤色、性格、气质、时代、所处场合等诸要素相吻合。一个整洁大方、和谐美观、洒脱优雅的人，肯定是一个有品位和气场强大的人，也必定是社会中受欢迎的人。

用艺术的情趣去品味生活

人的品位是其气质内涵的外在表现。一个人的品位是与其环境、经历、修养、知识分不开的。只有有意识地培养良好的修养，积累丰富的知识，才能有充实的内心世界，才能表现出高尚的思想和高雅的气质魅力。

有品位的人乐观向上，拥有高雅的爱好和情趣，会用自己的眼睛发现身边的美，并用心去感受它。他有丰富多彩的内心世界，兴趣广泛、人文素养深厚、学识渊博。当他们谈起话来，古今中外，信手拈来，旁征博引，才华横溢。他们像一部百科全书，有探索不尽的无穷宝藏，却无丝毫酸腐的陋习俗气。他们举手投足之间都挥洒出艺术的才能与风范。

有品位的人不在乎人生的功利。他们为自己营造一份平和的心境，随遇而安，不强求身外之物，不愤世嫉俗，面对物质的诱惑、世俗的刺激，待之安然。他们在人生崎岖的旅途中，学会自我安慰、自我松绑、自我释放、自我陶冶。有品位的人有独立的思想和人格，绝不会人云亦云、随波逐流。他们恰如绵绵流畅的散文诗，不低下，不媚俗。他们痛恨粗俗，而把气质奉为精神风骨。

有品位的人是善良、机智的，又是成熟、稳重的。他们待人真诚而不虚伪，心性热情而不浮躁。在喧嚣的人群中，他可能只是一个沉默者，但绝不是个麻木者。

品位是真挚的博爱和慈善的宽容，是浓郁的书香和美的诗韵。拥有了品位，你的形象也就拥有了时间打不败的魅力。

现代的生活日益紧张忙碌。但是，紧绷了一天的神经会在艺术的情趣中得到松弛，压抑了数天的情绪会在艺术情趣中得到宣泄，发自心底的快乐也能在艺术情趣中获得飞扬。艺术的美，还能在咖啡牛奶浓浓的香气中带走你的思绪，给创作者以灵感，

♀ 提升品位的艺术形式 ♀

想要有高品位的生活，艺术的爱好和情趣是必不可少的。那么，有哪些艺术形式可以提高品位呢?

1. 绘画

提升美术素养是大有裨益的。懂得欣赏绘画作品的人，不一定有出众的外表，但绝对有超凡脱俗的魅力。

2. 书法

“琴书诗画，达士以之养性灵”，寄情于水墨丹青之中，沉浸于那洒满音符的氛围之中，你的心胸会无比舒畅。

感受艺术情趣之美的同时感受生命之美，生活中一切不快便会烟消云散，你的形象自然会由内而外地清新、优雅。

给奋斗者以希望。那么，哪些能体现出艺术的情趣呢?

1. 音乐

音乐绝不仅仅是一串单纯的音符，而是一种深蕴着人的精神的文化现象。无论在我国传统的音乐中，还是西方古典音乐，浪漫音乐中，我们都可以感受到音乐的精神“脉搏”。音乐大师们在五线谱间发出的对天、地、人的畅想，对命运的慨叹，对未来的展望，给懂得欣赏的人们带来心灵的震颤。

音乐是一道美丽的风景，但只有少数人有幸欣赏，因为这道风景不是用眼睛看的，而是用心去体会的。音乐就是这样，有着无穷无尽的、无法用语言描述的“魅力”，你可以在它的世界里，尽情放纵自己的欢笑、自己的泪水，在流动的音符中寻找往昔生活的印迹，编织你七彩的梦，获得心灵超越无限的自由之境。

2. 影视

影视作为一种特殊的艺术越来越多地走进人们的生活，成为一种不可或缺的娱乐方式。随着近几年影视业的繁荣，各种影片接连上映，异彩纷呈，因此，在花样百出的影视节目中有选择性地欣赏才是明智之举，而选择什么则要取决于一个人的个人品位。

一个有品位的人不会整天泡在电视前，看电视时必会讲究一个度。在看电视时也会有所选择，记住：只选可以增加知识、扩大视野、愉悦身心的节目，不要选那些只会消耗你的时间的节目。

第二节

越淑女越无敌

好性格使你幸运

下面是成功学大师戴尔·卡耐基讲述自己的一个故事。

一天晚上，我的好朋友查理·约翰逊突然到我家来拜访，他现在是纽约一家心理诊所的主治医师。对于他的到来我感到非常高兴，因为我们的确有很长时间没见面了。我让桃乐丝给我们准备一顿丰盛的晚宴，因为我要和查理好好叙叙旧。

闲谈间，我告诉查理自己正打算给女性写一本有关心理学方面的书，希望他这位专家能给我提一点建议。查理想了想，对我说：“性格，戴尔，你应该研究一下性格对人一生的影响。以我的经验来看，凡是成功的人都有自己成功的性格。事实上，好性格会使人幸运，也会让人成功，对女人来说也是一样。”

当时的我并不太同意查理的话，于是我说：“查理，你可能对自己的感觉和经验太自信了。虽然我知道性格对于一个人来说很重要，但我一直都认为人的成功是和机遇、社会环境、个人素质等因素有关的。实际上，性格不过是和成功有关的很小的一个因素罢了。”

查理似乎早就料到我会这么说，所以他很平静地对我说：“好，戴尔，我们假设你的说法是正确的。那么同样是机会，为什么有的人就能抓住，有的就抓不住？不管处于什么社会环境下，为什么总有少数人能获得成功，而却有相当一部分人过着平庸的生活？还有，为什么具备同样能力的人命运却不尽相同？戴尔，请你解释一下这是为什么？”

我真的哑口无言了，因为查理说得的确都是事实。我绞尽脑汁，想找一些例子来驳倒查理，然而却怎么也找不到。没办法，最后我只能承认查理是胜利者。

女士们，如果你们当时在场的话，会选择站在哪一边？我希望你们支持查理，因为无数的事实都已经证明，查理的观点是正确的。

我想，对于每一位女士来说，善良都是她们的天性。曾经有人说过："女性的善良是和母爱有着密切联系的。"女人之所以不喜欢争斗，是因为她们不愿意看到有人受伤害。有时候，为了满足别人，她们宁愿牺牲自己。

第二次世界大战开始不久，法国就被德国占领了。那时候，很多法国人为了躲避战争都逃亡到国外。苏丽的家人都死于德军的炮火之下，她只好孤身一人逃到了英国的一个小村庄。在那里，一位善良的老妇人收容了她。同时，这位老妇人也收容了另外几名不幸的女孩子。

老妇人对这几位远来的客人非常热情，甚至到了疼爱的地步。时间一长，其他几位姑娘都看出了一些端倪，都陆陆续续地离开了那里，只有苏丽自己留下了，因为她不愿意再忍受漂泊之苦。

终于有一天，那位老妇人对苏丽提出，希望她能够答应嫁给自己弱智的儿子。苏丽虽然心中并不愿意，但最终还是答应了她的请求，因为她不想伤害到老妇人的心。当然，女士们一定都能够猜到苏丽最后的命运将会是怎样的。

有些女士会对我有些不满，甚至可能会质问我说："怎么？卡耐基先生，难道你认为苏丽应该选择离开？你认为苏丽应该做个忘恩负义的家伙？"是的，女士们，我认为苏丽应该拒绝老妇人的要求，因为这关乎她一生的幸福。她的确应该对老妇人感恩戴德，但报恩的形式有很多种，不一定非要选择那种。我承认，苏丽女士是善良的，但她的这种善良超过了底线。其实，与其说苏丽女士性格善良，还不如说她的性格软弱。苏丽不懂得拒绝别人，更不想拒绝别人，因为她不愿意看到任何人受到伤害。然而，在这件事中，唯一受到伤害的就是苏丽自己。也许我们应该同情苏丽的遭遇，但我们却无能为力，因为这一切都是由她的性格造成的。

如今，我已经对查理的话深信不疑了，因为我以前的邻居罗斯姐妹印证了它的正确性。罗斯姐妹是一对双胞胎，两人长得非常像。在很小的时候，父母对这对姐妹一视同仁，从来没有表现出偏爱某一个。然而，随着年龄的增长，情况发生了变化。

姐姐露丝性格耿直，总是想到什么就说什么，而妹妹姬丝则性格乖巧，总是会想各种办法来讨父母的欢心。坦白说，露丝做的要比妹妹好，可是似乎她总是得不到父母的喜爱。罗斯夫妇感情很好，不过他们也像其他夫妻一样经常吵架。每当这个时候，露丝总是会站出来批评有错的一方，而姬丝则总是想办法逗生气的父母开心。虽然露丝经常会买一些礼物送给父母，但是父母似乎只惦记着妹妹。最后，罗斯夫妇在他们的遗嘱中清楚地写道，他们所有的财产全部都归姬丝所有。

虽然露丝和她妹妹的感情非常好，但她始终不能理解为什么自己的父母会如此偏心。于是，她找到了我，希望从我这里得到一丝安慰。听完她的叙述，我问露丝："你为什么不能像你妹妹那样讨好你的父母呢？"露丝有些苦恼地说："我并不是没有尝试过，但是我根本做不到。当我向父母献殷勤的时候，连我自己都觉得太做作了。我就是我，根本没办法成为姬丝。”我马上想起了查理的话，就对她说：“露丝，这一切都是由你的性格造成的。”露丝在听完我的话后，也表现出一副恍然大悟的样子。

老实说，我非常同情露丝，因为她真的没有做错什么，而她的父母也不应该对她有任何意见。可是，事情已经发生了，而且一切都是顺理成章的。

我知道，并不是所有的女士都有事业心。她们不渴望成功，也从没奢望过会有什么轰轰烈烈的大事发生在自己身上。在她们眼里，嫁一个好丈夫，做一名合格的家庭主妇就是最终目标。因此，很多女士并不认为拥有好的性格对她们有多重要。

然而，事实并非如此。如果你的性格懦弱，那么在面对丈夫的无理要求时，你是无论如何也不会拒绝的；如果你的性格胆怯，那么不管丈夫做了什么，你都不敢出声；如果你的性格冲动，那么一点小矛盾都可能在你们之间引发一场大的战争；如果你依赖性很强，那么就无疑会给自己的丈夫增加一份负担。

因此，不管女士们给自己的一生制订了什么样的计划，拥有好的性格对你们来说都是一件非常重要的事。特别是对于那些至今还没有被命运垂青过的女士，你们应该赶快行动，改变自己性格中的缺陷。不过，在改变性格之前，女士们首先要弄清楚，性格究竟是怎么形成的。

美国心理学协会前任主席拉帕克·道格拉斯曾经说：“性格是指导人行事的准则。实际上，人在刚出生的时候并没有形成真正意义上的性格，性格往往是后天培养出来的。每个人都有不同的思维方式，因此每个人也都有不同的行为习惯。这种行为习惯长期支配着人们，久而久之就变成了性格。举个简单的例子来说，一个人如果认为世界太冷漠，人情太冷漠，那么他就会养成不与人交往的行为习惯。在这种行为习惯的支配下，这个人就很容易形成孤僻的性格。”

由此，我们可以看出，一个人的性格是由他的思维方式决定的。因此，要想改变自己的性格，首先就要改变自己的思维方式。女士们在改变自己的思维方式的时候，一定会遇到很多困难，因为人的思维方式一旦形成，是很难改变的。不过，女士们可以试一试我的这个方法：反向思维。

反向思维的意思就是，女士们遇到什么事的时候总是会根据思维习惯作出判断。这时你们不要马上行动，而是朝着先前作出的判断的反方向思考问题。比如说，苏丽在听到老妇人的邀请后，马上作出不能拒绝的判断。因为她的思维习惯告诉她，如果她拒绝，那么就一定会让老妇人很伤心。这时候，苏丽就应该想，这件事是可以拒绝的，因为那样做会让自己获得幸福。这就是我说的反向思维。相信，如果苏丽当时知道这一方法的话，也不会选择留下。

当然，单靠着一种方法是不能改变一个人的性格的，还需要女士们自身做出很多努力。

♀ 改变性格的方法 ♀

树立改变性格的决心

无论做什么事情，只要有了决心，就已经成功了一半。

广交朋友

特别多交一些拥有好的性格的朋友，受到朋友的影响，你的性格也会潜移默化地发生改变。

到处走走，感受一些不同的环境

环境对人的影响很大，不同的环境造就不同的性格，因此，感受不一样的环境，性格也会发生改变。

虽然上面的方法不一定能够帮助女士们改变自己的性格，但它至少是给女士们提供了一些参考意见。不管怎样，拥有一个好的性格对于女士们来说都不是一件坏事。

善良：魅力女人的底线

有人曾说："女人的美德，应首推善良的心灵。"试想想，一个女人如果心胸狭窄、心地险恶的话，她的外形、声音再美丽，男人也不会长久地欣赏她的。即便开始他或许会迫不及待地追求她，但一旦认清她的"庐山真面目"，就会避而远之。

而与一个善良的女人相处，男人不仅无须戒备，而且会特别放松，时不时还会被她的美德善行所感动，除爱情之外，更对她有一份敬意。这样彼此相敬如宾、关爱有加，便铸就了双方感情的铁打江山。

善良，主要体现在对弱者的同情和对处于困境者的支援。在大街上经常会看到一些女人，遇到乞丐，总会送上一元几角；看到行动不便的老人、残疾人，有需要时便上前搀扶一把。如果看看伟人的传记，往往就会发现：伟人的母亲都是特别善良，特别乐善好施的女人。

善良的女人，不仅能够做到"己所不欲，勿施于人"，而且还会设身处地为对方着想。如有一位在大城市工作并成家的男士，一次突然接到住在乡下老家父母的信，信中说："家中房屋被洪水冲塌了，好在你及时寄钱来，现在房屋已重新建起来了。"接到这样一封信，他懵了，因为他不知道家乡遭了灾，更没有寄过钱。一问妻子，她才说："是我接到的信，就汇款过去了，也忘了告诉你。"她的这一举动，使丈夫感动不已：有妻如此，夫复何求？于是，他在心中暗暗发誓，以后一定好好珍惜这样的爱妻。

善良是魅力女人的底线。只要你有一颗善良的心，便会有夫妻关系的良性循环，家庭关系的良性循环，社会人际关系的良性循环，最终你自己也会获益良多，处于丈夫疼爱、子女敬爱、亲戚朋友关爱的融融乐境之中。这样的女人自然是幸福而富有魅力的。

宽容：女人最有魅力的财富

大海因为能够容纳百川，所以可以成为浩瀚的海洋。富兰克林说："对于所受的伤害，宽容比复仇更高尚。因为宽容所产生的心理震动，比责备所产生的心理震动要强大得多。"如果自己能够宽容别人，不但自己能够及时释放心理垃圾，而且别人也能够因此而宽容自己，同时与自己友好相处。假如别人伤害了自己，千万不要只会怨恨，关键是要学会宽容，并避免被别人再次伤害。心胸太狭窄绝对是一件坏事。报复心太强烈，最终只能害自己。宽容别人不仅是自己的一种美德，更是让自己健康长寿的秘诀。愤怒是毒药，宽容是良药。

宽容是一种仁爱的光芒、无上的福分，是对别人的释怀，也是对自己的善待。宽容是一种生存的智慧、生活的艺术，是看透了社会人生以后所获得的那份从容、自信和超然。宽容是一种非凡的气度、宽广的胸怀，是对人对事的包容和接纳。女性的宽容更是一种高贵的品质、崇高的境界，是精神的成熟、心灵的丰盈。

学会宽容是一个女人成熟的标志。宽容的人常常表现出勇于承担责任的作风，

♀ 女人应该学会宽容 ♀

宽容能使自己保持一种恬淡、安静的心态，去做自己应该做的事情。

整日为一些闲言碎语而恼火、生气，总去找人诉说，与对方辩解，甚至总想变本加厉地去报复，这将会使我们失去更多美好的东西。

有时一个微笑、一句幽默，也许就能化解人与人之间的怨恨和矛盾，填平感情的沟壑。

所以，女人应该学会宽容。女人要成为一个生活的强者，就应豁达大度、笑对人生。

如果肯检讨一下自己，就可以从失败和差错中找到自己所应负的责任。当一个人心平气和的时候，才可能保持清醒的头脑，找出失败的原因，采取克服差错的有效措施，以便更加努力地工作。

宽容，首先表现在处世上不愤世嫉俗、不感情用事。

生活中，确实存在很多矛盾和困难：物价上涨、住房拥挤、人际关系紧张，还有这个“难”那个“难”，真让人有点喘不过气来。谩骂、生闷气都无济于事，倒给疲惫的身躯又增加了几分新的负担。只要冷静观察，就会发现人们的生活本来就是苦、辣、酸、甜、咸五味俱全。在生活中，“看不惯”的有很多，理解不了的有很多，让人失望的也有很多。但人的能力毕竟是有限的，愤世嫉俗不会改变事态的发展，不会使关系缓和。所以，首先应当适应事件的发展，在适应中发现“破绽”，掌握改造的契机和应知应会的本领，而不是游离其外去指手画脚。这就是一种宽容的表现，人要顺利走完生命的旅程，就离不开宽容。

其次，宽容体现在对别人的不苛求，“但能容人且容人”。每个人都有自己的思维、工作、学习、生活习惯，既有其长处，也有其短处。在社会生活中，人们总要同各种各样的人打交道。所以，为了生存和发展，为了事业的成功，我们必须习惯于人际交往，善于同各种各样的人，特别是同能力、天赋等各方面不及自己或脾气秉性与自己不同的人友好相处、协调共事。就是对于有各种各样的缺点和毛病的人，我们也应注意发现其所长，尊重其所长。如果你只注意到别人的缺点，就容易使自己陷入孤立无援的境地。相反，换个角度，多注意别人的好处，用理解、同情和爱心去影响别人，使他既能认识自己的缺点，又能心悦诚服地改正，你就会处处碰到信赖和爱戴自己的朋友和下属，你的人际关系也会因此得到很好的发展。

当然，宽容不是无条件的，要因人、因事、因时、因地而异，所谓“大事讲原则，小事讲风格”，即是应取的态度。

处处宽容别人，绝不是代表软弱，绝不是面对现实的无可奈何。在短暂的生命历程中，学会宽容，意味着你的心情更加快乐，宽容可谓女人一生中最有魅力的财富。

温柔是魅力女人的本色

阴柔之美是女性美的最基本特征，其核心是温柔，温柔像春风细雨，像娇莺啼柳，像舒卷的云，像皎洁的月，更像荡漾的水。女性之美，美就美在“似水柔情”。

作为女人，你尽可以潇洒、聪慧、干练、足智多谋、文韬武略，但有一点不能少，你必须温柔。

“温柔”这两个字很自然地就和关心、同情、体贴、宽容、细语柔声联系着。温柔有一种无形的力量，能把一切愤怒、误解、仇恨、冤屈、报复融化掉。在温柔面前，那些吵闹吼叫、斤斤计较、强词夺理、得理不饶人，都显得那么可笑可怜。

女人，最能打动人的就是这温柔。温柔像一只纤纤细手，知冷知热，知轻知重。只这么一抚摸，受伤的灵魂就愈合了，昏睡的青春就醒来了，痛苦的呻吟就变成甜蜜幸福的鼾声了。

女性的温柔是民族遗风、文化修养、性格培养三者共同凝练所致。一个女人，善于在纷繁琐事、忙忙碌碌中温柔，善于在轻松自由、欢乐幸福中温柔，善于在柳暗花明时温柔，善于在关切和疼爱中表达温柔，善于在负担和创造中温柔，更善于填补温柔、置换温柔。温柔是女性走向成功的不可轻视的艺术。

温柔是女性独有的特点，也是女性的宝贵财富。如果你希望自己更完美、更妩媚、更有魅力，你就应当保持或挖掘自己身上作为女性所具有的温柔禀赋。

你应该努力变得更有见识。知识能够充盈你的头脑，丰富你的内涵，更能使温柔的你散发由内而外的光彩。

你应该努力变得更大方。不小气，不嫉妒，不讲闲话，不闹脾气，不要小性子，那些不成熟的小女孩做派不应属于一个温柔的你。

最后，请记住：温柔绝不等于软弱。娇滴滴、嗲声嗲气、小女孩腔、乱撒娇这些刻意的东西与温柔无关，除了能吸引一些肤浅的男子，只会被大多数人看成是惺惺作态。这样的女人一遇到问题，就希图要一把“假”温柔，博取别人的同情，而自己却欠缺处理问题的能力，软弱得可怜。

世上绝少会有哪个男人喜欢女人的蛮、野、悍、泼、粗、俗。女性的似水柔情，对男性来说，是一种迷人的美，也是一种可以将其征服的力量。一位诗人说：“女性向男性进攻，‘温柔’常常是最有效的常规武器。”女人的温柔包含了很多很多，善解人意，宽容忍让，谦和恭敬，温文尔雅。不仅有纤细、温顺、含蓄等方面的表现，也有缠绵、深沉、纯情、热烈等方面的流露。有的女人无限温存，像牝鹿一般；有的女人像一道淙淙的流泉，通体内外都充满着柔情……总之，女人的柔情各式各样，都像绚烂的鲜花，沁人心脾、醉人心肺。

真正的好女人，应该是爱的使者，温柔的化身，暗香长留，幽美温馨。

第三节

平均值高才能成为精品女人

只会白水煮白菜的女人很难成为婚姻中的成功者

如今，擅琴棋懂书画的淑女越来越多，会洗衣会做饭的平凡女人越来越少，但现实是：淑女也要吃饭，结婚后，难保不会为一日三餐的制作过程发愁！按着这个思路发展下去，再过十年二十年，也许最抢手的女人不再是多才多艺的淑女，而只是那些会做家务的平凡女人。

很多女性为了追求所谓的高贵，不肯下厨房，一心要当一个公主。在她们眼里，厨房都是凡夫俗子、村姑妇女去的地方。她们甚至不屑于做家务，觉得那些是再卑微粗俗不过的。要知道，美色固然可以开胃，但开胃过后，如果没有美味的饭菜入口，就算胃口再好也容易食之无味，幸福的生活还得从厨房开始。

晓云开始的时候就是这样想的。晓云的家里并不算特别富有，但是父母也都是高级知识分子，生活也算优越，从小对晓云疼爱有加，她连厨房门都不曾迈进过，也不用做家务，通常都是请钟点工之类的家政来收拾屋子。在她看来，自己本来就应该是一个高贵的人，以后的日子当然是一天比一天好，自己的一辈子都应该是这样轻松悠闲。

到了谈婚论嫁的年龄，晓云经过父母的撮合认识了有相似背景的磊，磊的家庭也很富有，而且磊自己也很有能力，年纪轻轻就已经成了公司部门的经理。最主要的是磊跟晓云求婚时表白的话：“我会用一辈子的时间呵护你，爱你，让你成为一个幸福的高贵的女人。”晓云一下被打动了，她心想：我以前要找的不就是这样的人吗？何况他还那么优秀。我真是太幸福了！可是现实总是与理想有一定的差距，结婚不久，晓云就大呼自己被骗了，而磊也生气地说自己真是瞎眼了。他们开始不断吵架，甚至提出了离婚。

双方父母赶紧赶过来“救火”，想看看到底是什么原因让这对本来应该甜蜜相守的爱人吵得不可开交。原来很简单：磊正处于事业上升期，每天要在公司加班，等部门的员工都走了以后还要总结一天的情况，可是当他疲惫了一天，想回家看晓云给他做了什么好吃的犒劳他时，却发现厨房冷清，干净，所有锅都是干干净净摆在那儿。冰箱里也空空的，除了零食就没有什么他能吃的。第一次他忍了，叫晓云下班早的话就去买点好吃的菜或者熟食之类的回家。可是连续几天，他发现不管是下班早还是稍微晚了，晓云都是不操心家务，从不买菜买米的，只会买点零食或者去外面吃。他还是忍了，也到外面去吃了几天。可时间长了，磊也受不了了，他开始觉得自己讨来一个地主婆一样的女人，只知道吃和使唤别人，而晓云也恼了，她觉得磊本来就有义务让她幸福高贵，要是磊没有做到，那也是他的事情，为什么要怪自己呢?

两人因为这个结解不开，吵闹到不可收拾，甚至到了离婚的边缘。双方父母听完以后都没有吭声，尤其是晓云的父母，脸色铁青，像憋足了气。晓云本来还想在父母面前哭诉一下，一看父母脸色不对，话也不敢说了。而这边晓云的父亲已经站起来给对方父母道歉了：“亲家，真是对不起，是我教育孩子的方式出现了问题。我希望现在我还能来得及教育她。”

说完，晓云的父亲又望着晓云问她：“你觉得你母亲幸福吗？高贵吗？”晓云想了想以前一家三口恩爱的样子，回答道：“当然幸福，妈妈每天脸上都挂着笑容，你和母亲又那么恩爱。母亲是一个受人尊敬的教师，学生常常来家里看她，她也是最高贵的人。”父亲又问她：“你母亲进过厨房吗？你的衣服、我的衣服都是谁放到洗衣机里的？你爱吃的菜都是谁给你做的？”晓云低下头不说话了，她的父亲又说道：“难道我不爱你的母亲？难道我没有呵护她？”晓云红着脸打断了父亲的话：“哦，我知道错了”。

父亲语重心长地说：“孩子，爱都是相互的，没有谁该为谁做什么，等着别人为自己服务并不是幸福，幸福是能让自己爱的人高兴。同样，高贵也不是自己什么都不干，高贵是付出过后，人家给你的尊重。”

晓云没有说话，默默站起来，走向了厨房，而磊也深情地拥住了晓云的肩膀……

在婚姻生活里，很多女人都会觉得自己委屈，认为自己付出得太多，对方却都在享受。其实，爱情是相互的，我们在付出的同时，也会因为对方的享受而感受到满足和快乐。

新时代的女人，往往会产生这样的误解，觉得只有出得了厅堂的妻子才会让丈夫觉得光彩，才会让自己在人群里抬得起头来，因此她们抗拒入厨房，宁可做事业女性在外苦苦奔波，也不愿意躲在男人的背后做个持家女人。这样的观点无疑是错误的。

♀ 好女人应该会下厨房 ♀

生活不同于工作，不是你把外面的事情做好了，家里就会温馨了。家，是两个人一起用心去经营的。

家里总是充满了琐碎，柴米油盐是我们生活的必需品，如果两个人都不关心，那么相信你们的家也就再无温暖可言了。

新时代的女性，不要总以为只要“出得了厅堂”就是丈夫光鲜的妻子，他们更需要“入得了厨房，出得了厅堂”的贤内助。

女人在为自己的脸蛋、身材操心的同时，也该在厨房里多花些心思，只会白水煮白菜的女人往往不是婚姻场上的胜者。

清白的名声是最体面的嫁妆

热播电影《无人驾驶》里，刘烨扮演的青年企业家志雄，无意中得知自己的妻子在结婚前在夜总会做过陪酒女郎，顿时大发雷霆，提出离婚。不论在他心里是不是相信妻子所说的“没有出过台”之类的话，别人的闲言碎语和异样的眼光也让他不堪其辱。若不是妻子已经怀孕，二人恐怕早已分道扬镳。

的确，男人都爱美女，但能够长久地抓住男人心的还得靠外貌之外的东西。只有长得漂亮又声名甚佳的女人，才是男人争先恐后想去追求的结婚对象。

也许会有人说：“名誉值几个钱？”确实，名誉无法像现金一样使用，无法换来丰厚的利益和享受，但它绝非没有价值。我们都知道，人的名誉其实是无价的。你有钱也买不来，你失去了便再也难找回来。对于女性来说，名誉尤其重要，原因很简单，社会对女性的名誉有着较高的要求。许多女性悲剧的出现，就是因为女性一时的失足而造成名誉扫地，最终走上了不可收拾的歧途或痛不欲生的末路。

一个刚刚毕业不久的女大学生看见自己的一个同学因为与单位领导的关系很好，被安排了一个很理想的工作，心中非常羡慕，她也希望通过走“捷径”来达到目的。眼热之际，她便有意与领导靠拢，处处献殷勤，经常独自一人到领导的办公室和家里去。她的心思自然被领导一眼看破，领导提出，只要她做他的情妇，他就提拔她，给她安排一个很好的工作。二人一拍即合。但天下没有不透风的墙，日子一久，两人的不正当关系便被暴露了。领导自然受了处分，被免了职。而这位女职员的事则被传得沸沸扬扬，名声扫地，没脸在单位待下去，也只好辞职。

你要相信，真正爱你的男人，不会在婚前用性来作为衡量爱情深浅的尺寸。

女人清白的名声，是自尊自爱的表现，是无价之宝，不仅让自己内心踏实，还能得到众人的敬重。清白的名声胜过一切美貌、学历和财产，是女人最体面的嫁妆。如果你真的渴望拥有长久幸福的婚姻，请珍惜自己的身体和名声。

精品女人的三个“本”——姿本、知本、资本

女人都想摇身一变成为精品女人，如何修炼自己才能成为精品女人呢？有人总结了精品女人的三个“本”。

第一个“本”是姿本。

不知在何时，我们悄然进入了“姿”本主义时代，虽然我不认同把姿色排在第一位，但不可否认的是，如今这个社会以貌取人的现象还是很严重的。其实也可以理解，“爱美之心人皆有之”，我们都喜欢美的东西，无论是男人还是女人。

以貌取人是不对的。但是，实际交往中，我们还是不由自主地倾向于长相好的人，

或者说得更具体深入一点就是形象好的人往往大受欢迎。

张静，因为缺乏“姿本”，在职场沉浮千余次，仍没有找到一份满意的工作。迫于生计，她决定通过整容来获取更多的“姿”本，美容院帮她实现了从“丑”到“美”的跨越式发展。有了“姿”本的张静再次求职，很快就开启了美丽人生。

好在我们生活在这样一个张扬的时代，美的定义早已多样化，无论你是否天生丽质，都可以把自己打扮得很优雅，所以“没有丑女人，只有懒女人”。多花一点时间保养自己，尽量多地留住青春，是我们每个女性的当务之急！当然光阴是有限的，我们还得去争取另外两个“本”！

第二个“本”指的是知本。

这是三个“本”中唯一一个只要肯努力就可以得来的东西，而且我非常认同这样一个观点——学习是一件终身的事情！上学期间大家读的书都差不多，离开学校之后其实才是真正分出高下的时候。有的人大学毕业后一年都不看一本书，吃的都是以前的老本，总有一天会山穷水尽。而我一直敬佩那些拥有良好读书习惯的人，不论何时何地，读书都是他们一直坚持的事，于是，他们就变成了“渊博”的人，他们的人生也更为丰富！

读书以外，知本还包括其他的技能，在生活和工作中游刃有余的女人，一定是那些掌握了很多技能和经验的女人，才能在人群中脱颖而出。

吴君如并没有惊艳的美貌，但她的演艺事业长盛不衰，这与她勤奋、敬业、积极学习的态度是绝对分不开的。和同辈女星比较，吴君如似乎得花更长时间才找到属于自己的定位，入行时的运气也好像不是那么顺利。当时正是新艺城带动的喜剧热潮，加上自己外形的限制，吴君如常常得扮演电影里头被消遣挖苦的角色，如果说周星驰的片子经常丑化女星，那吴君如可要算是第一代的扮丑女艺人。

不管是艳星、玉女，都显示了以男性视角出发，由男人的眼光来决定的女人在影坛乃至社会应该或可以扮演的角色。而扮丑却可以挣脱“花瓶”之嫌，锻炼演技，加强自己表现力的厚度和深度。幽默十足的角色更能与观众沟通，拉近了银幕上的距离。当同辈女星都能以美艳动人的姿态出现在银幕上，而自己被调侃时，我们可以想象吴君如内心曾经承受的压力和经历的挣扎。不过她却毅然接受安排，豁达开怀地扮演了大家心目中不美的角色，精湛的演出，同样让观众接受了她。

2003 年，吴君如凭借《金鸡》摘得金马影后的桂冠，再次证明了她的选择是正确的。《金鸡》是一部笑中有泪的香港奋斗史，用幽默搞笑的情节表达厚重的内涵，引起了无数人强烈的共鸣。

第三个“本”则是资本。

都说新世纪的新女性要独立，而独立女性的第一条标准就是经济要独立。

以前听朋友说过，20 岁的女人要漂亮；30 岁的女人要聪明；40 岁的女人要有钱，

♀ 女人要有自己的资本 ♀

很多女人寄希望于寻找一张“长期饭票”，把自己的一生都依附于男人，乍看之下不失为一劳永逸的方法。

但是寻找长期饭票也要承担风险，不仅要考虑饭票的“有效期限”，还要承担靠外表拴住男人的“折旧”风险。

当婚姻破碎时，金钱纠纷很容易使男女双方恶语相向，而受害的一方，往往就是没有经济能力的女性。

因此，女人有钱，不只是为了追求享乐，而是要确立为自己做主的权利。

这样才比较理想！我倒觉得，无论哪个年龄，只要你的钱财是通过自己的努力得来的，那当然是多多益善，就像俗语说的，“谁有都不如自己有”，唯有自己的腰包足了，心里才更踏实！所以，挣钱要趁年轻。

姿本、知本、资本，这就是成就精品女人的三个本，倘若做到了这三方面，那么，你一定是一个成功而幸福的女人！

不必会满汉全席，但至少会几道拿手好菜

作家毕淑敏很形象地说，一个不爱做饭的女人，像风干的葡萄干，可能很甜，却失了珠圆玉润的本质。

也有人说，女人味就是油烟味，如果一个女人身上除了脂粉味就是香水味，那她总归算不上一个有味道的女人。

吴双是独生女，从小被父母视为掌上明珠，在家从来不碰厨房里的锅碗瓢盆。到了嫁人的年纪，吴双千里挑一找了一个会做饭的男人，有一手好厨艺，这对吴双来说是件无比幸福的事。因为吴双是那种一辈子都不想踏进厨房半步的“贵妇人”。就连吃完饭收拾碗筷的事她都不会去做，在家的时候有妈妈做，结婚了就由丈夫做，总之自己是不会亲自动手的。这样一个对厨房陌生的人自然谈不上做菜烧饭了。可刚好这天丈夫生病了，丈夫的同事很热情，非要来家里看望请了病假在家休养的丈夫。同事们并不知道天生丽质的吴双不会做饭，所以来了之后再三提出一定要尝尝吴双的手艺。

吴双属于那种很大方得体的女人，她不假思索地连声答应：“当然要，当然要。本来我们家丈夫早就说有机会要请你们来家做客的，今天刚好都来了，说什么也要在家里吃顿便饭。”丈夫一听吴双的话一边热情地应着“应该，应该的”，一边又偷偷地对吴双使眼色。聪明的吴双立马明白了，今天的饭是必须要在家吃的，并且必须要她亲自动手才行的。这可有点让她犯难了。吴双在焦急的时候偷偷给闺蜜打了个电话，闺蜜通知了几个“救兵”，以看望丈夫为由，也加入到了这顿饭局中，这才帮着吴双烧了几个不错的好菜，总算没有在丈夫同事面前给丈夫丢脸。

自此以后，吴双明白了完全不会做饭也是不行的。她慢慢地加入到闺蜜的行列中，让姐妹们指导她学做菜。吴双是那种很聪慧的女人，一学就会。很快亲朋好友聚会，她已不用找理由下馆子了，而是和丈夫一起自己在家烧菜。甚至有些时候还会给丈夫烧菜、煲汤。丈夫也越来越爱她，因为她越来越会照顾和爱护丈夫了。他们夫妻之间也越来越恩爱。

作为女人虽不需会做满汉全席，但至少要会几道拿手好菜，至少在亲朋好友相

聚的时候不至于出丑；至少在节假日家人团聚的时候也能端上一份心意；至少在爱人面前也能给予一份温暖。

女人，用母亲那一代人的话说，“生为女人哪能不做饭”？虽然现在女人也不再像母亲那代人一样的封建和保守了，做饭也不再被视为女人的“专利”了，但是也

♀ 女人应该学会做菜 ♀

女人应该学会做菜，至少要会几道拿手好菜。

最起码在需要你表现这种能力的时候，你具有这样的能力。

要知道，女人烧饭做菜，不只是填饱男人的肚子，更是填满男人的自尊。

一个女人哪怕是笨手笨脚也要试着为男人做一顿好饭。在男人眼里，其意义不只是果腹，那是她对他爱的最直白、最实际地表示。

并不代表现代女性就应该不管不顾，不闻不问了。民以食为天，一天三餐是不可少的。有的女人因为工作忙，婆婆或者母亲帮忙做饭，但也要有让老人家休息的时候，为长辈做一桌可口的饭菜。

“食色，性也。”男人能娶到美女做老婆自然是一大乐事，倘若美女老婆还会做美味佳肴则是男人前世修来的福分。试想一下，在外忙碌了一天的丈夫，晚上下班回到家看到你正在厨房忙碌的身影，正在做他最喜欢吃的梅菜扣肉，他便会像个孩子似的围着你转，有时候他还会俏皮地搂着你的腰看着你烧菜。这样的温馨情景是不是很令人羡慕呢？但也并不需要你像个家庭主妇天天烧饭做菜，只需要你在特定的时期表现一下，让你的爱人享受你的美食，同时也享受你给予他的爱。

有一句话流行了很多年："要留住男人的心，先留住他的胃。"有人说胃和人是一样的，都会形成一种习惯，所以一定要让你爱的人习惯吃你做的饭菜，让你的男人无论在哪个饭局上都能忆起你为他烧过的菜。如果丈夫经常出差，聪明的女人更应该学会做几道拿手菜，让久别重逢的丈夫美美地吃上一顿家常饭。如果你的丈夫在公司加班会很晚才回家，这时看到你刚刚把做好的饭菜端上饭桌的时候，他肯定会有一种莫名的感动。也许你的丈夫经常有饭局，那么你要会做几道轻淡的菜，他会觉得无比的幸福和温暖。如果他因为工作的原因经常要陪客户喝酒，那么你要会煲几个小汤，能让他喝高了的胃里舒服些，他自然也会很感激你的良苦用心。聪明的女人用一手好菜、用爱来营造和谐轻松的家庭氛围。

戴尔·卡耐基认为，厨房属阴性名词，它是母性的、包容的，在电视、电影里看到的那些厨房，都散发着暖融融的母性光辉，堪称是世界上最博爱、最温暖的地方。当然，再光辉夺目但空荡荡的厨房也比不上有妻子忙忙碌碌身影的小小的厨房，那是我们真实日子的一个浓缩。

第四节

才女请打扮，美女请充电

书中自有颜如玉

一个正在读书的女人，能给人以无限的美感。因为读书会使她产生一种情调，一种超越了形体的持久的妆容，一种不会被衰老所剥夺的美丽。读书为女人的美丽增添了厚重的文化底蕴和质感。这种美丽乃是女人灵魂之美。灵魂之美远远高于一副无可挑剔的好容貌。没有了灵魂的空间，没有了思想的闪现，无可挑剔的容貌也是黯淡的。或许美化灵魂有不少途径，但正如一位女作家所说，阅读是其中易走的、不昂贵的、不需求他人相助的捷径。

爱读书的女人，不管走到哪里都是一道风景。也许她貌不惊人，但她的美丽却是骨子里透出来的，她谈吐不俗，仪态大方。那是静的凝重，动的优雅；是坐的端庄，行的洒脱；是天然的质朴与含蓄的交融。爱读书的女人，她的美，不是鲜花，不是美酒，她只是一杯散发着幽幽香气的淡淡清茶。

爱读书的女人，她们心有琴弦，纵然是独自漫步，也并不寂寞与孤单。

爱读书的女人，她们生活情趣高尚，很少去叹息、忧郁或无望地孤独、惆怅。因为她们懂得与其长吁短叹，不如把时间和精力用来读书，使自己从“忧郁”的境遇中解脱出来。

爱读书的女人，她们拥有从容的心态，能保持年轻的心境，从而对于年华的逝去无所畏惧。不埋怨环境，也不艳羡别人，让心情一天比一天愉快年轻。

爱读书的女人，她们以聪慧的心、博大的爱、善解人意的修养，将美丽写在心灵上。读书，使她们更潇洒；读书，为她们添风韵。即使不施脂粉，她们也显得神采奕奕、风度翩翩。

16 岁时，毕淑敏开始在苍凉的西藏阿里高原某部当卫生员，晚上值班，一守就是一夜。每当轮到她值班，她都事先把照明用的那一盏马灯灌满油，天亮了，油也点完了。司务长很奇怪：“你把油干吗使了？是不是把油都喝了？”其实，她是就着马灯暗淡的光读书。《鲁迅全集》就是在那盏马灯陪伴下读完的。转业回北京时，毕淑敏摩挲着那盏马灯不忍分离。《红处方》是毕淑敏的第一部长篇小说。为了更好地表达毒品与人性的主题，在 1993 至 1994 年，毕淑敏阅读了大量关于药理学、植物学、国外黑帮贩毒集团写实作品的书籍。有一位朋友给她借来一本中国吸毒史，她一看，里面写到的她都读过了，这时，她才感到可以动笔了。

读书让毕淑敏成为了一名成功的作家，读书更将她打造为一个拥有丰富内涵的知性女子。

的确，一个女人，在读过足够的好书之后，她会变得很优秀，因为书给了她底气，熏陶了她至真、至美、至纯的情感，使她变得温文娴雅、善解人意，充满书卷气息。这就是所谓的“腹有诗书气自华”。

爱读书的女人是善于思考的人，有思想的人。因为读书能使人变得睿智与坦荡。

读书能使人修德养性、智慧无穷、目光远大、美化心灵。人生在世，吃山珍海味是一种享受，读一些振聋发聩的书更是一种享受，前者只能饱一时的口福，后者会让你终身受益。读书可健脑去病。读书就好像服用“超级维生素”，可以使大脑，甚至身体重新充满活力。

读书，可以让你的心里有一盏明灯，守得住心灵这个宁静的港湾，始终视书籍为精神的伴侣，身居闹市，却能远离红尘的烦琐与喧嚣。

读书，可以让你没有时间唠叨饶舌，没有时间拨弄是非，不会像别的女人那样日渐粗俗。

读书，可以让你交上一群高尚的朋友。正如毕淑敏所说：“好书对于女人，是她们招之即来的永远不倦的朋友。”

读书的用脑强度可恰到好处地增加脑血流量。正所谓“唯书有真乐，意味久犹在”。

读书可以美化形象。经过长期的读书熏陶，身上便有股书卷味，不讨人嫌，那是读书的惠泽。现代人越发热衷于美容了，各种美容手段花样迭出，但所有的美容手段中，读书是最佳之道。余秋雨这样说过：“读书可以使自己成为一个健全的人、可爱的人、健康的人。”

做个爱读书的女人吧，把读书作为你终生的功课，你就能够把生活读成诗，把人生读成散文，你就能够拥有世上最好的化妆品，把美丽写入心灵！

比漂亮女人聪明，比聪明女人漂亮

美国哥伦比亚一家公司曾经对办公室女郎的外表做过一项调查，结果显示美女很容易找到办公室文职这样的工作，她们的起薪水平高于其他相貌平平的女子，但是她们很难进入更高层的领域。因为这些领域对能力的要求要明显高于外表。《杜拉拉升职记》中，海伦就是这样一位外表出众的漂亮女郎，而她在公司的定位仅仅局限在秘书这个职位，而相貌平平的拉拉却凭借聪明的头脑和热情的干劲，在公司步步高升。

♀ 如何脱颖而出 ♀

这个时代，美女太多，有能力的女性也不少。如何在她们中间显露自己，女性朋友不妨从提高自己的“综合素质”入手，这里的“综合素质”就包括内在和外在两部分。

外在就像你的硬件条件，你要修饰好你的面容、保持合度的身材、选择得体的穿着，并且保持优雅的举手投足。

而内在就像你的软件条件，你要积累丰富的学识、懂得为人处世的原则、修炼自己的品性，这样内外兼备的你才是最完美的。

只有漂亮是万万不行的。只有兼具了美丽与能力，才能让自己耀眼。

海伦和拉拉的经历告诉我们，良好的外表的确能给人带来很多优势，但外表只是“开场白”，它可以成为敲门砖，却不是成功的保证。

只在某一方面突出并不能称之为优势，强大的综合实力才能让你胜人一筹。就好比木桶原理，最高的那一节木桶再高，水最多还是只盛到最低的那一节木桶。所以，单有美丽的外表或者聪明的大脑不会保证你脱颖而出，但如果你既聪明又漂亮，还会有谁注意不到你呢？

英国伦敦大学一位系主任在谈到一位女讲师时，说：“她应聘本系讲师职位时，从她一进门，我就感到她是我所渴望的人。她身上有着某种气质，把她那庄重的外表衬托得越发迷人。只有有高度素养、可信、正直、勤奋的人才有这样的光芒。第一分钟我就定下了人选，30 分钟之后，我就让她第二天来系里报到。她没有让我失望，现在她已是最优秀的讲师。”

在众多的竞争者中，女讲师为什么散发出这种气质，系主任说得似乎很玄乎，但聪明人一眼就看得出来，因为她既有过硬的专业实力，又有极富吸引力的外表。这两项优点叠加起来与其他竞争者相比较就显得格外突出。系主任还有什么理由不选择她呢？

聪明的女人都不如你漂亮，漂亮的女人都不如你聪明，这样完美的你走到哪里都是最抢眼的风景线。

男人，“娶德”胜于“纳色”

提起中国古代四大美女，女人自然而然会在脑海中浮现出西施、貂蝉、王昭君、杨贵妃美艳绝伦的外貌。她们获得浪漫爱情，获得优质男倾心，获得富贵人生，女人没有丝毫嫉妒，以为这是她们绝世美貌应得的。

然而，中国古代四大丑女的爱情故事却鲜为女人所知，就算知道了，也大多会嫉妒心大发，气呼呼地说：“凭她那长相，居然也配？”大有为丑女身边的优质男打抱不平的意思。然而，在优质男的心中，选择伴侣，美德往往比美貌重要，他们更多的是看一个女人的内心，其次才是外表。

到底中国古代四大丑女有着怎样令女人艳羡的爱情，下面就将一一呈现给大家。

1. 嫫母与黄帝

在中国古代四大丑女的榜首位置上，高坐着的是黄帝的妻子嫫母。汉王子渊《四子讲德论》中云：“嫫母倭傀，善誉者不能掩其丑。”意思是说嫫母面貌的丑陋已经让最能言善辩的语言家也黔驴技穷了，难以找到赞美她容貌的一言半语。此语形象地点明了嫫母容貌的丑陋大有“前无古人，后无来者”的难以超越之处。一个女人丑到了如此高的境界，怕是连神仙也难以望其项背。所幸，嫫母为人贤德。屈原《九章·惜往日》:“妒佳冶之芬芳兮，嫫母姣而自好。”正是她的贤德，成就了她和中华民族的始祖黄帝的姻缘。婚后，嫫母一心辅佐丈夫打拼，传说黄帝败炎帝，杀蚩尤，皆因嫫母内助有功。得如此贤内助，即便貌丑，黄帝却也如获至宝，满心欢喜。

2. 钟离春和齐宣王

仅次于嫫母的中国古代丑女叫钟离春，是战国时期齐国无盐人。据说，这个女人鼻孔朝上，头发稀疏干黄，皮肤和人的脚后跟一样，脖子肥壮，骨节粗大，30 岁了还没嫁出去。不过相貌的缺憾并不能扼杀钟姑娘的勃勃雄心。当时执政的齐宣王，政治腐败，国事昏暗，而且性情暴躁，喜欢听吹捧，谁要是说了他的坏话，就会有灾祸降到头上。但钟离春为拯救国民，冒着杀头的危险，赶到国都，齐宣王见到了钟离春，还认为是怪物来临。一见面她就对齐宣王说 :“你完蛋了，你完蛋了，你完蛋了，你完蛋了。”齐宣王让她给吓得浑身冒冷汗，赶紧询问原因。钟离春就给他提了四条意见 : 一是缺乏人才储备 ; 二是听不进别人的意见 ; 三是沉湎女色 ; 四是乱建楼堂馆所。齐宣王骨子里尚属贤明君主，当下便采纳了钟离春的中肯意见。此外，齐宣王为了改掉“沉湎女色”的毛病，册封钟离春为皇后。

3. 孟光和梁鸿

当用“举案齐眉”来形容一对夫妻的感情时，人们总是能感受到这对夫妻之间的相亲相爱。然而，人们却难以想到，这段“举案齐眉”的佳话却是由名列中国古代丑女第三的东汉的孟光和丈夫梁鸿缔造。据史书记 : 孟光又黑又肥，模样粗俗。力气之大，能把将军、武士操练功夫的石锁轻易举起，被看成是无法管束的蛮婆。加上她又极丑，家里人作了嫁不出去的准备。可仍有媒人替孟光与一丑男搭桥，孟光开口道 :“我只嫁给梁鸿，其他任何人都不嫁！”梁鸿是当时的大名士，文章过人，儒雅倜傥，堂堂的美男子，传说当时不少美女为他得了单相思。因此孟光对媒人说的话，一时被国人传为笑料。但梁鸿看中孟光的品行，毅然娶了孟光为妻。后来，梁鸿落魄到吴地当佣工，孟光毫无怨言地随同前往。梁鸿每次劳作回家，孟光都把食具举至眉平，再恭恭敬敬地递给梁鸿，“举案齐眉”由此而来。二人相亲相爱，白头偕老。

4. 阮女和许允

落在中国古代四大丑女榜尾的是三国时期阮德慰的女儿阮女。《三国志》为许允做传时曾写道，东晋的许允娶了阮女为妻，花烛之夜，发现阮女貌丑容陋，匆忙跑出新房，从此不肯再进去。后来，许允的朋友桓范来看他，对许允说 :“阮家既然嫁丑女于你，必有原因，你得考察考察她。”许允听了桓范的话，果真跨进了新房。但他一见妻子的容貌拔腿又要往外溜，新妇一把拽住他。许允边挣扎边同新妇说 :“妇有‘四德’（封建礼教要求妇女具备的妇德、妇言、妇容、妇功四种德行），你符合几条？”新妇说：“我所缺的，仅仅是容貌罢了。而读书人有‘百行’，您又符合几条呢？”许允说：“我百行俱备。”新妇说：“百行德为首，您好色不好德，怎能说俱备呢？”许允哑口无言，羞愧不已，当天晚上就和妻子圆房了。从此夫妻相敬相爱，感情和谐。

相比中国古代四大美女的爱情而言，中国古代四大丑女获得的才是真正的爱情。她们没有四大美女的美貌，甚至没有平常人的凡俗容颜，她们的丈夫却个个才学过人，甚至俊美无比，甘愿为这四个丑女的才德所倾倒，夫妻相敬相爱，白头偕老。她们的爱情故事告诉追求爱情的小女人们：丑女也有爱情的春天，甚至丑女的春天比美女的春天还要美丽缤纷。德才兼备的丑女，就算你是新时代的贝蒂或林无敌，你也能凭借德才兼备，轻松攻破优质男的心房，让他甘做你的爱情俘虏。

不太漂亮的女人更有福

在格林童话里，王后每天都会对着梳妆台上的魔镜问：“小镜子，小镜子，请你告诉我，谁是世界上最美丽的女人？”当镜子回答说：“是你，王后！你是这儿最美丽的女人。”她就会满意地笑起来。可当魔镜回答说“王后，你很美丽，但是白雪公主要比你漂亮一千倍”的时候，她就勃然大怒，要将白雪公主害死。

从小到大，我们都会讨厌恶毒的王后。但是每个女人却都希望小镜子会对自己说“你是世界上最美丽的女人”。美丽，几乎是每个女人心里梦里都想得到的东西。但是你是否想过，有时候太美丽也是一种错误，它太容易耽误人。

漂亮的女人可以吸引一千个情人，却未必能找到一个丈夫；漂亮的女演员得奖了，会被说成花瓶，不太漂亮的女演员得奖了，就说是实力；漂亮的女职员晋升了，人家说你靠的是美色。

丽丽属于那种回头率很高的超级美女，她在一座城市里做车模，并且很有名气。城里的每次车展，车商们都会找到她，收入也颇为丰厚。但令她十分失落的是，城内最大的车商却从来没有找她。他们告诉她：“你太美丽了，如果让你当车模，让顾客去看你呢，还是看车？”

几年前，丽丽的一位同学认为女人有自己的事业才靠谱一些，并邀她投资一家主题咖啡馆。尽管她有足够的钱来经营咖啡馆。但是她不以为意，因为她有美丽，美丽是可以创造价值的。更何况她喜欢那种被闪光灯包围着、被男人们的眼睛聚焦着的感觉。3年过后，她的同学已经开了10家连锁店，而她却依然是一个被车商担心抢了车子风光的车模。5年之后，她容颜渐老，已经没有多少人来找她做车模了。关于未来，她没有其他的生存本领。关于爱情，她也不知道应该跟谁谈恋爱，大众

♀ 美丽女人容易失去的东西 ♀

有人总结，太过于美丽的女人容易被夺走 3 样东西。

1. 坚强

美丽的女人在遇到困难的时候大都希望有英雄来救美，她们习惯了被保护，一旦某一天失去了保护，就很难坚强地在这个艰难的社会中生活得很好。

2. 自由

由于美女天生的诱惑力，所以一旦名花有主，若男方心胸比较狭窄的话，则有失去自由的危险。

3. 好男人

美女们太喜欢享受那种被人穷追不舍的感觉，而好男人自尊心一般都很强，只要一个脸色不对立即就会扬长而去。

情人其实是没有情人的。面对着已经身价上亿且早已结婚成家的同学，她突然发现，如果我不美丽，也许现在我会更好。

太过于美丽的容颜，不一定有完美的结局。上帝总是公平的，在赐予你某种礼物的时候，也会夺走这个人所拥有的一些东西。

美丽虽是一种幸运，但并不代表着仅此一项就获得了通往幸福的捷径。生命本身有很多种滋味，何必苛求自己一定要是倾国倾城的大美女？只要不是特别丑，就没有必要为了追求美丽在自己的脸上、身上动刀子。一旦手术失败，结局只能是“没有最丑，只有更丑”，不仅浪费了大笔的金钱，还造成了人生的遗憾。

追求美丽没有错，但千万别太过度。除了美丽，还有很多值得我们追求的东西。

第三章

将优雅当成一种习惯来培养

第一节

让自己优雅一辈子

怎样做一个优雅女人

优雅是一种恒久的时尚，是一种文化和素养的积累，是修养和知识的沉淀。从一个女人优雅的举止里，我们可以看到一种文化教养，让人赏心悦目。

优雅的女人都从容。她们经历过人生的风浪，岁月的痕迹不光留下风霜后的苍凉，更有资深的阅历，好像大树的年轮一样一圈一圈积累着人生，积累着智慧。

优雅的女人，淡定从容，谈笑风生。你若要她们受到你的惊吓，那只是小孩子的一种尝试，她们会一笑了之。都是包容，或者是云淡风轻，举重若轻的优雅已经达到美丽的顶级。这又何尝不是人生最美丽的风景？

优雅女人活泼主动。她们是都市的靓丽风景，或者她们属于白领，有着令人羡慕的工作，或者她们有自己的生活，生活舒心，谈笑自若，雍容大方。她们会和你矜持却不失亲切地交谈，她们会和你讨论今夏最流行的颜色，她们会提到她们家的小猫是怎样的调皮。笑笑谈谈，眉目含笑，举止有度，点到为止。母性的光辉和智慧刺得你睁不开眼。

优雅女人懂生活，懂情趣。她们拥有最好的品德，既不忘古典传统文化的谆谆教导，又具有接受最新文化的能力，兼容并包，和蔼可亲。当你和她讨论生活，讨论喜好，她们总是给你最好的建议并且策划到几近完美；她们是幼稚少女的人生指南，步步到位；她们和任何人都能成为朋友，让你相见恨晚。她们在人前是如此的矜持又开朗，进退适宜不惹人尴尬，谦虚又可爱。

没有哪个女人不想成为优雅的女人，而许多人又常苦于找不到优雅的秘诀，或

♀ 优雅女人的三大特征 ♀

1. 聪明博学

“女子无才便是德”的时代已经过去了，有才学的女子冰雪聪明，令人折服。她的言谈举止绝不会令人感到厌烦乏味。

2. 修饰得当，有独到的品位

女人可以没有漂亮的脸蛋，但要看上去赏心悦目；女人不应该盲从潮流，而是应该独具匠心地穿出自己的风格。

3. 言语风趣，收放自如

优雅的女人很懂得语言的艺术，能够轻松地化解无聊的玩笑，也能适时地化解尴尬的场面。

总之，优雅女人并不是只有漂亮的外表，要知道，一个既有美貌又优雅的女人会令男人心动不已。

者抱怨缺乏应有的条件而信心不足。优雅，真那么难吗？其实，做优雅的女人并不难，不需要很高的条件，秘诀是从身边的小处做起。没有过度的装饰，也不流于简单随便，坚持独立与自信，热情与上进。由中国红变成亮眼蓝的羽西曾言：快乐就是成功。她说人在可以站着的时候，就一定要坚持站着，而且还要保持着漂亮的样子，这是对自己的尊重，也是对别人的尊重。女人要保持自己的优雅。

要做一个优雅的女人，就必须增长自己的知识，将优雅之树的根深扎在文化的沃土之中，这样才能使它枝繁叶茂。因为优雅的女人，必定是心灵纯净的人，净化心灵的最好办法是吸取智慧，吸取智慧的最好办法则是阅读。“书中自有好风光”，“书中自有黄金屋”，“书中自有颜如玉”。读破万卷书的人，心中不会存有一池污水。知识能够改变命运，同样，知识可以培养女人的优雅。所以，要想做一个优雅的女人，就要多读一些书，尤其是一些励志的书，不断地充实自己，完善自己。喜欢读书的女人，永远都是不俗的人，只有不俗的人才有资格做优雅的人！

优雅的女人一定要有自己的事业。优雅的女人不是依附的小鸟，不是攀岩的凌霄花。优雅的女人就是一只展翅高飞的鲲鹏，就是一棵参天的大树，而事业则是这一切的基础。所以，要做一个优雅的女人，必须热爱自己的工作，因为只有热爱自己的工作，才能做好自己的工作。从事自己所热爱的工作是一种幸运，热爱自己所从事的工作是一种幸福。幸运不是每个人都能遇到的，幸福却是大家都可以追求的。优雅的女人一定是幸福的女人，追求幸福就是追求优雅。

优雅还包括一个女性对美的独到的见解和追求。倘若整日衣冠不整，不修边幅，无论怎样也是同优雅联系不上的。所以，优雅的女人，她的着装永远都是不张扬而富有格调，那感觉就像静静地聆听苏格兰风笛，清清远远而又沁人心脾。

如果说女人似水，那么优雅的女人就可以水滴石穿，用智慧去获得爱与尊严。外在的美随风易逝，肤浅也耐不起寻味，而优雅的女人用丰富的内心世界和对生活的智慧，让自己永远是一棵有风景的花树。

女人要自信而优雅地生活

真正的优雅是来自内心的“神韵”之美，是充实的内心世界、质朴的心灵付诸于外的真挚表现，是自信的完美个性的体现。

陈燕妮是一个众所周知的优雅女人。说起她，得要说一说她的文字。在文字里，陈燕妮是个敏感多于沉稳干练的女子。因为在她的笔下，女人所有的触觉和感性的思维都在轻轻地颤动，让那一个一个被人们忽略、遗忘的故事重新以鲜活的面目再现。你可以不佩服她细腻的文笔，但你不能不为她纯属女性的敏感的洞察力而倾倒。这样的一个女子，又如何不会充满着优雅，不成为其他女人力求完美学习的对象呢?

从《遭遇美国》的轰动开始，陈燕妮的书就成了中国人认识美国的一个感性的窗口，人们在她的充满女性意识的笔下认识了美国更多的角角落落，也看到了更多中国人在大洋彼岸的艰辛和奋斗，以及中西文化碰撞中曲折的心灵体验。从做《美东时报》的新闻记者，到在中文电视台工作，陈燕妮在5年后出了第一本书《告诉你一个真美国》，随后几本讲述华人在美创业以及华人回国经历的书一经面市，就成了当季的畅销书。后来，她创办了《美洲文汇周刊》，自己担任总裁。

在陈燕妮的言谈举止中，有种不经意流露出的自信。对于一个经历丰富的女人来说，这种自信比年轻美貌的自信来得似乎更有理由。

当有人问她："你一直就是这么自信吗?"

陈燕妮沉思片刻，眼睛里开始浮动着一些朦胧的东西。"或许吧。在很多时候，我的脑子里会突然出现'第一名'这个词，一定要做第一名的想法支撑我度过了很多艰难的时刻。可能我是个好胜的人，但人有什么理由不好胜呢?你的资质、才干都不比别人差，那你为什么要甘于人后呢?当然，要在美国有足够的自信，就要有足够的实力。比别人更多的付出，是在所难免的。在做记者的时候，我是最勤奋的。每期的报纸大到头条小到消息，几乎被我一个人包揽。白天上班，晚上写书，把所有的业余时间都用在写书上。即使如此，在美国写书也仍然是件奢侈的事。要知道，美国人把所有的时间都用来挣钱，维持生计。好在现在我已经没有了这方面的困扰，但自己办报也是件头绪很多的事，白天忙得团团转，到晚上开始整理思绪写书，经常要写到夜里三四点钟。"原来大家熟悉的这些书，这些充满感情的文字，竟然都是她在工作之余写的!

那么，陈燕妮怎么看待优雅女人呢?

"我认为优雅的女人首先应该知道自己是谁。其次她应该是个成功的女人。试想一个身着高贵晚礼服的女人，在宴会上可能会做出各种优雅的姿态，可一转身，她却向身后的男人要生活费，你还会觉得她优雅吗?有了成功事业的女人，才会有充足的自信体现出的气质的优雅。"

有人问陈燕妮："作为一个成功而忙碌的女人，你认为最幸福的是什么?"

"当然还有家庭的和睦。"陈燕妮笑了。看得出来，她有个幸福的家庭。

"在过去我并没有真正认识到，可能是在美国的时间里我才慢慢意识到的。可以说，年纪渐渐大了，觉得一个和睦的家庭对女人的影响太大了。不然，人在社会里感觉特别漂浮，很难受的。"

与陈燕妮接触过的人都说她是那种可以在说笑间让你接受其想法的人，不经意间，让你感受到她的力量，是那种有特殊魅力的人。

在女人的心目中，优雅有着特殊的内涵：优雅是女人最美丽的衣裳。用拆字法对"优雅"进行分析的话，"优"所指的是一个人内在的品质、涵养、气度、心态所

♀ 如何打造一个优雅的你 ♀

有什么办法可以减轻无休止的压力，打造一个优雅的你呢？

每周至少一次，关上电视，听一曲优美的莫扎特小夜曲或外国经典萨克斯曲等柔情似水的轻音乐。

坚持做健身运动，而不要在工作得筋疲力尽之后，径直去洗桑拿浴。

言行、着装得体。言行符合场合，装扮符合身份，举止有度，这样的女人会优雅不凡。

优雅的魅力不是模仿就能得来的，它是靠女人从自身的各个方面一点一点修炼出来的，女人在交际场上适度展现自己迷人的优雅能让自己光彩照人。

具有的完美状态，而“雅”则是你内心所处的完美状态的外化，是你那优雅的举止、文雅的谈吐和高雅的形象。因此，优雅实际上是内在和外在完美结合的产物，要找回我们生活中的优雅，就必须从内、外两个方面共同着手。

真正的优雅是来自内心的“神韵”之美，是充实的内心世界、质朴的心灵付诸于外的真挚表现，是自信的完美个性的体现。而所有的这些都来自于你所受的教育、你的自身修养以及你对美好天性的培养与发展。但是同时必须注意的是，真正的优雅是装不出来的，最真诚的往往才是最动人的。优雅是你完美的自信个性的体现，要知道你要做的不是奥黛丽·赫本或张曼玉，而是做你自己，培养那份真正属于你自己的优雅气质。只要你自信自己是优雅的，并时刻提醒自己这一点，那么，你的优雅必定会闪耀出属于自己的光芒。

拥有优雅内心的你必定也会具有优雅的仪态，但是在平常的生活中经常听到有人抱怨说：“我也希望自己长裙拖地、步履轻盈、神情高贵地行走在华丽的宫殿里面，展现无限的优雅；我也希望在落日沙滩、椰树摇曳的美丽画面中悠闲地躺在长椅上，展现迷人的优雅啊！可是，我没有金钱，也没有时间，更糟糕的是，现代社会这么紧张快速的生活节奏已经不允许行优雅生存的空间了，为赶时间上班我只能在拥挤的公车或地铁上大口大口地啃手里的汉堡而不顾任何不雅，你怎能要求我端坐桌前，举止文雅地一小片一小片撕好手中的面包，再从容地放进嘴里呢？总而言之，对现代女性（尤其是上班族）谈优雅是一种奢侈！”

确实，忙碌的生活节奏、为生存而奔忙的压力让现代女性无法生活得悠闲、精致，但是，我们至少应该在现实的生活背景下尽可能地活出优雅品位来。

实际上，优雅的展现方式有很多种，一个眼神、一句话语、一个动作、一抹微笑，无不让你优雅万分。曾听人说起过俄罗斯女郎的浪漫与优雅，哪怕她身上穷得只剩下一个卢布，也要为自己买一枝玫瑰花，而不是几块可以充饥的面包，这样的优雅让人吃惊，甚至想流泪。所以，不要以没有时间和金钱为理由而允许自己丧失能让你魅力指数大增的优雅，正所谓“只要有心，立地成佛”，只要留意，优雅无处不在。

优雅是可以修炼出来的

渴望拥有魅力的愿望很简单，但真正获得魅力、提升魅力，就需要具备修炼魅力的意识和习惯。形象地说，就是如果你想成为一个魅力女人，你就得把修炼视为一项艰巨的人生工程，天天在路上，苦练不止。

如果我们遵照哲人的名言“命运掌握在自己的手中”，那么，优雅魅力的钥匙一定是掌握在你自己的手里。

“你想拥有优雅的魅力吗？”用这个问题去问每个女人，回答一定是肯定和明确的。事实上，“想”字并不像回答得那么简单和轻松，“想”的后面需要紧跟着一项“艰苦”的工程，一项需要用女人一生的时光来完成的工程。女人们在回答这个问题时，潜意识中多会认为魅力是天生的，比如美丽的眼睛、迷人的形体、柔滑的肌肤……人们喜欢把这些上天赐予的东西称为漂亮或者美丽。很多女人潜意识中总认为自己没有美的部位，或者青春已逝，不再拥有年轻貌美时，往往会缺少甚至丧失追求美的动力和激情。这是女性特别是中国女性的一大认识误区。美丽可以构成魅力的一个部分，但美丽不等于魅力，魅力是需要后天努力挖掘才能展现的一种迷人的力量。

凡是特别富有魅力的女人，一定是为这份魅力付出了超常的努力。魅力握在你的手中，但是你为魅力付出的努力足够吗？你能够坚持天天修饰自己吗？能够坚持控制饮食、天天运动吗？能够坚持学习提升魅力的方法吗？能够调整甚至改变一生形成的生活方式吗？如果真的可以，你就会不断地获得魅力，就像生活中那些吸引我们的魅力女性一样。

渴望成功的女人，大多懂得为学历、知识、技能等付出足量的努力，同样，如果你期望与魅力结缘，你的一生就得绷着一股劲，这也如同你热爱文学、摄影或者绘画什么的，你不绷着一股劲哪会出什么好作品？

人的现状更多源自幼年生活习惯的积淀，就魅力而言，更是如此。

法国女人是公认的全世界最优雅的女人，她们世世代代富有修炼魅力的意识。法国的母亲们非常注重膝下女儿的体态、皮肤、神情、态度，热衷于让女儿参加舞蹈、音乐、表演等艺术方面的学习和训练课程，她们会为孩子们这方面的出色表现感到欣慰和自豪。

一位法国美容专家这样说过：“不要小看一个能够长久保持优美身材的女人，这通常是一个顽强和很有自制力的女人。”这就是说，女人美丽的身影背后不仅仅是形体的问题，女人提升魅力也不仅仅是漂亮的问题，其中还折射出诸多的女性内涵与素养。法兰西世代相传潜移默化的美育教育，铸就了一代代法国女人的优雅。

漂亮和美丽是通过视觉来感知的，而魅力则是需要用心去体味和感悟的，是女人修炼的结果。魅力是通过不断修炼而不断获得的，每个女人都可以今天比昨天、明天比今天更有魅力。重要的是：你是否认识魅力的重要性，是否愿意不断学习和实践提升魅力的方法，是否能够把提升魅力作为生活的重要内容，并为此作出长期不懈的努力。

优雅的魅力是不会丢弃任何人的，只有我们自己会丢弃它。会不会丢弃关键在于你想不想要，是不是真的想要，并真的为之付出了努力。每一个女人都可以去尝试，从今天开始，只要你真的想要，真的努力了，10年后，你一定会比今天活得更精彩，更有魅力，赢得更多的赞誉。

修炼曼妙身影和优雅姿态

曼妙的身影，优美的姿态，是女性美的一种展现，是女性献给生活的一束常开不谢的鲜花。

塑造性感迷人的曼妙身影和优雅姿态，要从举止开始。

中国古代对人体的姿态和举止就有“站如松，坐如钟，行如风”的美的要求。正确的举止，可以使人显得有风度、有修养，给人以美的印象；反之，则显得不优雅，甚至失礼。在日常生活中，我们经常碰到这样的人：她们或是身材曼妙，或是漂亮可人，然而一举手、一投足，却粗俗尽现。这种人虽金玉其外，却是败絮其中，只能招致别人的厌恶。所以，在社会交往活动中，要想给对方留下美好而深刻的印象，外在的美固然重要，而高雅的谈吐、优雅的举止等内在涵养的表现，则更为人们所喜爱。这就要求我们应当从举手、投足等日常行为方面有意识地锻炼自己，养成良好的站、坐、行姿态，做到举止端庄、优雅得体、风度翩翩。

良好的姿态能为女人倍添风采。女人以亭亭玉立的站姿、轻盈敏捷的步履、温文尔雅的坐姿为美。亭亭玉立是一种挺拔而不僵硬，柔媚而又富于曲线的娇美姿态，这种站姿能充分体现女性的纤细身材和柔美的曲线，给人以高雅、俊美之感；女性落座，轻盈无声，坐时两腿自然并拢，两手轻放在沙发扶手上或相叠放在大腿上，头部平直，目光平视，充分显示出女人性静、含蓄之美；女人走路，注意轻盈快捷，快抬腿，迈小步，轻落地，使人感到她们是一缕轻柔的春风，妙不可言。

小珊是一个外资公司的客户服务人员，长得非常漂亮，看到她就让人有一种眼前一亮的感觉。她的学历和能力在公司里都是一流的，但进公司两年多了，还是一个普通的员工，没有得到升职的机会。

小珊自己也很苦恼，她知道都是自己的行为举止拖了后腿，可一时半会儿还改不掉。比如，开会的时候，小珊总是无意识地就趴到了桌子上，让在座的领导和同事都冷眼看她；和同事聚餐的时候，她动不动就拿出小镜子和木梳来梳理头发，有时还会有几丝乱发不听话地飘到餐桌上，让其他人很厌烦；小珊还有很多类似的不好的举止习惯，有时候和客户在一起的时候，让客户很不满意，从而也影响了公司的形象。

女人能随时随地表现不同的美，也能随时随地毁灭美。愉悦、祥和的表现，优雅自然的体态和漂亮合体的服装，让人觉得她无论是在家中还是在单位都是受到尊敬和爱戴的。而那些虽然穿得很漂亮时尚，可一坐在那里整个人就松松垮垮的，一副无精打采的样子的女人，看上去就很不自信。最不能让人容忍的是，有的坐在那里，跷起二郎腿还不停地抖动，像是一副不耐烦的样子，这样的女人穿着再漂亮的衣服也会让人不屑一顾。小珊不就是这样的例子吗？她平时不优雅的举止已经严重影响了她的生活和工作。

♀ 女人要保持优雅的举止 ♀

要想让自己举止优雅，就要在平时把优雅当成习惯，身体应该保持端正挺直，举止要落落大方，展示出一种精干利落的形象。那么如何才能做到这样呢？

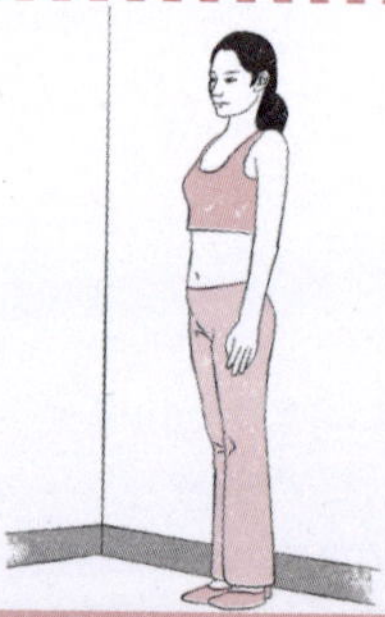

1. 站姿中展现女人特有的韵味

站立时要抬头、颈挺直，双目向前平视，下颌微收，嘴唇微闭，面带笑容，动作平和自然。

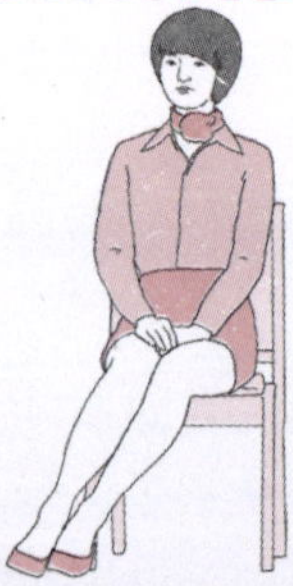

2. 坐姿优雅从容

坐下时，应面带笑容，双膝应自然并拢，双腿正放或侧放，双脚并拢或交叠；立腰、挺胸，上身自然挺直。

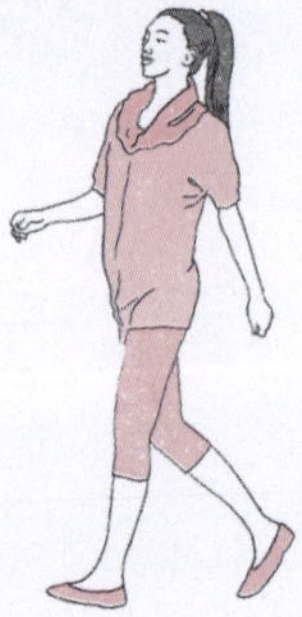

3. 流云般优雅的步姿

走路时应以腰带脚，重心移动，以腰部为中心，膝盖伸直、脚跟自然抬起，两膝盖互相碰触，面部应带微笑，双目平视。

出入社交场合时，则应注意举止要大方礼貌、稳重自然，而过于张扬炫耀、引人注目，是缺乏修养的表现。

做女人，就要做一个美丽、典雅的女人。相貌平平不是做一个美丽女人的绊脚石，真正的绊脚石是我们失当的行为举止。因此，千万不要让这样或那样不雅的动作和举止成为我们的绊脚石。要避免这些，就应该从平时的一点一滴做起，使自己不但有曼妙的身影，还有性感优雅的姿态。不管是坐、站、行、走，还是点点头、伸伸腰，都要体现女性的风度，都要能让别人感受到我们女性的美。

用品位做底蕴的女人最优雅

就像蒙娜丽莎的微笑一样，优雅是一种恒久的魅力。从一个女人优雅的举止里，可以看到一种文化教养，让人赏心悦目；从一个女人的优雅中，亦可以品味出一种独特的意蕴，让人开怀大笑。

优雅的女人无人不喜欢，不管是男人还是女人。

愚钝的女人总是在抱怨：上天是如此不公，为何不将那样的身材与美貌赐予给我？而优雅的女人往往是通过后天的努力，让人心服口服的。当女人从表面的自我，过渡到一种深厚的内在之中，便会呈现出一种升华过后的极致美丽，与从前相比，不可再同日而语。一如水涨船高，是一样的定律。

在一次世界文学论坛会上，有一位相貌平平的小姐端正地坐着。她并没有因为被邀请到这样一个高级的场合而激动不已，也不因为自己的成功而到处招摇。她只是偶尔和人们交流一下写作的经验。更多的时候，她在仔细观察着身边的人。一会儿，有一个匈牙利的作家走过来。他问她：“请问你也是作家吗？”

小姐亲切而随和地回答：“应该算是吧。”

匈牙利作家继续问：“哦，那你都写过什么作品？”

小姐笑了，谦虚地回答：“我只写过小说而已，并没有写过其他的东西。”

匈牙利作家听后，顿有骄傲的神色，更加掩饰不住自己内心的优越感：“我也是写小说的，目前已经写了三四十部，很多人觉得我写得很好，也很受读者的好评。”说完，他又疑惑地问道：“你也是写小说的，那么，你写了多少部了？”

小姐很随和地答道：“比起你来，我可差得远了，我只写过一部而已。”

匈牙利作家更加得意了：“你才写一本啊，我们交流一下经验吧。对了，你写的小说叫什么名字？看我能不能给你提点建议。”

小姐和气地说：“我的小说名叫《飘》，拍成电影时改名为《乱世佳人》，不知道这部小说你听说过没有？”

听了这段话，匈牙利作家羞愧不已，原来她就是鼎鼎大名的玛格丽特·米歇尔。

这就是有品位的女人，她不经意间所流露出来的优雅，让人佩服得五体投地。可见，优雅不是天生的，也不是夸夸其谈地知道几个所谓的时尚代名词就优雅了，优雅是一种气韵，一种坚持，一种时间的考验。

时髦，可以追可以赶，可以花大钱去“入流”，而优雅却是模仿不来、着急不得的事。

女人怎样才能够优雅呢？有人说，除非她遇到一个好男人，这个男人给予她所有优雅的动力与勇气，还有物质条件。男人们总有一种感觉，认为赚了足够的钞票供养女人，让她衣食无愁，在丰富的物质面前，女人优雅的气质和内容就会表现出来。其实并非如此，女人的优雅不是物质生活堆积出来的，但优雅的生活多少与物质有一定关系。

你想知道一个女人是否过着优雅的生活，你首先要问她，她是否有能力创造幸福？她的生活内容是否真实？她的感受是否是自然流露出来的？如果她无法确定，那么她必然是生活在别人设计的图纸上，优雅的生活就无从谈起。其实，女人只有不断提升自己的品位修养，才能逐渐向优雅靠近，品位高了，你的生活中优雅的内容也就会自然而然地增加。

优雅的生活是简单而丰富的，个人的品位和素养或许是其中的关键。

优雅，是一种知识的积淀，不管是直接还是间接的，都是一种必需的积累；优雅不是一种形式上的东西，它需要你在生活中学习，需要你以丰富的人生经历来成就。优雅有着终生学习的特性，它是台阶式的，学一点，修一点，修一点也就提升一点。优雅需要女人学一生，坚持一生，这样它才会让你受益一生。

“品位”二字，没有内涵是强作不来的。品位不是虚无缥缈的一种自我感觉良好，它是全面的，整体的，由表及里的综合表现。品位是一种集个人的出生背景，文化层次，生活素养为一体的，只能靠感觉去体验的东西，而不是什么人都能够拥有的。

女人优雅之树的根要深扎在文化与经济的沃土里才枝繁叶茂。当优雅成为一种自然的气质时，你一定显得成熟、温柔；当优雅代表你的性格时，事实上你已经把握了自己的人生。

女人的优雅又像一口泉，智慧之水在涌动中充分展示人格魅力，散发着令人仰慕的内在品位。生活中的女人们尽量提高自己的品位，多一些优雅。

有品位做底蕴的优雅女人不见花开，只闻暗香。

第二节

美丽是一种生产力

生命如花，女人就是要美丽

有网友发帖：“身边很多朋友，只要是长相漂亮的都很快找到了工作，我不知道现在的招聘究竟是选美还是选能力。看到那些几科补考的美女都找到很好的工作了，长相平平的我越来越郁闷。听说，现在有很多人为了工作去整容，大家说有这个必要吗？”

当然，帖子不足以说明什么问题，但从适合女性的职业看，样貌好、气质佳的女性还是占优势的，比如最适合女性的8大金领职业：公关、人力资源、传播媒介、外企白领、注册会计师、保险经纪人、职业经理人、金融业的职员，哪一个不需要跟别人打交道？只要是需要跟人打交道的职业，就一定会对应聘者的样貌气质有要求，因为样貌气质好的肯定讨人喜欢，毕竟良好的第一印象是不容易改变的。

难怪女人都希望自己是花容月貌，不惜把大把的金钱和时间用在大衫小衫、瓶瓶罐罐上面。

也有女人说，我才不是为了别人而打扮自己，我是为了我自己，我打扮漂亮了，心情就会格外的好。

其实，就女人幸福而言，工作、事业和爱情这三者中，爱情还是最重要的。

女人要为自己而美丽。

如果女人再有机会做选择题，不要选择“美貌”，因为“美貌”如花，终有一天会凋谢的。女人要选择的应该是“美丽”，从美丽的女孩到美丽的少妇，再到美丽的母亲，最后到美丽的老太太。

林肯说，40岁，人就应该对自己的相貌负责了。还有人说，人的样貌，30岁以

♀ 为美丽投资 ♀

气质优雅的人，不管是女人还是男人，他们在社会上成功的概率更高。他们往往更能得到别人的好感和接纳。所以，女人应该多为美丽投点资！

1. 健康的女人最美丽

美好的形象和高雅的气质都是以健康为基石的。伊丽莎白·泰勒曾经这样忠告女人：要为自己和家人的健康做好打算，而且越早越好。

2. 三分长相，七分打扮

适当的打扮可以提升人的魅力。外貌再漂亮的女人，不打扮，也只不过是一块没有雕琢的玉，终究无法光彩照人。

3. 不妨多读些书

女人的美丽不仅美在漂亮的脸蛋和着装上，更多的还是体现在高雅的气质上。女人不妨多读些书，多增加点知识，以免跟不上潮流。

前由父母的基因决定，30岁以后就由自己决定。不管是哪种说法，都讲明了一个道理，人的相貌是可变的。“心善则貌美，心恶则貌丑”就是这个道理。

我们身边不乏这样的例子，那些心地阴暗、冰冷、狭隘的女人，越长越刻板、僵冷，少有生气，何来美感？而那些心地善良、心胸宽广的女人，懂得不断提升自己，则会越长越开朗、热情、自信、讨人喜欢，美感自生。

任何女人都有美丽的权利和机会，美丽的内涵不应仅停留在容貌姣好的层面上，在女人身上，美丽更多时候指的是由内而外散发出的气质和魅力。这是所有女人都能修炼得来的。

不论命运是以悲剧还是喜剧开始，女人的自我塑造才是自己幸福的根源，用爱去塑造，用情去塑造，用一切美好的东西去塑造，就会让自己美丽，让生命美丽。

在这个世界上，的确没有不凋零的花，也没有不老的红颜。女人如花，从含苞待放到鲜艳夺目，再到凋零花谢，这是女人的一生，但这并不意味女人的美丽就是那短暂的一瞬。如果女人总能想着在生命中留下善良、自信、坚忍、独立、修养、个性等方面的明显痕迹，那么她的生命就会一直美丽着。

女人生命如花，更要常葆美丽。

邋遢的女人没人看得上

猜猜看，一个邋遢男和一个邋遢女同时出现在街上，人们会怎么想？

这男人肯定没女人管，要不他怎么邋遢成这样？一个女人邋遢成这样，怎么过日子？

就是这样。男人邋遢，人们会怪罪女人；人们十分不喜欢邋遢女人。这不是公平不公平的问题，而是长期形成的一种认识——整洁干净应该是做女人的底线。

英国形象大师罗伯特·庞德说：“这是一个两分钟的世界，你只有一分钟展示给人们你是谁，另一分钟让他们喜欢你。”看来为了这可怜的两分钟，女人再不能为了追求舒适而懈怠穿着打扮了。

懂得爱自己的女人，一定不是个邋遢的女人，即使是平常布衣，也会被她穿得干净整洁，别有韵味。即使是在家里，她也会穿着漂亮整洁的家居装，而不是一件旧的或者过时的衣裳。懂得爱自己的女人，是讲究生活品位的人，她是在认真地“过日子”，而不是“混日子”。

女人应该学会爱自己，会爱自己的人才有能力过上好日子。她会给自己留出专门的属于自己的钱和时间：学外语，定期体检，参加一个兴趣班，适当地做头发、购买衣服、化妆品，看时尚的杂志书籍，听音乐，约朋友一起去跳个舞或吃个烧烤……不管她是已婚女人或是单身贵族，她都活得充实、快乐。

她的居室也充满女人的气息：墙上挂几幅色彩美丽的画或是几张家人的照片；阳台或居室里放几盆花；藤篮里装满时令水果或几本闲书……总之，她不会因为还没有成家或别的原因就把自己的居室弄得又脏又乱，像个学生宿舍，她总是让自己的居室充满温馨。

几乎所有的男人都喜欢穿着讲究、打扮得体的女人，而无数的妻子却越来越让他们失望。结婚之后，尤其是生完小孩，逐渐进入中年以后，有很多女人都邋遢起来：穿着睡裙、拖鞋去买柴米油盐；像个工作狂，8小时以外也穿着工作服；不修边幅，艳俗邋遢，破了洞的丝袜也会穿；不讲卫生，不追求健康，开口说话不是带着怪味儿就是带着脏字……男人给她提建议，她还指责男人管得太多。这些女人或许在想：革命已经成功，幸福已经在手，还讲究什么啊？还是怎么舒服怎么来吧。

虽然女人是否爱整洁、爱打扮自己跟个人的性格有关，跟父母从小的教诲和训练有关，但后天的自我控制和管理能力则是女孩邋遢或整洁的关键原因。那些连脏衣服都能穿上身，家里不整洁的女孩，她们的自我管理和自控能力一定很差，而这样的女孩90%命运不会好到哪儿去。因为这样的女孩一般没有什么判断力和意志力，她们不但不愿意为人生成功付出辛苦努力，还会很容易受到外界的诱惑。

不要拿没有时间、没有钱当借口。同样的工作，同样的生活环境，为什么有的人能把自己打理得像模像样，而有的人却丝毫不把自己放在心上？要知道，干净利落的外表和生活作风是不会花费很多钱和时间的。这不仅仅是家庭教育问题，这更是观念问题，生活态度问题。这样的女人要想改变命运，必须先从生活态度、生活习惯改起。

女人的美丽是一道风景，能让世界因之变得不再单调沉闷，也能让女人自身因之变得更加快乐和自信。作为女人，一定要将美丽进行到底，不给邋遢任何理由和机会。

别把性感误解成裸露

退回到20年前，如果哪个男人对女人说“你很性感”，估计女人非给那男人一记耳光不可。现在不同了，如果哪个女人再听到男人的“你很性感”的恭维，她多半会心花怒放，稍后再轻启朱唇微笑着说上一声“谢谢”。

这种现象说明现如今的社会风气已经大不一样。人们在谈论的时候还大大方方地融入了欣赏的意味——时髦、含蓄、神秘，还有那么一丝暧昧。性感成了美丽动人、风情万种的代名词。

于是，很多女性开始大胆追求性感——漂亮的脸蛋，丰满的胸部，修长的大腿，她们不愿意再把自己曼妙的身材包裹在密不透风的衣装中，她们要毫无顾忌地把身

♀ 打造性感女人的妙方 ♀

女人的性感并非与生俱来的，而是通过后天一点一滴修炼得来的。女人只有凭借内在的潜质和修养，加强自我修炼，才能释放出性感迷人的光彩。

1. 牛仔裤

牛仔裤广告中经常投射出的不羁与我行我素的形象，在某种程度上都跟性感有几分微妙的关系。

2. 穿高跟鞋

女性的脚踝及脚部是女人重要的性特征，而高跟鞋向来就是女性用以张扬腿部性感的武器。

3. 露得有意境

露的原则大致有两个：一是若隐若现；二是有选择性的露，若你有漂亮的肚脐、小蛮腰、骨感的肩膀、细长的后颈，那就不妨展示一下。

体上的一切美好都展示出来。

她们的确打造出了一种性感——刻意的、最大限度的暴露。这种表达虽说有点原始，有点庸俗，也的确招惹来了许多放肆的目光和非分之想。

男人的确喜欢性感女人，对于身材火辣、衣着豪放的女人，要不是碍于身旁女人的“家教”，他们从来不会主动收回火热的目光。但如果让他们把那种豪放女娶回家，他们却是万万不敢的，因为他们没勇气生活在提心吊胆中。

有男人曾毫不留情地说，抛去那一层诱惑的含义，太暴露的穿着其实是没有什么美感可言的，就更别说性感了。男人更看重的是女人在不经意间以自然的表情、举止或服饰流露出来的迷人气质。这种气质能激起男人欣赏、接近她的愿望，但那愿望中却绝不含有亵玩的欲望。

“性感”岂能等同于暴露？露不在多，一点点足矣。半遮半掩，欲露还羞，时隐时现，才能营造出巫山神女般的迷幻意境，才能让男人看过一眼后生出无限爱怜。在男人的心目中，骨子里散发着性感的女人，不庸俗、不造作、不轻浮、不放荡、不妖媚，她们的性感是自然的、健康的、感性的、优雅的、柔情的。当然，风尘女子的妖冶和暴露也一定能对男人构成诱惑，但那只是短暂的感官刺激而已，而一个自信、优雅、正派的女人所具有的性感则是来自精神并可以穿透精神的。

女人的可以穿透精神的性别感染力来自于不同侧面，外表、内涵、肢体语言、言语、自信等都能分别或综合地显现出女性区别于异性的独有魅力，并且这种魅力还是呈多样化的，概括起来可以分为3个层次：内在气质，举手投足引起的感觉，迷人的身材和外表。

浅薄之人常会把3个层次倒过来去追求，所以才会陷入求而不得的苦恼之中。

性感不只是美貌者的权利，姿色平庸的女人也可以很性感。玛丽莲·梦露的性感是性感，陈文茜的性感也是性感。媚俗的性感，优雅的性感，引起人性冲动的性感，诱人遐想的性感，放诸于不同的女性身上自会散发出不同的味道或产生不同的效果。任何女人都可以凭着自己的好恶去努力造就出一种自己喜欢的性感。

第三节

你是个优雅的女人吗

优雅的气质来自完美的内心

孔雀常为自己有一身美丽的羽毛而得意，它认为自己可与人类的皇后相媲美。遗憾的是，鸟类中几乎没谁把它当成最有气质的皇后来看待。

一天，有只鹤刚好经过孔雀身边。

“喂，你就不能停下脚步看我一眼吗？”正在开屏的孔雀喊住了步履匆匆的鹤。

“对不起，我还有很多事等着要做，没时间欣赏你的羽毛。”鹤说完，又迈开了大步。

孔雀却拦住了鹤的去路，并嘲笑它，讥讽它灰白色的羽毛，说：“我的衣饰像个皇后，不仅有金色还有紫色，还具有彩虹所有的色彩，而你呢，你的翅膀上连一点点彩色也没有。”

“这一点儿都不错，但是我一飞上天，声音闻于星空，而你却只能在地下来回闲逛。”

孔雀因为有一身漂亮的羽毛，就理所当然地认为自己最高贵、最有气质。它趾高气扬地去嘲笑鹤，却不知道气质来自于内在心灵而不是外表、衣饰。气质是内在的自然表现。

人们往往对举止粗鲁、不讲文明的人嗤之以鼻，即使这种人腰缠万贯，也没有人愿意把他们当上宾看待。但优雅的人则不同，即使他们没有钱，即使他们没有什么名声、地位，就凭他们的优雅举止，便能有一个良好的形象，足以赢得人们的尊重。

优雅是一种恒久的时尚，当优雅成为一种自然的气质时，这个人一定显得成熟、温柔，更加吸引别人的关注和喜爱。

美貌或许会离去，但是优雅的魅力却历久弥新，所以，人必须学会改变自己，去读书、学习、发现、创造，它能让你获得丰富的感受、活跃的激情。要学会爱自己、赞美自己，善待自己也善待别人，让生活充满意义，让内心更加完美，让气质更加优雅。

优雅是不分阶层、贫富贵贱的，它是一种处乱不惊、以不变应万变的心态。真正的优雅来自完善的内心，是充实的内心世界、质朴的心灵形之于外的真挚表现，是自信的完美个性的体现。而所有的这些都来自于你所受的教育、你的自身修养以及你对美好天性的培植与发展。

那么，什么样的人才是具备优雅气质的人呢？

1. 装扮得体、举止大方

不可能每个人都拥有美貌。如果你的长相并不十分出众，那你就要懂得改变自己，弥补自己的先天不足，通过服装、发型等把自己装扮得体，显示出你特有的魅力。在言谈举止中要落落大方，既有女性的温柔，又有高雅的气质。人的高贵并非指要出身豪门或者本身所处的地位如何显赫，而是指心态上的高贵。高贵的人往往会给人生活的信心和勇气，因为他们生命里潜存着一种净化心灵、激励斗志的人性魅力。他们不媚俗、不盲从、不虚华，最让人欣赏。

2. 富有同情心

优雅的人都有一份同情心，对弱者或是受到委屈的人们总会表示出由衷的同情，并理解他们，给他们以适当的安慰和帮助。

3. 心地善良、宽容待人

善良是人的特性。假如你有一颗善良的心，并且待人宽厚，从不苛求他人，而且经常帮助一些老人、小孩子，那么，即使你不是很漂亮，你不俗的优雅气质依然会让人心动。

4. 健康、开朗、乐观

身体是生活的本钱，只有健康才能让自己活力四射，趋于完美。优雅的人开朗乐观，遇到挫折时敢于认真面对，用他的韧性，在克服困难的过程中寻求属于自己的幸福。

5. 有理想和自信

优雅的人对未来有着崇高的理想，他们追求事业上的成功，用充满自信的目光看待每一件事和每一个人。人们往往也更欣赏这种乐观自信的人。

6. 兴趣广泛

优雅的人有着广泛的兴趣爱好，并能持之以恒。

人的美丽在于心灵之美。试问有哪个人不想成为优雅的人？那就从现在做起，

♀ 女人的气质 ♀

优雅是从内而外释放出来的气质，它来自你的内心。对于一个人而言，优雅的气质主要包括以下 3 个方面：

良好的形象

包括良好的仪容、仪表和仪态。

好修养

包括品德修养和文化修养。

好心态

是人们在感情、事业、生活中如鱼得水的保证，也是增添自身魅力的重要法则。

丰富你的内心，塑造你的气质，做个优雅的人，打造良好的形象，让自己散发永久的魅力。

笑得优雅，是种境界

只要活着，忙着、工作着，就不能不微笑……会笑的女人就是降落人间的天使，给凡间带来美丽无数。

一位日本著名造型师在他的一本书中，收集了几十位他认为很美的女性的头像，各个年龄段的都有，而她们的共同点是都展示给读者一张灿烂的笑脸。

一位学者说："对人笑是高超的社交技巧之一，也是获得幸福的保障。"

一项调查询问数百位男士："你最喜欢的女人脸部表情是什么？"答案大多是：微笑。

津巴布韦的乔伊夫人在巴克莱银行负责公共关系，她的办公桌就放置在银行大门内进口处的右边。她总是面带微笑，不厌其烦地解答顾客遇到的各种问题，在她的办公桌上，有一篇用镜框镶起来的题为《一个微笑》的箴言："一个微笑不费分文但给予甚多，它使获得者富有，但并不使给予者变穷。一个微笑只是瞬间，但有时对它的记忆却是永远。世上没有一个人富有和强悍得不需要微笑，世上也没有一个人贫穷得无法通过微笑变得富有。一个微笑为家庭带来愉悦，在同事中滋生善意。它嫣然地为友谊传递信息，为疲乏者带来休憩，为沮丧者带来振奋，为悲哀者带来阳光，它是大自然中去除烦恼的灵丹妙药。然而，它却买不到，求不得，借不了，偷不去。因为在被赠予之前，它对任何人都毫无价值可言。有人已疲惫得再也无法给你一个微笑，请你将微笑赠予他们吧，因为没有一个人比无法给予别人微笑的人更需要一个微笑了。"

然而，许多人在生活中感到压力太多，时常有累的感觉，以致很少露出笑容。

命运从指缝间匆匆淌过，不能猜测也不能确定它的走向，于是，有些人就深刻地痛苦，就愁眉苦脸地啜饮着痛苦。

但是，明智的女人应该选择微笑着面对生活。

窗外的小鸟并不轻松，然而他们却时时有欢歌笑语盈耳，有语言的温馨和心灵的微笑。微笑，给小鸟以轻松；微笑，同样也能够给人以睿智、力量和启迪。

学会笑吧，自卑者需要微笑，自负者需要微笑，失意者需要微笑，浅薄者需要微笑，胜利者更需要用微笑来完美对生活的承诺！

学会了笑，把握了命运的经络，可以感知强者的奋搏和脉动，所有丢失的日子就不再追忆和叹息，所有刚刚来临的岁月都会被珍惜。

学会了笑，你就学会了抖落，抖落冬天包裹你心灵的冰雪寒片，抖落碰壁后的失意，抖落尘封的情感和垢积的偏见。学会了微笑，你就学会了执着地追求，再一次扬起风帆，驾驭搁浅的船，虽然滞留的时光太长太久，也不要怀疑是否能够重新得到缪斯的垂青和伊甸园的温馨。

学会了笑，你就战胜了自己这个难以较量的对手，用自信、自尊和自强黯淡了你可能存在着的悲观、失望甚至堕落。微笑会解答心灵的谜语，解释痛苦的内涵与

♀ 微笑的作用 ♀

1. 微笑使我们有吸引力

愁眉苦脸只会把人推开，而微笑却能把人吸引过来。

2. 微笑会传染

当某个人在微笑时气氛变得轻松，其他人的心情也就随之改变。

既然微笑有如此神奇的作用，还等什么呢？让嘴角上扬，让笑容绽放吧！

外延，体会人生的底蕴，有如一瓶红药水，缓缓地擦洗你风雨兼程的伤痕。

学会了笑，你的生活就丰富而且充满意义，许多无法诠释的往事都突然间变得清晰、明朗和皎洁起来，即使你是物质的贫瘠者，也会让你惊讶地发现自己成为了精神的富有者。你将发现，在这些风风雨雨的岁月里，在你年轮的轨迹中，在生命至诚至纯的深处，镌刻了一枚枚圆圆的图章，粉红色的微笑慷慨地印满了你人生书册的每一个页码。

学会了笑，你会更容易理解他人，也更容易被他人理解。

微笑虽然是社交场合的一张不折不扣的“绿卡”，是表达感情的最好方式之一。但是，没有笑意、又没有经过训练的人却很难笑出魅力。动人的微笑需要找到最到位的表情，并将这个表情熟记在心，不断地反复练习。

经过训练的笑容，应该是可以控制的、有表达力的微笑，这与本色微笑不同，本色微笑只有在非常开心的时候才会流露出来。

寻找到最好的微笑很简单，对着镜子，嘴角微微向两边牵动，眼中由心充满喜悦之情，面部肌肉柔和而放松，不断调整嘴角牵动的幅度，找到自己最得体、最亲切、最自然的笑容和面部表情。微笑含蓄，柔和，有亲和力，也容易掌握和控制，有利于成为人际交往中的润滑剂。

女人的高品位应该是一种综合的美，笑是一种恬淡、一种自信、一种活力、一种执着，笑是女人自信的翔舞，笑是女性真诚的欢歌！当遇到困难的时候，请你笑一笑；当不安掠过你的心灵时，请你笑一笑；焦躁的时候也笑一笑；在一天之内如果你犯下了愚蠢的错误，也请你笑一笑，将它忘掉；当你因不高兴而板着面孔时，也请你一笑了之。

你是个优雅的女人吗

优雅是一种味道，由内而外散发着迷人的芳香。言语中尽是撩人的思绪，举手投足间散发着成熟女人曼妙的气息。优雅不是天生的，它是悬浮于物质表面一种气度的展示。优雅是女人追求的至高境界。你能称得上优雅吗，想要知道答案，就请做一下下面的测试。

假设你要去参加一个大型宴会，请根据以下情境做出选择。

1. 你会选择穿哪种礼服去参加宴会（ ）

A. 缀满荷叶边的浪漫礼服

B. 领口绣着蕾丝的清纯礼服

C. 露背或露肩的简单礼服

2. 当你进入会场时，马上有一位男士上前来迎接，你认为他会是什么样的人（ ）

A. 英俊的十几岁小伙子

B. 稳重的二十几岁男子

C. 亲切的老爷爷

3. 手上拿的皮包不慎掉落在脚边时，你会怎么处理（）

A. 你会稍微蹲下身体伸手去捡起来，并使裙摆不碰到地面

B. 你会用一只手压住裙子再弯下腰去捡

C. 你会请附近的男子帮忙捡

4. 这次宴会来了一些各领域的超人气名人，你会希望跟哪种人交谈（）

A. 演员

B. 运动选手

C. 作家

5. 这次宴会的礼物若只能从下面三项选一样的话，你会选哪个（）

A. 瑞士巧克力

B. 法国手帕

C. 中国水墨画

计分标准：

以上各问题选 A 得 1 分，选 B 得 3 分，选 C 得 5 分。

测试结果：

21 ～ 25 分：优雅到极点

你优雅的程度不禁让人怀疑你是个货真价实的公主，让我们这些平民百姓高不可攀，有时你甚至让人觉得高傲。

13 ～ 20 分：普通优雅

虽然不是与生俱来的，但你还算得上是个蛮优雅的人。你的优雅是为了避免在众人面前丢脸而自己努力学到的。

5 ～ 12 分：不怎么优雅

很遗憾地，你实在是跟优雅一词沾不上边。不过你的优点是很容易亲近，与其刻意装优雅不如好好发挥你的平易近人。

心理指点：

卡耐基曾经评价一位女士说：“你的粗俗将会毁了你的幸福。我要告诉你得失，只有举止优雅的女人，才会赢得男人的尊重和喜爱。”优雅表现了女人有修养、有内涵，她们在举手投足间，都会使人觉得恰到好处，很有分寸。优雅是一种恒久的时尚，当优雅成为一种自然的气质时，这个女人一定显得成熟和温柔。

第四节

优雅的行为举止让你脱颖而出

走猫步，不是猫着腰走路

毕加索说过：没有浑圆可爱的小腿的女人是没有魅力的。中国自古就用“风摆杨柳”、“弱柳扶风”、“莲步轻移”的步态来衡量女性之美，表明了腿对人，尤其对女人的重要性。

“美不美看大腿，正不正看脚步”，人的情绪常常会表现在腿形、步态上，没有比一个人的走路姿势更能决定这个人整体仪态的了。所以，一个女人，要想给别人留下深刻的印象，给自己以及周围的人留下美好的感受，就得认真地迈好自己的每一步。

人总是在运动着的，站立的姿势、走路的姿势都美的人，同相貌美的人一样能抓住周围人的视线。

步幅很小、弯曲着膝盖、低着头走路，无论你多么年轻，看起来也没有朝气，像个老太太。而膝盖伸直、用大腿快步走路的，哪怕上了岁数，也会给人很精神的感觉。

那么，女人最美的走路姿势是什么呢？

我们经常看到时装模特的表演，可以说时装模特在舞台上，是以如何更美地走动（移动）来决定她的胜负的。从正面、侧面、后面各个角度看去，都必须是没有缺陷的、完美的走路姿势，才能够充分表现服装的内容，甚至可以说“走路姿势就足以决定一个模特的水平”。那些被称为“超模”的模特，不仅容貌、体形很完美，走路姿势也都是超一流的。

这些美丽的行走窍门又是什么呢？

姿势要正确，左右的肩胛骨向背部的中间靠近。要注意保持这种姿势，因为人在开始行走后，不知不觉注意力就会移到腿部，上半身就容易松弛下来。因此，首先试着将手臂交叉后放在头部后面，背部中间和两臂的那些多余的肉也会因此而紧张起来。这个姿势做起来比较困难，但它对两只胳膊的变细有很好的作用，可以说是一举两得的事情，要比较努力才能做到。注意头部不要向前伸出，要有意识地将下巴尽可能伸出。这样就能让肩胛骨自然收紧，胸部自然向前挺。

这个时候，你可以想象在身体的中间放了一根棍子。棍子从脚跟开始，穿过身体的中心，从头顶部穿出。想象将从头部穿出的棍子向上拔上两三下的感觉，这样的姿势就差不多了。

在向前迈出第一步时，身体的什么部位放在最前面，看起来会最美呢？是膝盖，是脚趾尖，还是头部？

不，都不对。正确的答案应该是胸部。有意识地将胸部向前挺出，将背部稍微收紧一些，这样走路，看起来会更美。“胸部在前、胸部在前”，你可以在心里默念着向前走。

还可以找些空闲时间，反复练习将双手交叉在身前走路的姿势。最初，你会感觉很僵硬，不能松弛下来，等你习惯了以后，就可以卸掉那些多余的力气，变得可以很自然地走路了。如果你穿的是裙装，或者是需要一种看起来更有品位的走路姿势的话，你可以将步幅调小一些，就像是在直线上编绳子一样——左脚落在线的右侧，右脚落在线的左侧——就如同把脚放下的感觉。即便是裙摆很窄的裙子、走路困难的裙子，也都能得心应手，并且这种走路姿势也很女性化。

坐姿里也有“美人计”

坐姿是一种艺术，坐姿不好，直接影响到一个人的形象。对于女人来说，这一点尤为重要。因为它决定着你是一位高贵优雅的“女神”，还是一个缺乏教养的女人。一个女人的坐姿，甚至会影响她的一生。

在各种场合，都要力求坐得端正、稳重、温文尔雅，这是坐姿的最基本要求。

坐姿如何，是影响女人魅力的一大要素。虽然对于一般女人不宜用“坐如钟”来强求，但坐姿不端，这种女人在别人的心目中会留下一个不好的印象。

坐是以臀部为支点，借此减轻脚部对人体的支撑力。坐能使人较长时间地工作，也是人们日常生活、社交中的常用姿势之一。因此，端庄、优雅、舒适的坐姿很重要，而且良好的坐姿对保持健美的体形也大有益处。

在社交场合中，坐姿要与场合、环境相适应。

1. 坐姿自然

平时坐在椅子上，身体可以轻轻贴靠于椅背，背部自然伸直。腹部自然收紧，两脚并拢，两膝相靠，大腿和臀部用力产生紧张感。如果与客人谈话时椅子坐得很浅，就显得比较拘束。以脚用力着地来平衡身体，时间稍长就会觉得酸，这样的坐姿背部微驼，下巴突出，体态也不美。不妨一开始你就坐得深一些，然后背部保持直立，膝盖并拢，这会使你显得优雅而从容。

2. 坐沙发的坐姿

一般沙发椅较宽大，不要坐得太靠里，可以将左腿跷在右腿上，两小腿相靠，双腿平行，显得高贵大方。但不宜跷得过高，不能露出衬裙，否则有损美观与风度。也可双腿并拢，让双膝紧靠，然后将膝盖偏向与你讲话的人。偏的角度视沙发

♀ 正确的坐姿 ♀

什么样的坐姿可使女孩显得稳重、端庄、落落大方呢？

1. 面带笑容，双目平视，嘴唇微闭，微收下颌。

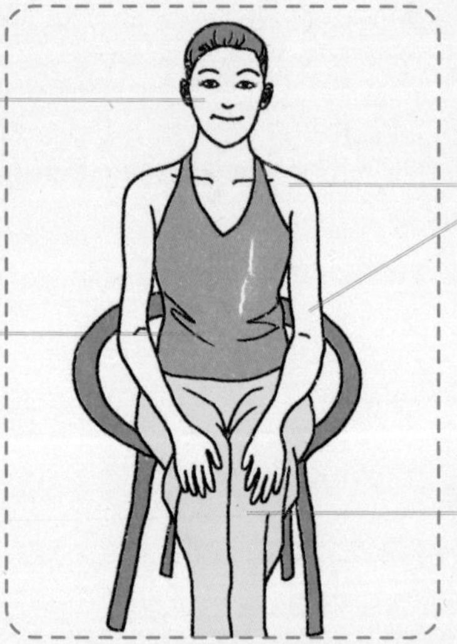

2. 双肩平正放松，两臂自然弯曲放在膝上，亦可放在椅子或沙发扶手上，掌心朝下。

3. 立腰、挺胸、上身自然挺直。

4. 双膝自然并拢，双腿正放或侧放，双脚并拢或交叠。

当然，在谈话时，可以有所侧重，上体与腿同时转向一侧。

高低而定，但以大腿和上半身构成直角为原则，以表现女性轻盈、秀气的阴柔之美。

3. 曲线坐姿

双膝并拢，两腿尽量偏向后左方，让大腿和你的上半身成90度以上，再把左脚从右脚外面伸出，使两脚的外线相靠，使你的身形呈S形，优雅而妩媚。采取这种坐姿的女性一般是完美主义者，极重视自我的完美，追求每一部分、每一细节都显优雅，无懈可击。

4. 正式坐姿

膝盖与脚跟并起，背脊伸直，头部摆正，视线向着对方。这种坐姿可用于面谈之类的正式场合，可给予对方诚恳的印象。但双膝不要并得太紧，一动不动，这体现了你的紧张感和不安全感。

坐时应克服不雅的坐姿，包括半躺半坐，前仰后倾，歪歪斜斜，两腿伸直跷起或双腿过于分开，跷二郎腿并颤腿摇腿，将两手夹在大腿中间或垫在大腿下等。不雅的坐姿给人轻浮且缺乏修养的印象，是失礼及不雅的举动。

容貌和身材是天生的，但坐相却是可以更改的，坐相不佳直接影响气质。因此，聪明女孩应时时注意约束自己，在潜移默化之中渐渐养成保持优雅坐姿的习惯。

舞会上你会是一只优雅的蝴蝶

参加舞会是社会交际的一种方式，聪明女孩如何更好利用这个机会，使自己更受欢迎呢？方法只有一个：做舞会礼节的典范。

具体要求有以下几个方面：

1. 良好的个人形象

参加舞会时，必须先期进行必要的、合乎舞会要求的个人形象修饰。修饰的重点主要有三方面：

（1）服装。舞会的着装必须干净、整齐、美观、大方。有条件的话，可以穿格调高雅的礼服、时装、民族服装。若举办者对此有特殊要求的话，则须认真遵循。在舞会上，通常不允许戴帽子、墨镜，或者穿拖鞋、凉鞋、旅游鞋等。穿的服装不宜过露、过透、过短、过紧，这样既不庄重，也不合适。

（2）仪容。参加者均应沐浴，并梳理适当的发型。女士在穿短袖或无袖装时须剃去腋毛。

特别需要强调的有两点：一是务必注意个人口腔卫生，清除口臭，禁食带有刺激性气味的食物。二是身体不适者应自觉地不参加舞会，否则不仅有可能伤害身体，而且还会影响大家的情绪。

（3）化妆。参加舞会前，要根据个人的情况，适度化妆。女士化妆的重点，主要是美容和美发。舞会多在晚间举行，舞者肯定难逃灯光的照耀，与家居妆、上班妆相比，舞会妆相对要化得浓一些。除非参加化装舞会，化舞会妆时仍须讲究美观、自然，切勿搞得怪诞神秘，令人咋舌。

2. 邀舞的礼节

对于一个注重社交的女人来说，交谊舞是一门不可缺少的必修课。参加舞会向别人邀舞时要注意，表情应谦恭自然，不要紧张和做作，以免使人反感。

3. 拒舞的礼节

拒绝邀舞也能表现出一个人良好的思想修养和高雅的文化素质。应注意的礼仪如下：

（1）一般情况下，你不应拒绝男士的邀请。如万不得已决定谢绝，必须态度和蔼，表情亲切："对不起，我累了，想休息一下。"或者："我不大会跳，对不起。"对方当然心领神会，不会强邀蛮缠。但在一曲未终时，你应不再同别的男士共舞，否则会被认为是对前一位邀请者的蔑视，这是很不礼貌的表现。

（2）如果你参加舞会时自带舞伴，当你们跳过一场或几场之后，有别人前来邀其共舞，你应开朗大方，促其接受。你的舞伴也应有礼貌地接受。

（3）如果有两位男士同时邀请你共舞，应礼貌地谢绝。如果同意与其中的一个共舞，对另一个则应表示歉意，应礼貌地说："对不起，只能等下一次了。"

（4）当你拒绝一位男士的邀请后，如果这位男士再次前来邀请，在确无特殊情况的条件下，应答应与之共舞。

（5）如果你已经答应和别人跳这场舞，应当向男士表示歉意说："对不起，已经有人邀请我跳了，等下一次吧。"

4. 舞会上的风采

所谓风采，指一个人由其言谈举止和作风等方面体现出来的美感程度，是一个人外在美与心灵美的有机结合和自然流露。

舞会的风采，主要由人们跳舞时的姿态与表情构成，最佳风采应当是姿态优美端庄，表情自然温和。

无论是公关性质的舞会，还是其他社交性质的舞会，令人赏心悦目，并加以赞许的最佳舞者的风采具体表现为：

（1）表情自然，举止文明。舞会的音乐、灯光、气氛都营造出一种温馨浪漫的情调，所以跳舞时的神情姿态也应轻盈自若，充溢着快乐。面带微笑，表情谦和悦目，目光柔和，整个身心都显得十分自然、轻松和愉悦。

跳舞过程中可与舞伴进行适当交谈，交谈内容以轻松的话题为宜，比如舞厅装

♀ 跳舞时的注意事项 ♀

跳舞时如果不注意可能会影响自身形象。因此，在跳舞时要注意以下几点：

跳舞时，要掌握好身体的重心。重心不稳会致身体摇晃、肩膀高低不一。

跳舞时双方的身体应保持一定距离，距离的大小往往由舞步决定。

无论哪种舞步，动作都要尽可能舒展协调、和谐默契，以展示舞蹈的美感与魅力。

饰的艺术效果、舞曲的旋律、歌手的演唱，等等。应有意避开工作、经济效益、复杂的人际关系或病丧一类的沉重话题，以免影响跳舞的情趣和舞会的效果。

交谈应简短并选择舞曲较为轻柔时进行，声音不可过高，更不能旁若无人地大声谈笑。舞曲激昂处要避免交谈，否则会不自觉加大音量或者出现因听不清楚而将耳朵贴到对方的嘴边等极不文雅之举。

（2）舞姿端正规范、大方活泼。跳舞时，整个身体要保持平、直、稳，无论进退或是左右移动，都要掌握好身体的重心。重心不稳会导致身体摇晃、肩膀高低不一、舞步不和谐，甚至踩了舞伴的脚，这样舞姿就会变形走样，既影响自身形象，同时也会给舞伴造成伤痛。

跳舞时双方的身体应保护一定距离，距离的大小往往由舞步决定。

无论哪种舞步，动作都要说可能舒展协调、和谐默契，以展示舞蹈的美感与魅力。

第四章

你的气质就是你手中的幸福魔方

第一节

让自己“畅销”要靠气质“商标”

善用女人的资本为自己谋幸福

语言作为女人的武器，不仅可以帮助女人战胜自己的竞争对手，在激烈的竞争中脱颖而出，而且还可以使女人在危险的环境中占据主动，化险为夷。

可惜的是，大多数女人并不知道自己的这一先天优势，所以从未善加利用。比如遇到抢劫等危急时刻，女人总是以弱者自居，希望能从别人那儿、男人那儿得到帮助。当别人靠不住时，女人就只好自认倒霉了，同时还不忘用“女人当然不是男人的对手”进行自我安慰。

女人真的不是男人的对手吗？当然，如果女人和男人发生身体上的直接碰撞，女人肯定占不到什么便宜。可是，如果女人能善加利用女人的优势，以柔克刚，男人也就不敢视女人为等闲之辈了。

在先天优于男人的众多优势中，女人超强的语言能力是男人所不能及的。争论中，女人总能让男人哑口无言；在表达同样的想法时，女人总能比男人表述得更清晰到位；在描述一件事实时，女人总能比男人说得绘声绘色。日常说话是这样，学外语是这样，就是中风，男人也不如女人的语言能力保留得好。

这个优势是由女人的大脑结构决定的。女人的语言功能较均匀地分布定位在两个大脑半球。而男人则不是，习惯使用右手的男人，他的语言功能则主要定位在脑的左半球。

出色的语言能力决定了女人更适合与人交谈，无论是一般的朋友聊天还是严肃的商业谈判，女人往往都能够占据主动，顺利实现自己的交流目的。而有了这一保障，女人完全也能像优秀的男人一样，在职场中得心应手，在家庭关系中如鱼得水，在人际交往中左右逢源。

独特的大脑结构——信息可以在两个大脑半球之间迅速传递，这决定了女人的感觉能力也是优于男人的。女人的眼睛会说话、女人的背后长眼睛、女人有第六感觉、女人的直觉最灵敏等，都不是凭空给予女人的恭维，这都是事实。几个世纪以来，女人一直被誉为拥有超自然能力，包括预言结果、揭露谎言、与动物交流和发现真理。女人的感觉能力可以说是相当优秀的。

说实话，这也是让男人最郁闷、最困惑的一点。女人能清楚地觉察出别人心里不愉快或感情受到伤害，而男人却不能。他们只有看到女人流泪、火冒三丈或被扇了耳光后，才意识到发生了什么不对劲的事。

男人对女人说谎很容易就会被发现并被揭穿，因为女人通过迅速收集信息，包括男人的眼神、语言、肢体语言等能直接判断出男人的话有多少是真、多少是假。只有在电话、信件或黑暗的房间中，男人说谎才可能成功。相反，女人对男人说谎却不容易被男人发现，因为男人对语言信号和非语言信号的不协调一点儿都不敏感。

在语言能力和感觉能力上，男人在女人面前往往会自愧不如，但在思维能力上他们却颇为自信，有些男人甚至偏激地认为女人根本就不会思考。的确，如果论及思维的深度、专注程度、空间能力、逻辑能力等，女人是不如男人，但是从思维的多向性和想象力看，男人却不如女人。女人可以同时做几件互不相关的事，还能不出错，而男人却不行，他们一次只能专注于一件事。在那些需要发挥创造性的领域，女人往往会表现得更加出色。

女人在紧急的情况下往往能急中生智，提出不同的建议，想出有效的解决办法。这是因为女人的思维方式是网络式的，当遇到紧急情况的时候，她们的整个大脑就会完全兴奋起来，而大脑内部这个庞大的网络也会开始多方向搜集有利的信息，所以女人考虑问题往往更全面，而且可以针对同一个问题提出不同的解决方法。

天生的语言、感觉、思维优势造就了女人的组织能力、规划能力和管理能力也优于男人。

无论是多么复杂混乱的局面，女人都有能力迅速地重新组织一切，让其变得井井有条。在处理一些琐碎的事务上，女人比男人更有耐心，所以会比男人完成得更好；在行政、文秘等岗位上，女人一般都会做得得心应手，这主要是因为女人天生就具有化繁为简的能力。

受天生的组织才能影响，女人还有着不俗的规划能力，这一点在家庭生活中就可以体现出来——结婚生子之后，生活不断发生变化，但是女人的生活却从来都没有陷入混乱之中。从这一点看，女人也完全有能力胜任统揽全局的工作。

女人天生是尤物，这不仅仅体现在视觉上的审美优势，在能力上，女人也拥有

♀ 女人比男人更善于管理 ♀

女人在管理上比男人更占优势，这是因为：

首先，管理者应该具备的组织和规划能力都是女人的强项。

其次，女人具有敏锐的洞察力，这使得她们更容易发现每个员工的特长，因此可以将员工的潜能发挥出来，为公司创造更大的利润。

此外，女人还具有很强的语言能力，她们可以巧妙地化解工作中的各种矛盾，增强企业的凝聚力。

男人不可匹敌的优势。这些优势女人如果利用好了，不但能克制住男人，也能让女人像男人一样潇洒豪迈地游走四方。

毋庸置疑，在现在的社会，涉及具体事务时，男人还占据着绝对的优势。也就是说，相对男人的身体、社会地位、所占据的社会资源等，女人的确是弱者。但是别忘了，男人天生都想做女人的保护者，女人则可以顺水推舟，在男人的羽翼下发挥优势、养精蓄锐，然后开创出属于自己的幸福天空。

找回自己，把握生命主动权

现实生活中，很多女人都在没有自我地活着：她们很会设身处地地为他人着想，也很愿意全心全意地为他人行方便。把家务操持得井井有条，把职业和孩子处理得完满妥当，把主妇角色扮演得尽职尽责，把丈夫服侍得心满意足。一旦自己的需求和家人的需求、自己的事业和丈夫的事业发生冲突，让路的永远是自己。

这些女人或许不承认丢弃了自我，或者干脆没意识到，但如果问她们一个问题：你和你自己的内心世界保持一致了吗？想必她们就会对自己的人生有所思考了。没有自我地活着的人当然无法和自己的内心保持和谐，因为她们外在的要求和自己的真实要求没有取得平衡。

没有自我的女人往往会被冠以伟大的帽子，因为她们温顺善良、言行得体、举止大方，处处为他人着想，永远将别人的需求放在第一位，只要能让身边的人满意，自己受再大的委屈也没关系。这样的女人或许是可歌可泣的，但她们却绝不会获得心灵上的幸福，因为寻常女人的顺从和奉献都是为了得到想得到的回报，但是这世界并未公道得有付出就有回报，这样付出者自然就会非常失落，甚至抱怨自己命苦。不能做自己想做的事，也不能过自己想过的生活，她们甚至会认为生活毫无意义。

之所以不快乐，还因为她们在丢弃自我的同时把自己的价值也一并丢弃了。而意识不到自己价值的人又往往会认为自己必须要依靠别人才能生活得更好——当自己做成一件事的时候，她们会认为是因为自己的运气好或者有他人的帮助；而当她们做不成一件事的时候，则会将问题归结在自己的无能为力上。即便她们做出的美餐受到全家人的称赞，完成的策划案得到领导的认可，通过自己耐心的劝说化解了朋友之间的矛盾，即便她们的作品感染了无数人，她们的热舞让全场沸腾……她们都不认为这是自身价值的体现，她们会说“这些事所有女人都能做到，没什么可自豪的”。试想，一个从未享受过自豪感和成就感的人，能发自内心地体会到快乐和幸福吗？别忘了，任何人只有意识到自己的价值才不会妄自菲薄，才不会事事都想寻求他人的帮助，才能够客观地看待挫折而不被轻易打倒，才能够真切地感受到快乐和幸福。

她们能真切地体会出自己是不幸福的，却还乐此不疲地做着自欺的事情，原因在于，自古至今，人们心目中理想女人的标准就是温顺友好、善解人意、谦逊大方、先人后己的，于是，她们就把自己修炼成了无心无脑的小绵羊，乖巧可人，不敢说出不同的意见，不敢表达真实的愿望，唯一敢做的就是如何讨人欢心、让人称意。

其实，女人在维持伟大形象的时候完全没必要抛弃自我，因为有独立自我的女人才更有女人的味道，才更能在她自己幸福的前提下让别人更幸福。只有拥有幸福感和想拥有幸福感的女人，才不会用整天把自己搞得疲惫不堪来塑造自己的伟大，才不会在付出的时候期望得到别人等量的回报，才不会在得不到回报的时候将自己的付出挂在嘴边，唠唠叨叨、喋喋不休，让人心烦意乱、不得安宁。

有的女人认为过多考虑自己的人是自私的。这纯粹是太虚伪的标榜，因为只有懂得爱自己的人才能更好地去爱别人，只有自己的需求先得到满足的人才会心甘情愿地去满足别人的需求。这是人的本性。当然，我们所说的关注并不是首先满足自己的内心需要，也并不是就让你不择手段，做天下最恶毒的女人。满足自己的需要也要有一个条件，那就是不能侵害别人的利益。

努力求成功，而不是求生存

生存，是做人的最低要求，但很多女人对自己的要求却只停留在这种最低层次上，甚至还以此为荣。女人如此不上进是可以理解的，毕竟在相当长的一段历史时期，女人是没有生存能力的，必须要依靠男人才能过活。但现在不同了，女人的身份、地位、状况发生了巨大的转变，靠自己的能力已经足以养活自己，甚至还能替男人分担家庭负担。

可惜，事实很让人大跌眼镜，就是在这时候——女人不用再将自己的人生目标定格在求生存层面的时候，仍然有很多女人根本就意识不到女人也有资格和能力追求更高层次的生活。什么叫生存？什么叫生活？在她们眼里这都是一派模糊的概念，她们认为，无非都是活着，吃饱了不饿就得了，哪还用考虑什么品质的高下，哪还用考虑精神层面的追求。

她们不知道，生存与生活，不仅是不一样的状态，也是不一样的精神历程。同是心理活动，却是不一样的欢欣激情；同是艰辛坎坷，却是不一样的美丽轨迹；同是友情和爱情，却是不一样的能力给予。生活能让生存拥有不一样的滋味，不只有脚腿，还有翅膀；不只有躯体，还有灵魂与魅力；不只有别人，还有你自己。

人不能仅仅为了活着而活着，还应该活出更多的精彩。女人要活出精彩，就要好好安排自己的生活。不但要让每一天都不后悔，每一段路都不虚此行，还要想办法大展宏图，要和男人一样的成功之后，才能有闲、有钱、有心情享受真正意义上的生活。

可是，如果只将目标锁定在求生存上，虽然很容易达到，但却不得不遗憾地放弃自己的梦想。

真的无力实现梦想也就罢了，但如果是有能力却不肯为之努力就不值得同情了。即使不确定自己能否成功，至少也应该试一试。连试都不试，显然是一种对自己不负责任的行为。

这差不多也是女人的通病。女人很少成功是因为女人很少有成功的渴望，或者认为成功与女人无关，是男人的事。这是世俗加给女人的偏见，女人没必要总是躲在男人身后，为男人撑着家庭那片天，女人也可以走到男人的身前，光明正大地拥有自己的一片天空。

成功对女人来说绝不是坏事，即使女人的行为会受到某些人的非议，那也是无须在意的，因为跟实现自己的梦想相比，那些无关紧要的小事是微不足道的。

女人不努力追求成功，很多时候还因为受“知足者常乐”“做人不能太贪心”的观念影响，所以才变得容易安于现状。

人确实应该懂得知足，但知足必须要有一个前提，那就是你已经拥有了很多；人也确实不能太贪心，但不贪心也必须有一个前提，那就是你已经拥有了很多。所以，女人在劝诫自己“懂得知足”“不能贪心”的时候，首先应该问问自己是不是已经拥有了很多，至少是拥有了该有的。

或许有人会感到困惑，究竟拥有多少才算正好呢？自己不是已经拥有很多了吗？一份足够养活自己的工作、一个体贴自己的老公、一个聪明懂事的孩子、几个能和自己分享心事的好友……这样的现状不是挺好吗？还不该知足吗？大多数女人都有这样的想法，所以这也就成了女人圈中盛行的风气。

大多数的女人总是能想到自己已经拥有的，却很少想到自己一直渴望但没有得到的，所以她们总是觉得自己拥有了很多。其实，她们所拥有的不过是基本生活需要，而不是她们真正渴望的。

这些女人以生存需要为标准，自然会觉得自己已经拥有了很多。可是，如果将标准提高，站在成功的角度去看，她们就会发现自己拥有的其实少得可怜，有些女人甚至连自己的一个愿望都还没有实现过。

该反思一下了吧？出于自爱，女人也不应该只把求生存看成自己的人生目标，而是应该有更高的追求。

你是不是也在犯这样的错误？如果是，那就认真地想一想自己还有多少愿望没有实现，在确定了自己未实现的愿望以后，就马上采取行动为之努力奋斗吧。不要再继续沉醉在生存状态里稀里糊涂地过日子了，好好过你自己的生活，勇敢追求你自己的梦想，那才是你真正应该去做的。

♀ 追求自己的成功 ♀

成功并没有想象中的那样遥不可及，只要肯努力，每个人都可以成功，不论男人还是女人。

你可以将你的个人愿景与你的朋友一同分享，这样做一来可以寻求他们的支持，二来也是为了坚定你的信心。

此外，你还可以多了解一些成功人士的成功经历，他们的经验，尤其是在困境中前行的经验，或许会对你有很大的帮助。

如果你不甘心做一个为生存而奔波的女人，那就从现在开始改变自己吧。

为了幸福勇敢地作出改变

拥有自我，尊重内心需求并尽力满足它们的女人，一定是无所顾忌，敢想、敢说、敢做的勇敢女人。就像南丁格尔，她之所以成为女性的骄傲，就在于敢于拒绝顺从父母的意愿，拒绝接受“前途光明”的婚姻。就像著名的梅厄夫人说的：“人的一生中没有什么东西是生来就有的。仅仅靠信仰的力量是不够的，还必须具有克服障碍和敢于战斗的力量和勇气。”

但是很多女人却不这样做。究其原因，不是因为她们伟大无私，而是因为她们不自信。不自信的女人总会心怀种种担忧，怕这怕那，总认为少了对别人的依赖自己不能活得很好，于是就选择丢弃自我，百般地讨好别人。一旦出现自己应付不了的局面时，就更会感到不安，进而以自己的退让来息事宁人。这样的女人实在需要作出彻底地改变了。

改变的前提就是弄明白自己不自信的原因。到底哪些情况是自己应付不了的？是巨大的工作压力还是繁重的家务负担？是他人的非议还是一个人的孤单？是对新事物的恐惧还是对改变现状的担忧？

如果是巨大的工作压力让你不自信，就弄清楚压力究竟来自何处，是自己的专业知识欠缺还是没有掌握工作技巧？是领导的故意刁难还是同事的刻意疏远？找到了压力的来源，应对起来就没那么困难了。

如果是专业知识欠缺，那就补充专业知识；如果是没有掌握工作技巧，那就多学多练；如果是领导故意刁难，那就将自己的能力展现出来给领导看，让领导认识到自己的价值；如果是同事的刻意疏远，那就善待身边的这些同事，但不必去讨好他们。

如果是繁重的家务负担让你不自信，那就找个人来帮你做。做家务不是你一个人的责任，你完全可以理直气壮地要求丈夫和孩子帮你一起做，这是他们应该做的。

如果是他人的非议让你不自信，那就问问自己是不是真如他们所说的那样，如果答案是否定的，那就由他们说去吧，别人的感受你无法控制，但你完全可以不去在乎他们的感受。

如果是孤独让你不自信，那就告诉自己：在家庭中，你的丈夫和你的孩子都比你需要他们更需要你，你完全不必担心他们会轻易离你而去。

如果是忽然的改变或新事物让你不自信，那你应该清楚，任何事物都处在不断的发展变化之中，这是自然界的一般规律，人类本身也是如此。既然是不可违背的自然规律，那就去适应并接受它好了，何必非要逆天而行，做无用功呢？

其实，女人只要对自己充满信心，认为自己有能力应付各种混乱局面，那一切就会为之改变了。事实上，女人本来也具备这样的能力，甚至比男人还强，所以，女人大可以放心大胆地追求自己想过的生活，而不必再委屈自己。

有了自信之后，自然就有勇气大胆主动地作出改变了：对自我价值重新认识，改变惯常的唯唯诺诺的做事方法以及处世态度，让自己成为一个敢想、敢说、敢做、敢于争取幸福的勇敢女人。

在开始的时候，你的改变一定会引来别人异样的目光和对抗的态度。他们会质疑你、责备你，甚至排挤你，与你决裂。这些都很正常，毕竟你的勇敢抗争——小羊羔变成了一头狼，会让他们的利益有所损失。让他们马上接受一个不一样的你是件很困难的事，他们还没做好充分的心理准备。

但对于勇敢的女人，这算不上什么。因为谁都没有办法左右别人的感受，也不

♀ 建立自信的方法 ♀

自信心往往可以产生想象不到的力量。当一个女人拥有了自信，她就会发出光彩。

1. 多说激励自己的语言

语言的作用有时会超乎自己的想象，多用具有激励作用的语言，会增强自己的信心。

2. 多与自信的人交往

正所谓“近朱者赤”，情绪也是会传染的。

这两个方法任何女人都可以做得到，不要小看这些小的技巧，只要勤加练习，对我们建立自信可是大有作用的。

需要对别人的感受负责，你只是在维护你自己的利益而已。你能做的就是对自己的感受负责，别人接不接受是别人的事，与你无关，你只需要让自己满意就足够了。再说，无论你做什么，都不可能让所有人满意；随着时间的推移，随着你的改变，最后既成事实的东西，他们不认可也得认可。

当然，这并不是说你可以随意损害他人的利益，恶劣的损人利己也是很可耻的。

虽说不必过多地考虑身边人的感受，但也并不意味着你就可以脱离他们独自生活，所以你必须要给出合理的解释。你应该告诉他们目前的生活状态带给你哪些痛苦、你希望过什么样的生活、是什么促使你作出改变以及你想怎样改变等等。当他们了解了你为什么要改变以后，他们仍然可能会做出种种不解的反应，但没有关系，因为你要做的只是让他们认清你要改变的事实，而不是征求他们的意见，他们只需要试着去接受这些就可以了。

也许你会认为保持目前平静的生活很好，至少可以避免使自己陷入被孤立的境地之中，但你有没有想过，如果你一直都忍气吞声，忽视自己的感受，那你就永远都不可能获得真正的幸福和快乐。

究竟是继续委曲求全、假装平静，还是掀起一场狂风暴雨之后获得真正的平静，就要看你自己的选择了，你的命运会因为你的不同选择而走向不同的方向。

第二节

生活要精致，女人要气质

永葆你的别样风情

卡耐基认为，这样一种女人最具魅力：她们聪明慧黠、人情练达，超越了一般女孩子的天真稚嫩，也迥异于女强人的咄咄逼人。她们在不经意间流露着柔和知性的魅力的同时，也同人群保持若即若离的距离。

做人群中最耐看的风景

英国作家毛姆曾经说过："世界上没有丑女人，只有一些不懂得如何使自己看起来美丽的女人。"现代女性早已经学会在繁忙和悠闲中积极地生活，懂得如何读书学习，也懂得开发自身的潜能，从而使自己的女性魅力光芒四射。

下面是一位女性朋友的心得：硬件不足软件补（沙浜，女，35 岁）。

作为一个女人，只有漂亮的脸蛋是远远不够的，她必须学习，不断地在精神上有所进取。当然，并不是因为我丑才说这番话的。因为相貌一般或欠佳的女性，非常明白自身的缺陷，所以就特别懂得去发掘自己的个性美，更注重内在气质的培养和修炼。

我曾在一家国有企业任职，我们办公室有两女三男，另一个女孩的确长得很漂亮，她也因此占尽了便宜。但要论能力、论业务，她样样不如我。可一遇到涨工资、晋升职称、疗养的机会，却样样都是她的。

面对这些不公平，我没有说什么，只是暗暗地读书学习，报名参加了英语班、计算机班和舞蹈训练，给自己"配置"和"升级"了许多优秀的软件，因为我很清楚自己的硬件不足，只有靠软件来补了。

两年后，我辞职来到一家合资企业。在那里，我从一名职员开始做起，一直做到总经理助理。在一次谈判结束后，对方的老总邀请我共进午餐。后来，他成了我的先生，他说那天我在谈判中沉着冷静、不卑不亢的态度和优雅的举止、不凡的谈吐，深深地吸引了他。当时，他觉得我是最美的女人。

现在，我已经自己做了老板，有了一个可爱的孩子。先生说我在家庭中是贤妻良母，在事业上是个优秀的管理者。

看来,有情趣、有智慧的女人是最美的。女性的智慧之美胜过容颜,因为心智不衰，它超越青春，因而永驻。“石韫玉而山晖，水怀珠而川媚。”西晋人陆机这样评说智慧之美。谚语云:“智慧是穿不破的衣裳。”衣裳，自然是与风度美息息相关的。所以，现代女性中注重培养自身风度之美者，在不断改善自身的意识结构和情感结构的同时，无不特别注重改善自身的智力结构，积极接受艺术熏陶，使自己的风度攫获闪耀的智慧之光。

很多男人在言语行文中流露出一种对知性女人心驰神往却又可望而不可即的无奈与惆怅，在他们眼中，这一类女人人间难求，绝对不是俗物。事实上，“知性女人”是食人间烟火的俗人，她们同样离不了油盐酱醋茶，同样要相夫教子，因为只有大俗方能大雅，只有这样才是完美女人。

在卡耐基看来，知性女人的优雅举止令人赏心悦目，她们待人接物落落大方；她们时尚、得体、懂得尊重别人，同时也爱惜自己。知性女人的女性魅力和她的处世能力一样令人刮目相看。

在卡耐基眼里，灵性是女性的智慧，是包含着理性的感性。它是和肉体相融合的精神，是荡漾在意识与无意识间的直觉。灵性的女人有那种单纯的深刻，令人感受到无穷无尽的韵味与极致魅力。

具有弹性的性格

弹性是性格的张力，有弹性的女人收放自如、性格柔韧。她非常聪明，既善解人意又善于妥协，同时善于在妥协中巧妙地坚持到底。她不固执己见，但自有一种非同一般的主见。男性的特点在于力，女性的特点在于收放自如的美。其实，力也是知性女人的特点。唯一的区别就是，男性的力往往表现为刚强，女性的力往往表现为柔韧。弹性就是女性的力，是化做温柔的力量。有弹性的女人使人感到轻松和愉悦，既温柔又洒脱。

真正的智慧女性具有一种大气而非平庸的小聪明，是灵性与弹性的结合。一个纯粹意义上的“知性”女人,既有人格的魅力,又有女性的吸引力,更有感知的影响力。她不仅能征服男人，也能征服女人。

这类女人不必有羞花闭月、沉鱼落雁的容貌，但她必须有优雅的举止和精致的生活。不必有魔鬼身材、轻盈体态，但她一定要重视健康、珍爱生活。她们在瞬息

♀ 女人的魅力 ♀

具体来说，女人的魅力主要体现在以下几个方面：

1. 丰富的内心

有理想，有知识，是内心丰富的重要方面，这是现代女性所必不可少的。

2. 优雅的言谈

言为心声，言谈是了解人们内心世界的主要渠道之一。在言谈中，对长者尊敬，对同辈谦和，对幼者爱护，这是一个人应有的美德。

3. 高雅的志趣

高雅的志趣会为女性的魅力锦上添花，从而使爱情和婚姻生活充满迷人的色彩。

万变的现代社会中总是处于时尚的前沿，兴趣广泛、精力充沛，保留着好奇纯真的童心。她们不乏理性，也有更多的浪漫气质——如春天里的一缕清风。书本上的精词妙句，都会给她带来满怀的温柔、无限的生命体悟。她们因为经历过人生的风风雨雨，因而更加懂得包容与期待。具有了灵性与弹性完美统一的内在气质。

我们可以这么说，魅力实际上是一种无形的吸引力，是人类社会中各种交往活动不可缺少的条件，也是由心理的、社会的、文化的、习惯经验的等诸多因素相融合的统一体，并在人际交往中得以充分的表现。魅力包含着深厚而丰富的心理内容，是一种人格特征，是人们心理机制与外在行为的完美统一，也是人际间评价美的唯一的标准。

展现女人的性感

卡耐基曾说过一句经典的话：“我认为女人的性感并不是如何去吸引男人，而是凭借自身的无穷魅力将其发挥到极致。吸引男人的目光并不十分重要，只有吸引男人们的心才是完美地诠释了性感。”

一直以来，性感的女人被喻为一朵欲望之花，能够迷惑男人的眼睛，在任何场合，性感女人都会散发出不可阻挡的光芒。不同的女人有不同的味道，很多男人认为性感女人是最有女人味的。

那么，究竟什么是性感呢？据性心理学研究，男人心目中的性感，除了发自女性的性特征和自信心、懂幽默、爱浪漫、刺激及冒险外，原来还有一些比较虚无抽象的元素，其中的神秘感就是另一个性感元素。电影史上的性感明星如玛莲娜·迪特里茜、碧姬·芭铎等，哪个没有深不可测的神秘眼神？女人在自己喜欢的男人面前，千万别尽情流露、肆意表现，要给对方留有揣摩与想象的空间。留有余韵也是展现神秘感的一种手段，总之，就是不要完全满足对方的好奇心。

现代的性感早已超越视觉、身材或是暴露多少的范围，如花灿烂的笑靥、天真或带媚态的眼波、沉溺于思考或想象时忧郁而出神的神态，都是内敛的性感。性感女人的肢体语言、无奈和惊叹时的扬眉嘟嘴、不经意的自我触摸都是最销魂蚀骨的小动作。

性感本身就是每种雌性动物都有的天赋条件。女性刚醒来时的一对惺忪睡眼、喝酒后的微醉与一脸绯红何尝不性感？而这正是构成美感的元素，故性感无须刻意追求，性感原本就是上帝烙在女人骨子里的性磁力，女人只需自信地彰显自己，你的性感，别人自然而然就会感受到了。

永葆女人味

每个女人都希望自己青春永驻，但我们最终都会老去。但所幸，女人即使没有青春，还有精神，还有女人味。女人味是一种恒久的魅力，与年龄无关，与身份与关，

♀ 男人眼中的女人味 ♀

女人味，如果叫你真正说说其内涵，大多又很难说清楚。很多男人认为，一个充满女人味的女人至少要有以下特征：

1. 善解人意，不强人所难，与人为善，有理也让人三分。

2. 穿着得体，不传统守旧也不夸张，但绝对干净清爽。

3. 举止斯文，声音悦耳，说话节奏不快也不慢。

女人味是一种女性美，它与年龄无关，是女人的一种内在品质。

永远散发着引人入胜的魔力。

青春无法把握，失去了无须惭愧，但女人味却是一种精神，把它丢失了就是一个女人最大的悲哀！青春少女是一首浪漫的诗歌，节奏明快，旋律优美，恰似春光明媚；成熟女性则应该是一篇抒情散文，情愫悠悠，蕴涵深邃，令人眷恋。所以，女士们，请一定要珍惜自己，让女人味伴随自己一生。

所谓女人味，指的是一种人格、一种文化修养、一种品位、一种美好情趣的外在表现，当然更是一种内在的品质。简而言之，女人味就是女人的神韵和风采，是真正的女性美，使得女性的形象更美丽，女性的人生更精彩。女人味堪称是对女人最到位的赞美。

那么，到底什么才是女人味呢？无论女人到了哪个年龄段，以下这几个特征都是一个有女人味的魅力女人所共有的：

1. 智慧

外表漂亮的女人不一定有味，智慧的女人却一定很美。因为她懂得“万绿丛中一点红，动人春色不需多”的规则，具有以少胜多的智慧；容颜可以老去，但智慧不会褪色，一个充满智慧的女人，会具有与时俱进的魅力。

2. 有度

再名贵的菜，它本身也是没有味道的。譬如“石斑”和“鳜鱼”，虽然很名贵，但在烹调的时候必须佐以葱姜才能出味。女人也是这样，妆要淡妆，话要少说，笑要微笑，爱要执着。无论在什么样的场合，都要把握好尺度，好好地“烹饪”自己。

3. 品位

前卫不是女人味，不要以为穿上件古怪的服装就有品位了。真正的品位来自生活的智慧和丰富的内心。

4. 展示最真实的自我

所有的女人都渴望自己在性格和外表方面对别人具有很大的吸引力。在现实生活中，真实的你是最能打动人的，因为这样的你有血有肉，有喜怒哀乐。真正有修养的人，气质是从骨子里透出来的，绝不是矫揉造作。所以女性一定要学会接受自己的外貌；对别人热情、关心；仪态端庄，充满自信；保持幽默感；不要惧怕显露真实的情绪；有困难时，真诚地向朋友求助。

掌握了这几个小秘诀，你就能修炼成具有独一无二的完美气质的女人。

别丢了“矜持”两个字

作为一个女人，毋庸置疑，你的一生将会陪伴一个男人度过，而男人最喜欢的莫过于矜持的女人。与矜持的女人在一起，男人才会真正懂得为什么女人需要男人去珍惜，去尊重。

矜持是人的一种素养。一个有内涵的女人，她的生活字典里是少不了“矜持”

这两个字的。那何谓矜持呢？矜持是一种羞涩，也是一份清高，是对自己的爱护和尊重，那是人的一种高贵优雅的姿态。正因为有了这样的一种矜持，才使人觉得这个女人真是一个有气质、有涵养的人。

因为矜持的女人是婉约的，是高贵的，她在低吟浅笑间就能够流露出一种赏心悦目的温柔。女人的矜持便好似一条内敛、深邃的小溪，她也许没有你理想中的那种浪漫、婉转，但在她目光流转的神思里，你能领略到某种浪漫的滋味。你能说她不懂浪漫吗？矜持女人的浪漫，是要能懂得欣赏的男人才能欣赏到的。可以说，一个矜持的女人，便是一棵专心的秋海棠，她的所有激情与浪漫，都只为她期待的那个男人而绽放。矜持的女人是傲气的梅，她骄傲却不冷漠，也许她的外表很冷，但是却不失一种“酷酷”的感觉。

矜持的女人原来最是时尚，她知道如何在传统与新潮的思想中游走。对于该保持的传统，她绝不轻易放弃；对于该放弃的所谓时髦，她绝不吝啬。所以她的矜持，永远为她的美丽和魅力做了一道加法；矜持的女人，其本身便是一道优雅的风景线。

一个毫无矜持概念的女人是不堪想象的，放荡不羁，没有底线，为了自己的男人做牛做马都心甘情愿、毫无怨言，你以为这样那个男人就对你无可挑剔了？实际上恰恰相反，你的作用，只是充当了一个保姆，一个男人要一直生活在保姆的臂弯里，哪能活得潇洒、活得恣肆呢？男人别说感受不到爱了，生活的趣味也全无了。

女人总要懂得矜持。矜持，永远是女人的最高品位，好男人就是在矜持女人的熏陶下所生成的产物，矜持女人是不怕找不到理想男人的。但最后要切记：矜持也要有度，过于追求矜持，结果只会适得其反。

美丽是女人一生的使命

卡耐基站在一个男人的立场，对所有女人说，一个男人对着女人一张精致的脸说话要比对着一张粗糙的脸说话有耐心得多。尽管男人说出这样的话使大多数女人不满，但这又确实是不争的事实。因此有人说：美丽是女人一生的使命。

女人要懂得爱护自己

聪慧的女人，就是懂得爱护自己的女人，不仅要让自己的生活有品质、有情调，还要懂得投资，投资青春、投资美丽。

某电视台有个情感栏目，由资深心理专家与观众见面交流，现场分析当事人的情感困惑。有一期嘉宾是一对新婚燕尔就起纷争的青年男女，在说起吵架的原因时，年轻的妻子这样抱怨：“和我一起逛街时，见到长得漂亮的女人他就瞅人家，有时候人家走远了，他还回过头去看，这让我很受不了。为这事我们吵了无数次。”

事例中这位女性的话似乎道出了一种普遍的现象：男人有对美女趋之若鹜的“好色”本性。说“好色”，不如说“爱美”。每个男人都喜欢美女，爱看美女，不管他嘴上承不承认。《英国皇家学会生物学学报》公布的一份研究报告称，男性在凝视美女的面部或身体时，会触动大脑的“满足中枢”，从而产生快感。从这个意义上来讲，“好色”可以说是人的天性。其实，“好色”绝非贬义词，它代表着人皆有之的爱美之心。

《色·戒》的导演李安也说过：“色，是我们的野心、我们的情感，一切着色相。”食色，性也。这是人之本性，而人之本性不可移。

美国杜克大学医学院神经学研究中心的本杰明·海登博士说：“对男性来说，看到异性时的满足感在很大程度上受到异性外表魅力的影响。”如果你是一个聪明的女人，那么就别太在意你的男友对街上的女人多看两眼，因为这只是满足了视觉上的享受。如果你也能给他提供这份享受，还担心什么呢!

一个智慧的女人大可冷眼旁观男人的“好色”，然后从自我修炼做起，把肌肤养得柔嫩细滑，把身体练得凹凸有致，把气质培养得独一无二……如此这般，即使你不是天生的美人坯子，那也是绝佳小女子一个。当脱胎换骨、秀色可餐的你出现在他的眼前时，你还用担心他的目光不停留在你身上吗?

维护你的容颜

懂得爱护自己的女人一定懂得打扮自己。因此，从头发的样式、护肤品的选用、服饰搭配到鞋子的颜色，无一不需要你精心地对待。从头到脚的细致，当然是需要花很多的时间和心思的。因此，要想做高贵而有气质的女人，就必须从做细致的女人开始。可别小看了细致，也许仅仅因为指甲油的颜色不协调就导致你前功尽弃。

毫无疑问，女人的脸部呵护是极为重要的。护肤品的选购和使用绝对不能偷懒，因为它关系到你的“面子”工程。

“面子”在女人的形象中占有很重要的地位，因此对女人来说，“面子问题”可谓天底下最重要的事情，从踏入青春期起，年轻的女孩们便日复一日、不辞劳苦地在不足十寸的“土地上”辛勤“劳作”。很难想象，一个蓬头垢面、灰头土脸的女人，能有多少气质美可言。美容界认为，好的肌肤是美丽的基础，完美的妆容是精神美的有效点缀。有些人天生丽质，就算不化妆也光彩夺目。但这样的幸运儿只是少数，很多人都认为自己的长相不够完美：眼睛不够大、鼻子不够高、皮肤不够细腻……而化妆的作用就是掩盖瑕疵，让你看起来更加漂亮。事实上，在正式场合下，女性化一点淡妆也被看作是礼貌的行为。

如果你不太会化妆，可以多翻阅一些美容时尚杂志，或者请教一些会化妆的“闺中姐妹”。她们会告诉你一些化妆技巧和窍门，并且你在这个过程中也能够更贴近潮流。一位有名的女化妆师说过："化妆的最高境界可以用两个字形容，就是'自然'。最高明的化妆术，是经过非常考究的化妆，让人看起来好像没有化过妆一样，并且化出来的妆与主人的身份匹配，能自然表现出那个人的个性与气质。"所以，一般场合里，淡妆最适宜。如果你每天都浓妆艳抹地出现在别人面前，也很难带给别人美的感受。

现代女性，虽然你的肤色不是很好，你的皮肤也不是"娇嫩可人"，但是只要你掌握了化妆的技巧，就会达到很好的效果，为自己增添无穷的魅力。以下是通常女性朋友觉得很自卑的两种面部皮肤的上妆方法：

1. 深色皮肤

大部分深色皮肤有色斑，需要妥善处理。用比你的肤色浅的遮瑕膏，扫擦较深色或不均匀的部位；宜使用不含油脂的液体粉底，色调应该比你的肤色浅；轻轻扑上透明干粉。对于黝黑皮肤，你可能需要用有色干粉，可抹上紫丁香或粉红干粉，增加暖色的感觉；然后抹上黄褐色或古铜色胭脂；以灰色或深紫色眼影美化明眸。

2. 雀斑脸

用浅色液体遮瑕膏遮掩阴影及瑕点，可将白色修护粉底液混合浅米色粉底，调成遮瑕膏，轻轻点在眼睛周围，小心按摩眼睛周围的皮肤；雀斑皮肤只需要少许干粉，如果面部的雀斑显著突出，可以采用化眼妆的方法来转移视线，把他人的注意力吸引到眼睛上；眼线要贴近眼睫毛，用灰色及褐色眼线笔，这样看来比较自然，切勿使用黑色，因为会与浅色的皮肤形成强烈的对比；涂上黑褐色睫毛液，再用软毛刷涂上浅褐色睫毛液，令眼睛看起来自然柔和；用玫瑰色唇膏掺杂玫瑰水，使朱唇保持湿润，要使妆容自然，可用海绵块轻轻抹去多余的颜色；最后在面颊上施上锈色胭脂，使之艳光四射，引来羡慕的目光。

女性除了要会根据自己的肤色化妆外，还要学会根据自己的形态特点给自己化妆，正所谓"欲把西湖比西子，淡妆浓抹总相宜"，这样才能让自己容光焕发、魅力无穷。

1. 学会打粉底

在上浅色的粉底之前，先在脸上抹上薄薄一层肤色修颜液，然后再擦上少量浅色粉底，能使你的皮肤迅速白皙。

2. 眼部化妆技巧

第一步是施眼影粉，眼影粉不能直接抹，应在粉底的基础上施入。涂上以后，要尽量以棉棒使之均匀。第二步是画眼线。画眼线用力要均匀。第三步是上睫毛液。睫毛液一次不能上得过多，先上一遍，等干了之后再上一遍。

3. 秀出闪亮的睫毛

美丽的睫毛能给眼睛带来神秘的梦幻般的感觉。在涂染睫毛膏之前，先要用睫毛夹把睫毛夹得翘上去。涂上睫毛时，眼睛视线要向下看，睫毛刷由上睫毛的根部向睫梢边按边涂；涂下睫毛时，眼睛视线要向上看，睫毛刷要直拿，左右移动，先沾在毛端，再刷在毛根上，最后还要把粘在一起的睫毛分开。如果每根睫毛都沾有睫毛膏，而且粗浓均匀，就达到了理想的效果。

4. 不同唇形的化妆技巧

厚嘴唇要先用粉底厚厚地抹一层，盖住原来的轮廓，然后涂一些蜜粉，再涂上口红。要使嘴角微微上翘。薄嘴唇在化妆时，要尽力表现出双唇的饱满，在画唇线时可以稍稍往外画一点儿，在上唇的中央画优美的曲线，使嘴唇显得丰满些。平直

♀ 美唇小技巧 ♀

唇妆是女人脸部的点睛之笔，想要有一个漂亮的唇妆，需要以下的技巧：

1. 嘴唇要配合面貌。大脸型当然要大嘴唇才能配，脸型大时，可把小嘴唇画大些。相反地，小脸型对大嘴是不相称的。

2. 嘴唇的两端要涂得稍微扬起来，垂下就会显得没精神。

另外要注意，嘴唇不要涂得太突或太尖，曲线要平滑，嘴唇中央的曲线不要突出来，否则像嘲笑人的样子。

的嘴唇要在上唇画出明显的唇峰，下唇的轮廓呈满弓形。涂唇膏时，上下唇的中间颜色要浅一点儿，唇峰的颜色要深一点儿，深浅过渡要自然，突出立体效果。

女人只要掌握了以上这些简单的化妆技巧，就会让自己的“面子”时刻保持光彩夺目，让自己的外在形象更加富有魅力。

打理好头发

大多数的男人喜欢留长发的女子，觉得那样的女子才够美丽、够温柔。女人飘逸的长发，似乎成了女人温柔、美丽的代名词。

在如歌的岁月里，女人更应该精心地呵护自己的长发，在长发飞舞中展示自己的美丽，彰显自信。多少生活的无奈，多少光阴的瑰丽，都会在飞舞的长发里，或淡然而逝，或翩然凝思。

在不少男人眼里，现在女人的头发越来越没有味道了。现在女人的头发，有了各种颜色的染色剂，有了各种样式的烫发，可唯独缺了一份真正打动男人心的纯美感觉。

很多男人对女人头发的愿望和期待，是一头披肩的长发。有首人们熟悉的歌《穿过你的黑发的我的手》，很多男人都很喜欢，因为它道尽了青春岁月里美丽的忧伤，让人不禁想起了初恋的情人，那位长发飘飘的女孩，三千青丝瀑布般倾泻下来，如山花一样烂漫。人在画中走，指在发间游，长发随风飘起，引人无限遐思。

虽然各大美发品牌、造型店、时尚杂志都在引领各种时尚发型的风潮，可实际上，男人大多喜欢女人直发，而不喜欢烫发。而如今的不少女人选择了烫发，越来越少的女人仍然坚持直发。

男人喜欢幻想，靠在女人的背上，闭上眼睛，从发梢开始嗅到女人的发顶。男人希望女人多留住一抹珍贵的发香，自然的东西才有永远的诱惑力。

张学友有一首歌《头发乱了》，现代男人喜欢这种感觉，一种迷离和叛逆。男人和女人亲昵时，男人喜欢抓紧女人的头发，那是一种牵引着激荡的刺激。

头发是女人柔情万般的性感工具。女人也许并不知道，当女人的发梢滑滑地扫过男人的肌肤时，有多少根头发便会传递多少柔情蜜意。

亮泽纤柔的秀发是健康的象征，是美丽的点缀。在短时间内，它可以改变颜色、卷曲、拉直或任意盘束。然而，不当的护理，再加上环境污染、起居无序等，会使头发变成生活中的烦恼。此时，一般的洗护就起不了作用了，非要去美发店不可吗？不必。有了正确的认识和护理方法，就可以把专业洗护的感觉带回家了。

1. 购买美发用品

过去我们都习惯于在商场或超市中购买洗、护发产品，现在不一样了，时尚潮流驱动我们选择一种新的购买方式来满足我们修护发丝的需要，这就是去专业发廊，像在护肤品专柜选择适合于自己的产品一样，去发廊选购适合自己发质的洗护产品。

长发、短发、烫发、染发，都可以在这里找到最好、最具个性的修护。

2. 防止头发干枯折断

使用专业洗发水、护发素可以保护秀发，滋润、顺滑发丝纤维，使秀发如丝、柔顺亮泽，易于排除缠结头发，能为发丝受损部分带来深层修护，强化发质，且无丝毫沉重感，也为烫后、染后或有问题的敏感头发带来生机。

3. 为染过的头发护色

头发颜色最怕阳光和氧化两大杀手，日晒过久会导致头发的染色褪掉，因此，拥有各色漂亮染发的女人如果在夏季旅行的话，最好在出门前使用具有防晒效果的护发精华，以免紫外线加速头发褪色变浅。修护时，选用含有维生素的染发专用洗发水、润发乳也是十分必要的。

满含秋波的双眼

男人非常喜欢探索女性的眼睛，认为从女人的眼睛里能读出很多东西。女人可以用一个眼神拒绝男人，也可以融化男人。眼睛是心灵的窗户，内心一点点的波动，也会毫无保留地显露在眼睛的神色中。

异性之间免不了会有碰撞出火花的时刻，心灵的感应、思想的碰撞、身体的接触……不过最有情、最动人的是眉目间微妙传递的神情。判断一个女人对男人是否有情意，也从眼神开始。从女人的眼睛中可以判断出，这个女人是否还爱你、钟情于你。

最打动人的是女人喝了一点红酒后的眼睛。中国女人一般含蓄、保守，而酒后微醺时的眼睛，满含春意，跳动着激情，这让她们变得妩媚而风情起来。

男人最怕女人“哭”时的眼睛,古往今来,有多少男人倒在了女人的泪眼下。不过，很多女人并不知道，尽管男人怕女人哭，怕被哭得心烦，怕被哭得心软，但让男人最痛心、最心碎的哭，是心爱的女人把眼泪噙在眼中，含泪地哭，无声地泣。男人知道，那是女人心中淌着有情的泪，不是撕碎了情的号啕大哭。女人扭转身去落泪的一瞬间最动人，最容易击垮天下硬朗的男人。

女人要想征服男人，最好的办法是在自己的眼睛里构筑男人着迷的世界。女人被男人征服，是因为男人有征服女人的能力。男人被女人征服，是因为女人有一双理解男人能力的眼睛。女人的眼睛其实是无边无际的情网，一旦她网住男人，男人就会变成她的“羔羊”。

在无数种女人的眼睛中,秋水眼绝对迷人。这种秋水眼表面有一层亮闪闪的秋水，那秋水神奇得很，除了无比美丽，还有极强的魔力，据说它能净化男人的心灵。

眼睛的美关键在于要有神，当然要明眸如水才能传神。一汪潭水清澈荡漾，欲语还休含珠泪。所谓一顾倾人城，再顾倾人国。眼睛是最具有杀伤力的武器，面对一双含情脉脉的眼睛，没有几个人能够抵挡得了，眼睛的威力不可估量。当然，美丽的双眼不全是天生就长出来的，后天的栽培浇灌，也可以让女人由内而外全面美丽。

想要电眼迷人，千万不要熬夜，睡眠不足肯定会带来黑眼圈，那一对“熊猫眼”着实能把人家吓死，这般模样只能和美女无缘了。

大多数女人只注重眼睛外部的美容，但想要拥有一双被称为“美丽”的眼睛，

♀ 最吸引男人的两种眼睛 ♀

通常，最吸引男人的有以下两种眼睛：

一种是纯情的水灵灵的大眼睛，这是少女才有的眼睛。

一种是“媚眼”，这是漂亮女人专有的眼睛。很多男人都有过被女人的一个“媚眼”电晕的经历。

女人对抛“媚眼”的分寸把握很重要，分寸恰当才会电力十足。

更离不开内部的护理。漂亮的女人都是明眸善睐的，一双水汪汪的眼睛最能打动人，它可以不大，睫毛可以不长，但一定要水灵。含水的眸子温情脉脉且深邃地看着男人，光对着他不说话，也能让他感受到千言万语在其中。如果这眼睛一旦变得干燥，目光浑浊涣散，就是配上西施的脸蛋儿也没用了。

用细节造就魅力

女人是爱情的主角，女人是家庭的轴心，女人是社会的半边天。女人的一生都在追求完美，无论在别人的眼中还是在自己的生命里，女人，都闪烁着一种无比温馨的耀眼的光芒。从细节方面着手，你一定可以成为一个魅力女人。

从外表看一个女人，你如何断定这个人在打扮上所花的心思呢？一般人都是看衣服的牌子和整体形象，但是装扮高手都是关注一些细节。很多时尚女性，她们对随身小饰品都有着高标准的要求。她们可以穿几十元一件的T恤，却不能容忍在细节处的装饰上随意降格。钱包、鞋、手表、袜子、饰品等，她们十分愿意在这些细节配件中花大价钱。因为她们相信细节决定一切，细节可以让真正有光彩的人发出更加迷人的魅力来。

对打扮之道颇有心得的明星刘嘉玲也在一次采访中道出了自己对细节的重视。她认为细节的美丽是无法替代的，如果有人不修边幅，头发凌乱、带劣质手表、穿着勾丝破洞的袜子，这将是一件多么让人难堪的事情。因此，在很多时候，一个上不得大台面的细节，就像一处小小的败笔那样破坏整体的美感。相反，如果在细节处多花点心思，就能展现自己在穿衣打扮上的细致精巧。也许你的积蓄还无法承担名牌置装费用，但只要注重一些细节，在一些小配件上将自己武装起来，你一样能成为人们注意的焦点。所以，一些小细节是非常值得投资的。

女人的魅力和美丽指数除了有无内涵之外，还有的一个区别就在于细节。细节女人指的绝不是那些琐碎的、絮叨的、毫无章法的女人。相反，细节女人指的是那些典雅的人，也许并不富有，或许外表也并不十分漂亮，但是，她给人一种舒适放松的感觉，跟她待久了，你会感到一种通体的惬意和温暖。

细节女人具有一种耐人寻味的美。这种美丽和外貌无关，你可以从一个爱做玩具的小女孩身上看到，你也会从一个把自己的白发修饰得整齐美观的老妪身上看到，你可以从一个时尚美貌的女人身上看到，同样也可以从一个朴素但却用心的女人身上看到。细节无处不在，关键在于捕捉细节的眼睛，女人的美丽通常都在细节。那种翩若惊鸿的美只能在刹那间震慑人们的目光，而细节处才能散发出动人的光辉。

著名模特凯特·莫斯喜欢我行我素，很多时候，她被狗仔队在街上抓拍到的镜头都是素面朝天，衣饰简洁，然而她却屡屡被评为最会穿衣的名人，靠的是什么？当然是细节的点缀，也许是一副墨镜，也许是一个挎包，或者是那随意的系扣方式……“魅力女神”的魔力就化身在这奇妙的小细节中。时尚只会眷顾有心人，也许我们的衣服不起眼，但经过精心的细节点缀，我们也能成为街头的亮点。

因为细节女人都是善于感受生活的人，当许多人都在抱怨生活里缺少新鲜刺激的时候，她们的生活却过得有滋有味。因为她们能够欣赏细节，从不忽视生活的每一个细节。曾经有人说过，女人 20 岁的美丽不算美丽，到了 50 岁依然美丽的女人才是真正的美丽。我想，这种美丽已经不是单纯的“以貌取人”了，更多的倒是没有被生活磨蚀掉的风采和体味生活的敏感之心。

细节女人不会给人带来压力，她们不可能是那种张牙舞爪的女人，不会咄咄逼人；相反，她们会替人想得很周全。即使在她们帮助别人的时候，也绝不会让你们有任何不舒服或者别扭的感觉。她既给你关爱，同时绝不让对方感到尴尬。这种深入到细节处的关爱真的让你有如沐春风之感。

女人都来做个细节女人吧！千篇一律的大众美女总是让人审美疲劳，精巧的细节女人却往往能给人清新、自然、舒适的感觉。

当然，要做一个细节女人不是简单的事情，这是一个系统的浩大工程。要做细节女人，最起码的就是要细心。细心的女人会让岁月成为美丽，洗尽铅华，留下精华；细心的女人在自信的舞台上轻歌曼舞，把生活经营成童话般美丽的传奇。做一个细节女人吧，一点一滴，举手投足，一颦一笑，拿捏有度、张弛有序，让你在人生的道路上左右逢源、游刃有余。

每一位追求完美的女性都应明白这样一个道理：魅力是靠你自身全方位修炼得到的。这是一个漫长而又缓慢的过程，靠的是潜移默化、润物细无声的力量。每一个女人都应该美丽，每一个女人都应该成为魅力女人，每一个女人都应该追求完美，向完美靠拢。虽然你无法成为百分百的完美女人，但从细节方面着手，一定可以不断完善自己。

用魅力放大美丽

走在街上，漂亮的女人到处都是，但如过眼云烟，转瞬即忘；而有的女人虽不漂亮，却有摄魂的惊艳，令人驻足回眸，难以忘怀，这是因为她有独特的武器——魅力。

在这个张扬个性的时代，长得漂亮不如活得漂亮，而有魅力、有自信的女人已成为新女性的代名词。女人在不同的年龄段都有特定的魅力：20 岁的清新，30 岁的含蓄，40 岁的豁达，50 岁的精炼……美，不能仅仅局限于外表，因为外表的美是肤浅的，只有内在的美才是深刻的。

作为一个女人，无论她漂亮与否，都希望自己有魅力，得到别人对她的赞美。美丽的容颜是老天的恩赐，而魅力并不是生来俱有的，它是后天打造和雕饰的结果。女人都想使自己有魅力，富有内涵，风采可人。那么，魅力女人是什么样的呢？

外貌靓丽的女人让男人眼动，内在丰富的女人让男人心动。外貌与内在完美的女人让男人激动。让男人激动的女人则是有魅力的女人。女人因拥有美丽而幸福，因有魅力而骄傲。

伯顿说："女人身上有某种超越所有人间之乐的东西：富有魅力的美德，令人销魂的气质，神秘而有力的动机。"魅力是女人身上开出的一朵花。有了它，你无须再有其他的东西；缺少它，你就是优点再多也聊同于无。

生命应该是快乐的，如同鲜花的绽放，散发迷人的芳香。女人应该善于发现生命的意义，让女性的魅力之花在生命中绽放。有"心计"的女人懂得培养自己的魅力，因为她们知道魅力的真正含义，更明白女人的内涵。当女人充分施展自己的容颜、形体、装扮和风度等各个层面的魅力时，生命就被放大、充实而丰盈了。

那么，如何才能成为魅力女人呢？当然，做个魅力女人并不是遥不可及的梦想。女人们都应该知道靳羽西，这个时代感极强、富有代表性的魅力女人，她幸运地接受了东西方文化的教育和熏陶，开创了一番女人的事业。羽西的成功不仅仅是"用一支口红改变了中国女人的形象"，还在于她在特定的年代里成为启蒙中国女性魅力的一个标志性人物。羽西在《魅力何来》一书中，把魅力分为容貌魅力、形体魅力、装扮魅力、风度魅力四种不同层次的魅力。一个成功的女人懂得尽善尽美地展现自己的魅力。

（1）容貌魅力，可以理解为外貌的魅力。所有的女人都爱美，她们为了让自己变得更美而付出了很多时间和精力：化妆、染发、服饰、减肥、美体等。但是现实生活中还有很多不注重个人形象的女人，她们肤色暗淡、头发杂乱、形体松懈，既然爱美是女人的天性，为什么这些女人不懂得修饰自己呢？原因主要有两个：一个是这些女人还没有真正认识到美和魅力是和谐统一的；一个是可能这些女人在潜意识里失去了对美和魅力的兴趣，比如说那些已经结婚的女人就在无意识间远离了美丽甚至放弃了对美丽的追求。在《泰坦尼克号》中有一句经典台词："享受生活每一天。"这句话用在女人对美的追求上也同样适用，一个热爱生活的女人，应该追求女人的美与魅力，应该懂得享受生活、享受生命，而这种追求就是从对容貌魅力的打造开始。

（2）形体魅力的修养，可以通过舞蹈、音乐、表演等艺术方面的学习和训练课程来实现，通过这些特殊的训练可以使自己的体形日渐完美。一位法国美容专家这

♀ 美丽女人的三种境界 ♀

女人的魅力绝不仅仅指容貌上的修饰，也应包括知识修养层面的。台湾名人李敖曾把女人的美归纳了三个境界：

第一个境界是化出来的美，没事常跑美容院。

第二个境界是吃睡出来的美，改善饮食，保证睡眠。

第三个境界是学出来的美，多读书，多积累知识，让美从内心里渗透出来。

女人要保持长久不衰的魅力只有多读书，读好书，不断完善自己，提高自己的综合素养。

样说过：“不要小看一个能够长久保持优美身材的女人，这通常是一个顽强和很有自制力的女人。”女人美丽的身影不仅仅是形体和漂亮的问题，这些只是表面现象，在这背后还有更深刻的内涵，那就是女性坚强的性格和坚韧的毅力，因为在塑造体形的过程中，女人首先要有长期坚持的精神。此外，良好体形在塑造之后并不能长期保持，这是一个不断巩固的过程，更是营养膳食和运动修养共同结合才能达到的结果。

（3）装扮魅力，主要是穿衣品位和色彩的搭配。这是女人形象从平凡到美丽的转化秘密，化妆学上根据每个女人与生俱来的肤色、瞳孔颜色和发色等因素，将色彩分为“春、夏、秋、冬”四大色系，而每个色系都有属于自己的几十种颜色，女人在大色系的众多颜色中可以选择适合自己的颜色和样式，但是有一个底线不能超越，否则就会黯然失色。对于女人来讲，没有不漂亮的衣服，只有不漂亮的色彩搭配，只要掌握色彩搭配的理论，女人就不会再有衣橱里缺少适合衣服的苦恼。合适的色彩搭配不仅体现女人的美丽大方，还会展示女人自身的品位，因此女人在色彩搭配问题上，首先应该了解自己的气质特征，在此基础上再选择衣服来搭配自己，做到真正的对号入座。当衣服、色彩和自身达到完美而和谐统一时，女人真正的魅力就得到了真正的展现。

（4）风度魅力，是女人教养和内涵的体现，教养是善待他人和自己。一个有教养的女人，能够认真地关注他人，真诚地倾听他人，真实地感受他人，在尊重别人的同时也赢得了别人的尊重。教养并不是很高的标准，也不是空洞无物，更不是理论上的高谈阔论，而是体现在一些细小甚至琐碎的生活细节中，比如不会在公共场合大声喧哗、使用公共厕所主动冲水、在无人看管的室外公共区域不随意丢弃废物等。所谓的“勿以善小而不为”就是这个道理，当女人能够在日常的生活中注意这些细节时，就已经具备了女人的风度。真正的教养是发自内心的，而不是做表面文章，更不是做给别人看。真正的教养源自一颗热爱自己和热爱他人的心灵，“己所不欲，勿施于人”就是对“教养”的最好诠释。一个人的教养和他的习惯是紧密相连的，坚持一种良好的习惯就会养成一种自觉的行动，而这种行动的内化就是教养。因此，要成为一个有教养的女人，首先从培养良好的习惯开始。一个有教养的女人绝对是一个有风度的女人，能够使人感到如沐春风，感觉女人的风度魅力无时不在。

每一个女人都可能使自己有魅力而美丽动人。当然这是个漫长的修炼与积累过程，只要不断地学习和补充，相信每一个女人都会成为一道靓丽的风景，散发出迷人的风采。

第三节

将自己打造成“限量版”

“白骨精”，要给自己充电

同样的环境、同样的时间以及同样的条件下，两个文化程度相同的女性，经过若干年之后，一个通过不断学习，可能成为具有某方面专长的专家；而另外一个从不学习，就可能成为平平庸庸的人。

对于白领女性来说，消费和投资有很大一部分是用来充实和完善自己，以增加自己为事业打拼的实力。只有不断对自己进行“充电”，随时更新自己的文化水平，不断地掌握新技术来改进和发展自己的职业生活，才有机会在21世纪的知识竞争、人才竞争中占据永不落后的一席之地。

那么，聪明女孩主要在哪些方面给自己“充电”呢？

1. 加强职业道德修养

职业道德修养是职业活动的基础，也是自我完善的必经之路。它是从业人员根据职业道德规范的要求，在职业意识、职业情感、职业理想和行为等方面的自我教育、自我培养、自我锻炼和自我改造，它可以提高你的道德素质，不断克服错误的思想意识。可以说，加强职业道德修养的过程，是在职业道路的阶梯上不断攀登的过程。

2. 不断学习科学文化知识

在当代科学技术日益成为生产力重要因素的情况下，缺少文化技术知识，很难成为一个合格的职业女性。一个人的工作能力基本上取决于对高新文化技术知识的掌握和运用程度。

3. 注重提高职业操作技能

任何职业活动都是由一定的职业操作技能组成的，提高职业操作技能就等于提高了职业活动能力。你可以通过勤学苦练、参加比赛等形式，不断提高操作技能，并达到较高的熟练程度，以顺利地完成本职工作。

工作后继续学习、更新职业技能是提高竞争力的有效途径之一，社会上也提供了多种培训手段，那么你知道哪一种才是真正适合你的吗？

如果你需要的是一块进入好企业的敲门砖，你可以选择能获取文凭的系统培训。作出这样的选择之前，你首先要弄清是谁在办学，教学条件如何，自己能学到什么真本事，他们的文凭或证书在相应的领域中占有什么样的位置。就目前来说，中国的人才市场比较看重高学历、国际资格认证或者海外学位。

如果你已经拥有一份满意的工作，但危机意识使你产生继续“充电”的要求，你可以选择短期培训。如果是想学习国际化的先进理念和技术，以适应变化和革新，就要格外注重培训的师资和教学内容与国际接轨的程度，以及教学人员具有的实际经验。

谁都不能坐吃老本，每个人都必须不断“充电”，光靠原有的旧知识坐吃山空根本不行。聪明女孩在职场中，只有居安思危，不断自我“充电”，尽可能地运用自己的智慧和才情，方能脚踏实地，阔步向前！

打造“个人品牌”

去商场买东西，我们宁可多花钱也要买品牌商品，就是因为品牌商品有品质保障。我们每个人也要打造“个人品牌”，你的名字就是你的“个人品牌”。

要打造个人品牌，你就要时时保持你的竞争力。往往，你的个人品牌也代表着你的道德观、作风、形象、责任，好的品牌之所以强势，就是因为它结合了“正确的特性”、“吸引人的性格”，以及随之而来的与消费者的“良好互动关系”。

如何才能打造自己强势的个人品牌呢?

1. 不断提升自己的专业能力

针对工作的需要，拥有专业能力的专家，就是知识丰富加上执行力强，是可以帮企业解决问题的人。“拥有专业能力”是一种绝佳的个人品牌，是一种内涵的呈现。由于不断地有新知识及新技术的推出，为了避免过时，必须不断地增强专业能力，这是打造“个人品牌”首先要注意的。

2. 拥有谦虚的态度

即使你已经拥有很好的成绩，谦虚仍是非常必要的。许多社会中的名流人士，越是成功，越是对人谦和。无论什么时候，谦虚的人都会受欢迎。如果你能力有限，谦虚会让人感觉你诚实上进。如果你工作能力很强，谦虚会让人感觉你受过良好的教育，综合素质很高。

3. 保持学习能力及学习兴趣

学习能力及学习兴趣是延续个人品牌的重要手段。一个不断学习的人内在是丰富的，也会更容易拥有自信心及保持谦虚的态度。学习会让你时时刻刻感觉在进步。学习会让你找到自身的不足，从而改正陋习。

4. 强化沟通能力

沟通能力包括倾听能力及表达能力。个人品牌必须通过沟通能力传达出去。你要能在大众面前清楚地表达观点，透过文字传达思想，也要学习站在他人的角度看事情，尝试以对方听得懂的语言沟通，为了达到这个目的，倾听是必要的。

♀ 打造个人品牌 ♀

一旦拥有了个人品牌，你在职场中就能所向无敌。而女性在职场中打造个人品牌时一定要注意以下两点：

1. 亲和力

亲和力是一种甜美的气质，让人在不知不觉中被你吸引。亲和力也是一种柔软的积极性，是通过“与人亲善”的特质发挥更多的影响力。

2. 外表

努力让你的外表看起来清清爽爽、专业诚恳，以整洁利落来表现你充沛的精力及良好的态度，是职场女性必备的能力。

这两点是女人相较于男人来说本身就具有优势的领域，因此，女人可以着重打造这两个方面。

建立个人品牌，可以从自己的强项开始。找到自己的强项，挖掘自己的独特能力，这是快速脱颖而出的秘诀。

让老板觉得你是“限量版”

生物学家研究发现，在成群的蚂蚁中，大部分蚂蚁都很勤快，寻找食物、搬运食物争先恐后，少数蚂蚁却东张西望地不干活。

为了研究这类懒蚂蚁如何在蚁群中生存，生物学家做了一个实验：他们把这些懒蚂蚁都做上标记，断绝蚂蚁的食物来源，并破坏了蚂蚁窝，然后观察结果。

这时，发生了令生物学家意想不到的情况。那些勤快的蚂蚁一筹莫展，懒蚂蚁则“挺身而出”，带领伙伴向它早已侦察到的新食物源转移。接着，他们再把这些懒蚂蚁全部从蚁群里抓走，实验者马上发现，所有的蚂蚁都停止了工作，乱作一团。直到他们把那些懒蚂蚁放回去后，整个蚁群才恢复到繁忙有序的工作中去。

大多数蚂蚁都很勤奋，忙忙碌碌，任劳任怨，但它们紧张有序的劳作往往离不开那些不干活的懒蚂蚁。懒蚂蚁在蚁群中的地位是不可替代的，它们能看到事物的未来，能正确地把握当前的行动，它们是蚁群中的“限量商品”。

西班牙著名智者巴尔塔沙·葛拉西安在其《智慧书》中告诫人们说，在生活和工作中要不断完善自己，让自己成为一个团体的“限量商品”，使自己变得不可替代。让别人离了你就无法正常运转，这样你的地位就会大大提高。

事实确实如此，如果一个女人在她所供职的公司中变得不可替代，那她还愁得不到上级的青睐吗？比如在公司里你能勤动脑，以战略的眼光去思考企业的发展，不断寻求企业新的增长点，不断开发新产品，开拓新市场，把握住企业的目标，努力让企业“做对的事”，那你一定会成为公司的顶梁柱，那时还愁没有升职加薪的机会吗？

一位成功作家曾聘用一名年轻女孩当助手，替他拆阅、分类信件，女孩的薪水与相关工作的人相同。有一天，这位成功作家口述了一句格言，要求她用打字机记录下来：“请记住，你唯一的限制就是你自己脑中所设立的那个限制。”

她将打好的文件交给老板，并且有所感悟地说：“您的格言令我大受启发，对我的人生很有价值。”

这件事并未引起成功作家的注意，但是在女孩的心目中留下了深刻的印象。从那天起，她开始在晚饭后回到办公室继续工作，不计报酬地干一些并非自己分内的事，譬如，替代老板给读者回信。

她认真研究成功作家的语言风格，以至于这些回信和老板写的一样好，有时甚至更好。她一直坚持这样做，并不在乎老板是否注意到自己的努力。终于有一天，成功作家的秘书因故辞职，在挑选合格人选时，他自然而然地想到了这个女孩。

在没有得到这个职位之前，女孩就已经身在其位了，这正是她获得这个职位的最重要原因。当下班铃声响起之后，她依然坐在自己的岗位上，在没有任何报酬承诺的情况下，依然刻苦训练，最终使自己有资格接受这个职位。

故事并没有结束。这位年轻女孩的能力如此优秀，引起了更多人的关注，其他公司纷纷提供更好的职位邀请她加盟。为了挽留她，成功作家多次提高她的薪水，与最初当一名普通速记员时相比已经高出了四倍。对此，做老板的也无可奈何，因为她不断提高自我价值，使自己变得不可替代了，老板不得不像珍惜“限量商品”似的珍惜她。

聪明女孩，如果希望不断发展，提高身价，就要积极主动，不断地给自己充电，不断地完善自己，提高自身的竞争力，让自己成为老板眼中的“限量版”。

“酒香也怕巷子深”，自我推销很重要

如今的社会不再是那个“酒香不怕巷子深”的社会，纵然我们是“皇帝的女儿”，要想嫁出去，也免不了要走出深宫，主动推销自己。

在这个世界上，真正比我们聪明的人只有5%，比我们愚蠢的人也只有5%，大多数人都是普通人。既然这样，我们以什么理由去说服买家，证明自己比别人有更高的身价，更值得他选择呢？这里给你提供几个自我推销的技巧。

1. 确定交往对象

请考虑一下：你在公司里喜欢与哪些人交谈？他们对你有什么期望？你有哪些特点能够对你的交往对象产生影响？请注意观察优秀同事的行为准则，并学习他们的优点。

2. 善用别人的批评

许多营销部门利用调查表，了解消费者对产品的评价。你也应了解别人对你的评价，坦诚地接受批评，从中吸取教训，注意言外之意。例如，如果你的上司说，你干活很快，那么在这背后也可能隐藏着对你的工作质量的批评。

3. 要善于展示自己

要尽量展示自己的优点。例如，你的语调是否庄重、胆怯或令人讨厌？语调与身体姿势、行走、握手和微笑一样可以说明一个人的许多特性。

4. 说话要明确

说话要言简意赅，不要用“也许”或“我想只好这样”等词句来表达。上司一般都喜欢下属能有一个明确的态度，不论对人还是对事。

5. 占领“市场”，建立良好的人际关系

你在公司里的知名度怎么样？要使自己引起别人的注意，例如在夏天组织一次舞会或与同事们一道远足。要与以前的上司们保持联系，建立良好的人际关系。

6. 不要害怕危机

如果你负责的项目遭到失败，既不要惊慌失措，也不要转而采取守势，而应勇敢地承担责任，积极寻找解决问题的办法。在紧张状态下，头脑清醒、思路敏捷的人会得到上司的器重。总之，聪明女孩要想提高自己的身价，就需要适时适地地炒作自己、推销自己。

♀ 推销自己的技巧 ♀

在人才济济的职场中，如何获得上司的青睐？这就需要职场女人懂得自我推销的技巧：

1. 精心包装自己

你不想成为滞销品，也应当检查自己的“包装”——服装、鞋子、发型。要经常改变自己的“包装”，时常给人耳目一新的感觉。

2. 适当地表露自己的成绩

不要怕难为情，大胆地说出你自己已经取得的成就，没有必要总是谦虚。但要注意，不要将之天天挂在嘴边，那样会使人厌烦。

聪明的女人不会坐等机会，而是主动争取，并且善于推销自己。

第四节

“露”出你的风情

做“媚”力女人又何妨

如今，许多女性太不懂得珍惜自身固有的灵气，过分地艳羡洋风洋雨，邯郸学步，将黑头发染成泥黄，把丹凤眼画得猫似的深奥碧蓝，垫高鼻梁，整一张阔嘴，希望美容院帮助造一张“洋脸”，行为开放、狂野，崇尚性感，追求暴露——却不知若隐若现的含蓄美比暴露美更具诱惑力，自然美比装饰美更具风情，有民族底蕴烘托的媚态美才是永恒的美！

下面是一位女性研究专家关于“媚”力的解说。

1. 媚态：令男人臣服的神情

且不管美人的器官是真是假，但有一点人们可以一眼见到，那便是美人脸上的表情及眼中的神情，那绝对不是化妆品可以描出的。

表情的媚态主要由眼睛来表达。眼睛是心灵的窗户，因真诚而洁净，因善良而柔和，因修养而典雅，因知识而深沉。内心美好可以使眼睛明亮如两颗闪烁的星星。正如老舍在《四世同堂》里所写的：“她的眼会使她征服一切。”

在灵活的眼睛里，可以看到生命的节奏，它给人一种灵动的美感。从美的外部表现看，灵活的眼睛具有美的节奏感，它包括眼睛的转动范围和转动频率。

如果美人不论是在何时、何地做何事，总是同样的脸孔，即使没有丝毫的缺陷，看上去也像人们所说的，是一张“没有表情的脸孔”。虽说是鸡蛋里挑骨头、找碴儿，可表情实在太单调了，没有给人半点想象的余地，因而会使看者厌倦。“美人三天就会厌倦，丑妇三天也会习惯”，这句话不是没有道理的。

动人的表情贴在漂亮的五官上固然好，但能出现在普通人的面颊上，带给我们的将是一份意外的欣喜。

聪明女孩，要好好打理你的表情。

2. 媚气：令男人着迷的味道

女人的体味是最令男人着迷的。每个女人的体味都不同，这跟她的指纹一样。有些男人会对某个女人的体味终生痴迷，那是因为他们之间生理的性细胞互相吸引。其次是女人所用的香水，虽说女人用香水是一种享受，但香水最本质的功能是与女人自身的体味形成互补，产生更大的魅力。迷人的女人香再加上女人可爱的形态和气质，会使女人显得更加完美。

气质女人的味道，是自己的另一张名片，让你认识朋友，也认识自己。

3. 媚姿：令男人心动的姿态

女人的形体动作是表现情韵的最佳道具。情调高雅的女人，不论摆出何种姿态，都会让男人心旌动摇，而最惹得男人心动、爱怜的姿态就是媚姿。许多人把“媚姿”理解为女人勾引男人的裸姿、露姿，其实这种理解是很片面的。应该说，凡是女人能够唤起男人的爱怜，使男人心动的姿态、行为，都可叫作媚姿。因此，媚姿的含义是非常丰富的。

男人苦闷的时候，娇媚的女人是最好的解愁药。倒不是非要你解决问题，而是你给了他足够的情绪支持。当然，还有眼神的关注，甚至身体的略为前倾也是你“在乎他”的肢体语言。

娇媚的女人在说话时会时时注意声音的力度、音阶和速度，音调抑扬婉转，语句简洁明白。她像一个调音师，精心把握每一个音节，奏出整体优美的音乐。

温柔的语言、亲切的态度、婉转的音调、平和的旋律，这些加起来，会使一个女人变得异常有女人味，让其魅力倍增。

像世界超模一样走路

生活中，自卑常常在不经意间闯进我们的内心世界，控制着我们的生活。在我们有所决定、有所取舍的时候，自卑向我们勒索着勇气与胆略；当我们碰到困难的时候，自卑会站在我们的背后大声地吓唬我们；当我们要大踏步向前迈进的时候，自卑会拉住我们的衣袖，告诉我们前面危机重重，仅凭一己之力根本无法应对。自卑就像蛀虫一样啃噬着我们的人格，它是我们走向成功的绊脚石，它是快乐生活的拦路虎。可是，我们不能一直活在自卑的阴影中，恢复你的自信，你也可以像世界名模一样走路。

他是英国一位年轻的建筑设计师，很幸运地收到邀请参与了温泽市政府大厅的设计。他运用工程力学的知识，根据自己的经验，很巧妙地设计了只用一根柱子支撑大厅天顶的方案。一年后，市政府请权威人士进行验收时，对他设计的一根支柱提出了异议。他们认为，用一根柱子支撑天花板太危险了，要求他再多加几根柱子。

年轻的设计师十分自信，他说："只要用一根柱子便足以保证大厅的稳固。"他

♀ 如何提高自信心 ♀

拥有充分自信心的人往往不屈不挠、奋发向上，因而比一般人更易获得成功。那么，该如何科学、有效地培养自己的自信心呢？

自我心理暗示

不断对自己进行正面心理强化，避免对自己进行负面强化。

树立自信的外部形象

一个人，保持整洁、得体的仪表，有利于增强自己的自信心。

详细地通过计算和列举相关实例加以说明，拒绝了工程验收专家们的建议。

他的固执惹恼了市政官员，年轻的设计师险些因此被送上法庭。

在万不得已的情况下，他只好在大厅四周增加了四根柱子。不过，这四根柱子全部都没有接触天花板，其间相隔了无法察觉的两毫米。

时光如梭，岁月更迭，一晃就是300年。

300年的时间里，市政官员换了一批又一批，市政府大厅坚固如初。直到20世纪末期，市政府准备修缮大厅的天花板时，才发现了这个秘密。

消息传出，世界各国的建筑师和游客慕名前来，观赏这几根神奇的柱子，并把这个市政大厅称作“嘲笑无知的建筑”。最让人们称奇的是这位建筑师当年刻在中央圆柱顶端的一行字：

自信和真理只需要一根支柱。

这位年轻的设计师就是克里斯托·莱伊恩，一个很陌生的名字。今天，有关他的资料实在微乎其微了，在仅存的一点资料中，记录了他当时说过的一句话：“我很自信。至少100年后，当你们面对这根柱子时，只能哑口无言，甚至瞠目结舌。我要说明的是，你们看到的不是什么奇迹，而是我对自信的一点坚持。”

不敢坚持自己的想法和决策，这种情绪一旦占据心头，就会腐蚀一个人的斗志，犹豫、忧郁、烦恼、焦虑也会纷至沓来。

其实，世界上每一件事物、每一个人都有其优势，都有其存在的价值。年轻的女孩，自卑是一种没有必要的自我没落。具有自卑心理的人，总是过多地看重自己不利和消极的一面，而看不到有利、积极的一面，缺乏客观分析事物的能力和信心。这就要求我们努力提高自己透过现象抓本质的能力，客观地分析对自己有利和不利的因素，尤其要看到自己的长处和潜力，而不是妄自嗟叹、妄自菲薄。

谁都会爱上热忱的女人

世界从来就有美丽和兴奋的存在，它本身就是如此动人，如此令人神往，所以我们必须对它敏感，永远不要让自己感觉迟钝、嗅觉不灵，永远也不要让自己失去那份应有的热忱。

位于台中的永丰栈牙医诊所，是一家标榜“看牙可以很快乐”的诊所，院长吕晓鸣医师说：“看牙医一定是痛苦的吗？我与我的创业伙伴想开一个让每一个人快乐、满足的牙医诊所。”这样的态度加上细心考虑患者的真正需求，让永丰栈牙医诊所和一般牙医诊所很不一样。

顾客一进门，是宽敞舒适的等待区。看牙前，可以在轻柔的音乐声中，坐在沙发上，先啜饮一杯香浓的咖啡。

真正进入看牙过程，还可以感受到硬件设计的贴心：每个会诊间宽畅明亮，一律设有空气清洁机。漱口水是经过逆渗透处理的纯水，只要是第一次挂号看牙，一定会替患者拍下口腔牙齿的全景 X 光片，最后还免费洗牙加上氟。一家人来的时候，甚至有一间供全家一起看牙的特别室。软件方面，患者一漱口，女助理立即体贴地主动为患者拭干嘴角。拔牙或开刀后，当天晚上，医生或女助理一定会打电话到患者家里关心患者的状况。一位残障人士到永丰栈牙医诊所拔牙，晚上回家正在洗澡，听到电话铃响，艰难地爬到客厅接电话。听到是永丰栈关心的话时，他感动得热泪盈眶，说："这辈子我都被人忽视，从来没有人这样关心过我。"

从一开始就想提供令就诊者感动的服务，吕晓鸣以热情洋溢的态度赢得了市场，也增强了竞争力。

可能很多人都觉得市场经济是冷冰冰的，没有什么人情可言，所以很多人在经济追逐中感受不到温暖，只会觉得恐慌。但是我们的心态是可以调整的，我们的态度是可以改变的。保持一颗热情的心，你就会像火炬，感染身边的每一个人。

成功学创始人拿破仑·希尔指出，若你能保有一颗热忱之心，那是会给你带来奇迹的。热忱是富足的阳光，它可以化腐朽为神奇，给你温暖，给你自信，让你对世界充满爱。热情的女人是顾盼生辉的，热情的女人在人生的舞会上，必然是全场的焦点。如同磁铁吸引四周的铁粉，热情也能吸引周围的人，改变周围的情况。

肢体语言不可随意

很多女孩意识到了肢体语言的重要性，她们尽管不说话，但是一举手一投足之间，表现出来的都是魅力。所以，聪明女孩，你可以不漂亮，但是你的肢体语言一定要美，只有这样才能显现出你的气质、你的与众不同。

那么，怎么才能实现肢体语言的完美表现呢？

1. 站姿

（1）正式站姿。这种站姿一般适合于在正式场合，肩线、腰线、臀线与水平线平行，全身对称，目光直视，展示了一种坦诚的、谦和的、不卑不亢的形象。

（2）随意站姿。这种站姿要求头、颈、躯干和腿保持在一条垂直线上，或两脚平行分开，或左脚向前靠于右脚内侧，或两手互搭，或将一只手垂于体侧。这种随意站姿有时是一种随性的站姿，有时表达了淑女的含蓄、羞涩、收敛。微微含胸、双手交叉于腹前，手微曲放松，则表达了一种性感女性的曲线之美。

（3）装扮站姿。这是一种具有艺术性和表现欲望的站姿，在表达情感上最为生动，有时甚至会让人感到夸张。在舞台上、艺术摄影中常可以见到这种站姿。头斜放，颈部被拉得修长而优美，一手叉在腰上，脚左右分开，重心在直立腿上，向人们展示一种自信的美、一种艺术的美。

2. 坐姿

优美的坐姿，要求上身挺直，两眼平视，下巴微收，脖子要直，挺胸收腹，脖子、脊椎骨和臀部成一条直线。另外，一切优美的姿态让腿和脚来完成。

♀ 优美站姿的练习方法 ♀

1. 挺胸收腹练习

这是最基本的动作，要注意胸部挺直、收腹，双肩放松，双臂自然下垂，由10分钟增加到20分钟，经常练习慢慢就可以改掉驼背的毛病。

2. "丁"字形站立

一条腿在前，一条腿稍后，但前面的腿的膝部最好微弯，以增加腿部线条的优美，将全身的重量放在后面那条腿上，腰部可稍微地扭向一边。

另外要注意，如果你手拿皮包的话，不妨将空着的手放在皮包上，这样会更显出仪态的优雅。

上身随时要保持端正，为了尊重对方谈话，可以侧身倾听，但头不能偏得太多，双手可以轻搭在沙发扶手上，但不可手心向上。双手可以相交，搁在大腿上，但不可交得太高，最高不超过手腕两寸。左手掌搭在大腿上，右手掌搭在左手背上，也很雅致。

不论坐何种椅子，何种坐法，切忌两膝盖分开，两脚尖朝内，脚跟向外。跷大腿坐时，尤其是一脚着地、一脚悬空时，悬空的一只脚尽量让脚背伸直，不可脚尖朝天。女孩子最忌两脚成“八”字伸开而坐。

这些坐姿做起来都很简单，但是要做得习惯自然，就不是一两天的功夫所能做到的，必须天天练习，时时注意，久而久之，也就习惯成自然了。

3. 行走的姿态

走路时要想保持良好姿态，可遵循以下原则：

（1）上半身挺直，下巴微收，两眼平视，挺胸收腹，两腿挺直，双脚平行。

（2）迈步时，应先提起脚跟，再提起脚掌，最后脚尖离地；落地时，脚尖先落地，然后脚掌落地，最后脚跟落地。

（3）一脚落地时，臀部同时做轻微扭动，但幅度不可太大。当一脚跨出时，肩膀跟着摆动，但要自然轻松，让步伐和呼吸配合成有韵律的节奏。

（4）穿礼服、长裙或旗袍时，切勿跨大步，否则会显得很匆忙。穿长裤时，步幅放大，会显出活泼与生动。但最大的步幅不超过脚长的两倍。

（5）走路时膝盖和脚踝都要富于弹性，否则会失去节奏，显得浑身僵硬，失去美感。

以上几种方法，虽然不能对女孩的肢体语言做到全面总结，但是对于细节方面的校正，还是能够起到一定作用的。

肢体语言不可随便。即使不是故意，一个小小的细节就可能损坏你完美的形象。所以，聪明女孩一定要经常照镜子，根据自己的实际情况和需要，为自己打造出最完美的形象。

第五章

给自己的情绪安装闸门

第一节

情绪，请到家门口为止

别有事没事就玩点“小伤感”

在恋爱时，眼泪是女人最致命的武器，可以让男人失去阵脚，妥协投降。但是这并不代表女人有事没事就可以玩点小伤感。

然而，如今还是有很多女人把黛玉式的病态、愁态、苦态理解为女人味。这种女人心中的世界很小，别人的一言一行一不小心就会触动她们敏感的神经，引发内心多愁善感的思绪，整个世界便没有欢乐可寻。这种女人总是不断地怀疑自己，否定自己，放大心中的焦虑与不安，尽管佛陀普度众生，但是也无法把她引出苦海。这种女人只看到愁苦，看不到喜悦，只注意灾难的隐患，而忽略了潜在的机遇和快乐的力量。

要知道，整天郁郁寡欢，女人就很容易变老。焦虑和紧张、忧愁都是慢性毒药，会一点点地侵蚀女人的容颜。

再说，生活中真有那么多值得感伤的事情吗？

林曦是一所名牌大学中文系的高才生，毕业之后在一家出版社做编辑，工作很顺利。但是她骨子里是一个多愁善感的文学青年，在大学期间就常发表一些心情文章，有的时候一次下雨都可以引起她大发春秋之悲。工作中，她还继续这一作风，整天为一些小事唉声叹气。愁眉苦脸的她周围总是围绕着一层阴云，让同事对她敬而远之。虽然她能力很强，但在单位被孤立的滋味并不好受，于是更加多愁善感了。最后，她自己无法承受被别人孤立的痛苦，辞职了。

生活中，或许会有很多磕磕碰碰，有一些小烦恼，但我们没有必要放大这些小问题，以此来显示自己的柔弱之美。像林曦这样多愁善感，让悲观的情绪影响大家，只会被别人厌弃，自己也活得不自在。

在竞争激烈的社会里，所有的人都在紧张地忙碌着，许多人并不知道自己为什么而忙。或许，我们担心在竞争的压力下会失去内心的安全感，于是，悲观的感叹油然而生。大方一些，只要我们学会微笑，一切都会烟消云散。没有什么东西能比一个阳光灿烂的微笑更能打动人的了。

不要总是让忧愁爬上你的脸，那样只会过早地增添你的皱纹，也让你的心渐渐疲倦。多一些简单的快乐，多一些微笑，于人于己都是好事。翘一翘你的嘴角，一个很自然的弧度，就能满满地承载你的小幸福。

怨恨让女人远离幸福

怨恨，就像一剂慢性毒药，慢慢地侵蚀我们的生活，甚至会慢慢改变一个女人的面容。善良宽容的女人经过岁月的沉淀，越来越温和、宁静，而总是心怀怨气的女人则越来越冷漠，越来越远离幸福。

有些人早晨睁开眼睛就开始发泄怨气了，谁也没招惹她，她就怨老天爷：天这么闷，怎么不下雨呢？夏天就应该有夏天的样子，不下雨算什么夏天？下了雨，她又说，下雨做什么呢？做什么事情都不方便，这鬼天气，还真是不想让人好过……不管是晴天还是雨天，这天气总是她的一块心病。其实不止天气，工作和生活中的不如意事那么多，让她心怀怨气的事情总是没完没了的。

可是，怨恨又有什么用呢？生活还是老样子，不会因为我们的怨恨而改变。只是有一些人养成了凡事都看不顺眼的习惯，不管看什么，都要说上几句，以发泄自己的情绪。他们利用抱怨，麻痹自己的心灵，甚至将自己的某些挫折、失误也归咎于外界的因素，寻求别人的同情。可是，生活对待每个人都是有苦也有甜的，同样的事情发生在别人的身上，就什么事情都没有，放在你的身上，就问题一大堆，这是为什么呢？

一位老人，每天都要坐在路边的椅子上，向开车经过镇上的人打招呼。有一天，他的孙女在他身旁，陪他聊天。这时有一位游客模样的陌生人在路边四处打听，看样子想找个地方住下来。

陌生人从老人身边走过，问道：“请问大爷，住在这座城镇还不错吧？”

老人慢慢转过来回答：“你原来住的城镇怎么样？”

陌生人说：“在我原来住的地方，人人都很喜欢批评别人。邻居之间常说闲话，总之，那地方让人很不舒服。我真高兴能够离开，那不是个令人愉快的地方。”摇椅上的老人对陌生人说："那我得告诉你，其实这里也差不多。"

过了一会儿，一辆载着一家人的大车在老人旁边的加油站停下来加油。车子慢慢开进加油站，停在老先生和他孙女坐的地方。

这时，父亲从车上走下来，对老人说道："住在这市镇不错吧？" 老人没有回答，

♀ 让自己乐观一点 ♀

乐观的人更能体会人生的美好，而不会被负面的情绪所侵蚀，那么，怎样才能让自己保持乐观呢？

不要把自己的生活与他人的生活相比

快乐不是要所有的人齐头并进，而是选择一种生活，这种生活能够让你感到快乐和满足。

多接触大自然

累了、心烦了就多出去走走，接触大自然，感受自然的宁静、安逸，自己的心态就会慢慢发生改变。

快乐其实很简单，只要自己用心体会，用心发现，就会感觉到生活的美好，进而拥有乐观的心态。

又问道：“你原来住的地方怎样？”父亲看着老人说：“我原来住的城镇每个人都很亲切，人人都愿帮助邻居。无论去哪里，总会有人跟你打招呼，说谢谢。我真舍不得离开。”老人看着这位父亲，脸上露出和蔼的微笑：“其实这里也差不多。”

车子开动了。那位父亲向老人说了声谢谢，驱车离开。等到那家人走远，孙女抬头问老人：“爷爷，为什么你告诉第一个人这里很可怕，却告诉第二个人这里很好呢？”老人慈祥地看着孙女说：“不管你搬到哪里，你都会带着自己的态度：你如果一直怨恨周围的人和环境，那么你的心中就充满了挑剔和不满，可是感恩的人，却能够看到人们的可爱和善良。我正是根据两个不同人的心理给出的答案啊！”

心态不同，看到的世界就会不同。如果一个女人的心中只有怨气，那么她的人生则是灰色的，她的目光只会为了生活中的不如意而停留，她的生活总会被烦恼占满，她的心里也会总是被沮丧和自卑充斥着。

不可否认，人生的确少不了磨难，生活的五味瓶里，除了甜，没有什么再是人们的向往，可偏偏酸咸苦辣是生活中不可或缺的，它们才真正丰富了我们的人生。人生需要苦难的洗礼，正是因为那些折磨过我们的人，我们才能在挫折中找到自己的不足，才能逐渐完善自己。

眼前的困难，不会成为你一辈子的障碍。所以，即使现在面临困境，也不要因为悲观而落泪，坚持一下，总会遇到自己的晴天。生命，是苦难与幸福的轮回。只要我们在逆境中也能坚持自己，再苦也能笑一笑，再委屈的事情，也能用博大的胸怀容纳，那么，人生就没有我们过不去的坎儿。

当我们走出生活的阴霾，用乐观的心重新打量这个世界的时候，我们就会发现，原来不是生活不美好，而是我们一直在怨恨中扭曲了自己。

让男人退避三舍的女人

任何事情都是相对的，有让男人争先恐后的女人，同样也有让男人退避三舍的女人。

心理学家调查研究发现，霸道成性、自命“万人迷”、喜欢嚼舌根、过分独立、“纪律”过严、热情过度、一味索爱、打扮妖艳等 8 种形态的女人，正是现今男士唯恐避之不及的。

1. 霸道成性

许多女人，不但没有发挥对男士体贴入微的天性，而且十分霸道。不但每次约会的节目要男友唯命是从，就连男朋友平时穿什么衣服、梳什么发型，也要向她这位“权威”请示。要是对方有什么不合自己的脾胃，就会雷霆大发。最初，男朋友还会千依百顺，但时间长了，性格再好的男士恐怕也无法奉陪到底。

2. 自命“万人迷”

一些女人为要向男朋友显示“实力”，老是在言语间暗示自己追求者很多，现在能够“屈尊”做你的女朋友，实是你的荣幸。这种自命“奇货可居”的态度最要不得。一方面谁会喜欢自我吹嘘、没有内涵的女人？另一方面又有哪个男士能够长期忍受女士施舍式的“俯就”？

3. 喜欢嚼舌根

人家说长舌是妇人的专利品，但你可不要发扬这份专利。在男士面前说别人长短、揭发人家隐私，都会破坏男士对你的印象，觉得你是小家子气的无聊人。

4. 过分独立

行事独立、凡事自主是今日新女性的形象，本来是绝对值得钦佩的。然而，在与男士的交往中，你若将凡事“亲力亲为”的做事原则搬到谈恋爱上头，就未免有点太不解风情了。例如：你是否会在众人面前，拒绝男友为你穿大衣？或者是在咖啡座喝下午茶时，他有礼貌地替你拉椅子，你是否抢着“自己的事自己做”呢？你们一起逛完街，他要求替你捧着大包小包，你是否坚持拒绝他的效劳呢？须知一个毫不怜香惜玉的男士，会惹来很多责备的眼光，故过分亲历亲为的女士，只怕会令男士退避三舍。

5. “纪律”过严

男人最怕与女人约会时，俨如参加纪律部队的集训。领带结子稍微打得大了，你便一脸不高兴，着令他到洗手间重新打过；如若他不小心把一滴水点溅到你的身上，你便如遭雷击，斥责他粗心大意；他给你拉来椅子后，还要“认真”地移动到四平八稳的程度方肯罢休……此类犯有“纪律病”的女士，恐怕要找到“趣味相投”的男朋友也真的很不容易。

6. 热情过度

有的女人为了给人以亲切、友善的印象，一见到男士便急于散发自己的热情，把自己的背景、喜恶如数家珍地道出，又向并不熟稔的异性朋友要家中或公司的电话号码，甚至在交谈时拍打对方的肩膀、靠近对方的身体，凡此都让男士觉得极不自然，也觉得你太随便。没有女性可爱的矜持，他们不但不敢约会你，而且还会远远见到你便要躲避呢！

7. 一味索爱

爱是相互的，谁都不愿意只付出而没有回报。很多女人有公主的毛病，喜欢男士迁就、爱宠，不开心的时候要求男友千依百顺，这样的女生要“悠着”点儿了，因为男人有些时候更需要爱护。比如，在男朋友失意、沮丧的日子，有些女人还坚持要男友跟她看戏逛街、或做她自己喜欢做的事情，如果男友表示心情不佳，不想赴约，她就立刻冷嘲热讽、闹情绪。这种只可以共欢乐，不可以同分忧的女人，谁也不会愿意和她共度一生。

8. 打扮妖艳

这种女人常常被男人称作“魔女”而不是“美女”。女人为了增加艳丽，化妆、穿戴首饰、喷洒香水等都是值得鼓励的。可是，有些女人却打扮得太过妖艳，实在让男士们“不敢逼视”。此外，一些女士为求引来艳羡目光，把首饰箱内的所有百宝一齐动员，于是头发、脖子、手腕、耳珠，以至足踝上都堆满饰物，清丽不足，庸俗有余。又有些女人喜欢喷上浓郁的香水，令人呛得难过。须知轻巧明丽的妆饰、清新隐约的香味才能给人好感，过于夸张、没有自然美的打扮只能暴露你的庸俗与无知。

不嫉妒他人的女人是天使

某大学曾经发生过一个悲惨的故事：一名生物系即将毕业的女研究生，用水果刀将自己的导师刺伤，随即举刀自尽。这位女生自小就有自卑心理，虽然在升学的道路上，她成绩优异、一帆风顺，但她孤僻而爱嫉妒的性格始终没有改变。在就读研究生时，她的刻苦精神深得导师器重，但导师更喜欢另一位女生灵活而幽默的性格。于是她妒火中烧，数次在导师面前中伤那位同学。导师明察之后，发现多数事情纯属子虚乌有，便委婉地批评了她。由此，该女生怒不可遏，干出蠢事。

女人的嫉妒是可怕的。有人说，女人的天敌还是女人。因为女人常常忍受不了其他女人的成功，只要对方有一些方面是强于自己的，那么就有可能会对她产生一种嫉妒之感。为了自己心理上的平衡感，她们可能会做出一些违反常规的事情。可是，为什么女人对待同性的嫉妒心理会这么强烈呢?

单纯地来看女性对于同类的嫉妒，我们就会发现，很多时候她们都是一种身不由己的心态驱使的。与男人相比，女人要考虑的问题可能会多一些。她们常常要求自己完美，不允许自己有一点不足。所以，一个女人常常是将“精装版”的自己展现在别人的面前，为了维护自己的形象，她已经花费了全部的心思，浪费了几乎所有的精力。这个时候，她们的内心是渴望得到别人的肯定和赞扬的，就好像她们每个人都在努力学习一样，尽管成绩不是很好，但是希望别人对自己的努力给予肯定。这样的心态，让女人对别人的评价太过重视，是产生嫉妒心理的前提之一。

另外，女人都是排外的。即使是最好的朋友之间，她们也希望自己才是唯一的主角，其他人都成为自己的陪衬。可是，如果这样的期待没有实现，自己还成为了别人的配角，这时候，女人的内心就如同经历了一次重大的打击，嫉妒之感由此而生。

嫉妒，可以说是女人的天性。生活中的她们，不可能时时刻刻都做到完美，面对比自己强的人，由于长久的羡慕或者各种感情的混杂会演化成一种嫉妒。可是，身为一个女人，应该怎样克制自己的嫉妒？

首先，对待自己的嫉妒，要摆正心态，“不以物喜，不以己悲”，要常常告诫自己：即使是嫉妒，也得不到对方的优势，没必要因为别人的好而让自己变得更加不好。

♀ 嫉妒的危害 ♀

女人要善于驾驭自己的嫉妒。搞不好，会害人害己。

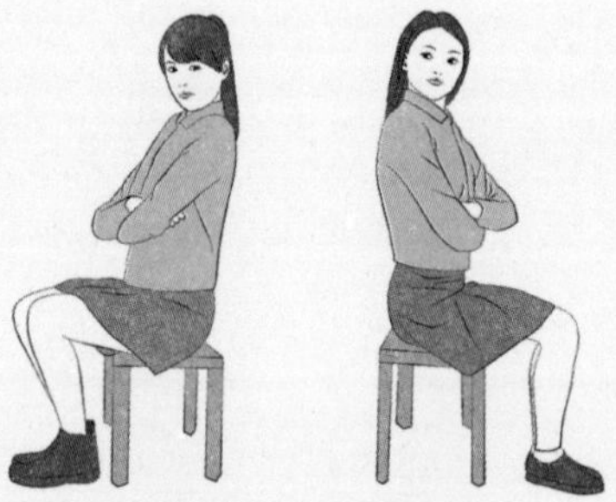

破坏正常交往

一旦有了嫉妒心理，就会与嫉妒对象之间出现冷淡、隔膜的现象，人际交往就会受到破坏。

危害身体健康

嫉妒是一种消极情绪，超过人体正常的生理限度时，会造成人体生理机能的失调，导致身心疾病。

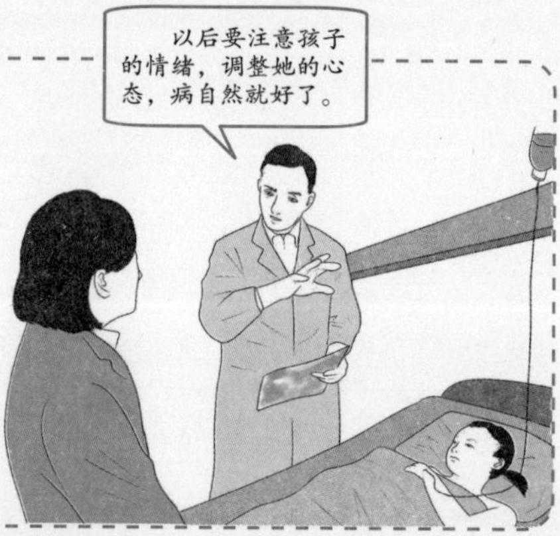

对女人来说，让容颜消损最厉害的不是岁月，而是女人那颗爱嫉妒的心。如果女人的嫉妒心少一点，幸福就会多一点，美丽就能更长久一些。

其次，洒脱面对同性的嫉妒，不要因为别人的种种心态就想改变自己。为了别人的嫉妒而改变自己是没有任何意义的。只要掌握了方法，就能控制自己烦忧的情绪，并且弱化别人的嫉妒。

知道如何克制自己的嫉妒之后，还应学会如何应付来自同性的嫉妒：

（1）把对方的嫉妒当成同情。别人嫉妒你，说明你在一些方面已经出类拔萃了。比如一些比你年老的人嫉妒你，说明到了一定的年纪，你也可能被年轻人赶超，这个时候，你就把她们的嫉妒当作是对你的同情，因为以后你也可能会遭遇类似的事情。这样，你就不会觉得别人的嫉妒会刺痛你的神经了。

（2）把对方的嫉妒当成是一种感谢。嫉妒你的人，可能会千方百计地找出你的不足，让你难堪。可是，这个过程恰好可以让你发现自己更多的不足，从而完善自己。所以，你完全可以将别人的嫉妒堪称是促进自己进步的阶梯。

（3）把利益也分给那些嫉妒你的人。有些女人天生喜欢嫉妒，也天生爱贪小便宜。如果能够分给她们一些利益，收买她们，那么她们就会弱化对你的敌意，从而可能成为你的朋友。

可见，每个人都可能会遇到同性的嫉妒，但是它并不是一个无解的难题。只要能够掌握方法，洒脱面对，那么一切问题都能迎刃而解。

不嫉妒他人的女人是天使，宽容是另一种智慧。聪明的女人会把别人的优秀化作鞭策自己的力量，努力向更优秀的人学习，把她们作为自己前进的动力，这才是积极向上的正确做法。若因嫉妒产生偏激心理，存有自卑心态，终日妒火中烧，最终只能是引火自焚。女人不要再为别人的幸福而徒增烦恼、心存嫉妒了。好好经营自己的幸福，让嫉妒这个由虚荣滋长出来的毒苗消失在自己的乐观和豁达中。驱散心中的嫉妒魔鬼，才能让宽容天使在心中常驻，少一分嫉妒，多一分宽容，就在无形中积聚了自信的资本和力量。

懒惰的女人再美也不惹人爱

女人，长得不美并不可怕，可怕的是太懒惰。因为懒惰从某种意义上讲就是一种堕落，具有毁灭性，它就像一种精神腐蚀剂一样，慢慢地侵蚀着你。一旦背上了懒惰的包袱，生活将变成你脚下的泥潭。

懒惰是许多女人虚度时光、碌碌无为的性格因素，这个因素最终致使她们陷入困顿的境地。产生惰性的原因就是试图逃避困难的事情，图安逸，怕艰苦，积习成性。女人一旦长期躲避艰辛的工作，就会形成习惯，而习惯就会发展成不良性格倾向。

城市附近有一个湖，湖面上总游着几只天鹅，许多人专程开车过去，就是为了欣赏天鹅的翩翩之姿。

“天鹅是候鸟，冬天应该向南迁徙才对，为什么这几只天鹅却终年定居，甚至从未见它们飞翔呢？”渐渐地，有人这样问湖边垂钓的老人。“那还不简单吗？只要我们不断地喂它们好吃的东西，等到它们长肥了，自然无法起飞，就不得不待下来。”

圣若望大学门口的停车场，每日总能看见成群的灰鸟在场上翱翔，只要发现人们丢弃的食物，就俯冲而下。它们有着窄窄的翅膀、长长的嘴、带蹼的脚。这种“灰鸟”原本是海鸥，只为城市的食物易得，而宁愿放弃属于自己的海洋，甘心做个清道夫。

湖上的天鹅，的确有着翩翩之姿，窗前的海鸥也实在翱翔得十分优美，但是每当看到高空列队飞过的鸿雁，看到海面乘风破浪的海鸥，就会为前者感到悲哀，为后者的命运担忧。鸟因惰性而失去飞翔的能力，人也会因惰性而走向堕落。如果想战胜你的慵懒，勤劳是唯一的方法。对于我们来说，勤劳不仅是创造财富的根本手段，而且是防止被舒适软化、涣散精神活力的“防护堤”。

有个妇人名叫雅克妮，现在她已是美国好几家公司的老板，分公司遍布美国27个州，雇用的工人达8万多。

雅克妮原本是一个极为懒惰的妇人，后来由于她的丈夫意外去世，家庭的全部负担都落在她一个人身上，还要抚养两个子女，在这样贫困的环境下，她被迫去工作赚钱。她每天把子女送去上学后，便利用余下的时间替别人料理家务，晚上，孩子们做功课时，她还要做一些杂务。这样，她懒惰的习性就被克服了。后来，她发现很多现代妇女都外出工作，无暇整理家务，于是灵机一动，花了7美元买清洁用品，为有需要的家庭整理琐碎家务。渐渐地，她把料理家务的工作变为一种技能，后来甚至大名鼎鼎的麦当劳快餐店也找她代劳。雅克妮就这样夜以继日地工作，终于使订单滚滚而来。

有些女人终日游手好闲、无所事事，无论干什么都舍不得花力气、下功夫，但这种人的脑瓜子可不懒，她们总想不劳而获，总想占有别人的劳动成果。正如肥沃的稻田不生长稻子就必然长满茂盛的杂草一样，那些好逸恶劳者的脑子中就长满了各种各样的“思想杂草”。

每个人都想只享受劳动成果，而不愿从事艰苦的劳动。可是时间长了，人们自然会明白你是一个什么样的人，一定会对你感到厌烦并敬而远之。生性懒惰的人不可能在社会生活中成为一个成功者，他们总是会失败的。

懒惰是一种恶劣而卑鄙的精神重负。女人一旦背上了这个包袱，就会整天无所事事、怨天尤人、悲观失落。这种人注定了不会受到别人的欢迎，也终将成为丈夫眼中令人绝望的怨妇。

第二节

女人的成熟比成功更重要

平静、理智、克制

这一小节里，卡耐基告诉我们如何控制自己的情绪。

在我们身边，经常会看到一些这样的女士：她们脾气暴躁，为了一点点小事就会大发一顿脾气；倘若稍不如意，她们也会愤怒不已、火冒三丈。虽然女人不一定都像男人那样在发怒的时候大打出手，但还是很容易丧失理智，从而出言不逊，导致人际关系受到影响。当然，我知道，很多人在冲动地发怒之后都会觉得追悔莫及。

我理解女士们的心情，当你们遇到不公正的待遇或是受到什么委屈的时候，选择发脾气这种方法来宣泄的确是个不错的主意。然而，女士们有没有想过，这种方法能给你们带来什么？能够让问题得到解决？还是让对方一起和你分享快乐？我想两者都不是。你的这种做法只会换来别人的反感、厌恶甚至反抗。威尔逊总统曾经说：“如果你是握紧一双拳头来见我的话，那么我绝对会为你准备一双握得更紧的拳头。可是，如果你是对我说：‘我们还是坐下来好好谈谈，看看分歧究竟在哪？’那么我将会非常高兴地同意你的意见，而且我们也会发现彼此之间的距离并不很大，而且观点上也没那么大差异。其实，我们之间还是有很多地方存在共同语言的。”

很多女士往往把发脾气看成是人类的天性。的确，人是情感最丰富的动物，会根据他的判断对事物做出反应。因此，在一定程度上，我同意那些女士的看法。可是，女士们有没有想过，真正喜欢发脾气的是那些小孩子，因为他们的心智还不够成熟，克制力也不够强。也就是说，他们的人性的表现更加突出一些。可是，作为成年人，女士们应该拥有成熟的心理，也就是说能够做到平静、理智、克制。

曾经有一位女士对我说，她不认为我所谓的“平静、理智、克制”很重要，因为在当今的美国,那也是“懦弱”的代名词。如果她不能以愤怒来反抗一些事情的话，就不能给自己争取到一些合理的权力。事实果真如此？我不这么认为，因为我的朋友蒂斯娜女士就没有和她那个“吝啬”的房东发脾气，但却达到了她的目的。

蒂斯娜女士住在纽约的一家公寓里。前段时间，她的经济状况出现了一点问题，而这时房东却突然提出要抬高她的房租。老实说，蒂斯娜女士当时真的非常气愤，因为房东的行为的确有点“趁火打劫”的味道。不过，最后还是理智战胜了发热的头脑，蒂斯娜女士决定采用另一种方法来解决这个问题。她给房东写了一封信，内容是这样的：

亲爱的房东先生：

我知道，现在房地产的行情的确很紧张。因此，我能够理解您增长房租的做法。我们的合约马上就要到期了，那时我不得不选择立刻搬出去，因为涨钱后的房租对我来说有些难以接受。说真的，我不愿意搬，因为现在真的很难遇到像您这么好的房东。如果您能维持原来的租金的话，那么我很乐意继续住下去。这看起来似乎不可能，因为在此之前很多房客已经试过了，结果都以失败而告终。虽然他们对我说，房东是个很难缠的人，但我还是愿意把我在人际关系课程中所学到的知识运用一下，看看效果如何。

效果如何呢？那位房东在接到蒂斯娜的信以后，马上找到了她。蒂斯娜很热情地接待了房东，并且一直没有谈论房租是否过高的问题。蒂斯娜很高明，只是不断地在和房东强调，她是多么喜欢他的房子。同时，蒂斯娜还不停地称赞他，说他是一个深谙管理的房东，而且表示愿意继续住在这里。当然，蒂斯娜也没有忘记告诉房东，自己实在负担不起高额的房租。

很显然,那个房东从来没有从“房客”那里受到过如此之高的评价。他显得很激动，并开始抱怨那些房客无礼。因为在此之前，他曾经接到过 14 封信，每一封都是充满了恐吓、威胁、侮辱的词语。最后，在蒂斯娜女士提出要求之前，房东就主动提出要少收一点租金。蒂斯娜又提出希望能再少一点，结果房东马上就同意了。

后来，蒂斯娜在和我谈论起这件事的时候说：“我真的很庆幸当时没有随便地乱发脾气。虽然那还不至于让我露宿街头，但确实会给我带来很多不必要的麻烦。”是的,女士们,这就是平静、理智、克制的好处。它能让你找到解决问题的最佳途径。

女士们，假如你的财产被别人破坏、你的人格受到别人的侮辱，那么你们会怎么办呢？我想，女士们一定会说：“那还能怎么办？当然是做好一切准备，和那些可恶的家伙大干一场。”如果小洛克菲勒在 1915 年的时候也和你们一样的话，相信美国的工业史就要改写了。

那一年，小洛克菲勒还不过是科罗拉多州的一个很不起眼的人物。当时，那个州爆发了美国工业史上最激烈的罢工，而且时间持续了两年之久。那些工人显然已经愤怒到了极点，要求小洛克菲勒所在的钢铁公司增加他们的薪水。同时，失去理智的工人开始破坏公司的财产，并将所有带有侮辱性的词语送给了小洛克菲勒。虽然政府已经派出军队镇压，而且还发生了流血事件，但罢工依然没有停止。

如果真的按照上面那些女士的想法去做，相信她们一定会要求政府严惩那些“暴徒”。可是，小洛克菲勒却没有。相反，他会见了那些罢工的工人，并且最后还赢得了很多人的支持。这一切都要归功于他的那篇感人肺腑的演讲。

在演讲中，小洛克菲勒非常平静，没有显出一点愤怒。他先是把自己放在工人朋友的位置上，接着又对工人的做法表示理解和同情。最后，小洛克菲勒表示，他愿意帮助工人们解决问题，而且他永远站在工人一方。

当然，他的演讲远没有这么简单，不过的确是一种化敌为友的好办法。相信，如果小洛克菲勒与工人们不停地争论，并且互相谩骂，或者是想出各种理由来证明公司没有错的话，结果一定会招来更加愤怒的暴行。

我的偶像，美国历史上最伟大的总统之一——亚伯拉罕·林肯曾经说：“当一个人的内心充满怨恨的时候，就会对你产生十分恶劣的印象，那么即使你把所有基督教的理论都用上，也不可能说服他们。看看那些喜欢责骂人的父母、骄横暴虐的上司、挑剔唠叨的妻子，哪一个不是这样？我们应该清楚地认识到：最难改变的就是人的思想。但是，如果你能够克制住自己的愤怒，以冷静、温和、友善的态度去引导他们，那么成功的可能性将大很多。”

对林肯的观点我表示同意，而且我还给他找到了一条理论依据。有一个非常古老的格言：“一滴蜂蜜要比一滴胆汁更容易招来远处的苍蝇。”对于人来说也是一样。我们想要解决问题，无非就是想要对方同意我们的观点。然而，你想获得别人的同意，首先就要做对方的朋友。你要让他们相信，你是最真诚的。那就像一滴蜂蜜灌入了他们的心田，而并不是一滴腥臭的胆汁。

当还是一个小男孩的时候，我曾经从隔壁的泰勒叔叔那里借阅过《伊索寓言》，其中一则寓言给我的印象非常深刻，那是有关太阳和风的故事。

一天，太阳和风在一起讨论究竟谁更有威力。风显然很自信，高傲地说：“我当然是最厉害的，因为所有人都害怕我的怒火。看到没有，我一定会用我的愤怒吹掉那个老人的外套。”于是，太阳躲到了云后面，而风则开始愤怒地吹起来。可是，虽然风已经很卖力气了，但老人却把大衣越裹越紧。最后，风终于放弃了，因为它觉得那是个坚强的老头，自己无法征服。这时，太阳从云后出来了，笑呵呵地看着老人。

不久，老人就开始擦汗，脱掉了自己的外套。结果很显然，与冲动、偏激、不理智的愤怒比起来，温和友善的态度更有效。

能够做到平静、理智、克制不仅可以帮助你们妥善地解决所遇到的各种问题，而且对女士们的身心健康也是非常重要的。女士们回想一下，当你们想要爆发的时候，是不是有这样的感觉？你们会不会觉得心跳在加快、血压在上升，呼吸也变得急促起来。没错，这是由于交感神经过于兴奋引起的。洛杉矶家庭保健研究协会主席阿马尔·杜兰特曾经说："那些爱发脾气的人很容易患上高血压、冠心病等疾病。同时，情绪上太波动还会使人感觉食欲不振、消化不良，从而导致消化系统疾病。而对于

♀ 避免冲动 ♀

只要采取正确的方法，冲动的情绪是可以遏制的。

首先

当你无法控制自己的愤怒时，你可以立即转移注意力或离开现场。

其次

在你的周围挂上醒目的警醒标志。这是心理暗示法的灵活运用。

当然，克制住自己的冲动情绪并不是一蹴而就的，需要你时时刻刻提醒自己。

那些已经患有这些疾病的人，发脾气也会使他们的病情更加恶化，严重的还会导致死亡。”

我不知道女士们是怎么想的，反正我看到这里的时候真的开始为自己担忧，因为我以前也曾经为了一点小事发脾气。不过幸运的是，我现在已经不会了，因为我现在已经有了一套很好的解决办法。

也许这些方法并不一定适合所有的女士，但却是给女士们提供了一些建议。你们不妨把它当作蓝本，然后再结合自己的情况做出调整。我相信，做到平静、理智、克制并不是一件不可能的事。

丢掉理直气壮的想法

这是一个强调自我的时代，年轻人常常理直气壮地说：“我的人生我开拓。”“走自己的路，让别人去说吧！”

为此，他们可以“理直气壮”地在工作时与同事闲聊，然后在下班时准时回家，而把当天应该完成的工作丢到一边；可以“理直气壮”地盗用别人的劳动成果，面无愧色；可以“理直气壮”地随便发脾气，永远像一个长不大的孩子……

他们认为尊重自己的内心很重要，对别人尤其是长辈的观点总是持怀疑态度，认为长辈们的看法都很守旧、落后。他们对父母“你一定要争气，活出个样子给他们看看”的苦口婆心总是不屑一顾：我凭什么要为别人而活？凭什么要在意别人的看法？只要我认为该做的事情，我就去做，这才是真正地活着。

但这种想法很容易导致固执己见、一意孤行，从而让人做出愚蠢的事情。总是做一些不被他人认可的事情，很容易使自己的人生也不被别人认可，这是一件很危险的事情。

虽说人生就是要不断去尝试，跌倒了再爬起来，但如果你走的是一条大家都认为偏颇的路，又何必要固执地走下去呢？与其将来后悔，何不在作出决定之前多考虑一下别人的意见呢？

美国广告界巨擘乔安娜从小对文学痴迷，曾发誓要成为一位著名的作家。于是，高中毕业填报志愿时，她报考了文学系。

大学毕业后，她并没有马上找工作，而是开始为实现自己的文学理想而努力，整日埋头于文学创作，但辛苦创作的两部长篇小说却遭到了无情退稿。不过乔安娜并未因此灰心，她认为自己的小说之所以未被采用，是因为自己缺少生活积累。于是她借了一大笔钱，到各地旅游以增长见识，并写下了很多散文、随笔，但被编辑采用的仍然很少。

这时的乔安娜已是债台高筑、入不敷出，连维持基本的生计都很困难。亲友们

♀ 丢掉理直气壮的想法 ♀

丢掉理直气壮的想法其实并不难，最怕的就是自己当初根本就意识不到自己这种想法和做法的后果。如何才能丢掉这种想法呢？提供几点意见供女士们参考。

1. 多听听周围人，尤其是你的家人和朋友的看法

多听别人的意见，有利于让你明辨是非。要多和那些处事灵活或虚心随和的人交往，养成虚心向别人求教的习惯。

2. 读一些好书

经常阅读一些好书、名著，从中吸取营养。丰富的知识使人聪慧，使人思想开阔，使人不至于一意孤行。

3. 加强自我调控

对自己的错误，要大胆承认，善于用幽默，自我解嘲地找个台阶下，不要固执地坚持自己的观点和做法。

劝她把文学创作当成业余爱好，好好找份工作，先解决吃饭问题要紧。乔安娜听从了亲友们的劝告。由于文学底子比较好，她很快被一家报社录用为记者。但由于她仍然对自己的文学创作念念不忘，工作常常出错，不久就被辞退了。

一年中她多次失业，她的作品质量也每况愈下，被采用的次数越来越少。

怎么办？乔安娜的情绪跌到了最低谷。进退两难中，母亲的一席话警醒了她。母亲说："你所爱好的，也许并不是你最擅长的，关键是要找一个你最擅长的事业……"乔安娜陷入了沉思。她开始明白，作家不是仅靠努力就能当的，成为一个作家要具备很多条件和相应的机会，最重要的是要有天赋，而这些自己目前并不具备。

乔安娜决定放弃当作家的念头，而开始从事广告文案写作。优秀的文字写作和组织能力使她在广告界崭露头角，很快她就成为全美最有名望的广告策划人。

试想，如果乔安娜为了自己的作家梦而理直气壮、一意孤行，不知道考虑亲友和母亲的意见，不认真反思自己的追求，恐怕她只能离成功越来越远吧？

"只是当时已惘然。"这样的悲剧不应该再发生了！

为目标而努力，就能达成梦想

美国著名整形外科医生马克斯韦尔·莫尔兹博士说：任何人都是目标的追求者。一旦达到一个目标，第二天就必须为第二个目标动身起程了……人生就是要我们起跑、飞奔、修正方向，如同开车奔驰在公路上，偶尔在岔道上稍事休息，便又继续不断地在大道上疾跑。

有一个小女孩名叫罗斯。有一天，老师让学生们把自己的梦想写出来。罗斯写的梦想是拥有一个属于自己的豪华农场，并且还画了一张农场的设计图。老师给她的答卷打了个不及格，并批评罗斯是在做白日梦。老师认为，建农场需要一笔很大的开销，而罗斯年龄这么小，又是个女孩，既没钱又没家庭背景，怎么可能实现这个愿望呢？

小罗斯却很认真，她把自己的梦想细细地描述出来，并且还确定了每个不同阶段的目标，之后她就朝着这个目标努力。多年后，罗斯终于有了一座属于自己的豪华农场。有意思的是，当年那位批评过她的老师还亲自带着学生来这里参观。这位老师对自己当年的做法惭愧极了。

成功的路是由目标铺成的，为目标而努力就能达成梦想。选择目标的重要性毋庸赘言，关键是如何选择最佳目标、如何为目标而努力。

选择人生的最佳目标：写出曾想过的目标，再罗列自己的优点、所希望的成功

♀ 如何选择自己的最佳目标 ♀

即使你现在有工作，你也应该抽出时间到职业交流中心看看，进行行业咨询，以便找到并实现自己的最佳目标。

多留心一些经济信息，多关注社会，随时走在时代的前面，自然会有开阔的视野。

如果你目前的工作并非你的兴趣所在，那你不妨多“充电”，提高自己的能力，向自己梦想的目标前进，而不能不负责任地得过且过。

有了目标，如果不懂得如何去为目标努力，那再好的目标也是枉然。为着目标而努力，不是一味埋头苦干就行的，你还需要突破一些阻碍你成功的障碍，应该更活泛一些。

类型、心理素质、健康状况、家庭及社会情况，将自己的目标一一对照，筛选出最适合自己的目标。

多学一些让你更容易成功

为了更接近你的目标，你得有一些业余爱好。别人会的，你也要会一点。

伊莲看起来永远都活力四射。二十几岁的她已经是美国一所著名大学的博士生。全额奖学金让她的生活相当宽裕。一个能通过优异的考试成绩顺利攻读一所世界知名大学硕士、博士学位的女孩，在人们的心目中，一定是只知道学习，对周围一切都漠不关心的。伊莲却不是这样。她会在紧张的考试复习时间从教室跑回宿舍看一场足球比赛；她学理科，却会写出一篇篇优美感人的散文；她喜欢跳舞、唱歌、摄影，喜欢各种好玩的游戏……

学习忙碌的她学会了开车，还学习烹饪、绘画、按摩……她学的东西这么多，一定很累吧？但每次见到她，她都是一副很快乐、精力很充沛的样子，让人十分佩服。

毫无疑问，伊莲是一个既会学习又会生活的人。可以说，她现在学业这么出色，应该与她什么都要尝试的积极生活态度有关。我们完全可以想象伊莲将来事业、生活等各方面的出色，因为她具有一个成功人士的素质。

所以，女孩子一定要注重自身管理，这是一种生活的策略。

试想，一个工作努力又多才多艺，能在单位节日晚会上大显身手的人，和一个工作勤勤勉勉却没有什么爱好和特长的人，哪一个更容易得到升职的机会？

不要总是抱怨别人只看重外表，你也应该学习包装自己，让外表更能引起别人的重视；不要埋怨别人喜欢性格活泼、口才好的人，你也应该学会让自己活泼一些、能说会道一些。唱卡拉OK、跳交际舞、打高尔夫、拉小提琴……别人会的，你也应该会一点，至少要有一样拿得出手。

本领多，别人会佩服你，说你有能力。而在职场中、在生活中，别人对你的肯定是你成功的最重要条件。

本领多的人到处受人欢迎，他们和什么样的人打交道都不发怵，都可以畅谈一番，至少不至于冷场。这样的人更有机会接触各阶层的人，尤其是接触那些比自己成功的人。这样的人有一种不输给任何人的自信，有一种在任何环境中都游刃有余、迅速和大家打成一片的能力。

如果一有时间就坐在家里看电视，这当然比较舒适，也比较容易——顺流而下总是比逆流而上容易。但人生不应该在电视机前度过，你应该到外面去，多接触一些人，多做一些事。哪怕你只是拉着朋友一起去挑选衣服，做个发型、美美容，也比你坐在家里好。

不要总是说一天紧张的工作之后身心疲惫，没时间学这学那，也没时间出去逛街。

时间就像海绵里的水，要挤总是可以挤出来的。并且，也许你已经发现，那些要做很多事并且各方面都照顾得很好的人，他们往往看起来永远有用不完的时间。

不要总拿没时间做借口，为了不让人生处处碰壁，你必须逼着自己多学一些东西。学习的过程可以给你带来意想不到的成功感，会给你的生活带来活力。一定要让自己动起来，而不能让你的生活过早地陷入沉闷和枯燥。

机遇青睐有准备的人

也许你正在为没有机遇而焦虑，不要灰心，机遇属于有准备的人。只要你向着目标孜孜不倦地做准备，并抓住一切可利用的资源寻找机会，总有一天机会会降临到你的身上。

在别人眼里具备了某些条件的人，比那些看起来什么都不会的懒人更容易获得成功的机会。精心地管理自身、包装自己，更容易得到别人的认可。要想获得成功，你必须把自己包装成一个体面的人，一个看起来像样的人。然后渐渐地，你就真的有了成功者的心态。

第三节

性格的宽度决定幸福的深度

认识忧虑，抗拒忧虑

卡耐基认为，每个人的情况都是不同的，所以每个人的忧虑也都是各不相同的。就算是同一个人，处于不同时期，也会有不同的忧虑。因此，女士们要想让自己能够应对一切忧虑，那么就必须想办法认识忧虑的本质，从而抗拒忧虑。

从古至今，忧虑一直都是困扰人类的一个难题，因此很多古代学者也都在研究，希腊哲学家亚里士多德就是其中之一。他告诉人们，当面对忧虑的时候，一定要学会分析问题的方法，因为这可以帮助你们解决各种不同的忧虑。

女士们，这是非常有效的，如果我们不想再忍受忧虑的逼迫和折磨，不想再让自己生活在地狱之中，那么我们就必须行动起来。

我们先来看看弄清事实的真相。女士们可能会有疑问，为什么亚里士多德要将这一点放在第一的位置上？道理很简单，如果你连事实的真相都搞不清楚的话，那么你怎么可能会想出解决问题的明智方法？找不到事实的真相，那我们就相当于是在混乱中摸索。

不过，对这一点的认识并不是我发现的，而是哥伦比亚已故的教授哈勃特·赫基斯研究出来的。这位教授曾经帮助 20 多万学生摆脱了忧虑的困扰。他曾经说过，世界上所有的忧虑差不多都是因为人们没有足够的知识去做决定而产生的。

在我和他聊天的过程中，他跟我说："戴尔，你知道吗？产生忧虑的主要原因就是混乱。我们打个比方，比如我有一个问题必须在下周二以前解决。那么，在到达规定时间以前，我是根本没有时间和精力去做任何决定的。在那段时间里，我所能做的只有集中全力去搜集和这个问题有关的事情。那时我不会被忧虑所困扰，因为我只是想着如何收集到更多的事情。如果在周二之前，我已经搞清了所有的事实，那么我就不会忧虑了，因为问题已经解决了。相反，如果我还没有搞清事实，那么恐怕我就该开始失眠、发愁和难过了。”

我点了点头，问赫基斯教授，这种做法是否可以让人们完全免受忧虑的侵扰。赫基斯也点了点头，说：“是的，老实说，我现在真的一点也不忧虑。因为我发现，如果我们都能够以一种客观的、超然的态度去寻找事实的话，那么困扰我们的忧虑就一定会消失得无影无踪。”

的确，这是一个好办法。然而，大多数人却是怎么做的呢？人们往往不愿意多思考，只想通过各种投机的手段来达到目的。即使人们真的去思考了，但却往往像猎狗一样寻找那些已经知道的事情，而忽略了其他重要的事情。我们所寻找的东西都必须符合一个标准：与我们的想法相同，符合我们对事物的偏见。安德烈·马若斯曾经指出：“凡是那些和我们个人愿望相符合的东西，我们就会把它们看成是真理。如果不符合，那么就一定会招致我们的愤怒。”

一切问题的答案找到了，怪不得我们总是很难找到问题的答案。举个例子来说，如果你在脑子里认定了 1 加 1 等于 3 的话，那么恐怕你连一个会做数学题的小学生都不如。道理虽然简单，但很多人实际上都一直坚信 1 加 1 就是等于 3，或者是等于 300。结果，把自己和别人的日子都搞得不好过。

女士们，你们现在有什么想法？是不是觉得应该马上想办法解决？的确，不能再迟疑了。我们首先应该把思想中的感情因素排除出去，就如赫基斯教授所说的那样，以一种超然的、客观的态度去查清事实的真相。

当然，我也承认，在女士们已经被忧虑困扰的时候，做到这一点是相当不容易的，因为那时候我们的情绪往往很激动。不过，我在赫基斯的基础上又作了进一步研究，找到了两个帮助女士们认清事实的方法：

（1）女士们不妨把自己假设为第三者，以别人的身份来进行事实搜集。这样一来，我们就可以让自己保持客观、超然的态度了，同时也有助于女士们克制自己的情绪。

（2）女士们可以把自己设置成对方律师的身份，然后再寻找和忧虑有关的事实。也就是说，女士们在搜集事实的时候也要搜集那些对你不利的，也就是和你希望相违背的或是你不愿意面对的事实。接着，你再把正反两方面的事实都写下来，这时你往往会发现，真相就在这一正一反之间。

上面就是我要说的弄清事实。的确，如果你不能搞清事实真相的话，那么就算你是科学家、伟人，美国最高法院也不会作出明智的决定。发明家爱迪生就十分懂得这个道理，因此人们在整理他所留下的 2500 个笔记本时发现，里面记满了他曾经面临的各种问题。

是不是把所有的事实都搞清楚就能认识忧虑了呢？不，女士们，这还远远不够。即使我们把世界上所有的事实都搜集过来，如果我们不对它们进行分析的话，恐怕也不会对我们有丝毫的帮助。

我曾经也受过忧虑的折磨，因此总结出了一套认清忧虑的好方法，下面为大家介绍一下。

♀ 认清忧虑的办法 ♀

很多女人都曾受到忧虑的折磨，那么怎样认清忧虑呢？不妨试试以下的方法：

1. 先把所有的事情写下来，以便找到解决问题的方法。

2. 逐一分析写下的事情，也可以和自己的亲人、朋友一起分析，这时问题就变得简单多了。

就像查尔斯·凯德里说的：“如果你能把问题弄清楚，那么这个问题你就已经解决了一半。”

你想过什么样的日子

你想过什么样的日子？决定权掌握在你手里，生活是自己成就的。

有的人总是不断地抱怨自己现在的生活。既然这样的生活不是你想要的，你为什么不去改变呢？为什么不跳出现在的生活方式，去选择自己想要的生活呢？但正是喜欢抱怨的女人，往往最害怕改变。她们觉得追求她们想要过的生活是一件有风险的事情，不如先保住现在所拥有的东西。她们安慰自己：这样慢慢地努力，生活总会好起来的。她们所谓的努力其实就是安于现状。

但生活如逆水行舟，不进则退。到头来，你会发现保持你原有的东西也变得很困难。而你只要再努力向前迈出一步，就至少不会落在别人身后。

为了你想过的生活，你不应该缩手缩脚，而应该勇于尝试生活的挑战。就像印第安人所说的那样：你的双脚应该迅如闪电，你的手臂应如万钧雷霆，你的灵魂应无所畏惧。

如果现在就没有改变生活的勇气，那么你要等到什么时候去改变？当惰性一点一点侵入你的体内，你会变得越来越被动。生命就这样被消磨，你甚至连审视自己的生活是否如意的时间也没有。

要作改变，就要从现在开始，趁着年轻。

多问问自己：我想过什么样的生活？然后写一个目标清单，把你要做的事列出来。

那些成功的女人，虽然她们的背景和历程各异，但有一点是相同的：她们都有自己的梦想，都是敢梦想并勇于实现自己梦想的人。

梦想是人生想要达到的最终目标，是人生的具体蓝图。如果你的梦想是过好日子，而你只是模模糊糊地拥有过幸福生活的愿望，却没有为自己制订具体的计划，梦想往往容易成为空想。

所以，一定要在脑中具体勾画自己的蓝图，包括每一个细节。当你有一个强烈的念头，愿意倾一生之力去实现、去完成时，赶快为它列一张清单，不要让自己的想法稍纵即逝。

请听听美丽女人格雷娜的故事，并像她那样把自己的梦想转化为切实可见的图像，那么你的梦想将不再遥不可及。

那时候的格雷娜刚刚经历了一场婚变，独自带着3个年幼的女儿生活，必须付房子和汽车的贷款。有一个晚上，她参加了一场座谈，听到一位先生演讲“想象力乘以V（Vividness，逼真）等于R（Reality，事实）”的原则。这位先生指出，心智以图像而非言语思考，当我们在心中逼真地刻画想要的东西时，这些东西就会变成事实。

这个概念在格雷娜的心中拨动了创造力的琴弦。她想到了《圣经》：上帝会赐给我们“心里所求的”，而且“因为他的心怎样思考，他的为人就是怎样”。

格雷娜觉得全身充满了力量，她下定决心要把自己所列出的祷告清单转化成图像。她剪旧杂志并搜集能描摹出“心里所求的”图画，装在一本昂贵的相册里，热切地期待着。

格雷娜的图画包括：

（1）一个俊男；

（2）一个穿婚纱的女子和一个穿燕尾服的男子；

（3）花束；

（4）漂亮的钻石、珠宝；

（5）一个岛屿，位于蓝得发亮的加勒比海上；

（6）甜蜜的家；

（7）新的家具；

（8）一个刚晋升为某大公司副总裁的女子。她当时正在找一个没有女性主管的公司，想成为这个公司第一个女副总裁。

大约 8 周后，格雷娜开车行驶在加州的一条公路上，脑海中全是早上 10 点半的那笔生意。突然间有一辆很体面的红色凯迪拉克从旁边经过。这辆车太漂亮了，格雷娜注视着这辆车。这时，开这辆车的人也在看着格雷娜，对她微笑。经常面带微笑的格雷娜对他回报了一个微笑。接下来的 15 里路，凯迪拉克的主人吉米开始追她。

一切像梦幻一般！开始交往后，格雷娜就发现吉米有一个嗜好就是喜欢搜集钻石，而且是大颗的！他希望能找人试戴，格雷娜当然是最好的人选。

大约是他们快结婚的前 3 个月，吉米对格雷娜说：“我已经找到了度蜜月的好地点，我们要去加勒比海上的圣约翰岛。”格雷娜笑着回答：“真是出乎我的意料！”

婚礼在加州的拉古那海滩举行，婚纱及燕尾服都变成了事实。就在完成梦幻相簿的 8 个月之后，格雷娜成为公司人力资源部的副总裁。

就在结婚快一年的时候，他们搬进了豪华的新居，格雷娜用自己想象中的典雅家具来装潢自己的新居。而这时的吉米也刚好成为东岸一家知名的家具制造商在西岸的零售代理人。

就某种层面而言，这听起来像神话故事，但这一切都是真的。自从他们结婚以来，他们已完成了数本“梦幻图画簿”。

每天你和别人一样挤公共汽车去上班，和别人一样坐在办公室里，做着差不多同样的工作。但你想过 10 年以后你们的生活吗？ 10 年后，这些看似和你一样的人，其中必定有人会成就一番大业；那些和你在一起工作过的姐妹，其中必定会有人过得与众不同。因为在这些人看似平凡的外表下，隐藏着不平凡的梦想。其实，只要你在生活中是个有心人，你现在也不难发现将来谁终究会有一个成功的人生。因为有梦想的人，他们的言行举止都会与同处境的人不同，他们的一举一动、一言一行都在表明他们具有成就美好人生的资质。心怀梦想的人，无论现在的处境多么艰难，

♀ 给自己一个梦想 ♀

女人一定要有自己的梦想，梦想让女人变得美丽，梦想让女人变得特别。女人如果没有梦想，生活就没有了目标；没有了目标，人生也就失去了希望。

聪明的女人会给自己一个梦想，女人就有了前进的方向，人生也变得更加有意义。

当然，梦想的实现并不是一朝一夕的事情，因此，有了梦想之后，女人还要有坚持到底的韧性，只有持之以恒，才能实现梦想，收获成功！

拥有成功感的女人，她们不会也没有时间去考虑生活是否有意义之类的问题。对于她们来说，每一天的太阳都是新的，每一天都是精彩的。

他们都依然会咬着牙，事情该怎么做还怎么做，要过好日子的决心从未有过丝毫的动摇。

梦想与现实并不矛盾。梦想不是脱离现实的空想，梦想是建立在现实的基础上的，梦想让现实生活充满了动力和活力。

从现在起，在生活的各方面决定你想得到的东西，详细地勾画你想过的生活，并展开行动吧！

健康女人，平安快乐

阿里科谢·卡若厄博士是诺贝尔医学奖获得者，他曾经说过："一个商人如果不懂得如何抗拒忧虑，那么他一定会早死很多年。"其实，不只是商人，家庭主妇、职业妇女等都是一样的。这并不是凭空捏造的，因为有事实可以证明。

当谈起忧虑对人的影响时，医学博士德贝尔是这样说的："事实上，在我接触的所有病人中，有三分之二的病人只需要抗拒忧虑和恐惧就可以战胜疾病。我不是说他们没有病，他们有病，而且非常严重。不过，我在叙述时必须在那些病人所患的诸如胃溃疡、心脏病、失眠、头疼等疾病的前面加上'神经性'这个词。你知道吗？对疾病的恐惧会使你无比的忧虑，而忧虑又使你感到紧张，接着又影响你的胃部神经，然后你就得了胃溃疡。"

是的，不光是德贝尔博士这么认为，约瑟夫·蒙达德博士也在他的《神经性胃病》这本书中写道："并不是因为你吃了什么东西才导致你产生胃溃疡，实际上真正的病因是你在发愁什么事情。"

忧虑才是产生很多疾病的罪魁祸首。有关专家曾经指出：心脏病、高血压以及消化系统溃疡这三种疾病在很大程度上说都是由于忧虑的情绪所引起的。很多女士有上进心，或是说成野心，她们希望自己成功，或是希望在自己的帮助下使丈夫获得成功，这些想法本来都无可厚非。然而，她们对成功的渴望太强烈了，每天都让自己生活在忧虑之中。真的不明白，即使你成为了全世界的女王那又代表什么呢？你不过是要每天吃三顿饭，然后晚上睡在一张床上而已。有许多普通的农妇，没有人知道她们是谁，可她们中却有许多人活到了 88 岁。

著名的精神学专家梅奥兄弟对外宣称，在他们治疗的病人中，有绝大部分人的精神是非常正常的。他们所谓的精神疾病其实是悲观的情绪以及那些烦躁、忧虑、恐惧等。

在 2300 多年前，所有的医生都没有意识到人的精神和肉体是统一的，应该合并治疗。如今，很多人已经发现了这一真理，并且开设了一门新的学科——心理生理学。

的确，这门学科诞生的正是时候。因为长时间以来，人类已经消灭了很多由细菌引起的可怕疾病，比如天花、霍乱和各种传染病。可是，我们不得不遗憾地说，时至今日，人们还没有能力有效地治疗那些由忧虑引起的疾病，而且这种疾病给人类带来的灾难正在日益变大。

曾经有医生说,在二战期间,美国每六个妇女中就有一个人患有精神失常。天啊！是什么原因导致这种事情的发生！虽然到现在也没有人能准确地说出原因，但有许多人认为很有可能是由于对现实的恐慌和忧虑造成的。当人们不能适应现实时，她们就会选择逃避，让自己生活在脑海中的世界里。

忧虑对健康的危害：

对你的心脏产生很坏的影响；

可能产生高血压；

会让你患上风湿病；

小心胃溃疡；

感冒也和忧虑有关；

甲状腺同样害怕忧虑；

糖尿病人都很容易产生忧虑。

最后，把上面的观点进行一下总结，那就是忧虑很可能要了你的命。女士们不必认为这是在夸夸其谈。

很多人一定不会相信忧虑的情绪会和关节炎有关，可事实上这却是真的。美国康奈尔大学的罗斯·萨斯尔博士是治疗关节炎的权威人士，他曾经说过：“如果一个人的婚姻生活很不好，那么他就有可能患上关节炎；如果一个人经济上出现了问题，那么他也容易得关节炎；如果一个人长期感到寂寞、孤独、忧虑或是愤怒，那么他得关节炎的概率将是普通人的几十倍。”

罗斯·萨斯尔博士并没有骗我们。有一个女性朋友，身体一直都很健康。经济大萧条时期，她丈夫失去了工作，整个家庭都陷入了经济危机。祸不单行，煤气公司因为她家不交煤气费而切断了煤气，而银行也把她家作为抵押用的房子没收。这位太太受不了这种突如其来的打击，一下子就患上了关节炎。在那段时间里，尽管她尝试了各种手段，但都不见效。最后，直到大萧条结束，家里的经济改善之后才算完全康复。

在美国，心脏病已经成为威胁人类健康的头号杀手。第二次世界大战期间，美国大约有 30 多万人死于战场，却有 200 多万人死于心脏病。在这 200 多万人中，又有将近一半的人是由于忧虑而引发心脏病的。是的，如果不是这种原因，阿里科谢·卡若厄也不会说出那句话。

东方的中国人和生活在南方的美国黑人很少患有这种因忧虑而引起的心脏病，

这是因为他们的传统文化告诉他们遇事一定要沉着冷静。有人做过统计，每年死于心脏病的医生要比农民多出 20 几倍，这是因为医生总是过着很紧张的生活。

很多人都认为全世界每年都会有很多人被可怕的传染病夺去生命，然而实际上

♀ 忧虑对女人的危害 ♀

现代生活的快节奏使越来越多的人心理出现疾病，而忧虑就是其中的一种，那么，忧虑对我们有哪些危害呢？

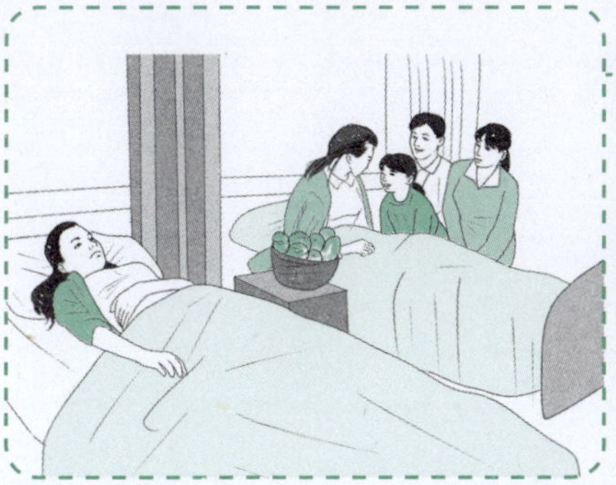

危害你的健康

这一点已经经过医学的证实，忧虑可以间接引发很多种疾病，还可能造成极端情绪从而自杀。

摧毁你的美丽

忧虑会让你整天愁眉苦脸，会让你终日咬紧牙关，会让你的头发由黑变白，更会让你的脸上长满皱纹。

要想获得健康的身体并不是很难，你只要有一颗平常心就一定不会患上忧虑症。

每年死于自杀的人数要远远高于死于传染病的人数。造成这一可怕现象的根本原因就是忧虑。

在古代，如果一个将军想要让他的俘虏得到最残酷的惩罚，总是会把他们的手和脚全都捆起来，然后在他们的头顶上放一个不断滴水的袋子。水滴并没有杀伤力，它只不过是一滴一滴默默地向下落。开始的时候，那些水滴的声音还很小，但是几个昼夜之后，那些声音已经大得像是木槌敲击地面了。俘虏们受不了了，他们精神失常了，这的确是比死亡还要可怕的一件事。

忧虑就是那一滴滴的水珠，它不停地向下落着，慢慢地折磨着你的心灵，最后让你精神失常而选择自杀。

要想拥有健康的身体，你需要保持平常心，不要忧虑。只要拥有了克服忧虑的信心，就一定会让自己生活得快乐无忧，而那时你们也将会有一个健康的身体。

第六章

与自卑告别

第一节

把自卑踩在脚下

永远不要做“怨妇”

在生活中，常有女性抱怨爱人不够体贴，孩子不听话；在工作中，埋怨上级不会领导、安排工作不合理得力，等等。总之，对生活永远是一种抱怨，而不是一种感激。她们只计较自己得到了什么，在自己和别人的得与失之间斤斤计较。殊不知，她们喋喋不休的抱怨，不仅不会带来任何改善，反而会让别人对你产生不好的印象。

“烦死了，烦死了！”一大早就听张丽不停地抱怨，一位同事皱皱眉头，不高兴地嘀咕着：“本来心情好好的，被你一吵也烦了。”张丽现在是公司的行政助理，事物繁杂，可谁叫她是公司的管家呢，事无巨细，不找她找谁？

其实，张丽性格开朗，工作起来认真负责，虽说牢骚满腹，该做的事情，一点也不曾拖延。设备维护、办公用品购买、交通讯费、买机票、订客房……张丽整天忙得晕头转向，恨不得长出 8 只手来。刚交完电话费，财务部的小李来领胶水，张丽不高兴地说：“昨天不是来过了吗？怎么就你事情多，不是领这个，就是领那个！”抽屉开得噼里啪啦，翻出一个胶棒，往桌子上一扔，说：“以后东西一起领！”小李有些尴尬，又不好说什么，只得赔笑脸。

大家正笑着，销售部的王娜风风火火地冲进来，原来复印机卡纸了。张丽脸上立刻晴转多云，不耐烦地挥挥手：“知道了。烦死了！和你说一百遍了，先填保修单。”单子一甩，“填一下，我去看看，”张丽边往外走边嘟囔，“综合部的人干什么去了，什么事情都找我！”对桌的小张气坏了：“这叫什么话啊？我招你惹你了？”

态度虽然不好，可整个公司的正常运转真是离不开张丽。虽然有时候被她抢白得下不来台，也没有人说什么。怎么说呢？她不是应该做的都尽心尽力做好了吗？可是，那些“讨厌”、“烦死了”、“不是说过了吗”……实在是让人不舒服。

年末的时候公司选举先进工作者，领导们认为先进非张丽莫属，可一看投票结果，50多份选票，张丽只得12张。有人私下说：“张丽是不错，就是嘴巴太厉害了。”张丽很委屈：“我累死累活的，却没有人体谅……”

喜欢抱怨的人不见得不优秀，但常常不受欢迎。抱怨不仅伤了自身，也会影响其他人的情绪，让不明真相的人心理产生波动，也会破坏工作的氛围。谁都不愿靠近牢骚满腹的人，怕自己也受到传染。抱怨除了让你丧失勇气和朋友，于事无补。

如果你还有时间进行抱怨，那么你就有时间把工作做得更好；如果你已觉得抱怨无济于事，你就应该去寻找克服困难、改变环境的办法；如果你认为抱怨是一种坏习惯，你就应该化抱怨为抱负，变怨气为志气。

娜娜35岁了，过着平静、舒适的中产阶层的家庭生活。但是，最近她突然连遭四重厄运的打击。丈夫在一次事故中丧生，留下两个小孩。没过多久，一个女儿被烤面包的油脂烫伤了脸，医生告诉她孩子脸上的伤疤终生难消，她为此伤透了心。她在一家小商店找了份工作，可没过多久，这家商店就关门倒闭了。丈夫给她留下一份小额保险，但是她耽误了最后一次保费的续交期，因此保险公司拒绝支付保费。

碰到一连串不幸事件后，娜娜近于绝望。她左思右想，为了自救，她决定再做一次努力，尽力拿到保险补偿。在此之前，她一直与保险公司的下级员工打交道。当她想面见经理时，一位多管闲事的接待员告诉她经理出去了。她站在办公室门口无所适从，就在这时，接待员离开了办公桌，机遇来了。她毫不犹豫地走进里面的办公室，结果，看见经理独自一人在那里。经理很有礼貌地问候了她。她受到了鼓励，沉着镇静地讲述了索赔时碰到的难题。经理派人取来她的档案，经过再三思索，决定应当以德为先，给予赔偿，虽然从法律上讲，公司没有承担赔偿的义务。工作人员按照经理的决定为她办了赔偿手续。之后，经理欣赏她的果敢，又给她安排了很好的工作，并且爱上了她。

厄运不会长久持续下去。所以当遭遇不幸，与其以消极抱怨的心态待之，不如以积极的心态去化解。要相信，终有一天会雨过天晴，而且大雨过后天更蓝。

世界是美丽的，世界也是有缺陷的。人生是美丽的，人生也是有缺陷的。因为美丽，才值得我们活一回；因为有缺陷，才需要我们弥补，需要我们有所作为。

一位伟人曾说：“有所作为是生活中的最高境界。而抱怨则是无所作为，是逃避责任，是放弃义务，是自甘沉沦。”

不抱怨，不仅是一种平和的心态，更是一种非凡的气度。

不论我们遭遇到的是什么境况，光是喋喋不休地抱怨不已，都注定于事无补，

♀ 抱怨的坏处 ♀

大部分人都有抱怨的习惯，但却不知道这个习惯会在不知不觉中给自己带来许多副作用。

1. 抱怨是丧志之始

人一旦心中满怀怨恨，就会愤愤不平，怀忧丧志，从此一蹶不振。

2. 抱怨是结仇之源

抱怨绝对不会获得欢喜，你抱怨人家一分，别人回给你的可能就是加倍的排斥。

3. 抱怨是败德之行

人一旦有了抱怨，情绪就会变得恶劣，就会出现败德行为，如酗酒等。

因此，一旦发现自己心中有了抱怨的念头，就应该有所警觉，及时反省。

只会把事情弄得更糟，而这绝不是我们的初衷。

没有人欣赏好抱怨的女人，就是因为这不是有出息的行为，真有志气、有出息的女人从来不会抱怨。恐怕没有女人愿意做一个没有志气、没有出息的女人吧？那么，就把所有应该的和不应该的抱怨都一齐抛弃，开动脑筋，甩开臂膀，与其抱怨不如改变！

苦水，只会越吐越多

倾诉，是缓解痛苦的一种方式，但不是解决痛苦的方式。一味地吐苦水，最终只会把自己淹没在苦水之中。

柔弱无助的女人总是会引起别人的同情及保护欲望，但凡事都应有个限度。反复重复自己的不幸，这样做就不像一个青春女人应有的柔韧，反而如同一个自怨自艾的老妇人。或者，更形象一点地说，像"祥林嫂"，不停诉说自己的不幸遭遇，得到的只是看客悲剧心理的满足、饭后的谈资以及别人对你的厌烦。

电视剧《好想好想谈恋爱》中有这样一段，女主人公谭艾琳和男朋友伍岳峰分手之后，巨大的伤痛让她几乎崩溃，她将自己所有的情绪都用来抱怨：

"你现在打死伍岳峰他也不会明白，其实最受损失的是他，而不是我。我是他生命中唯一的一次爱情机会，他错失了，他以后再也没有机会了，他以为他的天底下有几个谭艾琳？他真是有眼无珠，他以后只有哭的份儿了，这就叫过了这村就没这店了，他肠子都得悔青了。

"有的男人对我来说重如泰山，有的轻如鸿毛。伍岳峰就是鸿毛。我像扔个酒瓶似的把他彻底打碎了，他根本不懂女人，离开他是我的幸运和解脱，他将永远处处碰壁，对，碰壁，碰得头破血流。而我经过历练，炉火纯青，笑到最后的是我。他完蛋了，他会一蹶不振，追悔莫及，太好了。"

诸如此类的抱怨她几乎如同潮水一样地倾倒给自己所有的朋友，直到有一天，朋友实在忍受不住自己的抱怨："你已经唠叨了一个星期了。说实话我听得已经有点儿头晕耳鸣了，再听下去我会疯掉的。"于是，在之后的日子中，她与同样失恋的男人章月明一起倾诉自己的不幸，在章月明的不断抱怨中，谭艾琳自己渐渐开始沉默，直到有一天她也听够了大喊道："别说了，太无聊了，一个男人或一个女人一辈子愤怒的是爱情、谩骂的是爱情、得意的是爱情、沮丧的还是爱情，一辈子就忙活爱情吗？你别再跟我唠叨了，我受够了。别人没有义务承担你感情的后果，这是你应该自己解决的问题，你爱一个人就是愿打愿挨的事，没有人逼你，知道吗？敢做就得敢当。"

相信很多人小时候都有这样的经历：在跌跌撞撞地学走路时，无数次跌倒。孩子对于疼痛是无法忍耐的，跌倒时每个孩子都会失声痛哭。如果这时你的父母匆忙赶过来，将你抱起，焦虑地检查你身上的伤口，宠溺地哄劝，本来已经声势渐竭的抽噎，又重新鼓足了力量。因为父母的悉心呵护让我们觉得更加委屈，不自觉地软弱，用哭声向父母撒娇。但如果父母只是轻轻走过，对你说声："站起来。"我们的委屈也没有了什么理由，也会重新步子走路。

我们已经不再是小孩子了，早就该消除这种孩子气。别把自己的苦水吐尽，向别人撒娇，让自己的失意不断扩散。

不让华丽的外表遮蔽忧郁的心扉

外表强悍，内心柔弱易伤，这也许就是当今很多知性女子的真实写照。有人说，知性女子是最美的，因为她们的身上闪烁着智慧的光辉。可是，光芒背后隐藏着的却是最彻底的崩溃和绝望，有人调侃那是"绝对崩"、"大雪崩"、"肯定崩"、"全然崩"和"彻底崩"。

传说在沙漠中有这样一种植物，不管什么东西碰到它，它都会失去生命。它就是仙人掌。天神知道之后，十分怜惜它，就在它的全身布满了刺，避免它受到更大的伤害。

过了几百年之后，一位勇敢的男人来到到了沙漠里。看到浑身都是刺的仙人掌就有些莫名地恼火。他看着人人都避之不及的仙人掌说："人人都怕你，我倒要看看你到底有多恶劣！"他挥刀朝仙人掌砍了下去，仙人掌立即被砍成了两半。眼前的一幕令男人惊呆了：人人害怕的仙人掌竟是如此不堪一击！更令人震撼的是，外表坚硬的仙人掌里面竟是一些绿色的眼泪！

生活中恰恰存在着这种像仙人掌一样外表强悍内心脆弱的女人。这种女子身上飘着一股淡淡的、冷冷的知性气息，同时也有着一股被强烈压抑的崩溃烈焰。没办法，这不是一个女人可以躲在男人怀里小鸟依人的时代，很多女人都被迫在这个竞争激烈的社会里同男人一样火拼！她们被迫用强悍的坚强来包裹内心的柔弱，因为办公室里不相信眼泪。

华丽的外表紧闭着郁闷的心扉，她们被知性与理念所制约，被工作的高压所摧残，在金戈铁马般的物质洪流中，有着跟男人一拼的气势。只有到了夜上华灯，她们才拖着疲惫的身体，恢复小女人的柔态在晚风中徐徐归家。

可是这样的疲惫你又能撑多久呢？强悍的姿态也许只是为了掩饰内心脆弱的落寞，强制的隐忍只是为了阻挡随时都可能面临崩溃的情绪。据中国医学院过去的调查显示，高压的环境使很多白领的内心时刻面临着崩溃的危险，而压力及其引起的强烈情绪波动，已成为中国都市精英白领心理疾病的最大祸根。并且，由于电脑辐射、超时工作、室外运动减少等方面的原因，她们的身体也更加容易走向崩溃，脆弱得令人担忧。

一位网名叫“鼠尾草”的时尚杂志女编辑，曾经在博客上带着网友一起，游走

♀ 职场女性缓解压力的方法 ♀

每个人在工作或生活中都有压力，而压力过大容易让人处于情绪风暴中，从而影响到工作、家庭及身体健康，学会减压也是一种生活的技巧。

一是休假旅游或运动健身，旅游或者运动可以很好地转移注意力。

二是合理发泄，可以打打拳击、沙袋或者大声喊出来，这些都可以发泄出心中的压力。

通过多种方式，时常给自己减减压，每天用阳光的心情迎接朝阳，这样生活和工作才会更加有动力。

于葡萄美酒夜光杯的世界，看尽人间的繁花似锦。最后却在事业最绚烂的时候，因为无休止的忙碌和过度的劳累离开了这个她无比眷恋的世界。

鼠尾草，原本是迎风摇曳于地中海的一种香草。但是，这株柔弱的鼠尾草，却代表着一群社会透支生命的一代。在急速发展的社会里，耗尽生命的火焰，在疾病的打击下，粉碎了浮华的幻象。

她曾在她的《普罗旺斯写真集》里写道："我在时间的尽头做了一个快乐的盗贼，但是没有偷走普罗旺斯的一米阳光，却把我的心留在了普罗旺斯明亮、空旷、晴朗、开阔的天空。"现代年轻女人正在承受着上一辈不曾承受的巨大压力，尤其是现在激烈的竞争环境使得很多女人不敢也不能休息。

直到死神突然来临的时候，她才开始反思自己的生活："面对可能相遇的死神，我开始重新思考自己的生活方式，那些被人羡慕的生活有太多虚妄的假象，让我不能去面对自己心灵的真实……""我们太多地去追求那些违背自然规则的事情，以为自己生存的空间没有禁区，其实正在慢慢积累疾病的因素。"

正如一家大公司的销售主管所说："没有人能放下。如果要维持体面的生活，必须不断地透支自己。"因为放不下，也不敢放下，因为梦想、压力和追逐梦想，我们一个个成了"过劳模"。每天工作 10 小时以上，基本没有休息日，睡眠不足，连三餐都不固定。据北京师范大学对上海等四个大城市的调查，有七成以上的白领成为"过劳模"。

因过度精力透支引发的过劳死，早已经不是令人惊讶的突发事件。华为公司 25 岁员工胡新宇因过度加班，心力衰竭而亡！成都 32 岁 IT 精英因过度疲劳在上班途中猝死……

一篇叫作《疲惫的中国：加班现象蔓延，每年 60 万过劳死》的文章也给我们敲响了警钟。中国白领的工作强度，已经跃居世界第一，如果不给自己一个缓冲的地带，继续佯装坚强拥抱着死神跳舞，死神一定会毫不客气地悄悄光临。外表强悍、内心忧郁的知性女人，最容易成为它的猎物！所以，女人们，学着关心自己，放慢脚步，让自己的心灵呼吸一下新鲜的空气。

第二节

不要带着不幸的表情出门

越是不幸的时候，越要化好妆再出门

遇到不幸的女人，常常在伤心和痛苦之中减少了对自己的关心，不再打扮，不再以为自己还有享受生活和快乐的权利。很多女人在遭遇不幸后突然变成很胖、很邋遢的女人，头发乱蓬蓬、脸色苍白、嘴唇干裂。在路上遇见朋友，对方看见自己没精打采的样子，会说："怎么这样了，看上去不太好啊？"每次听见对方这样说，心就会一下子沉下去。这等于就是证明了自己很不幸。

一个不幸的女子，是不可以带着不幸的表情出门的。一个生活辛苦的女子也不可以带着辛苦的表情生活。从此以后，越是遇到不顺、越是难过的时候，越是要精心化妆，在遇见朋友的时候，对方会说，"你看上去过得挺好的"。听到这样的话自己也会变得开心起来。

"化妆"要比"心"坚强许多，因为化妆可以违背心的本意，所以化妆可以伪装出一个坚强的自己。在不久以后，心会被化妆带动，像化出的容颜一样神采奕奕。

化妆有这样一种功能，就是把心里积压的一些废物排出体外。在睡了一个懒觉后，也不用坐在镜前细细琢磨，只需要一两分钟的时间，就可以拥有一张健康的脸。昨日的疲劳，昨日的消沉，昨日郁积的一些不愉快的感情，全部可以掩盖掉。

从另一个角度讲，一个人沉浸在幸福中的时候，化不化妆都是一样的。眼睛里的熠熠光彩和表情的生动已经让你不需要再化妆就可以出门了。所以在你意气风发的时候，只需要薄施脂粉就可以了。

化妆是可以扭转自己的心情的，同时因为化妆是需要用心去做的，就像人生需要用心去经营一样。这才是化妆的意义。所以，在我们痛苦的时候、烦恼的时候，一定要精心化好妆再出门，这是自我保护的一种方式。

快乐永远属于自找快乐的女人

这世上最快乐的人不是那些生下来就富有的人，也不是那些天生就聪明的人，而是懂得自己去寻找快乐、自娱自乐、苦中作乐的人。想要收获快乐，就要收起女人悲悲戚戚、哀哀怨怨的习惯。

5年前，一场意外夺去了李青丈夫的生命。从此，她像很多人一样，一直受着“寂寞”之苦。

“我该怎么办？”她丈夫去世一个月后的一天晚上，她问朋友，“我要住在哪里？我怎么才能再快乐起来？”

朋友试着向她说明，她的焦虑源于她的个人悲剧，她应该及时脱掉忧伤的外衣。并建议她及早从以往的灰烬中建立起新的生活、新的快乐。

“不，”她回答说，“我不相信我会再快乐起来，我已经不再年轻，子女都已长大并各自成家了，不会有我容身的地方。”

这个可怜的母亲得了要命的自怜症，并且对这种病症治疗方法一窍不通。

“当然，”有一次我对她说，“你总不会认为自己是个需要人家同情可怜的人吧？你可以重建新生活、结交新朋友并培养新兴趣，来取代过去的一切。”

她听了，但是并没有什么反应。她过于自怜了。最后，她决定要子女为她的快乐负责，她搬进了已成家的女儿家里。

这是一次悲痛的经历，一次相互辱骂的可怕场面之后，母女反目成仇。她又搬进了儿子家，但也好不到哪里去。

最后，她的子女给了她一层公寓让她自己住，有一天下午，她哭哭啼啼地说，她的家人都不要她了。

殊不知，一旦她期望全世界的人都可怜她，她便永远也不会得到快乐。她已变成一个令人生厌的自私女人，虽然她已经61岁了，但在感情上，她仍然是个小孩子。

通常的人都不了解，爱和友情是不会像礼物一样包装得漂漂亮亮地送到你手上的。一个人需要努力去让别人喜欢，但却不能将爱、友情和美好时光当作合同来签订。

让我们面对事实！丈夫死了，妻子死了，但是法律没有限制还活着的妻子或丈夫寻求快乐的权利。只是，他（她）必须了解，快乐，不能将之视为救济金或施舍品一样理所当然，我们得让自己更可爱、更受欢迎才行。

想象一下，一艘在地中海碧波中航行的客轮，许多快乐的夫妇在船上度假，还

♀ 让自己快乐起来 ♀

快乐是一种积极的心态，一个女人若能从日常的生活中寻找和发现快乐，就一定会感受到幸福。

1. 感受爱情

恋爱中的女人是快乐的，事实上，不只是恋爱中，拥有爱情的女人都是快乐的。

2. 感受友情

一个人如果没有友谊，就会感到孤独寂寞，不可能有更多的欢乐。因此，人需要有朋友。

3. 树立生活的目标

快乐幸福的人总是不断地为自己树立一些目标。通常人们会重视短期目标而轻视长期目标，而长期目标的实现更能给人们带来幸福的感受。

有一些热恋中的年轻人；穿梭在欢乐的游客之中，有一位60多岁、一人独旅的笑容满面的母亲。

这是她第一次在海上掌握了快乐的窍门。她，也失去了丈夫，曾经也非常悲伤，但有一天早上醒来，她便将悲伤的外衣丢掉，投身新生活之中。这是她经过深思和计划而做出的决定。她的丈夫一直是她的爱和生命，但如今这一切已成过去。她原有的第二兴趣——绘画，本来是一项爱好，如今成了她生活中最重要的活动。它不仅陪伴她度过了那段悲伤的日子，而且还给了她一个最大的报偿——独立的事业。

有段时间，她不愿抛头露面且羞于见人，因为长久以来，她丈夫一直是她的伴侣和力量。她长得不美，也不富裕，在那段怀疑和绝望的日子里，她问自己能做什么，要怎么样人们才会接受她，并愿与她为伴。

答案终于出来了——她必须让自己被他人接受，她要付出她自己，而不是指望别人的付出。

她擦干眼泪换上微笑；她忙着画画；她去拜访老朋友，提醒自己表现出欢乐的样子；她谈笑风生，从不在朋友家停留过久。不久，朋友们就都争相邀请她去参加晚宴了，而且她还应邀到社区活动中心去开画展。

几个月后，她登上了地中海这艘客轮。很显然，她是船上最受欢迎的游客，她跟每一个人都表示出友好，但是保持超然，不陷入任何私人恩怨中，也绝不依附于任何人。轮船靠岸的前一天晚上，船上最快乐的一次聚会是在她的舱房里举行的，她以谦逊的方式回报旅程中他人的邀请。

此后，这位女士又作了几次这样的旅行。她已经知道如果想要得到别人的友情，自己必须关心生活和奉献自己。不管走到哪里，她都能创造出友好的气氛，很受大家欢迎。

快乐永远属于自找快乐的女人。任何时候，我们都有争取快乐的权利，除了你自己，谁也无法剥夺。聪明的女人应该学会好好使用你这项珍贵的权利，尽情享受生活的快乐。

假装快乐，就会真的快乐

心想就会事成，坏事也同理可证。如果每天都叹气自己不如别人有钱、不如别人漂亮，你就会真的变成一个又穷又丑的女人。相反，那些一脸阳光明媚的女人，运气都不会太坏。当人们看到她们脸上的笑容，也会自然地生出愉悦之情，能给别人带来快乐的人，又怎么可能不快乐呢？

卡耐基告诉我们：“假装快乐，你就会真的快乐。”想一想，的确如此。当我们尝到苦涩、笑不出来的时候，咧开嘴，给别人一个微笑，我们同样也会收到无数个微笑。

当满世界都对着我们笑的时候，我们还有什么理由不快乐呢？

一些女性因为生活或工作上遭遇挫折，陷在悲伤的情绪中无力自拔，不想参加任何社交活动。心理专家认为，假装快乐是一种快速调整情绪获得快乐的方法，虽然治标不治本，但的确有效。人类身体和心理是互相影响、互相作用的整体。某种情绪会引发相应的肢体语言，比如愤怒时，会握紧拳头，呼吸急促。然而，肢体语言的改变同样也会导致情绪的变化。比如当我们强迫自己做微笑动作的时候，我们也会发现内心开始涌动欢喜，所以假装快乐，我们就会真的快乐起来，这就是身心互动原理。

暖兮是一个容易忧伤的女人，她的气质也像大多数宋词里描写的一样，充满了忧郁。那些美丽的哀愁总是在她的脸上挥之不去。男友的几句无心之话会让她难受很久，领导稍稍变化的脸色她都能迅速捕捉到，几乎每一件不太愉快的事情，都会在她的心中盘踞很久。在长期的抑郁之中，连她自己都觉得喘不过气来，人也渐渐地憔悴下去。

眼看到了妇女节，她向公司请假，不准备参加公司安排的联欢会，也推掉了大学同宿舍女友聚餐的邀请。“其实，我也想参加，只是打不起精神来，不想动，也不想凑热闹，”暖兮说，“看到其他姐妹高高兴兴地过节，我怕自己心里更难受，还不如一个人在家待着。”

有一天，她有一个很重要的会议，但是看着镜子里那张无精打采的萎靡表情，她拿自己没办法了。她打电话问朋友如何才能快乐一些，如何才能容光焕发一些？朋友告诉她：“假装快乐！你就会很快乐。”于是她照做了。在那个会议的谈判过程中，她谈笑风生，笑容可掬，成功地争取到了新的合同。

多年来，许多心理学家一致认为，通过改变一个人的行为可以间接改变他的情绪状况。例如，我们常常逗眼泪汪汪的孩子说：“笑一笑。”结果孩子勉强地笑了笑之后，跟着就真的开心起来了。行为的改变会导致一个人情绪的变化。心理学家艾克曼的最新实验表明，一个人老是想象自己进入某种情境，感受某种情绪，结果这种情绪十有八九真会到来。一个故意装作愤怒的实验者，由于“角色”的影响，他们的心率和体温会上升。这个新发现可以帮助我们有效地摆脱坏心情，其办法就是在行为上先让自己快乐起来。

汉斯·威辛吉教授认为：“你不能只坐在那里，等待快乐的感觉出现，反之，你应该站起来，开始学习快乐的人的动作和谈吐。假装快乐不能在30天中把一个内向的人变成一个开心的外向的人，但却是迈向正确方向的第一步。”

假作真时真亦假，装久了，假的也会在不知不觉中变成了真的。当我们不快乐的时候，就装作很快乐吧。时不时跟自己玩一个“假装快乐”的游戏，生活也会变得很有趣。

第三节

别让自己成为祥林嫂

倾诉可以避免痛苦发酵

男人之间有坚固的友谊，他们好像无所不谈，但其实他们会尽量避免谈论个人生活和感情纠纷。而女人呢？相信大多数女人都有一位无话不说的“闺中密友”吧！

闺蜜，一个多么亲切的称呼。对于充满感性、心灵世界丰富多变的女性而言，闺蜜的作用往往比恋人或丈夫的作用还要大。她们总是乐于互相倾听对方的小秘密，互相发牢骚。而且，闺蜜总是在你不在的场合毫不犹豫地代表和维护你的利益，在听到有可能对你造成不利影响的流言蜚语或无耻谎言时，坚决地予以制止和反驳……

闺蜜之间会有外人无法理解的小玩笑，她们互相逗乐，在繁忙的工作之余彼此慰藉，重新回归小女人的幸福生活。这就是闺蜜的力量，无论你在外面需要摆出怎样的正经面貌，在闺蜜面前，你永远可以最自由、最快乐。而且你也会相信，当你遇到困难时，闺蜜会对你伸出援助之手。

小艾 3 年前下岗了，那是一段灰色的岁月。在那期间，粗线条的丈夫一点也不懂得体贴安慰，每当小艾诉说内心的苦闷时，他总会说：“我每天那么辛苦地在外养家，回了家还要听你唠叨！”

对生活的担忧、对丈夫的不满让小艾越发消沉，幸好她有一个要好的朋友。两人原是同事，因为投缘认了姐妹，现在又一起下岗。每当小艾心情郁闷无人诉说的时候，她就会和自己的这位好姐妹絮叨絮叨，而她的姐妹总是真诚地安慰和鼓励小艾。

朋友对她说："我们不能靠男人养着，我可不愿意看着他的脸色生活。"后来在这位朋友的鼓励之下，小艾开了一个经营早餐的小店，每天起早贪黑地卖早点。虽然辛苦，但是小艾又有了生活的希望。

朋友之间，不只是要分享快乐，更重要的，还要分担烦恼和忧愁，这才是友谊的珍贵之处。不要把满腔心事都憋在心里，自己一个人默默吞咽，这种感觉很苦很闷。烦恼需要倾诉，有些事情说出来就好了，心情其实只是需要一个出口，一个发泄的

♀ 闺蜜的重要性 ♀

女性朋友是互相之间最好的心理医生。闺蜜情谊是女人值得珍惜一生的财富。

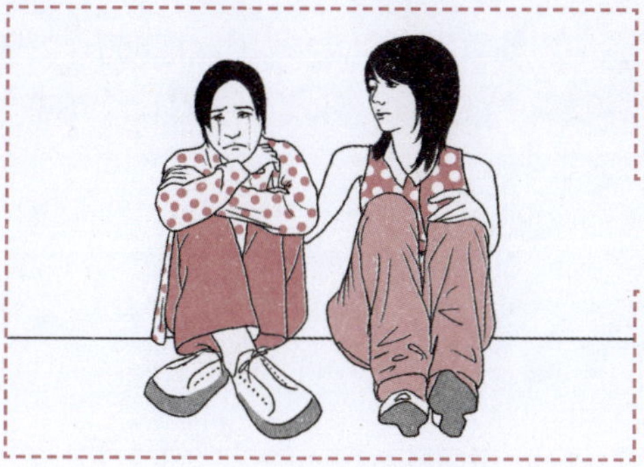

只有女人才最懂得女人，她们能明白对方的内心所想，并且互相抚慰。

心理学家调查研究指出："与同性朋友间保持密切的关系，有助于女性减少焦虑，同时可以使自己平静下来。"

如果你有一些无话不说的同性朋友，那么你是幸运的，有她们的陪伴与宽慰，你会更加幸福快乐。

出口。

诉说烦恼不一定非得一把鼻涕一把泪，好像这样才能营造某种气氛似的。其实不然，放松心态，平静地娓娓道来，烦恼也如涓涓细流，从你的口中慢慢流出。不然，它会如山洪暴发一般，在顷刻之间决堤，变得一发不可收拾，不但让你自己无法平静，可能也会吓着身边的朋友。跟朋友诉说的时候，不要顾及太多，如果害怕暴露自己的弱点，那你的烦恼只会永远在你内心深处，无法走出。

朋友的安慰和鼓励，你要用心倾听，并要诚恳地接受，不要顽固偏执地坚守着那份苦恼，否则也就失去了倾诉的价值。倾诉不是为了把烦恼倒给别人，而是让烦恼化为云烟，消失在九霄云外，这才是倾诉的目的和初衷。

倾诉，是缓解压抑情绪的重要手段。当一个人被心理负担压得透不过气来的时候，如果有人真诚而耐心地来听他的倾诉，他就会有一种如释重负的感觉。所谓"一吐为快"正是这个道理。对此，现代心理学中有"心理呕吐"的说法。美国心理学家罗杰斯认为，倾听不仅能使听者真正理解一个人，对于倾诉者来说，也有奇特的效果，心理上会出现一系列的变化。他会感觉到他终于被人理解了，内心有一种欣慰之感进而使压抑感得到缓解，从而换一个角度去思考问题，重新审视自己的内心世界，那些原来以为无法解决的问题，就会迎刃而解。

心理学家调查研究指出："与同性朋友间保持密切的关系，有助于女性减少焦虑，同时可以使自己平静下来。"

幸福的女人都健忘

世上往往有许多事情，我们无力改变，而回想起来又痛心疾首。人人都曾有过被痛苦的回忆所缠绕的经验，记忆力好的人往往会沉陷在痛苦之中不能自拔，而健忘的人却能把这些不美好的回忆摒之千里，代之以自我陶醉的梦想和对新生活的不断体验与历练。

淑娟是某校一位普通的学生。她曾经沉浸在考入重点大学的喜悦中，但好景不长，大一开学才两个月，她已经对自己失去了信心，连续两次与同学闹别扭，功课也不能令她满意，她对自己失望透了。

她自认为是一个坚强的女人，很少有被吓倒的时候，但她没想到大学开学才两个月，自己就对大学四年的生活失去了信心。她曾经安慰过自己，也无数次试着让自己抱以希望，但换来的却只是一次又一次的失望。

以前在中学时，几乎所有老师跟她的关系都很好，很喜欢她，她的学习状态也很好，身边还有一群朋友，那时她感觉自己像个明星似的。但是进入大学后，一切都变了，人与人的隔阂是那样的明显，自己的学习成绩又如此糟糕。现在的她很无助，她常常这样想:我并未比别人少付出，并不比别人少努力，为什么别人能做到的，我却不能呢？她觉得明天已经没有希望了，她想难道12年的拼搏奋斗注定是一场空吗？那这样对自己来说太不公平了。

进入一个新的学校，新生往往会不自觉地与以前相对比，而当困难和挫折发生时，产生“回归心理”更是一种普遍的心理状态。淑娟在新学校中缺少安全感，不管是与人相处方面，还是自尊、自信方面，这使她长期处于一种怀旧、留恋过去的心理状态中，如果不去正视目前的困境，就会更加难以适应新的生活环境、建立新的自信。

回忆是属于过去的岁月的，而过去只存在你的印象里，不属于现实的生活。一个人要想在以后的生活里不断进步，就要试着走出过去的回忆，不管它是悲还是喜，不能让回忆干扰我们今天的生活。

在生活里，我们适当怀旧是正常的，也是必要的，但是因为怀旧而否认现在和将来，就会陷入病态。

不要总是表现出对现状很不满意的样子，更不要因此过于沉溺在对过去的追忆中。当你不厌其烦地重复述说往事，述说着过去如何如何时，你可能忽略了今天正在经历的体验。把过多的时间放在追忆上，会或多或少地影响你的正常生活。

《列子・周穆王》中就载有这样一个故事：宋人华子患了健忘症，“朝取而夕忘，夕与而朝忘，在途则忘行，在室则忘坐，今不识先，后不识今”，“荡荡然不觉天地之有无”。后来有高人把他的病治好了，谁知他又把平生数十年的得失、欢乐、好恶都记起来了，须臾不忘，以致把妻子的点点滴滴不检点和儿子的种种不敬、邻居的方方面面过失都念挂于心，最后“扰乱万绪，遂怒而黜妻罚子，操戈逐邻”，搞得鸡犬不宁，四邻不安。由此可见，不会或不能忘却，有时还会成为人们幸福生活的“绊脚石”。

健忘是一种福。当你无法逃避生活对我们的考验，无法避开厄运对你的青睐，又想让内心宁静、平和时，记忆好的人必定会逆流而上，撞得头破血流而内心矛盾不已；而健忘者却能忘却生活中的不幸和苦恼，继续前行。

健忘的人，不会为了一段感情的困惑而让自己痛苦不堪。当为爱一个人而苦苦挣扎的时候，当为了一段感情而无奈彷徨的时候，忽然的忘却其实也是一种莫大的幸福。忘记了伤害和痛苦，才能心平气和地去容纳其他人。

隆萨乐尔曾经说过：“不是时间流逝，而是我们流逝。”不是吗，在已逝的岁月里，我们毫无抗拒地让生命在时间里一点一滴地流逝，却做出了分秒必争的滑稽模样。

事实上，回到从前也只能是一次心灵的谎言，是对现在的一种不负责的敷衍。史威福说：“没有人活在现在，大家都活着为其他时间做准备。”所谓“活在现在”，就是指活在今天，今天应该好好地生活。这其实并不是一件很难的事，我们都可以轻易做到。

学会忘记，丢掉的是伤痛，留下的恰恰是美丽。蹉跎岁月，人生如歌，我们又何必过分地留恋和计较那些过往的东西，让自己撑得那么疲惫？做个健忘者吧，忘记所有的不快和痛苦，蓄足我们的心力和体力，勇敢穿越记忆的隧道，为生命去开辟一片新绿。

对不能改变的事情“微微一笑”

“山重水复疑无路，柳暗花明又一村”，这句中国名诗道出了一个深刻的道理：人生的车辙永远向前，人们应该向前看，这样才能寻找到光明的希望。

卡耐基曾在纽约市中心的一座办公大楼电梯里，遇到一位男士，他的左臂由腕骨处切除了。卡耐基问他伤残是否会令他烦恼，他说：“噢？我已很少想起它了。我还未婚，所以只有在穿针引线时觉得不便。”

从这位男士的回答中我们可看出，人在不得已时几乎可以接受任何状况，调整自己，适度遗忘，而且速度惊人。

荷兰阿姆斯特丹有一座15世纪的教堂遗迹，有这样一句让人过目不忘的题词：“事必如此，别无选择。”

在我们的有生之年，我们所经历的很多遭遇，它们是不可逃避的。为此，我们所能做出的唯一选择就是接受不可避免的事实做自我调整，抗拒不但可能毁了自己的生活，而且也许会使自己精神崩溃。显然，决定能否给我们快乐的不是所处的环境，而是我们对事情的反应。

有消息说，Twins在她们的唱片公司培训得最多的不是舞技，不是唱功，而是微笑。公司要她们不管遇到什么情况，都要在一秒钟内恢复笑脸，她们必须全天保持微笑。时刻微笑着，是Twins始终能够得到歌迷喜爱的法宝，她们脸上的甜美微笑为她们赢得了巨额的财富，也给她们带来了巨大的成功。

著名主持人吴小莉，有着一张与众不同的笑嘴，嘴角略微往上翘，她曾说过：“我希望我的生活是不断快乐的积累。”她的梦想天天都在实现。我们从她甜蜜的微笑中看到她的快乐积累，她的笑嘴在向我们娓娓道来她事业如日中天的秘诀。我们在羡慕她的好运时，有没有想过她脸上的甜美微笑呢？

微笑的女人是快乐的，也是幸福的。每天甜美微笑的女人才是最美的女人。她用平静的眼光观察世界，用平常的心情感受万物，用平正的思维考虑问题。喜从天降时，她不会手舞足蹈；厄运来临时，她不会捶首顿足；取得成绩时，她不会得意忘形；面对挫折时，她不会一蹶不振；生活优裕时，她不会不可一世；处于困境时，她不会垂头丧气；宾朋满座时，她不会趾高气扬；门庭冷落时，她不会怨天尤人。面对一切，她只是微微一笑。只要坚强，我们都能度过灾难与悲剧，并且战胜它。也许我们察觉不到，但是我们内心都有更强的力量帮助我们度过。我们都比自己想象的更坚强。

♀ 学会接受不可改变的事实 ♀

命运中总是充满了变数，如果它给我们带来了快乐，我们很容易接受，但事情却往往并非如此；有时，它带给我们的会是可怕的灾难。

“事必如此，别无选择”，不少名人志士都很重视这一道理。英王乔治五世在白金汉宫的图书室就挂着一句话：“请教导我不要凭空妄想，或作无谓的怨叹。”显然，叹息和伤感都是无用功，事实已经发生，我们为何不调整心态，微微一笑，然后勇敢面对当下。对那些无力改变的事实，停止过多的忧郁和抱怨吧，用微笑的心态面对那些你没有办法改变的事情，你会发现更多当下的美好！

发脾气无法让你变得安宁

如果我们的心中存在不满，就总想找地方发泄出去，而最为直接的发泄方式就是发脾气。很多人认为，发脾气是最好的发泄方式，因为如果事情一直憋在心里，很容易憋出病来。可是宣泄出去了，心里就得到了放松，情绪上也会趋向平稳了。可是这样的说法是错误的。因为我们每个人都是相互影响的，一个人的怒火在发脾气中得到了释放，那么必定会有其他人受了这种不良情绪的影响，身心都受到了委屈。如果每个人都选择用发脾气的方式来宣泄自己，那么这个世界恐怕再无和平与安宁了。

心理学上有一个“踢猫效应”的故事：

一家公司的老板因急于赶时间去公司，结果闯了两个红灯，被警察扣了驾驶执照。他感到十分沮丧和愤怒。他抱怨说：“今天活该倒霉！”

到了办公室，他把秘书叫进来问道：“我给你的那五封信打好了没有？”

她回答说：“没有。我……”

老板立刻火冒三丈，指责秘书说：“不要找任何借口！我要你赶快打好这些信。如果你办不到，我就交给别人，虽然你在这儿干了3年，但并不表示你将终生受雇！”

秘书用力关上老板的门出来，抱怨说：“真是糟透了！3年来，我一直尽力做好这份工作，经常加班加点，现在就因为我无法同时做好两件事，就恐吓要辞退我。岂有此理！”

秘书回家后仍然在发怒。她进了屋，看到8岁的孩子正躺着看电视，短裤上破了一个大洞。在极其愤怒之下，她嚷道：“我告诉你多少次了，放学回家不要去瞎疯，你就是不听。现在你给我回房间去，晚饭也别吃了。以后3个星期内不准你看电视！”

8岁的儿子一边走出客厅一边说：“真是莫名其妙！妈妈也不给我机会解释到底发生了什么事，就冲我发火。”就在这时，他的猫走到面前。小孩狠狠地踢了猫一脚，骂道：“给我滚出去！你这只该死的臭猫！”

从这个故事中我们看出，本来是一个人的愤怒，可是经过了多番的传递，最后

♀ 调节愤怒情绪的方法 ♀

在自己有怒气的时候，我们应学会调节情绪，放松自己，让自己恢复理智。

在自己想说出愤怒的话之前，深吸几口气。若是怒气还没有消，也可以外出旅行放松一下自己。

做一件自己感兴趣的事情转移注意力。比如，用运动释放自己的坏情绪。

可以写日记宣泄自己的情绪，若还是不能让自己泄愤，也可以躲在没人的角落里大哭一场，或者大喊，喊出心中的怒气。

不开心是一天，开心也是过一天，那么为什么不开开心心地过每一天呢？快点抛弃你的怒火吧！

竟然将怒气转嫁到了猫的身上。这只猫没有办法像人类一样发泄自己的不满，否则这样的情绪传递估计就没有尽头了。所以，在面对自己的不良情绪时，要尽可能地想办法控制，而不是直接发泄出去。

当然，这里说的“控制”，不是说让你有什么事情都不说，有什么委屈都不去反抗，而是将大事化小，小事化无。试想，我们每天都会面对很多人，经历很多事情，如果别人不小心踩了自己一下，或者等公车的时候被撞到了头，就觉得受到了莫大的委屈，之后就要发脾气去怒火，那不是太不值得了吗？

既然我们每个人都能影响别人和受别人影响，那么我们何不放下心中的怒火，给别人一片安宁呢？这样，我们从别人那里得到的，也将是一种安宁。

第七章

修炼气场，增强自信

第一节

做独一无二的你

个人魅力是你走向成功的“法宝”

松下电器的创始人松下幸之助就是一个颇具人格魅力的管理者。20 世纪 20 年代末，日本经济很不景气，也影响到松下电器。很多企业都纷纷卷入裁员减薪的浪潮中，可松下既不裁员也不减薪，却毅然减产。这种正直负责的态度和宏伟的气概感染了员工，从而在公司内部自发形成一支促销大军，不久就实现了销空库存、全员生产的局面。

拿破仑·希尔指出：“有魅力的人，人人都爱和他交朋友。和有魅力的人相处总是愉快的，他好像雨天的太阳，能驱除昏暗；人人都乐于为他做事，他也能一个人做别人连做梦都想不到的事。一个人能否成功与他的个人魅力有密切的关系，那些能够成功地创造财富的人往往拥有能招财进宝的个性。良好的个人魅力是一种神奇的天赋，就连最冷酷无情的人都能受到他的感染。”

的确，你看见某些人，无论他的职位如何，不管他站在哪里，他总能吸引一群人围绕在他的周围，不管他的头衔是什么，总是不由得令人肃然起敬，渴望结交、认识他。为什么会这样呢？就是因为他具有能够鹤立鸡群的特质——独特的个人魅力。

通常会遇到这样的情况：一个人可以毫不费力、轻而易举地得到某个职位，而另一个人，虽然可能更优秀、更有才能，但费了九牛二虎之力依旧是徒劳无功。这是为什么呢？显然，有魅力的人格是成功的关键。

个人魅力最引人注目的优点是它能够让你更具吸引力。当人们认为你这个人很有魅力时，他们更有可能采取你所建议的行动步骤。

人格魅力常常不反映在大事上，而是反映在很少有人会注意的细节上。面对一个极好的职位，许多人总是对其所要求的条件感到惊愕，因为这些条件，往往是他们从未想过的品质和性格，例如，优雅的举止、谦恭的态度、乐观的精神，以及亲切且乐于助人的性格等。

有出色的才能，但是却缺乏吸引他人注意的魅力，这样的人是如此之多，以至于我们常常听到老板们说，他们决定不聘用某某应聘者，因为他举止欠佳，或者因为他没有风度。没有什么可以替代个人魅力和优雅迷人的风度。尽管大多数人认为，人的风度是与生俱来的，但事实上是可以后天获得的，只不过你要为此承受烦恼和痛苦，就像要成就任何有价值的事业，你要有所付出一样。

可见，一个人的个人魅力对他的成功是十分重要的。打造个人魅力是一种长期的行为，是一个人终其一生都要面对的问题。所以，我们在日常生活和工作中不要忽略自己个人魅力的提升，当你拥有卓尔不群的个人魅力，你的形象更加良好时，你的人生才会更加完美。

自信心有多大，舞台就有多大

2001 年 5 月 20 日，美国一位名叫乔治·赫伯特的推销员成功地把一把斧子推销给小布什总统。他所在的布鲁金斯学会得知这一消息，把刻有“最伟大推销员”的一只金靴赠予他。这是自 1975 年以来，该学会一名学员成功地把一台微型录音机卖给尼克松后，又一学员跨过如此高的门槛。

布鲁金斯学会以培养世界上最杰出的推销员闻名于世。它有一个传统，在每期学员毕业时，设计一道最能体现推销员能力的实习题，让学员去完成。克林顿当政期间，他们出了这么一题目：把一条三角裤推销给现任总统。8 年间，有无数个学员为此绞尽脑汁，可是，最后都无功而返。克林顿卸任后，布鲁金斯学会把题目换成：请把一把斧子推销给小布什总统。鉴于前 8 年的失败，许多学员放弃了争夺金靴奖，个别学员甚至认为，这道毕业实习题会和克林顿当政期间一样毫无结果，因为现在的总统什么都不缺，再说即使缺少，也用不着他们亲自购买。

然而，乔治·赫伯特做到了，并且没有花多少工夫。一位记者采访他时，他说：“我认为，把一把斧子推销给小布什总统是完全可能的，因为布什总统在得克萨斯州有一个农场，里面长着许多树。于是我给他写了一封信，说：有一次，我有幸参观您的农场，发现里面长着许多大树，有些已经死掉，木质已变得松软。我想，您一定需要一把小斧头，但是从您现在的体质来看，这种小斧头显然太轻，因此您仍然需要一把不甚锋利的老斧头。现在我这儿正好有一把这样的斧头，很适合砍伐枯树。

假如您有兴趣的话，请按这封信所留的信箱，给予回复……最后他就给我汇来了 15 美元。”

在乔治 · 赫伯特成功之前，谁也不相信他能将一把斧头卖给总统。有些人之所以不能成功，是因为他们在尝试之前就给自己预设了一种可能 ：这件事情绝不可能成功！就这样，失败的念头抢占了他们脑海中的高地，堵塞了努力的道路。而满怀

♀ 自信有助于成功 ♀

自信心代表着一个人在事业中的精神状态和工作的热情，以及对自己能力的正确认知。

只有怀着必胜的信心，我们工作起来才能充满热情，干劲十足，无所畏惧地勇往直前。

我们难免会碰到一些小麻烦、小挫折，只要有自信心，这些都将成为我们走向成功的垫脚石、助推器。

信心就是力量，自信就是成功，拥有必胜信念的人有着强大的正面气场，比别人更容易走向成功。

信心的人永远相信，如果想要追求梦想，首先要有自信。因为自信的人知道，没有想不到的，只有做不到的，自信心有多大，你的舞台就有多大！

自信是什么，自信就是相信自己，相信自己能够完成自己想做的事，从来不会轻易放弃。自信能够最大限度地影响我们的生活，如果你自己相信自己是一个能力不凡的人，那么你就是个不平凡的人。

自信会产生巨大能量

德国哲学家谢林曾经说过："一个人如果能意识到自己是什么样的人，那么，他很快就会知道自己应该成为什么样的人。但他首先得在思想上相信自己的重要，很快，在现实生活中，他也会觉得自己很重要。"对一个人来说，重要的是相信自己的能力，如果做到这一点，那么他很快就会拥有巨大的力量。

在经济大萧条时期，很多人失业了。有个小男孩需要在暑假找份工作来交学费，便在报纸上努力地寻找相关的信息。终于，他找到一个合适的工作，第二天一大早就赶去应聘。但是，当他赶到的时候，前面已经排了很长的队，而这个公司仅仅招聘一个人。看到这种情况，小男孩马上写了个字条，找到负责接待的小姐，说："小姐，能帮我把这个字条交给经理吗？"负责接纳的小姐很诧异，但还是爽快地答应了，把字条交给了正在面试的经理。经理打开字条，上面写着："您好！请您在面试第51号之前不要作出任何决定，因为我是51号。"经理满怀好奇，想看看第51号究竟是个什么样的男孩，所以在面试第51号之前，他没有作出任何决定。最后的结果可想而知，经理录取了这个小男孩。没人会想到一个没有工作经验的小男孩，能打败那么多对手而获得这份工作。然而就凭着他的自信，他成功了！

自信是人的意志和力量的体现，也是良好形象的重要组成部分。而缺乏自信，常常是性格软弱和事业不能成功的绊脚石，也是树立个人好形象的障碍。

有的人心里越是自卑，越是畏畏缩缩，气场就越小。而气场越小，心里就越自卑，就越畏惧，慢慢地就形成了恶性循环，于是强者更强，弱者越弱。所以，无论如何，一个人首先都要有自信，只有自信与自尊，才能够让我们感觉到自己的能力，其作用是其他任何东西都无可比拟的。当一个人有自信时，他的全身充满干劲，强大的自信气场帮助他吸引来别人的力量，使他的能力在锤炼中更强大，从而更加容易取得成功。而那些软弱无力、犹豫不决、凡事总是指望别人的人，正如莎士比亚所说，他们永远也不能体会到自立者身上焕发出的那种荣光。自然，他们也不会吸引来这种巨大的通往成功的力量。

生活是纷繁复杂的，人生道路也充满了崎岖与坎坷。这就要求我们在思想、学识和身体上应有充分的自信去准备。居里夫人曾说："我们生活都不容易，但是，那有什么关系？我们必须有恒心，尤其要有自信力！我们必须相信我们的天赋是要用来做某种事情的，无论代价多么大，这种事情必须做到。"确实，人生的奋斗不可缺少自信，人要涉过生活的海洋，走向事业的高峰，都要以自信作基石。唯有自信的人，才能有强大的气场，才能拥有巨大的力量，将来才能走向成功。

自信心，气场逐渐强大的动力源泉

有信心的人没有所谓的不可能。因此，想要成功的人，就应该不断地去努力培养信心。

那么，如何拥有自信心呢？关于这个问题，卡耐基在多部著作中都提到了。他认为，任何人只要做到以下6个诀窍，那么他就可以获得很好的成效。现在就让我们看看这些诀窍，相信你也会从中确立对自己的信心，并开始不断加强自己心灵的气场。

（1）在心中描绘一幅希望自己达成的成功蓝图，然后不断地强化这种印象，使它不致随着岁月流逝而消退模糊。此外，相当重要的一点是，切莫设想失败，亦不可怀疑此蓝图实现的可能性。因为怀疑将会对实现构成危险性的障碍。

（2）当你心中出现怀疑本身力量的消极想法时，要驱逐这种想法，必须设法发掘积极的想法，并将它具体说出。

（3）为避免在你的成功过程中构筑障碍物，所有可能形成障碍的事物最好不予理会，最好忽略它的存在。至于难以忽视的障碍，就下番工夫好好研究，寻求适当的处理良策，以避免其继续存在。不过，最好彻底看清困难的实际情况，切勿虚张程度，使其看来愈加显得困难。

（4）不要受他人的威信影响，而试图仿效他人。须知唯有自己方能真正拥有自己，任何人都不可能成为另一个自己。

（5）每天大声复诵这句话10次："人生的信念给了我无穷的力量，凡事都能做。"这句话对于治疗自卑感而言可称得上是最有效的良方。

（6）正确评估自己的实力，然后多加一成，作为本身能力的弹性范围。切忌形成本位主义，但是适度地提高自尊心也是相当重要的事。

美国哲学家罗尔斯曾说过："信心是我们能从自己的内心找到一种支持的力量，足以面对生或死所给我们的种种打击，而且还能善加控制。"信心的力量就是能够让气场逐渐强大的动力和源泉，凡是能找到这种力量的人，总是可以不断提升自己的气场高度。

♀ 树立自信心 ♀

自信对于一个人的成功非常重要，那么，如何让自己拥有自信心呢?

1. 每天重复说10次这句强而有力的话：“谁也无法阻止我成功。”

2. 了解自己自卑感或不安感从何而来。了解其来源将使你对自己有所认知，并帮助你获得自信。

当然，提升自信心的方法有很多，但是这种找出原因、对症下药的方法显然更加奏效!

第二节

看起来要像个成功者

打造自己的外形

“看起来像个成功者”能够让你感受成功者的自信；激励自己走向成功，像成功者那样行事。因而，当成功的机会到来时，你就是成功者！

成功外形是一个人无形的资产，“看起来像个成功者和领导者”，那么幸运的大门会为你敞开，让你脱颖而出。对外进行商务交往时，由于你“像个成功的人”，人们可能愿意相信你的公司也是成功的，因而愿意与你的公司进行交易。

为了取得成功，你必须在脑中“看”到你正在取得成功的形象。在脑中显现你充满自信地投身一项困难的挑战的形象。这种积极的自我形象反复在心中呈现，就会成为潜意识的一个组成部分，从而引导我们走向成功。

努力在外表上塑造“像个成功人士”的例子数不胜数，因为他们深刻理解“看起来像个成功者”的形象对事业有多大的促进作用。

在 20 世纪 70 年代末上大学时，一位企业老总就有着强烈的“领导意识”。他认为伟人具有散发着魅力的外形和举止，他开始模仿伟人的举止和仪态，通过练习腹腔发声，他把自己原本并没有权威感的脆弱音质改为具有磁性魅力的浑厚的男低音。在 1995 年他又有了国际领导人的新意识，他请了形象设计师，为自己设计具有国际标准的世界巨商的形象。他完全接受国际化的商业形象理念，无论是西装还是休闲服，他只穿能够衬托一个领导宏伟气派的高质量、有品位的服装，他还不放过每一个细节。如今，无论在外观、口音、思想意识上，他都更像一位来自华尔街的金融家。

人们都希望成功能够早一点到来，而树立良好的形象就是其中的方法之一。在成功之前我们就要树立一个成功者的形象，因为成功的形象会吸引成功。

对成功充满渴望，塑造出成功者的气场

20世纪70年代，世界拳王阿里因体重超过正常体重20多磅，速度和耐力大不如前，面临告别拳坛的局面。

1975年9月，4年未登拳台、33岁的阿里与另一拳坛猛将弗雷泽进行第三次较量。当比赛进行到第十四回合时，阿里已经精疲力竭，处于崩溃的边缘。他觉得自己随时都有可能倒下，几乎再也没有力气迎战第十五回合了。然而，阿里并没有放弃，而是拼命坚持着，他心里知道，对方也和自己一样，已筋疲力尽了。到这个时候，与其说在比气力，不如说在比毅力，比谁对成功的渴望更迫切。他知道此时如果在气势上压倒对方，就有胜出的可能，于是他尽量保持着坚毅的表情和势不可当的气势，双目如电。终于，弗雷泽被阿里的气场镇住，感到不寒而栗，以为阿里体力仍佳。阿里从弗雷泽的眼神中发现了这一微妙的变化，他精神为之一振，更加顽强地坚持着。果然，弗雷泽表示愿意服输。裁判当即高举阿里的手臂，宣布阿里获胜。

凭借对成功的渴望，阿里保住了拳王的称号。但当他还未走到台中央，便眼前一片漆黑，双腿无力地跪在地上。弗雷泽见此情景，追悔莫及。

很多人总爱抱怨："这里条件太差了，什么事也没法做。"他们的说法即使不是全错，至少也可以说是片面的。为什么要抱怨条件差呢？其实，我们只要把对成功的渴望作为日常状态，把在这种状态下产生的那种强烈的摆脱目前不理想状况的心态作为自己走向成功的锐利武器，就可以拥有成功者的气场，利用它，就可以一路披荆斩棘。

不知你是否发现生活中常有这种耐人寻味的现象：一位漂亮的小姐经常挽着的是一位"貌不惊人"的男士；而一位其貌不扬、说不上有什么风度的女性，旁边伴随的却是一位潇洒英俊的男士。成功的道理也是如此相似。常常一个不受女性注目的男士，也许有着对爱情更为深刻的理解，遇到一个他所喜欢的女性，他总是全力以赴、非常执着地追求，结果，他往往赢得最后的成功。

我们做某事的最佳时机就是当你对成功非常渴望的时候，这时你的气场也处于非常强势的状态。相反，每一次拖延和迟缓、每一次在思想上的犹豫，都会磨蚀我们的决心，削弱我们的气场。

正如阿里对成功迫切的渴望，并因此产生了强大的气场，取得了胜利，而弗雷泽对成功的渴望相对较弱，因而气场不足，最终不战而败。

♀ 让你看起来更有成功者的气场 ♀

任何人都可以运用一些小技巧来提升气场，下面给大家提供几个简单而实用的办法。

1. 敢于当众发言

在会议上或人多的场合主动发言，会让你吸引别人的注意力，提升你的自信和胆量，也能提升你的气场。

2. 使用一些有力的词

加利福尼亚大学的一项研究表明，最有说服力的口头语包括："发现"、"保证"、"结果"、"安全"等。

3. 使用表示果断、有力度的动作

那些喜欢在说话时配以手势的人，不仅能更清楚地表达自己的意思，而且更能获得更多的注意力。

强大的气场是可以营造的，只要你用对方法，就能在一举一动间释放出光彩，吸引别人的注意。

因此，当你感觉到内心深处有一股不可抑制的激情在汹涌奔流时，当你发现你是那么强烈地渴望去做某事时，当你的理想和自我意识发出无声的呐喊时，实际上这是一种标志，意味着你将开始有能力做某件事，并且必须是立即着手去做它。这就是一种因对成功的迫切渴望而产生的强大气场。

还等什么呢？从现在开始，每天强化自己对成功的渴望，不要让这种高能气场冷却或衰弱，而是要让它不断加强。这样，你就会拥有一个成功的形象，你将会离成功的目标越来越近，直至圆满地实现。

与成功者为伍，营造成功气场

1831 年，波兰作曲家肖邦在华沙起义失败后，只身流亡至法国巴黎定居。年轻的肖邦虽然才华出众，却空有大志而无施展之地，为求生计，只得以教书为生，处境甚为落魄。

一个偶然的机会，肖邦结识了大名鼎鼎的匈牙利钢琴家李斯特。两人一见如故，大有相见恨晚之感。当时，李斯特在巴黎上流文艺沙龙中已是闻名遐迩的骄子，可他对默默无闻但才华横溢的肖邦大为赞赏。他想：绝不能让肖邦这个人才埋没，必须帮他赢得观众。

一天，巴黎街头广告登出了钢琴大师李斯特举行个人演奏会的消息，剧场门口人头攒动，门票一售而空。

紫红色的帷幕徐徐拉开，灯光下，风度翩翩的李斯特身着燕尾服朝观众致意。台下掌声雷动，李斯特朝观众行礼后，便转身坐在钢琴前，摆好演奏姿势。灯熄了，剧场内一片寂静，人们屏息静气地闭上眼睛，准备享受美好的音乐声。

琴声响了，时而如高山流水，时而如夜莺啼鸣；时而如诉如泣，时而如歌如舞……观众完全被那美妙的音乐征服了。

演奏结束，人们跳起来，兴奋地高喊："李斯特！李斯特！"可灯一亮，大家傻了。观众看到舞台上坐的根本不是李斯特，而是一位眼中闪着泪花的陌生年轻人，他就是肖邦。

人们大为惊愕！原来，那时有个规矩，演奏钢琴要把剧场的灯熄灭，一片黑暗，以便观众能够聚精会神地听演奏。李斯特便利用这个空子，灯一熄，就让肖邦过来代替自己演奏。

当观众明白刚才的演奏竟出自面前这位年轻人之手后，立即变惊愕为惊喜。

剧场内，掌声四起，鲜花一束束地朝台上“飞去”。

于是，一位伟大的钢琴演奏家便这样为众人所知了。

很多人抱怨自己怀才不遇，空有满腔才华但却总是与功成名就无缘。其实，成功不是仅凭实力就能达到的，成功的氛围和气场往往是助你到达成功彼岸的捷径。就像肖邦一样，没有李斯特的推荐，人们怎么能迅速就认识到他的才能呢？所以，想要成功的你，不妨与成功者为伍，让他们的成功气场传递到你的身上，塑造你成功者的形象，以成功来吸引成功。

古希腊哲学家伊壁鸠鲁说过："我们与谁在一起吃饭，比我们吃什么更为重要。"正如《论语·里仁》有云："见贤思齐焉。"

和什么样的人在一起，你就有什么样的气场，你自己的未来或许就是什么样子。因此，想做什么样的人，就要和什么样的人在一起，要想成为一个成功者，就先要学会和成功者在一起。

有一个美国女人叫凯丽，她出生于贫穷的波兰难民家庭，在贫民区长大。她只上过6年学，只有小学文化程度，从小就干杂工，命运十分坎坷。

凯丽13岁时，看了《全美名人传记大全》后突发奇想，要直接和许多名人交往。她的主要办法是写信，每写一封信都要提出一两个让收信人感兴趣的具体问题。许多名人纷纷给她回信。凡是有名人到她所在的城市来参加活动，她总要想办法与她所仰慕的名人见上一面，只说两三句话，不给人家更多的打扰。就这样，她认识了社会各界的许多名人。

成年后，凯丽经营自己的生意，因为认识很多名流，他们的光顾让她的商店人气很旺。于是，凯丽自己也逐渐成了名人和富翁。

有人说，看一个人是什么样的人，就看他的朋友是什么样的人。确实，我们所交的朋友的水准直接影响到我们自己的水准。与强者为伍，时间长了，我们会有一个成功者的气场。

很多时候，决定一个人身份和地位的并不完全是自身的才能和价值，还有自身所处的环境。如果想有成功者的气场和形象，我们先要努力去和成功人士站在一起。

创造出色的个人品牌，你会因此而更加成功

品牌体现价值观也体现影响力。人人都有价值观，人们正是因为按照自己的价值观才取得成功。只有保持真实的自我，只有恪守自己基本的价值观，才能创造出自己的品牌。

无论对于企业还是个人，成功品牌都是其创造者内在核心的准确、真实的反映。为了以现实赢得信誉（认可、接受、赞许），创造者必须每天积极地体现出品牌的价值观，并在个人和专业"市场"中进行检验，观察他人是否接受这些价值观。归根结底，

♀ 成功个人品牌的共性 ♀

打造个人品牌是一种提升影响力的途径，你要取得成功，就必须提升自己的影响力，所以，你有必要创造出自己的个人品牌，成功的个人品牌定位都有以下共性：

1. 定位必须明确

定位的目的是让个人品牌在人们心中占据一个有力的竞争地位，只有明确、清晰的定位，才有利于人们铭记于心，才会有影响力。

2. 定位必须区别于竞争对手

只有区别于竞争对手的定位，才能为雇主找到雇用你的理由，才能提供给雇主判断个人品牌的依据。

3. 定位必须适合雇主需求

个人品牌定位的根本目的是提高你的影响力，有利于你的就业和职业发展，因此个人品牌的定位一定要以雇主的需求为根基。

个人品牌是否出色并可行，要看关系是否已经成形，关系的深度和广度如何。

你需要将自己的价值观融入生活中，塑造品牌要从这里开始，最后也是到这里结束。正如我们强调的，这么做的目的不只是用价值观作为出色的个人品牌的基石，而且还是为了获得信誉，为了让周围的人认可你。如果你没有为自己的价值观树立起信誉，别人就无法通过你的品牌认识到你为这些价值观付出的努力。周围的人也无法通过观察你与他人的关系,看到这种内在的联系,最终也就无法认识“真正的你”。

你应该给你自己经过奋斗可以成功的机会，将自己放在可以取得成功的位置上，把自己拉出注定要遭遇失败的地方（或者必须牺牲价值观才可通过的地方），坚持树立自己的个人品牌，要知道，出色的个人品牌比华而不实的表面形象深刻得多。因为品牌是关系，它们反映影响力。

所以，创造并活出一个出色的个人品牌，这是你能够做的最好的投资。世界需要有影响力的品牌，并且尊重、依靠有影响力的品牌。如果你能够成就一个有影响力的品牌，你会因此更加成功。

第三节

不做别人的影子

让自信心不足的你提升自信

有些人天生就充满自信，为人乐观开朗、形象良好、气场强大，做什么都容易成功；而有的人生性比较悲观自卑，总是畏畏缩缩、犹豫不决，不能获取别人的信任，也往往不会抓住机会取得成功。放眼望去，那些社会各界的成功人士，无一不是充满自信的。自信的形象，总能带来强大的气场，对一个人的成功有着巨大的作用，所以，人人都应该充满自信。对于那些自信心不足的人，我们给你准备了一些能够提高你的自信的简单方法：

1. 自我激励

不断地发现自己的优点并加以肯定，有助于自信心的形成和培养。这样做的好处是肯定可以产生信心。

自信，并非意味着不费吹灰之力就能获得成功，而是说战略上要藐视困难，战术上要重视困难，要从大处着眼、小处动手，脚踏实地、锲而不舍地奋斗拼搏。扎扎实实地做好每一件事，战胜每一个困难，从一次次胜利和成功的喜悦中肯定自己。

2. 多做少想

自信的人，做的时间多于想；自卑的人，想的时间多于做。这可是一句名言，意味着缺乏自信的人老把时间浪费在胡思乱想中，这不仅无法完成任务，反而会因为胡思乱想而打乱心中所想。

3. 定期评估自己，原谅自己的不足

定期对自己的工作进行评估，确定没有偏离正确的方向。把自己的不足和错误看作是正常的，想办法去解决问题，而不必因此憎恨自己。

4. 明确最想要的

如果发现了你最想要的，就把它马上明确下来，明确就是力量。它会根植在你的思想意识里，深深烙印在你的脑海中，让潜意识帮助你得到所想要的一切。这个世界上没有什么做不到的事情，只有想不到的事情，只要你能想到，下定决心去做，就一定能做得到。

5. 点燃成功的欲望

你的欲望有多么强烈，就能爆发出多大的力量；当你有足够强烈的欲望去改变自己命运的时候，所有的困难、挫折、阻挠都会为你让路。欲望有多大，能克服的困难就有多大。

6. 选择积极的环境

与比你优秀的人在一起，当你失败时，他会帮你检讨总结，为你加油助威；当你成功时，他会提醒你，让你重新给自己定位。找一个比你要求的还积极的环境来陶冶自己，一定要这样做，因为选择积极的环境是获取成功的关键。

自信不是专属于某些人的，只要你想拥有，只要你采取了上面这些提高自信的简单方法，你也可以成为一个自信满满的人，最终获得成功。

摆脱羞怯心理，增强你的自信

日常生活中常遇到许多羞怯的人，一说话就脸红，一出门就低头。他也想要改变，虽然屡下决心克服羞怯，却总是不能够大见成效，怎么办呢？这里有一个包治羞怯心理的社交处方，照此做会有很大成效。

想象自己是完美的化身。这是许多名模、影星在表演之前惯用的方法，同样适用于工作职场。先静坐，心中默想曾有的愉悦感受，譬如曾经聆听的悠扬乐曲，越具体效果越好。以拥有者的态度走入每间屋子，昂首阔步，抬头挺胸，仿佛一切都在你的掌握之中。学习你所仰慕的人所有的美好特质，只要他具备你所希望拥有的特质，都可以模仿。

大胆表现自我，把自信心视为肌肉，需要定时持之以恒地锻炼，如果稍有懈怠，它很快会松弛。改善外表，换一套新洗过的衣服，去理发店理个发型，这些办法会使你觉得自己从上到下焕然一新，因而增强自信。

如下几种训练可以更加系统地克服羞怯感：

（1）进行想象练习。想象你正处在你最感羞怯的场合，然后设想你该如何应付。这样在脑海里把你害怕的场合先练习一下，有助于临场表现。

（2）逐渐接近目标，可以减少你的焦虑。掌握害怕的根源和知道害怕时会有的生理反应，如冒冷汗或呼吸急促，当它们出现时你就可以通过一些放松的小技巧来克服它。说话时语气要坚定。没有自信的人都有说话过于急促、细声细气的毛病。说话的诀窍在于音量适中、语调平稳，速度不缓不急，此举显示你对说话的内容信心十足。利用呼吸换气时断句，内容则显得流畅有条理；切忌以疑问句结束陈述事实的语句，以免影响语气的坚定。

（3）专心倾听别人的讲话。在轮到你讲话之前，先专心听别人怎么讲。一来可以分心，不再一心挂念自己；二来当你讲话时，别人也会专心听你的。

（4）多提“问答题”、少提“是非题”。这可以使你处于主宰的地位，这一技巧应多加演练。例如你要出席一个舞会，就在事前先练习一下当前流行的舞步，可以

♀ 克服羞怯 ♀

害羞的人，不够大气，没有成功者的气场。那么。在日常生活中该如何克服羞怯呢?以下是克服羞怯的小技巧：

1. 在参加社会活动时，应该尽量坐在社交场合的中心位置，有意暴露自己。

2. 在与别人谈话过程中练习克服害羞心理。如，在与别人交谈时，眼睛尽量注视着对方；说话声音大一些等。

减少到时出现尴尬。

（5）多找你不认识的人谈话。例如在排队买东西时，多与人攀谈，这可以增加你的胆量和技巧，又不至于在熟人面前出丑。

（6）避免不利的字眼。例如与其对自己说“我感到很紧张”，不如说“我感到很兴奋”。

最后，确信一个事实：其实在别人的心目中，你并不像你想象的那样害羞。设法避免紧张时的动作，例如你演讲时手会发抖，就把讲演稿放在讲台上。事情做好了，不忘自己庆祝一番，这样有助于增进你的自信。平常不要拘泥，要多多参与，多参加活动，多与人接触，对克服羞怯心理很有帮助。确信自己一定会成功，摒弃一切不利的想法。要知道，人无完人，不要因为自己的弱点而自怨自艾。

自信是可以培养出来的，只要你给自己机会迈出尝试和突破的双脚，按照这些克服羞怯心理的处方，假以时日，你必定会焕发出前所未有的自信光彩！

挺直腰杆，展示自信的说话办事姿态

高中毕业生小杜到深圳后就兴冲冲地抱着简历去参加人才交流会。整个会场人如潮涌，唯有××公司的展台前冷冷清清，与会场的气氛形成了鲜明的对比。

小杜好奇地走过去，看××招聘启事上的内容，当即吓了一跳。它招聘20名业务代表，却指明要名校毕业生，并且还得有3年以上从事零售业的工作经验。条件那么苛刻，难怪没有人敢贸然应聘。

小杜揣摩了一番，虽然没一条够得上，可××公司业务代表的工作对她却很具吸引力。她心一横，决定试一试，真要被拒绝，就当是一次锻炼好了。

小杜径直走到应聘席前坐下，那位中年主管看了她一眼，面无表情地指了指那招聘启事问：“看过了吗？”她点点头说：“我看过了，不过很遗憾，我既不是名校毕业，也没有从事过零售工作，只有高中文凭。”

那位主管看了她好半天，才说：“那你还敢来应聘？”

小杜微微一笑：“我之所以还敢来应聘，是因为我喜欢这份工作，而且相信自己有能力胜任这份工作。”停了停，她又说，“如果求职者真要具备启事上所有的条件，那他肯定不会应聘业务代表，至少是公司主管了。”

说完，小杜就把自己的简历递了过去，那位主管竟然没有拒绝，而且微笑着收下了。

第二天，小杜就接到了录用通知书。后来她才知道，那些苛刻的招聘条件只不过是公司故意设置的门槛罢了，其实当她和主管谈完话之后，她就已经通过了公司的两项测试：勇于挑战条款的信心和勇气以及分析问题的能力。

小杜的故事告诉我们，即使我们处在劣势地位，即使我们需要他人的帮助，也没有必要哭哭啼啼、畏首畏尾地追随别人，做别人的跟屁虫。挺起胸来，昂起头来，以自信的姿态面对他人，因为自信具有一种神奇的力量，就像一种磁场，能够吸引别人的关注和好感，自信的人才能得到别人的尊重，说话办事才能更加顺利。

人应该有自信，这似乎是一个成功学上的真理，可是自信要怎么表现出来呢？这就要我们挺直腰杆，不卑不亢，在说话办事中展示自信的姿态。

♀ 说话、办事应保持不卑不亢 ♀

虚荣心强的人，若自己处在优势地位，容易流露出高傲的神情，使人讨厌。

反之，若自己处于劣势地位，又常常自信心不足，说话细声细气，眼睛也不敢看对方，同样会让人瞧不起。

所以，聪明的人在说话办事中应该保持的最佳姿态是挺直腰杆、不卑不亢。

在说话办事中存在一个态度与姿态的问题，这态度与姿态又总是与身份、地位、角色和自身的个性息息相关，通常情况是身份较高、地位较高的人，容易出现高傲的情绪，这种情绪是不易为人所接受的，一旦地位或角色发生了变化，他们便在一种人世的落差中尴尬起来了。还有另外一种人，他们出身卑微、地位低下或性格懦弱，常常表现出卑微落魄的姿态，这种姿态令人轻蔑，致使很多人不屑于与之为伍。

以上这两种态度，一者为亢，一者为卑，是说话办事的大敌，不仅会造成彼此相处的心理障碍、精神障碍，而且也给说话办事气氛笼罩了一片乌云，使彼此相处不愉快、不和谐、不融洽。一般而言，人们大多喜欢在彼此平等的正常状态下交往，由“卑”或“亢”所产生的鸿沟，使彼此无法构建友谊的桥梁。

很多人不是因为被别人看不起而垂头丧气，而是因为自己总是爱贬低自己，所以变得无精打采、没有自信。如果你认为自己浑身是缺点和毛病；如果你自认为是一个笨拙的人，是一个总是面临不幸的人；如果你承认你绝不能取得其他人所能取得的成就，那么，你只会因为缺乏自信、自我贬低而失败。

在西方国家进行的一项调查发现，工薪阶层之所以贫困和缺乏社会地位，大部分原因在于他们有低人一等的感觉。他们想当然地认为自己低人一等，而不是以勇敢和独立的姿态站立于人们面前。如果说有一种做法任何明智的雇主都会轻视，那肯定就是雇员对他的唯命是从、唯唯诺诺、百依百顺和卑躬屈膝的心态。明智的雇主常常更喜欢他周围那些能以平等身份接近他的人，他会本能地蔑视那种点头哈腰、卑躬屈膝和唯唯诺诺的人，也绝不可能去尊重那些自我贬低的雇员。他喜欢那些有骨气的人、使他觉得具有人格尊严的人和渴望获得尊重的人。

同样，无论是工作还是日常生活中，唯唯诺诺绝不是说话办事成功的途径，想要做一个气场强大的成功人士，更要抬头挺胸、自信大方。

第八章

一等女人用交际定胜负

第一节

30 岁前靠自己，30 岁后靠交际

别让你的前程毁于糟糕的人际

有人才华横溢，却终生不得志；也有人能力平平，却能够节节高升。这其中，个人的机遇是一方面，另外很重要的则是个人的人际关系状况。一个人如果孤立无援，那他一生就很难幸福；一个人如果不能处理好人际关系，就犹如在雷区里穿行，举步维艰。“条条大路通罗马”，而人际关系好的人可以在每条大路上任意驰骋。古往今来，许多杰出的人士，之所以被能力不如自己的人击垮，就是因为不善与人沟通，不注意与人交流，被一些非能力因素打败。不能融入人群无异于自毁前程，把自己逼入进退两难的境地。

刘红在一家公司做一名管理人员。在公司产品遭遇退货、赔款，濒临倒闭，公司高层们急得团团转而又束手无策时，硕士毕业的刘红站了出来，提供了一份调查报告，找出了问题的症结。此举不仅一下子解决了公司的难题，还为公司赚了几百万。

因工作出色，刘红深受老总的重视，不久就成为全公司的一颗明星。凭着自己的智慧和胆略，她又为公司的产品拓展了国内市场，立下了汗马功劳，两年时间内为公司赚回几千万利润，成为公司举足轻重的人物。

刘红踌躇满志，以为销售部经理一职非她莫属。然而，她没有获得升迁。本来公司董事会要提拔她为销售部经理，却由于在提名时遭到人事部门的强烈反对而作罢，理由是各部门对她的负面反映太大，比如不懂人情世故，骄傲自大……让这样一个人进入公司的决策层显然不太适宜。

销售部经理一职被别人担任了，她只好拱手交出自己创建、培养成熟的国内市场。这就好比自己亲手种下的果树上所结的果子被别人摘走一样，她非常痛苦。

她不明白，公司怎么能这样对待自己呢？自己到底错在哪里？后来，还是一个同情她的朋友为她解开了疑惑。难怪那一次，她出去为公司办理业务，需要一批汇款，在紧要关头却迟迟不见公司的汇票，业务活动“泡汤”，令她很难堪。实际上是一个出纳员给她穿了一次小鞋。因为，平时她从未注重和这个出纳打交道，每次遇到了也都匆匆地“擦肩而过”，出纳便认为她瞧不起自己，心里很不甘心。

还有一次她在外办事，需要公司派人来协助，却不料人还没有到，马上又被撤回去了，原来是一些资格较老的人觉得她很“孤傲”、“目中无人”，在工作上从不与他们交流……所以想尽办法拖她的后腿，让她的工作无法展开。

尽管刘红工作业绩辉煌，但她忽视了人际关系的重要性。那些她不熟悉的、不放在眼里的小人物，在关键时刻照样会坏她的大事，阻碍她在公司的发展和成功，在无可奈何的情况下，她只好伤心地离开了公司。

正如唐太宗李世民所说：“水能载舟，亦能覆舟。”人在社会中生存，人际关系能推动你走向成功，也能让你顷刻间一无所有。千万不要忽视了你身边任何一个人的力量，也许关键时刻他们会是你成败之间的决定因素。做个聪明的交际女人，适当时进行感情投资，树立良好的交际形象，会为你带来意想不到的收获。

孤芳自赏的“冷美人”是交际场上的失败者

有一种说法一直颇为流行，那就是“赞扬能使羸弱的躯体变得强壮，能给恐惧的内心恢复平静和信赖，能让受伤的神经得到休息和力量，能给身处逆境的人以务求成功的决心”。

美国《幸福》杂志研究的结果表明：人际关系的顺畅是成功的关键因素，而赞美别人是交际的最关键课程，因此如果你懂得如何去赞美别人，再加上你聪明的脑袋，还有脚踏实地的精神，就等于事业成功了一半。一个只会孤芳自赏的“冷美人”是不可能在交际场上获得成功的，可以说，学会赞美他人是女人获得交际成功的第一步。

有一位女领导，快50岁了，但是保养得不错，看起来比实际年龄要小一些。于是这天一个下属在跟她聊天的时候说道：“我刚见您的时候，您看起来也就30岁左右的样子。我还想着既然当了这么高职位的领导，怎么也得有35岁了吧。后来才……”女领导非常高兴，过段时间就把这位下属升了职。

在特定场合，女性本身认为自己打扮得很漂亮。这时你的夸赞就可以大胆一些，

♀ 赞美的回报 ♀

真诚的、发自内心的赞美可以优化你的人际关系。赞美从一定意义上讲，是一种有效的感情投资，当然，有付出就会有回报。

对同事赞美，能够联络感情，增强团队精神，在合作中更加愉快。

对男友或丈夫的赞美，能使两人之间更加甜蜜，感情更加融洽。

对朋友赞美，会让朋友之间的感情更加牢固，从而赢得更多的友谊。

以表达自己的赞赏之情。比如在舞场上，这是找到舞伴的重要技巧。

一天，小何去参加舞会时没有带舞伴。当他看见旁边坐着一位身穿长裙的女士时，他决定请她跳舞。他走近这位女士，夸赞道："小姐，您今晚的一袭长裙配上舞场的灯光，简直就是仙女下凡，真是太迷人了！要不是您穿在身上，我真不知道这座城市的某家商场里居然有这样漂亮的长裙在卖！我已经静静地欣赏了您好久，终于忍不住过来邀请您跳一支舞，你不会拒绝一个崇拜者吧！"这位女士笑了，答应了小何的要求。

精明的裁缝往往会说："太太真是好眼光，这是我们这里最新潮的款式，穿在太太身上，太太一定会更加漂亮。"几句话，这位太太肯定眉开眼笑，马上开包拿钱。

美国的商界奇才鲍罗齐就曾说过："赞美你的顾客比赞美你的商品更重要，因为让你的顾客高兴你就成功了一半。"

赞美可以让女人获得更和谐、更亲密、更甜蜜的亲情、友情和爱情。一个懂得在适当的场合赞美他人的女人，一定是充满魅力的女人，并处处受欢迎。真诚的赞美是衡量女人影响力的一个标准，也是衡量她们交际水平的标准，有助于女人影响力的提高。如果一个女人学会了赞美别人，她就拥有了开启和谐人际关系之门的钥匙。

借助高质量朋友提升自己

有人说，要判断一个人是怎样的人，只需看他身边的朋友。所谓"近朱者赤，近墨者黑"，真正能做到出淤泥而不染的那是人中圣贤。朋友之间的价值观念、性格气质都会相互影响，聪明的女人要适当地提高自己的交友水准，要懂得借助高质量的朋友圈提升自己的素质修养。想一想，你和童年的小伙伴在一起，学到的是不是也只是怎么玩"跳房子"的游戏？你和中学的好伙伴学到的是不是也只是一些学习上的小技巧？你和大学的好友学到的是不是只是最近哪个商场又在打折了？这样想来，如果你认识和来往的都是这些朋友，你会知道现在哪个行业最有发展前景吗？你会知道怎样投资才最能赚钱吗？你会知道女人应该找一个什么样的另一半才是最大的幸福吗？

相同的精神追求，才能让你们找到共同语言。只有拥有同样的人生信仰，你们才能彼此发现、彼此懂得、彼此珍惜。所以，是时候提高你的交友水准了。只有在更高一层的精神领域里，你才能遇到可以引领你生活的星探。

有两个毕业一年的同寝室的两个女人在对话。她们中一个光艳照人、谈吐不凡，另一个却愁眉苦脸、未老先衰。第一个女人感慨道："我认识的人都好强，他们才刚刚毕业几年，就买房的买房，买车的买车。我从他们身上学到了好多东西。我感觉现在生活很充实，需要我去实现的梦想也很多。”第二个女人却苦笑着说：“我认识的人都不如我，好多都是咱们以前的同学，大家过得差不多。我现在感觉生活就这样了，也没有什么追求。”

是什么导致两个曾经同寝室的姐妹人生观这样不同呢？那就是她们的朋友圈不同，朋友的质量不同。一个女人的朋友都比自己成功，她在自己朋友的身上学到很多东西，也拥有了很多积极的心态，所以她就会向着成功的方向努力。而另外一个女人，处在和自己一个水平，甚至还不如自己的朋友圈里，时间一长，她认为大家的生活状态都是这样的，所以也就不思进取了。

提高自己的交友水准，可以让你找到自身的不足，促使你学习朋友身上的优点，拓展自己的知识面。如今，不再是女子“大门不出，二门不迈”的时代。作为女人你，不仅要走出去认识他人，与他人交往，特别要与成功人士交往。一个人只活在自己的世界里，不会有大的建树，只有与强者做朋友，时间长了，你才会有一个成功者的思维，你才会用一个成功者的思维去思考、思想决定行动，当你和优秀人士的想法相近时，你自然会朝着成功的方向迈进。

交际要学薛宝钗

但凡读过《红楼梦》的人，无不为黛玉、宝钗两人的才情所打动。两人都各有优点，但却很少有读者真心喜欢宝钗这个人物，大都觉得此人太过持重圆滑、工于心计。但就为人处世来讲，宝钗的“人缘学”却是值得女人学习揣摩的，因为人际交往不能缺少一些圆滑和心计。

宝钗人缘好的原因是关心人及体贴人。袭人因身上不爽，请湘云帮忙为宝玉做双鞋，宝钗知道湘云的难处，于是主动将活揽过来。她生日那天，贾母问她爱听何戏，爱吃何物，“宝钗深知贾母年老人，喜热闹戏文，爱吃甜烂之食，便总依贾母往日素喜者说了出来，贾母更加喜悦。”黛玉谈起自己的病情相当悲观，宝钗不仅要她换个高明医生，而且有鼻有眼地指出她药方有问题，提出改进意见：“昨儿我看你那药方上，人参、肉桂觉得太多了。虽说益气补神，也不宜太热。依我说，先以平肝健胃为要，肝火一平，不能克土，胃气无病，饮食就可以养人了。每日早起拿上等燕窝一两，冰糖五钱，用银铫子熬出粥来，若吃惯了比药还强，是滋阴补气的。”她还真诚地说：“你放心，我在这里一日，便与你消遣一日，你有什么委屈烦难，只管告诉我，我能解的，自然替你解一日。”因而黛玉亦认为自己往日对宝钗是以小人之心度君子之腹了。希望得到别人的理解和关心，乃人之常情，善解人意的人者总是受到一切人的欢迎。

即使是对待下人，宝钗也一向是宽厚的。香菱在她家中是侍妾的地位，而她却

♀ 女人要有好人缘 ♀

人缘就像山谷的回音，你付出了真诚，回应的也是诚挚之声。有好人缘的女人有如下共同点：

她们拥有容人之量

人事纠缠，盘根错节，矛盾和摩擦都是无法避免的。但是好人缘的女人都能一笑而过，大度处之。

她们很有人情味

关心他人、爱护他人、理解他人，在别人困难的时候伸出友谊之手，“雪中送炭”，排忧解难。

她们待人以诚

在处理人际关系时，总是真心实意，心口如一。

拥有好人缘的女人懂得尊重别人。与人为善、尊重他人也就是与己为善、尊重自己。

视她为手足，不仅生活优遇她，而且还为她排难解忧。即使是对下人，她待他们都彬彬有礼，不对谁特别好，也不冷淡任何一个不得意之人。当凤姐患病，探春奉命当家，王夫人命她协助。探春决定了把大观园中的花果生产交给几个老婆子掌管，宝钗就接着提出一种调剂性的主张：凡经管生产收入，除供应头油香粉外，其余盈余不必再行交到账房，作为经管人的贴补，而且应当也分些给其他的婆子媳妇们。这样，公家省了钱，又不显得太吝啬。其他未经手的人得到利益，也便不会抱怨或暗中破坏别人。于是各方面都欢喜叹服。

薛宝钗的处世哲学中体现了尊重他人、乐于助人、待人以诚等美德，无怪乎她在贾府赢得了上上下下一干人等的欢迎。这个故事也告诉我们,好人缘是需要付出的，真心的付出必将收获真情的回报。

好人缘的力量是神奇的。在交际场合，长袖善舞的女性也许并不貌若天仙，但好人缘使她具有专属自己的独特吸引力，令她得到每一个人的欢迎和欣赏。她们如翩然起舞的蝴蝶，在人生的各种角色间轻松游走，好人缘让她们不断收获成功和幸福。

在家庭里，她们会向亲人倾吐自己的欢乐和忧伤，也会及时送上自己的温情与慰藉；在职场里，她们会和同事们亲切地交谈，真诚合作，也会为别人的成功，献上自己最真诚的祝福；在上下班的路上，她们会向熟人热情问候；在朋友生日宴会上，她们会道上一声真诚的祝福。

好人缘，给女人一片展现自我的天空。与人交往使女性不再孤独，获得理解理解、尊重、认可让女人生活得更有滋味。

好人缘，让女人的心田得到情感的滋润。常与人交往和分享，快乐更显生动，烦恼和忧伤不会久驻，心中永远是朗朗晴空，徐徐清风。

好人缘，为女人搭建成功的桥梁。“多个朋友多条路”，有好人缘的女人不会缺少成功的机会。好人缘，让幸福女人的人生更加精彩！

第二节

学会交朋友

简单做人

在还没有出校门之前，就有很多前辈告诉我们：这个社会很复杂，做人一定不能太单纯。

有这么一个真实的故事，某一天，学校里的年轻老师像往常一样给孩子们讲述《乌鸦和狐狸》的故事：狐狸看到乌鸦嘴里衔着一块令人馋涎欲滴的肉，就赞美乌鸦羽毛漂亮、身材健美，是天生的百鸟之王，如果再唱支歌的话那就更可爱。乌鸦听了十分高兴，就得意地唱起歌来。可是刚一张嘴，肉就掉到了地上。狐狸叼起肉喜滋滋地走了。讲完课文的中心思想之后，老师让同学们对受骗的乌鸦说一句话。几乎所有的同学都说：“乌鸦，你太虚荣了，听了恭维话就得意忘形。”只有一位胖乎乎的小女孩说：“乌鸦，你别难过了，我分给你一块肉。”小女孩刚说完，全班都哄堂大笑。老师语重心长地说：“你这孩子，就像《农夫和蛇》里的农夫一样，会吃亏的。”小女孩依然小声地说：“乌鸦受骗心里正难过呢，这个时候最需要好朋友的安慰了。”

过了一会儿，老师又开始问同学们：“你们再想一想，如果乌鸦以后再见到狐狸，会是什么情况呢？”同学们都抢先回答：“无论狐狸再怎么夸奖乌鸦，乌鸦都不会再理它。”班上最机灵的小男孩回答：“狐狸是狡猾的，肯定不会再用老办法骗乌鸦了。它一定会对乌鸦说：上次我骗了你的肉，我妈妈狠狠地批评了我，让我回来向你道歉。如果你不肯原谅我，我就站在这里不走了。乌鸦见他一脸诚恳，就对他说：你不要担心，我原谅你了。刚说完，嘴里的肉又掉了。狐狸立即又把肉叼到了嘴里。乌鸦哈哈大笑，说：臭狐狸，你死定了，我在肉里下了药。狐狸连忙把肉吐了出来，以最快的速度奔到小溪边用水漱口。这时乌鸦从树上飞下来把肉叼走了。”听了这段想象力丰富的描述，同学们禁不住鼓起掌来，老师也为孩子的聪明暗暗惊叹。

按常理说，这个聪明的小男孩长大后也一定不简单，但是最终的结局却出乎意料。很多年之后，当这位老师作为教育界知名人士去监狱做帮教演讲的时候，遇到的服刑人员居然是当年那个绝顶聪明的小男孩。而作为优秀企业家与她同行的则是被全班同学嘲笑的那个小女孩。这位老师开始深深反省，当时怎么没有想到，去安慰被讽刺被嘲笑乌鸦的小女孩有着多么单纯的爱心！而小小年纪，连狐狸都敢骗的孩子，在如此聪明绝顶的背后又隐藏着多么可怕的东西啊！这孩子生活在怎样的家庭？为什么会有这样的心计？自己当年怎么就没有想过呢？

很多时候，从表面上看似单纯的孩子比较没有生存能力。但从另一方面看，身边的一些人却真的是因为简单而优秀的。这并不奇怪，因为聪明并不一定是成功的最终条件。

在《射雕英雄传》里，郭靖憨厚质朴，傻乎乎的没有什么心机，更没有什么人生技巧和策略。但正是这种单纯，使得他心无旁骛地学成了天下最高的武艺——“降龙十八掌”，成为顶天立地的武林高手。

我们总是习惯于把成功的秘诀往一些诡秘的方向猜测，其实在社会中生存的最优法则仍然是那些被我们忽视的、最古老、最简单的东西，比如诚实、勤劳、宽恕。

上天从不为难简单的人，简单的人会做得更优秀。因为简单的人没有太多复杂的算计，就多一些实干的行动，建议大家要多和这样的人交朋友。简单的人往往会把这个世界想象成如童话般纯净明亮。这并不是因为他们不知道世道的艰难险恶，当你和他们进行对话时就会发现，愈是这样的人，愈具有广阔的胸襟。他们懂得，这样的人生态度才可以让自己在这个世界中更好地生存。

多和单纯的人在一起，我们会得到幸福，因为幸福会相互传染。变成简单的人，就会多出一份脚踏实地的专注，多一份成功的回旋余地。毕竟，这个世界最终还是靠实力来说话的。

有些话可以不说

这个世界需要真诚的面孔，我们常说交友要“以诚相见，开诚布公”，但并不是说你必须把自己的过去、未来、所思所感、所经历的事情一股脑地告诉别人。

许薇是某公司的业务员，她因工作认真、勤于思考、业绩良好被公司确定为中层后备干部候选人。只因她无意间透露了一个属于自己的秘密而被竞争对手击败，遭到排挤，终于没有受到重用。

许薇和同事雷红娟关系甚好，常在一起逛街聊天。一个周末，她与雷红娟同睡一张床，两人越聊越投机。兴味盎然的许薇向雷红娟说了一件她对任何人也没有说过的事。

♀ 秘密不要说 ♀

事实上，与人打交道时可聊的话题举不胜举，你没必要非得拿自己“开涮”。

你的过去、隐私的事情，你不说没人会知道，别人不会认为你有故意隐瞒的嫌疑。

你说了，反而容易埋下祸患，对你的工作生活造成不利的影响。说不定什么时候别人会以此为把柄攻击你，使你有口难言。

与人交往时，有些话、有些事，谨慎一些，不说为好。

“我高中毕业后到广东的一家公司上班，有一回下班后见同事的手机忘拿了，当时手机还很新奇，又贵，我见左右没人，想了半天就偷偷拿走了。第二天同事急得大哭，在公司里骂人，我心里很后悔又很害怕，但不敢把手机拿出来，后来那手机我也不敢用了，把它卖了。”

许薇工作 3 年后，公司根据她平时优良的表现和业绩，把她和雷红娟确定为业务部副经理候选人。总经理找她谈话时，她表示一定加倍努力，不辜负领导的厚望。

谁知道，没过两天，公司人事部突然宣布雷红娟为业务部副经理，许薇调出业务部另行安排工作岗位。

事后，许薇才从人事部了解到是雷红娟从中捣的鬼。原来，在候选人名单确定后，雷红娟便来到总经理办公室，向总经理谈了许薇偷拿别人手机的事。不难想象，一个曾经有过“犯罪”经历的人，老板怎么会重用呢？尽管你现在表现得不错，可历史上那个污点是怎么也擦洗不干净的。

知道真相后，许薇又气又恨又无奈，只得接受调遣，去了别的不怎么重要的部门上班。

你有得意的事，就该与得意的人谈；你有失意的事，应该和失意的人谈。但是有些事如自己不光彩的过去，就不该轻易出口，如果实在不吐不快，说话时一定要掌握好时机和火候，不然的话，一定会碰一鼻子灰。有句老话叫作“祸从口出”，与人交往一定要把好口风，什么话能说，什么话不能说，什么话可信，什么话不可信，都要在脑子里多绕几个弯。

每个人都有自己的秘密，心里都有一些不愿为人知的事情。尤其是同事之间，哪怕感情真的很不错，也不要随便把你的事情、你的秘密告诉对方，特别是隐私。这是一个不容忽视的问题。你的秘密可能是私事，也可能与公司的事有关，如果你无意之中告诉了同事，很快，这些秘密就不再是秘密了。既然秘密是自己的，无论如何也不能对别人讲。

借助他人的力量往上走

“借助他人的力量往上走”，这是雅芳 CEO 钟彬娴——全球最成功的华裔女性的成功经验。最近，《时代》杂志评选出了全球最有影响力的 25 位商界领袖，钟彬娴是唯一入选的华人女性，她的成功之路被许多人认为是一个奇迹，而奇迹中蕴涵的奥秘看起来真的很简单。1979 年，一无背景、二无后台的钟彬娴以优异的成绩从普林斯顿大学毕业。当时她决定在零售业锻炼一段时间，然后再进入法学院学习法律。在她看来，零售业的经验将对她的法律学习有很大的帮助。零售业的经历可以培养她的悟性，锻炼自己的脸皮与耐性。于是她加入了鲁明岱百货公司，成为一名管理培训人员。

钟彬娴的家族都是专业人士，唯独她一个人入了零售行业。因此，当她面对零售工作，与客户打交道时，体会到了工作的艰辛。但她没有放弃，而是决心在工作中开拓自己的人脉。

幸运的是在鲁明岱百货公司，钟彬娴遇到了公司首位女副总裁万斯。此人自信机智，讲话清晰有力，进取心强烈，是女人中的精英。钟彬娴意识到，如果要在相互搏杀的商业社会里叱咤风云，就必须摆脱亚洲人善于服从的特性的束缚。于是，为了向万斯学习丰富的工作经验和技巧，钟彬娴像对待老朋友一样对待万斯，用心来交流，用真诚来互动，并很快取得其信任，让她心甘情愿充当自己的职业领路人。

“有些人只等着机会来临，”钟彬娴说，“我不这样，我建议人们要抓住能带你飞翔的人的翅膀。”在万斯的帮助下，钟彬娴在鲁明岱百货公司升迁很快，到了 20 世纪 80 年代中期，她已成为销售规划经理、内衣部副总裁。

后来，钟彬娴开始兼任有着 110 多年直销历史的雅芳公司的顾问。在雅芳，钟彬娴卓越的才华和超绝的人脉拓展能力吸引了雅芳 CEO 普雷斯的注意力。7 个月后，钟彬娴正式加盟雅芳公司。时间长了，她发现在这里没有挡住女性升迁的玻璃天花板，女人也有很宽很广的发展空间。很快钟彬娴便在雅芳拥有了自己的人脉资源，并以卓越的管理才能获得普雷斯的认可，与之结为好友。

一个没有任何背景的女性，在 40 岁出头就能有如此令人羡慕的成就，这不能不说是一个奇迹。而钟彬娴成功的关键就在于善于建立自己的人际关系，找对了自己职业生涯中的关键人物。

生活中，每个人的精力和交际范围都很有限，如何在有限的交际中获得无限大的收益呢？其实生命中，20% 的付出将产生 80% 的回报（其余 80% 的付出却只收获 20% 的回报）；20% 的人际，会对你的一生造成 80% 的影响。因此，让 80% 的人喜欢你，避开 20% 不必交的、不可交的人。

生命中有些人是没有必要深入交往的。比如旅游途中停留客店的房主、上班路上的售票员，这些多是远离你生活的人，只要不让对方讨厌自己就够了。

还有的人是不可交的，所谓“择善而交”也正是这个意思。和那些思想堕落、行动腐化、不思上进的人混在一起，只会把自己引上歧途，降低自己的人格，还是远离他们比较好。

此外，努力让 80% 的人喜欢你，并和你生命中重要的 20% 的人建立深厚的感情和密切的联系。当然，在 80% 的人中包括了对你非常重要的 20% 的人，你应该和他

♀ 要与朋友多联系 ♀

与朋友之间的交往，就像存钱一样，平时储蓄一点一滴，越存越多。

朋友要常联系，没事也要打个电话问候一下。

们建立亲密的关系和深厚的感情。赢得家人的喜欢，增进和他们的感情，因为他们关乎你的成长和生活；多和学习、工作中的关键人物沟通，他们能帮助你顺利从业、愉快工作、寻求发展，这些关乎你一生的成就；和能深入你心灵的朋友多多联系，这关乎你的性情和性格……

俗话说："七分努力，三分机运。"我们一直相信"爱拼才会赢"，但偏偏有些人付出的努力和最终的结局无法成正比。究其原因，是缺少贵人相助所致。在向事业高峰攀登的过程中，他人的相助绝对是不可缺少的一个环节。有他人相助，可以使你尽快地取得成功。

第三节

“语”众不同，从第一次见面开始

机会总会留给那些印象深刻的人

和素不相识的人见面，总会让人有些局促和紧张。因为我们不了解对方，见面时，又需要配合对方的反应调整自己的行为举止，而且在这个过程中，还不能够推心置腹、吐露真言。这样的交往会让人感到疲惫和无趣。

面对陌生的人尚且如此，更何况是自己所喜欢并想追求的人呢？所以，在初次见面的时候，一定要做好准备。

文竹是个漂亮的女人，当年去北京，誓将“北漂”进行到底。那时她还是个很穷的女生，挤了一夜的火车。她到北京的时候，男友有事，无法接她，就委托好友刘川替代自己去接她。文竹很聪明，也懂得得体地打扮自己，身上的穿戴虽然不是样样名牌，但都搭配得时尚而得体。

刘川看到文竹的第一眼，便下结论：这个女人真漂亮，这种漂亮和一般女人不一样。他兴奋地认为，文竹肯定是个未来的新星。和文竹接触的时候，一种说不清道不明的情愫慢慢在刘川心里滋生着。后来，在刘川的追求下，文竹和男友分了手，和刘川相恋了。

他们经历了一场非同一般的恋爱，虽然后来两人因为性格及其他原因，经历了种种波折，最终分手，但文竹也如刘川的第一印象那样，成了一个耀眼的明星，演出了不少成功的角色，成为北漂一族中少有的成功者之一。

这是海岩的小说《深牢大狱》里的情节。初次见面给人的印象，是如此重要，甚至可能决定你一生的感情。不管与谁见面，提前做好准备，会让自己更加从容，在感情上，也会有备无患。

或许，初次见面，你的服饰、装扮，你的一颦一笑就已经让他认定了——你就是那个应该出现在他生命中的女人。那么，女人初次与男性见面，需要注意哪些细节呢？

1. 礼仪

异性之间，初次见面的时候，点头加微笑的问候是比较适合的。女人不要主动去和对方握手，一是显得不矜持，二是显得过于正式；当然，当对方伸出手来时，你也不要拒绝，大大方方地接受。

2. 穿着

选择适合自己形象，穿上也得体的着装。整洁是最重要的，风格上最好选择休闲装。不要过度隆重，也不要在服饰的细节上给人留下邋遢而可笑的坏印象。

3. 装扮

过度化妆不一定好，比如过长的假睫毛、长而尖的红指甲、浓而重的艳丽眼影通常都只会给女人增加负面分。但是，如果你不是天生丽质那类女人，素面朝天也是一种失败的装扮。你可以选择薄薄的粉底、淡淡的口红、浅粉的指甲油等，这些可以令女人显得更加柔美。

4. 言谈

不要喋喋不休，这会显得嘴太碎。交谈不是发表演说，不能搞成只顾表达自己意愿的单方面倾诉。在交谈中，适当地说话，也要懂得倾听对方的表达，这也是一种了解对方的方法；同时，也不要沉默寡言，交流从来就是两个人的事情，如果你一味地等着对方说话、听他说，会令对方无所适从，当他找不到话语来说的时候，会形成一种尴尬气氛。

5. 心理

心理方面也是个比较重要的问题，可以适当注意以下几点：

首先，不要掩饰自己。有些女人喜欢把自己真实的性格隐藏起来，不想让对方看透自己，觉得对方发现自己的弱点是个糟糕的后果，可是，这样做的结果是你束缚了自己，无法畅所欲言、自由表现。把自己性格的真实一面展示给对方，真实有时也是一种特殊的吸引力，比矫揉造作给人的印象好得多。

其次，即使是好朋友之间也会有矛盾和彼此讨厌的地方，初次见面的两个人更是如此，所以，为对方准备周到的礼节是必须和应该的，但也不要奢求自己能百分之百地被人接受和喜欢。别人对你的评价是别人的事情，你只要尽量表达自己的诚意就可以了，不要过分在乎自己。

总之，越是表现一个真实的自我，越容易让人感觉到你的率真，便越容易吸引人。

♀ 怎样塑造良好的第一印象 ♀

在社交活动中，第一印象很重要。它是在没有任何成见的基础上，完全凭着你的“自我表现”来判断的，因而第一印象直观、鲜明、强烈而又牢固。下面总结出了给人留下良好第一印象的几条。

微笑

微笑是最美好的语言，没有人会拒绝微笑，如果在初次见面时展现微笑，无疑会给对方留下一个美好的印象。

多提对方的名字

这是对对方的尊重，试问，有谁不想被别人尊重呢？

说对方感兴趣的话题

这会让对方认为和你有共同语言，更能引起他的共鸣，当然会留下一个好印象。

不要忽视"小人物"

不可忽视身边"小人物"，一些看似无足轻重的人物，在关键时刻，也许能帮上大忙，也有可能拦住你前进的去路。常言道"三十年河东，三十年河西"，今天的小人物难保日后不会时来运转。

清朝雍正皇帝在位时，按察使王士俊被派到河东做官，正要离开京城时，大学士张廷玉把一个很强壮的佣人推荐给他。到任后，此人办事很老练、谨慎，时间一长，王士俊很看重他，把他当作心腹使用。

王士俊任期满后准备回京城。这个佣人忽然要求告辞离去。王士俊非常奇怪，问他为什么要这样做。那人回答："我是皇上的侍卫某某。皇上叫我跟着您，您几年来做官，没有什么大差错。我先行一步回京城去禀报皇上，替您先说几句好话。"王士俊听后吓坏了，好多天一想到这件事就两腿直发抖。幸亏自己没有亏待过这人，要是对他有不善之举，可能小命就保不住了。

这个例子告诉年轻的女人们，千万不可轻视身边的那些"小人物"，跟他们搞好关系非常重要。这些人平时不显山不露水，但是到了关键时刻，说不定就会成为左右大局、决定生死的"重磅炸弹"。

所以，平常无论是说话还是办事，一定要记住：把鲜花送给身边所有的人，包括你心目中的"小人物"。不要总是时时处处表现出高人一等的样子，要知道，再有能力的人也不可能把所有的事情都办好，再优秀的篮球运动员也不可能一个人赢得整场比赛。在经营管理中，人至关重要，有了人才能带来效益。俗话说："不走的路走三回，不用的人用三次。"说不定，有一天，你心目中的"小人物"会在某个关键时刻成为影响你的前程和命运的"大人物"。

常言道："深山藏虎豹，田野隐麒麟。"更何况一百个朋友不算多，冤家一个就不少，越是小河沟越可能会翻大船。在芸芸众生之间，有着无数能够在关键时刻助你成功的人。所以，要随时随地广泛交往，重视身边的"小人物"，多结善缘才行。

学会分享

无论是机会、利益还是其他各种人们都想得到的东西，你越吝啬，觊觎的人反而会越多，适当地分享既能保证你的利益，其他得利的人也会对你更加忠诚，而一旦你有需要时，你便能从他们那里得到更多。很多女人吝啬分享，害怕别人得利，自己便会失利。其实你选择了分享，就为自己又增加了一份人情。

金楠是一家外企的高级白领，由于公司规模很大，她所在的宣传部门就设立了两个办公室。金楠的办公室在6层的最里边，十分隐蔽，而且透过窗子可以眺望不远处公园的美丽风光。因此，公司的许多同事都喜欢聚在她的办公室聊天，哪怕只是临窗看看公园，也能驱散些工作的劳累。因此，金楠的办公室在休息时间总是有许多人，大家坐在一块儿互相交流工作心得、谈谈公司规章的缺陷，而公司的一些管理者也都愿意来到金楠的办公室与大家一起交流。

♀ 学会分享 ♀

女人的目光不要太短浅，心胸不要太狭窄。学会分享，其实是一项“长远投资”。

人是社会性动物，人与人之间少不了交往，我们也总有需要别人帮忙的时候。

所以，不要吝啬分享你的东西，有时只是一杯小小的可乐，在别人渴时与之分享，都可以让你拥有一个朋友。

学会分享可以提升我们的形象，改善我们周围的环境，既然如此，何乐而不为呢？

金楠却私下总是抱怨太多的人在她的办公室，她的工作都被影响了。于是，她就在办公室门的把手那儿挂了一个牌子，上面写着“工作中”。这样，金楠就可以一个人安静地工作了，窗外那一大片美丽的风景也独属于她自己了。

开始时，一些同事还是三五成群地在休息时间到她的办公室串门，但是，金楠总是以她在工作为由，说自己没时间休息。后来，同事不再来她的办公室，即使来办公室，也只是因为工作的关系。一段时间后，金楠成了公司内的孤家寡人，同事们都不愿和她交流，工作中出现问题时，同事们也不再热心地帮助她。再后来，由于公司的经营出现了一些问题，不得不裁减人员，裁减人员名单上的第一个人就是金楠。

由于吝啬与同事分享办公室的美景，金楠失去了一份令人艳羡的工作。吝啬是一种极端自私的表现。任何人都有自私的一面，不为自己打算的人很少，然而在人际交往中，要做到公私兼顾并不困难。所谓礼尚往来，来而不往非礼也。人敬你一分，你回敬三分，这当然好，回敬一分，也不为过。如果总想让人敬你，而你不回敬别人，这就会得到“吝啬”的评价。吝啬的毛病在女人的身上表现得非常突出。

仔细想想，我们是否也有这种毛病呢？小时候有好玩的玩具，我们只是自己玩；有了好吃的，自己偷偷藏起来；上学时别人借笔记，我们却拒绝；买了一件漂亮的衣服穿给朋友看，朋友也想买一件我们却谎称卖完了；老板给了我们一个“肥差”，我们却拒绝别人的帮忙，想要自己独立完成……

所谓“拿人手短，吃人嘴软”，乐于拿出自己的东西与人分享的人，人缘不会太坏。

人际太多等于没有人际

在这个时代里，没有人会不知道人际的重要性。不懂人际的人被认为是傻瓜，人际手腕不够圆滑的人拼命地从各种交际书里补课。

但遗憾的是，当整个社会都在谈人际的时候，反而没有真正的人际可言。因为我们只是把人际当成了工作，与感情无关。当我们以交易的方式进行交际，我们得到的大都只是一场交易。所以看似交际很多，但是泡沫更多，能把握住的很少，能引导成功的更少。

小美是一家著名房地产公司的市场部推广经理，她接触的人大都是事业有成甚至小有名气的客户群。按理说，这样的条件和环境，拓宽自己的人际圈，增加成功的几率应该是不费吹灰之力的事情。

但实际与理论总是有差距的。几年下来，小美的名片盒里有大把交换来的名片，手机、笔记本电脑、记事本里都存满了各种客户的联络方式。在各种社交商务场所，她应酬得八面玲珑不亦乐乎。看似热闹，但背后的孤独也许只有她自己才知道。除了工作上的联系，她在这座城市里的朋友并不多，甚至找男朋友都是一个难题。遇到事情需要帮忙的时候，抱着几大本名片，却实在想不出会有谁肯帮忙。想要倾诉的时候，却不知道该向谁诉说。每周约会很多人，但没有一个是可以说话的知心朋友。每天都会认识很多新的人，但绝大部分都只是一面之缘，下次有事需要联系的时候跟陌生人没什么两样。因为那些通过工作认识的朋友都是有利益关系的，抛开这层关系便什么都不是。

在一次调查中，在 15068 个受访者中，87.5%的人有类似“熟人越来越多，朋友却越来越少”的感觉。这也许真的不能怪我们，因为现在的生存压力实在太大了，很多人忙得连谈恋爱的时间都没有了，哪儿还有时间顾得上维系友情呢？也许，这就是现代人的一个悲哀。看似呼朋唤友，实则没有朋友。

也许市面上的人际关系书里会交给我们很多的技巧，但是从经验来看，成功的人际只有一招是最无敌的：真心待人。没有人喜欢别人对自己尔虞我诈。不要以为请人吃一顿饭送一份礼，别人就会对我们产生好感。用一颗真诚的心对人，比一顿饭、一个小礼物更为重要。

记得有这样一句话叫作“韩信点兵，多多益善”，现在社会上也比较流行“朋友多了路好走”这一观点。但真正懂兵法的知道，兵还是在精不在多。因为能驾驭上百万士兵的除了韩信、白起等个别将领外，很少有人有这个能力。面具太多很累人，朋友也并不是越多越好，与其花大量的时间和精力去应酬各种交际“泡沫”，把自己变成繁华城市中千疮百孔的“城市孤岛”，不如真心真意地交几个情投意合、比较靠谱的知己朋友反倒简单惬意一些。

第四节

好女人好在心上，坏女人坏在嘴上

你的前程系在你的嘴上

在现代社会中，语言艺术对社会交际的重要性已越来越明显。美国人类行为科学研究者汤姆士指出："说话的能力是成名的捷径。它能使人显赫，令人鹤立鸡群。能言善辩的人，往往令人尊敬，受人爱戴，得人拥护。它使一个人的才学充分拓展，事半功倍，业绩卓著。"他甚至断言："发生在成功人物身上的奇迹，一半是由口才创造的。"美国著名的政治家、外交家富兰克林也说过："说话和事业的进步有很大的关系。"无数事实证明，说话水平是事业成功的重要因素之一，口语表达的好坏会影响到事业的成败。

女性要想在交际中占据优势，口才是一大武器。女孩若成为一个健谈者，运用自己在交流沟通方面非同一般的技能，就能够引起别人的兴趣，吸引他们的注意力，自然地使他们聚集到自己的周围。

生活中，口才出众的女性受人欢迎，讨人喜欢，能够使许多不认识的人成为自己的朋友，也能使许多毫无交往的人促进了解，还能替人排忧解难，消除人与人之间的猜忌和疑虑。同时，能说会道的女性往往成为众人瞩目的核心人物，赢得不少人的信赖和欢迎。

才女林徽因令许多青年才俊为之神魂颠倒，梁思成、徐志摩、金岳霖……每一位都是响当当的人物。她的魅力，来自于先天美丽与后天才华的交融，来自于良好的修养和高贵的人格，来自于她对语言艺术的绝佳把握。如"大珠小珠落玉盘"一般，她用语言完美地展现了她的智慧、她的灵秀、她的柔情、她的细腻。

林徽因和梁思成结婚之后，梁思成曾问林徽因为什么没有选择徐志摩而选择了他，这是一个令人尴尬的问题。林徽因这样回答："我想我要用一生来回答这个问题。"

这真是一个绝妙的回答，不但让梁思成相信她说的话的真实性，还使他下定决心要表现出色，才不至于让她失望。

从这句话里面就能看出林徽因的智慧——不贬低谁，反显出自己人格的高贵；没有男人那么棱角分明，可是水一般的柔情却能够让人感动。

除了自身的美丽和智慧之外，林徽因在社交方面更是魅力无穷。林徽因在北京东城北总布胡同家中的"太太客厅"里，结交了不少当时才华杰出的人才，不仅是人文学科的学者，连许多自然科学家也对那里流连忘返。

林徽因说起话来别人插不上嘴，沈从文、梁思成以及金岳霖等都心甘情愿坐在沙发上抽着烟斗倾听。这就是女人妙语连珠所散发出来的魅力。林徽因是一个不仅知道自己的资本，也懂得如何利用自己资本的女人。

对于林徽因的谈话，萧乾多有赞美之词，认为"是有学识，有见地，犀利敏捷的批评"，还认为："倘若这位述而不作的小姐能像 18 世纪英国的约翰逊博士那样，身边也有一位博斯韦尔，把她那些充满机智、饶有风趣的话一一记载下来，那该是多么精彩的一部书啊。"

虽然不是每个女孩都能如林徽因拥有容貌、家世、才华，但至少可以改进自己，锤炼自己的语言艺术。让我们立志做舌灿莲花的女人吧，谈吐自如，妙语连珠，在谈笑风生中尽展女性的风采和魅力。

做只会唱歌的百灵鸟

美国小说家马克·吐温曾说过："只要一句赞美的话，我就可以充实地活上两个月。"喜欢听好话、受到赞美是人的天性。每个人都会对来自社会或他人的适当赞美，感到自尊心和荣誉感的满足。当我们听到别人对自己的赞赏，并感到愉悦和鼓舞时，不免会对说话者产生亲切感，从而使彼此之间的心理距离缩短、靠近。人与人之间的融洽关系就是从这里开始的。

法国总统戴高乐 1960 年访问美国。尼克松为他举行了一场宴会，会上，尼克松夫人精心布置了一个美观的鲜花展台：在一张马蹄形的桌子中央，鲜艳夺目的热带鲜花衬托着一个精致的喷泉。精明的戴高乐将军一眼就看出这是女主人为了欢迎他而精心设计制作的，不禁脱口称赞道："女主人为举行一次正式宴会，要花很多时间进行这么漂亮、雅致的计划和布置。"尼克松夫人听了，十分高兴。事后，她说："大多数来访的大人物要么不加注意，要么不屑为此向女主人道谢，而他总是想到和讲到别人。"在以后的岁月中，不论两国之间发生什么事，尼克松夫人始终对戴高乐将军保持着非常好的印象。

♀ 如何赞美他人 ♀

每个人都喜欢听好听的话、顺耳的话，但这样的话可能不是赞美，有可能是奉承，赞美会给人鼓励，真正激励他人，拉近两人之间的关系，增进彼此之间的感情，那么如何有效赞美别人呢?

1. 赞美要及时

对他人进行赞美要及时，要起到雪中送炭的作用，别人正在需要的时候，比如获奖了，取得了某些成功，在祝贺的时候进行赞美，这样更能起到鼓励的作用。

2. 赞美要中肯

赞美不是阿谀奉承，不是拍马屁，赞美的话要符合实际，语言要中肯，很有鼓励性和启迪性，让被赞美的人很容易接受。

3. 赞美要真诚

赞美的时候，自己一定要面带微笑，注视着对方，说话温和，语调不高不低，表情自然不做作，让人感觉你是真诚的。

可见，一句简单的赞美他人的话，会带来多么好的反响。

聪明女孩不妨学做一只会唱歌的百灵鸟，经常说些好听的话。因为，每个人都希望获得别人的赞美，没有人喜欢遭到别人的指责和批评。赞美的好处不胜枚举，可是，生活中却常常有年轻女孩吝啬这么做，这种女孩理所当然无法得到良好的人缘。有人说"吝啬赞美是最大的吝啬"。赞美一个人你不必损失什么，只要动动口就行了，连这点小事都不愿做，甚至故意对别人的优点视而不见，这种人除了引起别人的厌恶，根本不可能获得别人的真心认可。

赞美的话不仅要当面说，更要背后说；而且背后说别人的好话远比当面恭维别人或说别人的好话，更让人觉得可信。因为你向一个不相干的人赞美他人，一传十，十传百，你的赞美迟早会传到被赞美者的耳朵里。这样，你既博得了他的尊重，也赢得了大家的信赖。

《红楼梦》中有这么一段描写：

史湘云、薛宝钗劝贾宝玉做官为宦，贾宝玉大为反感，对着史湘云和袭人赞美林黛玉说："林姑娘从来没有说过这些混账话！要是她说这些混账话，我早和她生分了。"凑巧这时黛玉正来到窗外，无意中听见贾宝玉说自己的好话，不觉又惊又喜，又悲又叹。

在林黛玉看来，宝玉在湘云、宝钗、自己三人中只赞美自己，而且不知道自己会听到，这种好话就是极为难得。倘若宝玉当着黛玉的面说这番话，林黛玉很可能会认为宝玉是在打趣她或想讨好她。多在第三者面前赞美一个人，是你与那个人关系融洽的最有效的方法。假如有一位陌生人对你说："某某朋友经常对我说，你是位很了不起的人。"相信你的感动之情会油然而生。那么，我们要想让对方感到愉悦，就更应该采取这种在背后说人好话、赞扬别人的策略，因为这种赞美比一个人当面对你说"我是你的崇拜者"更让人舒坦，更容易让人相信它的真实性。

恰到好处的批评是"甜"的

人无完人，在这个世界上，没有人不会犯错误。在错误面前，有的女孩可能要忍不住怒目圆睁。狂风暴雨过后，女孩可能会沮丧地发现，她的善意并没有被对方所接受，甚至，换来的结果可能与预想的结果截然相反。

有这样一个故事：

山顶住着一位智者，他胡子雪白，谁也说不清他有多大年纪。男女老少都非常尊敬他，不管谁遇到大事小情，都来找他，请求他提些忠告。但智者总是笑眯眯地说："我能提些什么忠告呢？"

这天，又有年轻人来求他提忠告。智者仍然婉言谢绝，但年轻人苦缠不放。

智者无奈，他拿来两块窄窄的木条，两撮钉子——一撮螺钉，一撮直钉。另外，他还拿来一个榔头，一把钳子，一个改锥。他先用锤子往木条上钉直钉，但是木条很硬，他费了很大劲也钉不进去，倒是把钉子砸弯了，不得不再换一根。一会儿工夫，好

♀ 批评也要有技巧 ♀

没有人愿意受到批评，因此，在不得不批评别人时，一定要讲究技巧。

1. 批评宜在私下进行

为了被批评者的“面子”，在批评的时候，要尽可能避免第三者在场。不要把门大开着，也不要高声叫嚷使周围的人都知道。

2. 提出解决问题的办法

批评的同时，你必须要告诉他怎么做才是正确的，这才是正确的批评方法。

当然，批评时的态度，一定要真诚，说话要温柔，这样别人才更容易接受。

几根钉子都被他砸弯了。最后，他用钳子夹住钉子，用榔头使劲砸，钉子总算歪歪扭扭地进到木条里面去了。但他也前功尽弃了，因为那根木条裂成了两半。智者又拿起螺钉、改锥和锤子，他把钉子往木板上轻轻一砸，然后拿起改锥拧了起来，没费多大力气，螺钉便钻进木条里了。

智者指着两块木板笑了笑："忠言不必逆耳，良药不必苦口，人们津津乐道的逆耳忠言、苦口良药，其实都是笨人的笨办法。硬碰硬有什么好处呢？说的人生气，听的人上火，最后伤了和气，好心变成了冷漠，友谊变成了仇恨。我活了这么大年纪，只有一条经验，那就是绝对不直接向任何人提忠告。当需要指出别人的错误的时候，我会像螺钉一样婉转曲折地表达自己的意见和建议。"

没有人喜欢被批评，不要相信"闻过则喜"。如果一味指责别人，我们将会发现，除了别人的厌恶和不满外，我们将一无所获。如果你能够让对方感到你是来解决问题纠正错误的，而不是仅仅来发泄不满的，那么你的形象一定会大大提升。学会恰到好处地"批评"，是聪明女孩应该掌握的技巧，这里有几点小建议：

1. 不要很快进入正题

做错事的一方，一般都会本能地有种害怕被批评的心理。如果很快进入正题，被批评者很可能会产生不自主的抵触情绪。即使他表面上接受，也未必表明你已经达到了目的。所以，先让他放松下来，然后再开始你的"慷慨陈词"。有句话说得好：胡萝卜加大棒，这样才能达到比较好的效果。

2. 对事不对人

批评时，一定要针对事情本身，不要针对人。谁都会犯错误，这并不代表他人品有问题。错的只是行为本身，而不是某个人。一定要记住：在批评时，永远不要针对某个人。

恰到好处的批评应该是"甜"的，它所产生的效果，应该是使被批评者心悦诚服，主动接受批评、改正错误，并且受到鼓励，让对方感受到你的亲和力。巧妙把握批评的分寸，会让你与他人之间建立起和谐的人际关系，大大提高工作效率。

第九章

破译幸福的密码

第一节

想要心理平衡，就别把自己架上天平去过秤

命运出错时，坚强是人生天平最重的砝码

幸福的人生是类似的，不幸的生活各有各的不幸。命运不是早就调整好的精密仪器，它偶尔也会犯错。这个时候，苦难就降临到了我们头上。对苦难，有些女人只以眼泪当武器，结果溺死在自己的眼泪之中。那些选择坚强的女人，虽然她们没有男儿惊天动地的气概，但是她们在接受命运女神挑战的时候，一定会赢得最终的胜利！

2008 年北京奥运会中，一位叫作纳塔莉 · 杜托伊特的女子游泳运动员赢得了大家的赞赏。不是因为她获得了冠军，而是因为她的顽强性格感动了我们。

24 岁的南非选手纳塔莉 · 杜托伊特 7 年前遇到了车祸，事后杜托伊特左腿膝盖以下部分被截肢，这一几年前仅以毫厘之差无缘悉尼奥运会的女子混合泳冠军的希望之星，转瞬之间成了一位肢残者。人们都认为她的运动生涯就此结束了，然而 3 个月后，她重返泳池，开始学习用一条腿游泳，但她很难保持平衡，于是她决定主攻不需要太多依赖打腿动作的长距离游泳。1 年后杜托伊特在英联邦运动会上闯进女子 800 米自由泳决赛。2008 年 5 月，她在世锦赛上夺得女子 10 公里马拉松游泳第 4 名，一举“游”进北京奥运会。

决赛中，杜托伊特在 25 名参赛选手中最终位列第 16 位，但她并不满意自己的表现：“有些失望，我应该能进前五，对于一名久经赛事的选手来说，这是不能原谅的。我不想无偿地得到什么。我是为梦想而来，梦是自己给自己的，而不是别人给的。”

纳塔莉 · 杜托伊特的形象是北京奥运会中最感人的画面之一，“独腿的美人鱼”

让我们看到了坚强所赋予人们的巨大潜力。

凤凰台的一位美女主持刘海若，主持过《凤凰直通车》，是一位很有风度的主播和记者，深受观众的喜爱。2002 年 5 月 8 日，她与同伴在英国遭遇火车出轨意外，经英国医院抢救后，被判定脑干死亡。后来，医生发现她还能够自主呼吸，脑死亡的结论才被推翻。此时，凤凰同行一起为海若祈祷着，他们相信海若能够创造奇迹，“因为她是这样坚强的一个人”。果然，在顽强的求生欲望下，海若从死亡线上走下来。在康复治疗中，海若也表现出了非同一般的坚强，康复的速度之快让医生都感到惊奇。后来，她重返凤凰，负责凤凰的海外节目。

无论是纳塔莉还是刘海若，她们在苦难面前所现出来的坚强让所有人崇敬。抱怨人生不公、感叹自己是上帝的“弃儿”的人，应该在这样的女性面前感到惭愧。生活不是设定好的旅途，一切都能尽在你掌握。在你的人生道路上可能存在着挫折甚至灾难，你是选择软弱地承受，还是坚强地面对？命运出错，你不能错，选择坚强，你才为自己的人生天平选择了最重的砝码。

引用鲁豫的一句话：“我们都不完美，但我们都要体验生命带给我们的冷暖悲喜。”无论是悲是喜，一颗坚强的心就是你最重的砝码。

年龄是密度单位，而不是长度单位

年龄，似乎永远是女人心头的最痛。女人举棋不定，因为年龄；女人感情打折，因为年龄；女人隐藏才情，因为年龄；女人整容自虐，还是因为年龄……

女人被问到年龄的时候，总是有些尴尬。

说是秘密的话，别人觉得你年纪一定不小，所以不肯说出来。

于是，女人有了各种各样的关于年龄的睿智回答——

“我已经过了想结婚的年纪。”

“我已经过了相信承诺的年纪。”

“我已经过了相信男人会改变的年纪。”

“我已经过了喜欢听甜言蜜语的年纪。”

“我已经过了相信爱情是生命全部的那个年纪。”

“我已经过了‘有情饮水饱’的年纪。”

“我已经过了沙滩漫步和数星星的年纪。”

生活中，有这样一些女人：她年轻的时候只是比一般人稍微漂亮些，可时光证明了她是块璞玉，时光越雕琢，越晶莹剔透。她们知道，女人的美丽并不仅仅是光洁粉嫩的皮肤、纤细苗条的身材，更多的应该是迷人的气质、优雅的风度以及大气的风范。她们从不介意透露自己的年龄，因为她们的身上无时无刻都传达着自强自信的信息。对于她们来讲，年龄不是一个长度单位，而是密度单位，是生命以及生活含金量的一种体现。聪明的女人，具有为自己“保鲜”的能力，岁月与生活的琐碎无法在她的心灵烙下伤痕，因为她知道，增加生命的密度远比增加长度更重要。

有这样一则关于女人年龄的笑话。有人问一个女人多大年纪，她说 30。对方不信，又问到底多大，她说 40。对方仍然不信。后来那人故意说：“今天天热，我去看看盐罐生蛆了没有。”结果女人大笑：“我活了 50 岁，还是头一回听说盐罐会生蛆。”

♀ 增加人生的密度 ♀

人生的密度需要女人用自己的生活经历来沉淀。

不要被自己日益增长的年龄裹足不前，不要在意不值得在意的东西，生命是自己的，每个人都可以活得精彩。

女人需要不断地给自己充电，让自己更优秀、更充实。这样，当炫目的青春远去之后，你还会拥有在岁月流逝里越来越动人的风华。

保持年轻的心态，增加生命的密度，你离幸福就又近了一步。

这则笑话非常形象地说明了很多女人在面对年龄问题时的不正确心态。其实，我们都知道，怕老并不会使你不会变老，所以其实女人根本没必要太在意自己的年龄。带着积极的生活态度，勇往直前的工作状态，坦诚真挚的处世之道，便会永远年轻，永远时尚：正视年龄，坦然面对，勇于对生命负责，你才可能活得更好、更美。

自信才是年龄最终的解药。自信也是女人可以给这个以貌取人的世界一个智能、理性的回答。年龄是无法抗拒的，但是心态是可以保持的，其实每个年龄段都有它自己的美丽。20 岁的女人美在青春洋溢；30 岁的女人美在有女人味；40 岁的女人美在有智慧；50 岁的女人美在善解人意；而 60 岁的女人虽然已老，但由人生历练孕育出的圆融、智慧、宽容、慈祥所呈现出来的成熟风韵，却是年轻人无法拥有的。

张曼玉在接受时尚杂志的采访时被问到“身为女人，是否也和其他女性一样，担心岁月，惧怕衰老”，她回答道：“每个人都会怕老，成长过程是每个人都要经历的，其实每个年龄阶段都有不同的美，关键是要看你自己如何面对。有很多女士会用很多时间和精力很着重地去打扮，想让自己看上去比真实的年龄更年轻。虽然我不认为她们这样做是错的，但是我会选择面对现实。我情愿用同样的时间和精力去想怎样保持最佳状态，珍惜现在所处的阶段，积极面对目前的事业和工作。”

保持年轻的心态，你就会离幸福更近一点。

用沙漏哲学一点一滴化解压力

现代女性通常肩负着事业和家庭的双重责任，每一天都在压力中度过。脆弱的女人很有可能产生抗拒心理，诅咒压力、憎恶压力，在压力中消沉，甚至在压力中崩溃，选择一些极端的解决方式，这样的例子都不胜枚举。

压力到底是一种什么样的东西，有如此大的摧毁力。压力来自方方面面，工作的繁重、生活中的各种琐事、情感纠葛、人际紧张都可能造成压力，让你感觉到一种“备战状态”，精神高度紧张，随时等待着灾祸的发生。绝大多数的人都面临着相似的境况，尤其是金融危机来临之后，大家都在担心自己的饭碗能否保得住、高额的房贷如何偿还、父母子女等待供养……可以说，承受着压力是一个现代人的常态。但问题是，一些人似乎能够承受，而另一些人却被压力击垮。究其原因，外部压力的大小只是很小的一部分原因，更大的原因来自于自我，是我们让自己的心灵背负了沉重的压力。

其实完全没有心理压力的情况是不存在的。如果你的生活失去了压力，那么“空虚”就会找上门来。无所事事，对生活失去兴趣的状态比高压状态更加不利于你的心理和生理健康。其实有很多生活在高压中的人能够笑面压力。

我国知名的心理咨询专家曾奇峰先生说过：心理压力是魔鬼与天使的混合体。它就像是能带给人心灵和躯体双重伤害的魔鬼。而另一方面，压力又能让我们保持较好的觉醒状态，智力活动处于较高的水平，可以更好地处理生活中的各种事件。

压力是一种常态，但不会与压力相处的人就会打破这种状态，而让自己的精神和身体陷入崩溃的边缘。如何与压力相处，关键看承受者的心态。所以，与其在压力来临时诅咒它，不如从自身做起，改观心态，增强承受力，更要向沙漏学习怎样把压力一点一滴地释放。

现代人大都背负着沉重的生活压力，时常担心这个，担心那个。面对这么多的压力，你该试一试“沙漏哲学”，既然你所忧虑的事不是一时半刻就能改变的，你就要用另一种心情去面对。

二次大战时期，米诺肩负着沉重的任务，每天花很长的时间在收发室里，努力整理在战争中死伤和失踪者的最新纪录。源源不绝的情报接踵而来，收发室的人员必须分秒必争地处理，一丁点的小错误都可能会造成难以弥补的后果。米诺的心始终悬在半空中，小心翼翼地避免出现任何差错。

在压力和疲劳的袭击之下，米诺患了结肠痉挛症。身体上的病痛使他忧心忡忡，他担心自己从此一蹶不振，又担心自己是否能撑到战争结束，活着回去见他的家人。在身体和心理的双重煎熬下，米诺整个人瘦了 34 磅。他想自己就要垮了，几乎已经不奢望会有痊愈的一天。身心交相煎熬，米诺终于不支倒地，住进医院。

军医了解他的状况后，语重心长地对他说:“米诺，你身体上的疾病没什么大不了，真正的问题出在你的心里。我希望你把自己的生命想象成一个沙漏，在沙漏的上半部，有成千上万的沙子。它们在流过中间那条细缝时，都平均而且缓慢，除了弄坏它，你跟我没办法让很多沙粒同时通过那条窄缝。人也是一样，每一个人都像是一个沙漏，每天都是一大堆的工作等着去做，但是我们必须一次一件慢慢来，否则我们的精神绝对承受不了。”

医生的忠告给了米诺很大的启发，从那天起，他就一直奉行着这种“沙漏哲学”，即使问题如成千上万的沙子般涌到面前，米诺也能沉着应对，不再杞人忧天。他反复告诫自己：“一次只流过一粒沙子，一次只做一件工作。”没过多久，米诺的身体便恢复正常了，从此，他也学会了如何从容不迫地面对自己的工作了。

人没有一万只手，不能把所有的事情一次解决，那么又何必一次为那么多事情而烦恼呢？不能即时改变的事，你再怎么担心忧虑也只是空想而已，事情并不能马上解决；你应该试着一件一件慢慢来，全心全意把眼前的这件事做好。

人生在世，必然要面临各种各样的压力。当你学会调整自己，让压力一点一滴而来时，它就会不断推动着你努力前进。

♀ 缓解压力的方法 ♀

压力往往给人们带来负面的影响，当压力过大时，可以用以下方法进行解压：

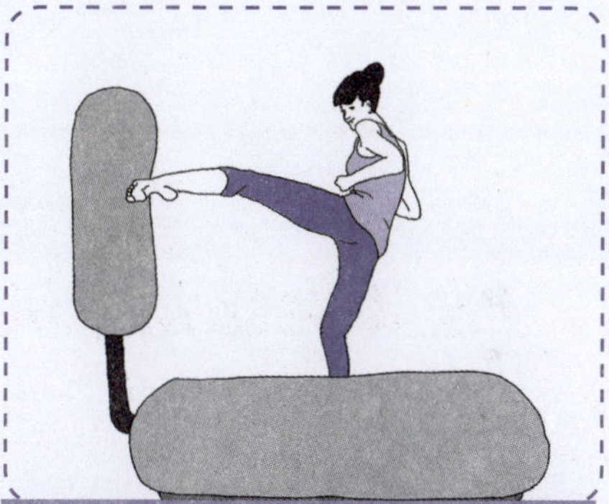

1. 自我心理暗示

积极的暗示能在短时间内让你平复心情，获得轻松感。

2. 合理地发泄

让情感抒发出来要比深深埋在心里有益得多。因此，可以通过运动、大哭等方式来发泄内心的压力。

3. 寻求支持

当你觉得自己的心理压力过大，已经快超出承受范围的时候，可以适当地向亲戚、朋友、心理医生求助。

总而言之，压力是客观存在的。你不可能减掉所有的压力，但是把压力放在沙漏里，让它一点一点地囤积，又一点一点地漏下，你的生活就能找到平衡，心情也能归于平静。

第二节

次等人攀龙附凤，一等人成龙成凤

想要的，就一定能够得到

对于梦想，每个人的看法都各不相同。有人认为我们应面对现实，不应沉溺于梦想；有人觉得，没有梦想的人，根本不适合在现实社会存在。

只要懂得判断能够实现的梦想和近乎虚妄的梦想之间的差别，拥有梦想并不是一件坏事。卡耐基说，善于梦想的人，无论怎样贫苦、怎样不幸，他总有自信，藐视命运，相信好日子终会到来。

这种梦想、这种希望、这种永远期待着较好的日子到来，使我们可以维持勇气，可以减轻负担，可以肃清我们前进道路的困难、挫折。

不要阻止你的梦想，并且鼓励自己憧憬未来，激发你的梦想，同时努力使之实现！这种使我们向上面展望、向高处攀登的能力，是与生俱来的。它是指示我们走上财富之路的指南针。你生命的内容，将全依你的梦想决定。

在美国，有一位穷困潦倒的年轻人，即使在身上全部的钱加起来都不够买一件像样的西服的时候，仍全心全意地坚持着自己心中的梦想，他想做演员、拍电影、当明星。

当时，好莱坞共有500家电影公司，他逐一数过，并且不止一遍。后来，他又根据自己认真划定的路线与排列好的名单顺序，带着自己写好的为自己量身定做的剧本前去拜访。但第一遍下来，所有的500家电影公司没有一家愿意聘用他。

面对百分之百的拒绝，这位年轻人没有灰心，从最后一家被拒绝的电影公司出来之后，他又从第一家开始，继续他的第二轮拜访与自我推荐。

在第二轮的拜访中，500 家电影公司依然拒绝了他。

第三轮的拜访结果仍与第二轮相同。这位年轻人咬咬牙开始他的第四轮拜访，当拜访完第 349 家后，第 350 家电影公司的老板破天荒地答应愿意让他留下剧本先看一看。

几天后，年轻人获得通知，请他前去详细商谈。

就在这次商谈中，这家公司决定投资开拍这部电影，并请这位年轻人担任自己所写剧本中的男主角。

这部电影名叫《洛奇》。

这位年轻人的名字就叫席维斯・史泰龙。

正因为有梦想，人们从不停止奋斗；正因为有梦想，我们才能获得不断进取的勇气，获得美好的人生。

控制自己不合理的欲望

贪婪自私的人往往目光如豆，所以他们只瞧见眼前的利益，看不见身边隐藏的危机，也看不见自己生活的方向。

合理、有度的欲望本是人们奋发向上、努力进取的动力，但倘若欲望变质了我们就容易上当、受骗。

女人的欲望一旦转变为贪欲，那么在遇到诱惑时就会失去理性。面对诱惑不动心，不为其所惑。这样的人是真正懂得如何生存的人。

荀子说："人生而有欲。"人生而有欲望并不等于欲望可以无度。理学大家程颐说："一念之欲不能制，而祸流于滔天。"古往今来，因不能节制欲望，不能抗拒金钱、权力、美色的诱惑而身败名裂，甚至招至杀身之祸的人不胜枚举。诱惑能使人失去自我，这个世界有太多的诱惑，一不小心往往就会掉入陷阱。找到自我，固守做人的原则，守住心灵的防线，不被诱惑，你才能生活得安逸、自在。

1856 年，亚历山大商场发生了一起盗窃案，共失窃 8 只金表，损失 16 万美元，在当时，这是相当庞大的数目。就在案子尚未侦破前，有个纽约商人到此地批货，随身携带了 4 万美元现金。当她到达下榻的酒店后，先办理了贵重物品的保存手续，接着将钱存进了酒店的保险柜中，随即出门去吃早餐。在咖啡厅里，她听见邻桌的人在谈论前阵子的金表失窃案，因为是一般社会新闻，这个商人并不当一回事。中午吃饭时，她又听见邻桌的人谈及此事，他们还说有人用 1 万美元买了两只金表，转手后即净赚 3 万美元，其他人纷纷投以羡慕的眼光说："如果让我遇上，不知道该有多好！"

然而，商人听到后，却怀疑地想："哪有这么好的事？"到了晚餐时间，金表的话题居然再次在她耳边响起，等到她吃完饭，回到房间后，忽然接到一个神秘的电话："你对金表有兴趣吗？老实跟你说，我知道你是做大买卖的商人，这些金表在本地并不好脱手，如果你有兴趣，我们可以商量看看，品质方面，你可以到附近的珠宝店鉴定，如何？"商人听到后，不禁怦然心动，她想这笔生意可获取的利润比一般生

♀ 如何矫治贪婪 ♀

矫治贪婪，可以用以下两种方法：贪婪之心并非生来就有的，是后天形成的，因此它是可以矫治的。

警戒法

经常想一想那些因为贪婪而遭惩戒的贪官污吏，以此为戒，改正贪婪心理。

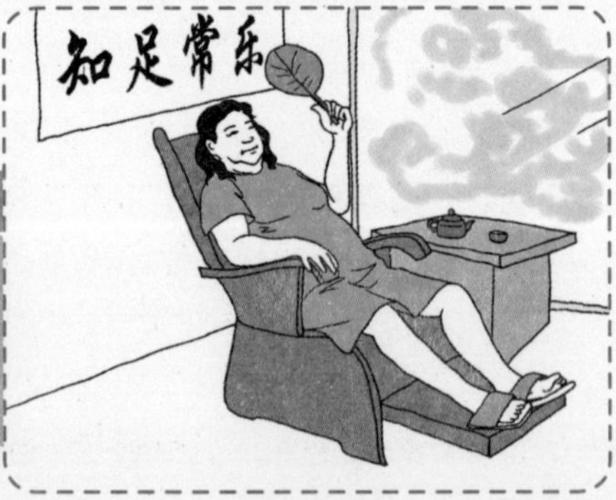

知足常乐法

即使你拥有整个世界，但你一天也只能吃三餐。谁懂得了它的含义，谁就能活得轻松，过得自在。

另外，健康的生活环境及积极的社会文化也能帮助人们矫正贪婪心理。

意优厚许多，便答应与对方会面详谈，结果以 4 万美元买下了传说中被盗的 8 只金表中的 3 只。

但是第二天，她拿起金表仔细观看后，却觉得有些不对劲，于是她将金表带到熟人那里鉴定，没想到鉴定的结果是，这些金表居然都是假货，全部只值几千美元而已。直到这帮骗子落网后，商人才明白，从她一进酒店，这帮骗子就盯上了她，而她听到的金表话题也是他们故意安排设计的。骗子的计划是，如果第一天商人没有上当，接下来他们还会有许多花招准备诱骗她，直到她掏出钱为止。

贪婪自私的人往往只见眼前利益，而忽略了隐藏在背后的危机。贪欲越多的人，往往生活在日益加剧的痛苦中，一旦欲望无法获得满足，他们便会失去正确的人生目标，陷入对蝇头小利的追逐。贪婪者往往自掘坟墓而不自知。

作为女人一定要随时提醒自己，控制自己不合理的欲望，因为你的贪欲很可能让你失去一切。

不是吃了苦就能得到甜

有这样一则寓言故事，在这个故事里面，全世界只有 4 个人——4 个均为 20 岁的年轻人去银行贷款。银行答应借给他们每人一笔巨款，条件是他们必须在 50 年内还清本息。

第一个年轻人先挥霍了 25 年，用生命的最后 25 年努力工作偿还，结果他活到 70 岁时仍然一事无成，死去时负债累累。他的名字叫“奢侈”。

第二个年轻人用前 25 年拼命工作，50 岁时他还清了所有的欠款，但是那一天他却累倒了，不久就死了。他的遗照旁放着一个小牌，上面写着他的名字“吃苦”。

第三个年轻人在 70 岁时还清了债务，然后没过几天他去世了，他的死亡通知上写着他的名字“执着”。

第四个年轻人工作了 30 年，50 岁时他还完了所有的债务。生命的最后 20 年，他成了一个冒险家，地球上的多数国家他都去过了。70 岁死去的时候，面带微笑。人们至今都记得他的名字——“智慧”。

这 4 个年轻人所贷的巨款就是时间，而当年贷款给他们的那家银行叫“生命银行”。

这则寓言隐喻了 4 种人生态度——奢侈、吃苦、执着和智慧，而真正获得幸福的只有智慧。奢侈与执着自不必说，吃苦不当也不会得到回报。辛勤工作一辈子，却过早被“吃苦”所压倒。要知道，我们的人生并非只要“苦”，并不是“苦”都可以变成甜。人生短暂，应有所为有所不为，何不学做那个智慧的年轻人，苦乐俱享？

♀ 不是所有的苦都能得到甜 ♀

吃苦是我们走向成功的必经之路，没有吃苦的精神，就不会战胜前进道路上的种种困难，成为“人上人”。

但是现实中，有很多人整日勤奋不辍、孜孜不倦、日夜辛劳，但他们依然没有改变。

不是吃过所有的苦最终都能得到甜，人要有一颗平常心。不光吃苦，人还要有智慧的辅助，才能更靠近甜。

很多女人都有一种吃苦的精神，她们从小就在吃苦的家庭中长大，洗衣做饭、收拾屋子，有的甚至年纪轻轻就不上学，而是背井离乡去外地打工，后来嫁给一个老实本分的男人，在家里苦苦地攥着辛勤“刨出”的财产……或许这些正在吃苦的女人，认为自己只要敢于吃苦，就会有所收获，就能够摆脱贫困。

敢于吃苦是一件好事，凡事没有绝对，吃得苦中苦，也不一定变为人上人。

不是所有的苦都可以变成甜，不要年纪轻轻就背上沉重的负担。人的精力有限，所做的事情也有限，对于女人来说，时间更为宝贵。所以，不要把力气浪费在不必要的“苦”中，让自己成为“吃苦”的牺牲者，这样做并不伟大，你的牺牲也没有价值。

不要在吃了很多苦之后，才发现吃错了苦。因为庸人自扰而走弯路，岂不是一种悲哀？看清自己的需求，找到自己应该吃的苦，把一些不属于自己的苦抛掉。

第三节

学会远离诱惑

不去追求完美，反而活得更踏实

很多女人对人生每每抱有一种力求完美的心态，凡事都要全力以赴，事事都不能落后于人，她们可能会因为脸上长了痘而涂抹厚厚的化妆品遮掩，甚至不敢出门，也可能因为学识不佳而不敢跟人谈恋爱。可是人生又哪里来的十全十美，你又何必把自己折腾得这么累？你是否想过，事事不必苛求完美，尽力而为即可。让自己过过减法生活，无法改变的事情就不要过度在意，要懂得从内心善待自己，你会活得神采飞扬。

有一个女人，她自小的梦想是成为一位歌唱家，可是她长得并不好看。她的嘴很大，牙齿很暴露，每一次公开演唱的时候——在新泽西州的一家夜总会里——她都想把上嘴唇拉下来盖住她的牙齿。她想要表演得“很美”，结果呢？她使自己大出洋相，总也逃脱不了失败的命运。

恰巧那家夜总会里听这个女人唱歌的一个人，认为她很有天分。他很直率地说：“我一直在看你的表演，我知道你想掩藏的是什么，你觉得你的牙长得很难看。”这个女人非常难为情，可是那个男的继续说道：“这是怎么回事？难道说长了龅牙就罪大恶极吗？不要去遮掩，张开你的嘴，观众欣赏的是你的歌声。再说，那些你想遮起来的牙齿，说不定还会带给你好运呢。”

她接受了他的忠告，没有再去注意牙齿。从那时候开始，她只想到她的观众，她张大了嘴巴，热情而高兴地唱着，后来，她成为电影界和广播界的一流红星。她的名字叫凯丝·达莉。

在你的生活中，是否有你想刻意隐藏的“龅牙”呢？是否你的刻意隐藏达到的效果反而适得其反呢？勇敢地接受自己的不完美，或许你会发现生命中有更灿烂的阳光。

有一个人，他得到了一张精致的由檀木做成的弓。他非常珍惜这张弓——它射得又远又准。

有一次，这个人一边观察一边想：还是有些笨重，外观也无特色，请艺术家在弓上雕一些图画就好了。他请艺术家在弓上雕了一幅完整的行猎图。

这个人拿着这张完美的弓心中充满了喜悦。“你终于变得完美了，我亲爱的弓！”

这个人一面想着一面拉紧了弓，这时，弓“咔”的一声断了。

人生就像这个人手中的弓，追求完美唯一的结果就是让这张弓毁于一旦。

“金无足赤，人无完人”，我们都应该认识到十全十美的人和事物是根本不存在的，不要因为不完美而恨自己。只有从内心接受自己，喜欢自己，坦然地展示真实的自己，才能拥有成功快乐的人生。

我们知道，这个世界上不是所有东西都让人满意，也没有任何一件事物是十全十美的，它们或多或少皆有瑕疵，人类亦同。我们只能尽最大的能力去使它更完美一些。智者告诉我们，凡事切勿过于苛求，如果采取一种务实的态度，你会活得更快乐！

哲学家伏尔泰曾言：“幸福，是上帝赐予那些心灵自由之人的人生大礼。”这句话足以点醒每一个追求幸福的女人：要做幸福女人，你首先要当自己思想、行为的主人。换言之，你只有做自己，当个完完全全的自己，你的幸福才会降临！这就是幸福女人的秘密。

一个圆环被切掉了一块，圆环想使自己重新完整起来，于是就到处去寻找丢失的那块儿。可是由于它不完整，因此滚得很慢，它欣赏路边的花儿，它与虫儿聊天，它享受阳光。它发现了许多不同的小块儿，可没有一块适合它。于是它继续寻找着。

终于有一天，圆环找到了非常适合自己的小块，它高兴极了，将那小块装上，然后又滚了起来，它终于成为完美的圆环了。它能够滚得很快，以致无暇注意花儿或和虫儿聊天。当它发现飞快地滚动使得它的世界再也不像以前那样时，它停住了，把那一小块又放回到路边，缓慢地向前滚去。

其实我们每个人都是一个不完整的圆，生命中有些东西原本是可以舍弃的，太完美的结局往往像那个完整的圆一样，会失去很多曾经拥有的快乐。另一方面，这个故事也告诉我们，也许正是失去，才令我们完整；也许正是缺陷，才体现我们的真实。

没有一个人是完美无瑕的，难道有缺点和不足就注定要悲哀，要默默无闻，无法成就大事吗？你是否想过缺憾也是一种美，如同断臂的维纳斯。只要你把“缺陷、不足”这块堵在心口上的石头放下来，别过分地去关注它，它也就不会成为你的障碍。

所以，聪明的女人们懂得珍惜自己身边的一切，不会为无法改变的事情忧愁郁闷。做一个不太完美的圆，人生路途漫漫，放慢脚步，你会惊喜地发现，快乐可以是路边的那一株小草，虽然略显单薄，但是它仍然以自己的方式傲然地活着，为春天增加一抹清新的绿色，也在你心灵的春天挥洒了永恒的快乐！

为了生活，女人需要一些“傻气”

二十几岁的女人缺少生活的历练，却对生活要求太高，任何事情都想要一个结果：朋友为什么会给自己“穿小鞋”？男友在外面交了些什么朋友？上司对某女同事为什么比自己好？但生活中的是是非非很多，我们无法对每件事都做一个清楚的交代。

这些看似聪明的女人其实都很愚蠢。她们总被生活牵着走，为了一点小事，就会歇斯底里，这种女人就会老得很快。

如果能够“糊涂”一些，女人就会远离很多烦恼，活得更加快乐，不会被生活的琐碎困扰。郑板桥的一句名言“难得糊涂”洞明世事：聪明易做，糊涂难为，被世事纠缠不清的人难有大智慧、大作为。

“糊涂”的女人男人最爱。聪明的女人成为男人的爱人，太聪明的女人被男人当成对手。真正聪明的女人懂得适当的时候装傻卖乖、睁一只眼闭一只眼，这样的女人令男人折服、令男人依赖。

“糊涂”的女人惹人喜爱。聪明的女人让人累，不如傻大姐让人捧腹。多数女性喜欢斤斤计较，在处理事务上比男性就逊色多了，当然也有许多好女人比坏男人强。“糊涂”的女人在为人处世上就精明多了，她们能用豁达、广阔的心胸包容着每一个人，甚至曾经伤害过自己的“敌人”，她们都能以仁慈之心去微笑着面对，这样的“糊涂”女人怎么能不可爱？

“糊涂”的女人朋友多。因为她们懂得人与人之间只要渗透一点“虚假”，一切美好的感觉就会烟消云散，所以她们会用真情来赢得友情。虽然不是每一份“真情”都能赢得友情，但她们知道宽容似水、宽容似火、宽容是诗，退一步海阔天空。

想要与人和平相处，想要拥有一个良好的人际关系网和前途，你就需要一本糊涂经。所谓糊涂经就是外表糊涂、内心清明的大智若愚。

太过计较的人总是追着幸福跑，用尽全力也抓不住飘忽不定、转瞬即逝的幸福。可笑的追逐，就如无声的宣判，如终审不能上诉，人生就是这么无奈，当你无法改变太多的时候，只有顺从。

♀ 女人要“糊涂”一点 ♀

太聪明的女人往往会处在痛苦之中，生命中充满矛盾与挣扎，她们在放与不放间徘徊、流连。

每跨出一步，前面意味着什么，得到什么或失去什么，人未动心已远，何止一个“累”字了得。

只有想得开，放得下，朝前看，才有可能从琐事的纠缠中超脱出来。

假如对生活中发生的每件事都寻根究底，去问一个为什么，那实在既无好处又无必要，而且破坏了生活的诗意。所以，女人不要太过计较，糊涂一番又何妨？

过 NoNo 族的幸福生活

女人都有爱美之心，也都有虚荣之心，爱美加上虚荣，便是一种强大的力量，可以将女人的忍耐力发挥到极限。为了减肥宁愿节食的女人满街都是；高跟鞋一定穿 5 厘米以上的，脚痛到不行也在所不惜；为了和同事买同一个档次的名牌包，宁愿委屈自己吃半个月的泡面……但是看到 NoNo 族的潇洒生活之后，才开始发现这样的刻意真的有点累。

NoNo 族虽然拥有相当强的经济实力，却远离和唾弃名牌——因为 NoNo 们认为，靠名牌来显示自己社会地位恰恰是一种没身份的表现。他们觉得自己是真正的贵族，不必站在高处大喊“我有钱有地位有文化”。他们尽量低调，用更理性的态度去享受生活。

相信看过安妮宝贝作品的人都会发现，她书里的女人一律是白裙、光脚穿着球鞋的惬意，生活得非常的随意。没有矫揉造作，没有刻意迎合。这种悠然的小资情调其实就是我们现在所说的 NoNo 生活。NoNo 族是英文里的否定词“No”的双重否定而得来的，这一概念缘于加拿大女作家娜奥米·克莱因的一本书《No Logo》(《拒绝名牌》)。书中通过对名牌崇拜的批判，对奢华铺张的讽刺，在都市里倡导一种理性消费、简约生活的新节俭主义之风。NoNo 族便是这种都市新节俭主义的推崇者。他们崇尚简单就是美，无论是吃穿住行都追求内在的充实和不动声色的优越感，而不是靠奢靡华丽的外表来标榜自己。

在 NoNo 族看来，衣服最原始最实用的功能——穿，大于一切。要穿就要穿得舒适。对于名牌，她们只选适合自己的，绝不成为名牌的负累。她们的美学理念是精致与简约的结合，可以是朴素的，摒弃一切多余的细节，线条简练而完美，设计感由心而生。在布料选择上不要求质地考究，但质感甚为重要，传统的纯棉是最优的选择。NoNo 族一切以舒适自由为主，不会选择一条又一条反复的手链作为束缚，也不需要过多的褶皱或是蕾丝花边。因为太多的点缀对 NoNo 族来说是多余的负担，放在远处欣赏尚且不错，挂在身上就不必了。

这些女子排斥一切浓重而华丽的附属物，体现的是纯天然的美感，整张脸上没有多少化过妆的痕迹，仅在眼睑处混入一抹恰到好处的深色，自然清澈的眼神，流露着某种坚定和矜持。整个人都给人很舒适的感觉。NoNo 族的爱情，简单、低调、浪漫，从一而终的古典式爱情，可以和一个人手牵着手走过一生。

追求简单生活，并不是苦行僧般的贫苦简陋，而是在经过深思熟虑后，力图表现真实的自我。生活目标和意义分外明确的生活，是一种丰富、健康、和谐、悠闲的生活方式。正如一些人所说的，当你拥有了一部好车，你就会开始为它操心，需要为它做各种保养，担心它会被撞到或者被盗；当你穿上几套名贵衣服的时候，你

♀ 新节俭主义 ♀

所谓“新节俭”，不再是过去的节约一度电、一分钱的概念，也不是一件衣服“新三年，旧三年，缝缝补补又三年”的口号，而是对过度奢华、过度烦琐的一种摒弃，其本身的意义就是“简单生活”。

简单生活

当许多人还在为是吃荤的好还是吃素的好争论不休时，都市中的一部分新潮族开始“返璞归真”，让“新节俭主义”在生活中唱起了主角。

- 生活主张简单
- 消费选择理性
- “新节俭”不是守财奴

节俭行家

“新节俭”渗透于生活中的种种细节，打包是一种，购物时不为价格所迷惑是一种……不作无谓的浪费与铺张。

- 不求奢华，以省钱为乐趣
- 不求形式，注重生活感受
- 不讲吃穿，追求精神享受
- 理性消费，钱花在刀刃上

节俭窍门

- 不为情绪埋单
- 将 AA 制进行到底
- 建立消费同盟
- 参加团购大军

就要随时记得区分哪套是不能水洗需要干洗的，需要定期熨烫它们，需要搭配好与之相匹配的衬衣和皮鞋，还要时刻注意走路的姿势和形象……很显然，这些奢侈，只会给自己的生活带来更多的麻烦与不便，变成心灵沉重的负担，使自己活在一种压抑、烦躁的状态之中。每增加一份奢侈，就是给自己套上一个枷锁，自己也就失去了一份自由。从奢侈走向简朴的过程，就是逐渐回归舒适与自由的过程。NoNo 族的生活，是我们可以尝试的一种幸福生活。

第十章

接受真实的自己

第一节

接受真实的自己

保持自己的个性

世界上所有珍贵的东西，都是不可仿制的，是绝无仅有的。女性大家族中的你，也是这个世界上独一无二的。

成功女性往往都具有独特的个性，无论是着装打扮、言谈举止，还是思维方式、处世风格，都与众不同。正是因为有了这许许多多的“不同”，才孕育出了她们不同凡响的成功。因此，每个想要成功的女性，都应该坚守自己的个性，保持自己的本色。

“保持本色的问题，像历史一样的古老，”詹姆斯·高登·季尔基博士说，“也像人生一样的普遍。”不愿意保持本色，即是很多精神和心理问题的潜在原因。安吉罗·帕屈在幼儿教育方面，曾写过 13 本书和数以千计的文章，他说：“没有比那些想做其他人和除他自己以外其他东西的人更痛苦的了。”在个人成功的经验之中，保持自我的本色及以自身的创造性去赢得一个新天地,是有意义的。你和我都有这样的能力，所以我们不应再浪费任何一秒钟，去忧虑我们不是其他人这一点。

你是独一无二的，你应该为这一点而庆幸，应该尽量利用大自然所赋予你的一切。归根结底，所有的艺术都带着一些自传色彩，你只能唱你自己的歌，你只能画你自己的画，你只能做一个由你的经验、你的环境和你的家庭所造就的你。不论情况怎样，你都是在创造一个自己的小花园；不论情况怎样，你都得在生命的交响乐中，演奏你自己的小乐器；不论情况怎样，你都要在生命的沙漠上数清自己已走过的脚印。

玛丽·玛格丽特·麦克布蕾刚刚进入广播界的时候，想做一个爱尔兰喜剧演员，结果失败了。后来她发挥了的自己长处，成为纽约最受欢迎的广播明星。

著名影星索菲亚·罗兰第一次踏入电影圈试镜头时，摄影师抱怨她那异乎寻常的容貌，认为她的颧骨、鼻子太突出，嘴也太大，应当先去整容再试镜头。她却说："我不打算削平颧骨、换个鼻子和嘴巴，尽管你们摄影师不喜欢灯光照在我脸上的样子。要解决这个问题，不是我去整容，而是你们要好好琢磨琢磨应当怎样给我拍照。我认为，如果我看上去与众不同，这是件好事。我的脸长得不漂亮，但长得很有特色。"

这就是自信自爱、特立独行。

你可以把巩俐、张惠妹当作心中的偶像，可以惊叹杨澜、张璨创造的惊人财富，但你千万不可妄自菲薄，从心中小视了自己，尽管自己存在着这样那样的缺陷。或许你的形象不及巩俐的美丽，或许你的财富和杨澜比起来显得微不足道，但你大可不必自惭形秽，你的勤奋刻苦、你的自强不息，谁又能否认这是你人生的一大亮点呢？

看重自己

不能做自己的女人，常常找借口，甚至抱怨说，环境迫使她放弃了自己做自己的可能，决定了她人生的位置。但实际看来，这是在为自己的软弱寻找借口。

一个女人将成为怎样的女人，固然与环境有关；但是，环境不能造就你，你之所以成为你，是你选择的结果。即使你手无缚鸡之力，让他人控制了你的环境，甚至你的肉体，但他人唯一不能控制的却是你的态度。你的态度决定你的选择，你的选择创造你的生活，并塑造出你是谁，能成为一个怎样的人。

女人，如果你期望能做你自己，你所要培养的首要态度就是：看重自己。卡耐基认为，当一个人走入人群，不能很清楚地表现自己独特的一面，而只是成为人群中的一分子的话，这个人的个人形象明显存在缺憾。缺乏个人化的特质，很难引起别人对你的注意，当然更谈不上成功了。

卡耐基举了这样一个例子证明个人化的重要："你对自己，应照着厄文·柏林对已故的乔治·杰许文所做的明智的劝告去做。柏林与杰许文初遇时，柏林已经成名，而杰许文则是一个正在奋斗中的青年作曲家，在亭盘巷里为着每星期 35 美元而工作。柏林对杰许文的才能大为赞许，想请他做自己的音乐秘书，薪水已达他当时所得的三倍。'不过还是别接受这个工作的好，'柏林劝道，'假使你接受了，你可能会发展成为二流的柏林。可是你坚持做自己，总有一天你会成为一流的杰许文。'杰许文记下了柏林的忠告，没有接受这份工作，果然日后成为美国当代著名的音乐家。"

由此可见，当一个人具备了完全个人化的形象时，他至少成功了一半。当然个人化并不是那些不合时宜的论调，古怪的生活方式和令人侧目的衣着打扮，而是一些性格上的更坚强更牢固的东西。如果一个漂亮女孩的美丽就是她的性格的话，她是失败的。而一个即使并不美丽的女孩，如果在性格上具有善良的美德，那么她个人化的品质则比前者突出得多。

其实每个人都具有某种潜能，所以，不要浪费时间去担忧自己与众不同。你在这世上完全是崭新的，前无古人，也将后无来者。遗传学家告诉我们，人是由 48 个染色体互相结合的结果，其中 24 个来自父亲，24 个来自母亲。每个染色体里面有成百个遗传基因，每一个基因都能改变你整个生命。因此，我们的确是“不可思议，极为奇妙”的一个组合。我们是独一无二的存在，我们是“双赢”的组合。

别人的人生与自己的人生自然是不同的。自己的人生,掌握在自己的手中。会是“成功传奇”还是“人生悲剧”，全是自己的问题。不去做你永远不知道的事情。所谓“真理唯有实践能证明”，若能专心致力于自己的生活，一定会有一定的效果。

爱默生在散文《自持》中如是说：“每个人在受教育的过程当中，都会有段时间确信：嫉妒是愚昧的，模仿只会毁了自己；每个人的好与坏，都是自身的一部分；纵使宇宙间充满了好东西，不努力你什么也得不到；你内在的力量是独一无二的，只有你知道自己能做什么，但是除非你真的去做，否则连你自己也不知道自己真的能做。”

另外，道格拉斯·玛拉赫也用一首诗表达了自己的看法：

如果你不能成为山顶上的高松，那就当一棵山乡里的小树——但要当棵溪边最好的小树。

如果你不能成为一棵大树，那就当一丛小灌木。

如果你不能当一丛小灌木，那就当一片小草地。

如果你不能是一只麝香鹿，那就当尾小鲈鱼——但要当湖里最活泼的小鲈鱼。

我们不能全是船长，必须有人去当水手。

这里有许多事让我们去做，有大事，有小事，但最重要的是我们身旁的事。

如果你不能成为大道，那就当一条小路。

如果你不能成为太阳，那就当一颗星儿。

决定成败的不是你身体的大小——而在于做一个最好的你。

态度决定一切。你的态度就是你“真我”的先遣尖兵，你最好的朋友，或你最坏的敌人，它决定着你的人生高度：你怎样对待生活，生活就怎样对待你；你怎样对待你周围的世界，你周围的世界就怎样对待你。一报还一报，你便成了今天的你。

“我既不崇拜偶像，也不信奉鬼神。我唯一的信条就是相信自己的肉体和精神的力量。”这则伟大格言让我们坚信：来自内在的帮助必定使自救者兴旺发达！要让最真实的幸福降临——自己做自己，女人所要走的唯一可靠的路径就是，看重自己，再看重自己，做自己生命的主宰，命运的救星。在这个世界上，你是独一无二的。

♀ 看重自己，不被他人左右 ♀

也许你有些地方与别人相似，但你仍是无人能取代的。所以你更要欣赏自己，更要爱自己。

我们如果没有了自己的生活方式、思考方式，就会无法定位自我，别人一提意见，就会无所适从，惊慌失措。

如果决定了自己的生活方式，就不用在意别人的目光。

不同的人有不同的生活方式，你没有必要努力想达到某个所谓的标准答案。

释放自我，本色生活

莎士比亚说：“你是独一无二的，这是最大的赞美。”女人，可以没有西施般倾国倾城的美貌，但你不能失去追寻浪漫的心。这颗浪漫的心告诉你，你就是你自己，你的本色就是你独一无二的美丽。在这个“她时代”，女人都在高呼“生得漂亮不如活得漂亮”。活得漂亮，就是活出一种精神、一种品位、一份至情至性的精彩。良好的教养、丰富的阅历、优雅的举止、宽广的胸襟，以及一颗博爱的心灵，一定可以让女人活得越来越漂亮。

要想活出自己的浪漫，怎能做他人的“副本”？在这个百花争放的“她时代”花园里，你要坚守自己的个性，不盲从她人的美丽，从灵魂深入去认知自己，尽情地释放你的勇敢、你的美丽、你的沁人芬芳。你要坚信，你就是这个人生花园中的一朵奇葩，你有着独一无二的美丽，世界因为你的存在而分外美丽。

看一看杨二车那姆吧，她活出了自己的美丽，并在人们的心中留下了深刻的杨二车那姆式“烙印”。一提到杨二车那姆，人们都会对她啧啧称奇：“她太有个性了！”“她的味道很独特！”“她真不简单！”的确，这个不平凡的摩梭女性的身上，鲜明地体现了“活力、社交、自由、出走、追求……”等这些动感十足的词汇，总之，她真是太有自己的一套了。

那姆唱歌之余笔耕不辍，《走出女儿国》、《中国红遇见挪威蓝》、《你也可以》、《长得漂亮不如活得漂亮》等作品不仅感染了许多中国女人的心，还被译成多国文字，冲击着国外女性的浪漫心灵。杨二车那姆这样评说自己：“在常人眼里我长得不算漂亮，但自认活得漂亮；我的这张嘴虽然不够性感，但吃过世上的山珍海味，也吃过人间最多的辛苦；我的这双眼睛虽然不算漂亮，但让我看过了人间各种美景和各种辛酸艰苦！”

“我的性格注定了我的命运只能这样，我喜欢在路上的感觉，我喜欢转换不同的角色，喜欢尝试各种事情，只要我想，我就要去做，没有什么东西可以拦住我！”14岁那年，一支采风队“采”中了她和另外三个女孩，到县里参加歌唱比赛。杨二车那姆的人生由此翻开新的篇章。她抱着唱歌的梦想，独自走进了城市，走进了上海音乐学院，走进了北京中央民族歌舞团，走进了美国东西海岸和世界各地。她这只“中国的夜莺”，用她不可思议的甜美嗓音，向世界宣言她独特的美丽。

生活中的那姆随性自然。她会随意将牛仔和T恤套在身上，买了很重的东西就那样拎着回去，一点不顾形象，却是活力充沛。她性格直爽，会和装修房子的工人大吵一顿，随后又若无其事给人家买水果，很体贴很乖巧，没把谁当外人。那姆会去花市，捡几朵花瓣回家放进大盆子，纯粹只为不花钱地美一美。工作中，杨二车那姆可以一套黑色公主服，一条白金项链，一头长发，素面朝天地去了。社交宴会上，杨二车那姆又可以着一袭华丽的印度长裙，用东方文化武装自己，大大方方、不卑不亢地表现出她最光亮的地方，轻松夺得晚会上风头最劲的美女子。

“活出漂亮的自己”——正是这种想法让杨二车那姆一直发掘自己的特质，坚持自己率真的个性，成了一个从头到脚洋溢着神奇魅力的女子。

每个女人都拥有自己独特的美，要善于挖掘你这份独一无二的美丽，让它通过你的言谈举止，你的衣着打扮，感染她人的灵魂。浪漫的女人，就是要敢于做本色的自己，在生活的道路上一路高歌热舞，活出漂亮的自我来！

善待自己，为自己而活

相信自己，善待自己，让自己的生活精彩纷呈，这样做不是为了要让某个人后悔，而是为了让自己的人生更精彩。

你可以去爱一个男人，但是不要把自己的全部都赔进去。没有一个男人值得你用自己的整个生命去讨好。你若不爱自己，怎么能让别人爱你？疯狂的事情经历一次就好，比如翻越千山万水地去看望一个人。

女人在社会家庭中，往往不是一种角色，而是身兼数种角色。在工作单位，你既是上司的下属，又是下属的上司；在家庭中，你既是母亲的女儿，又是丈夫的妻子，还是孩子的母亲。这么多的角色转换很累，而女人本来就天性善良，总想顾及每个方面，这样做的结果就是劳心劳力，却没有留一点时间给自己。女人啊，不要再满脑子只为别人着想了，要为自己活着，倾听自己的声音。想做的就去做，想玩的都去玩，每个人都是独立的个体，总被别的事物牵绊是不会开心的。相信自己吧，一切美好的追求和希望正在彼岸向你招手呢！

一个女人，以要照顾亲人作为抛却理想、梦想和欲望的理由，忘记追求，忘记进取，到最后甚至连自己都给忘掉，看似每天都忙忙碌碌，全身心地付出，可能真正得到的理解却并不多。心情抑郁不欢，脸上的笑容越来越少，家人的情绪被影响，老公、孩子的心都离她越来越遥远，受了那么多罪最终没有一点好处，最后独自黯然神伤，这样的女人真是得不偿失。同情她吧，那是她心甘情愿自找的；苛责她吧，她又确实为家庭付出很多，让人有那么点不忍心。可叹可悲！只能希望并祝福她早点变得聪明起来，对自己和亲人都是解脱。

女人应该把自己放在第一位，想吃就吃，想穿的时候就去买件新衣裳，抽时间好好打扮自己，让自己永葆青春，时时保持好心情。

女人应该把自己放在第一位，不懈地追求自己的理想，努力实现自己的梦想。把在厨房的时间减少一些，有空约自己的朋友喝喝茶，聊聊天，去户外走走，看看久违的风景，重拾原有的自信。只有自己把自己当回事，别人才会把你当回事，才能被别人看得起；只有自己把自己照顾好了，才更有资格去照顾别人。

女人应该把自己放在第一位，好好对待自己，不要在生活中迷失自己。心情不错时，可以随时改变自己。

生活的艺术在于知道如何享受一点点而忍受许许多多。每天给自己多一点自信，即使生活有一千个理由让你哭，你也要找到第一千零一个能让你笑的理由。

♀ 善待自己 ♀

女人如果想要学会善待自己，请记住下面这几条：

每天打扮得优雅从容出门，女人要学会欣赏自己，每天送个微笑给自己，把自己的美展示给别人，人生何愁没有快乐。

女人不要让自己太累。会享受生活的女人是聪明的。

如果可以，和相爱的人牵手漫步，在没找到那个人之前，学会自己欣赏风景。

善待自己的女子是睿智的女子，她们从容、积极地面对生活，生活定会如她们所愿！

第二节

女人的自私也是一种自爱

留一些时间给自己

现在生活节奏在不断地加快，人们每日的生活被安排得满满的，甚至会为工作忙碌到深夜。每天忙碌的是工作，谈论的是工作，几乎没有任何的个人闲暇时间，更何况说有什么娱乐活动呢？生活是丰富多彩的，而我们却只顾低头赶路！

曾经有一个都市白领在日记中这样写道：“前几天，遇到一个好久不见的朋友，聊天的时候，他问了我这样一句话：‘你是怎么休假的？’面对这个极其普通的问题，我竟半天答不上来。后来，静下心来仔细想想，我最大的苦恼，就是很难找到真正属于自己的时间。一周五天，一天八个小时，工作时间的紧张繁忙自不必说，连准时下班对我来说都是一种奢侈，因为多半时候到了下班时间无法结束工作。”

生活中需要一些时刻属于我们自己。巴尔扎克说过，躬身自问和沉思默想能够充实我们的头脑。生活中，我们需要为自己找出一段完全属于自己的时间，和自己的心灵对话，体味生命的意义。有人问古希腊大学问家安提司泰尼：“你从哲学中获得什么呢？”他回答说：“同自己谈话的能力。”同自己谈话，就是发现自己，发现另一个更加真实的自己。

很多时候我们的内心常为外物所遮蔽掩饰，从而无暇去聆听自己内心最真实的声音。于是，我们总是在冥冥之中希望有一个天底下最了解自己的人，能够在大千世界中坐下来静静倾听自己心灵的诉说，能够在熙来攘往的人群中为我们开辟一方心灵的净土。可芸芸众生，“万般心事付瑶琴，弦断有谁听？”伯牙与子期的这样挚深的友谊似乎都成了可望而不可即的奢望。知己是难寻，不过友情也是需要经营的，我们却忽视了，所以我们孤单。

其实很多时候我们就是自己最好的知音，世界上还有谁能比自己更了解自己？还有谁能比自己更能替自己保守秘密呢？因此，当你烦躁、无聊的时候，不妨给自己一点时间，和自己的心灵认真地对话，让心灵退入自己的灵魂中，静下心来聆听自己心灵的声音，问问自己：我为何烦恼？为何不快？满意这样的生活吗？我的待人处世错在哪里？我是不是还要追求工作上的成就？我要的是自己现在这个样子吗？生命如果这样走完，我会不会有遗憾？我让生活压垮或埋没了没有？人生至此，我得到了什么、失落了什么？我还想追求什么……

在自己的天地里，你可以毫无顾忌地“得意”，可以慢慢修复自己受伤的尊严，也可以坦诚地剖析自己，告诉自己什么样的生活是适合自己的，在与自己的对话中，让心灵放松，找到最适合自己的生活方式。

当你的生活变得干涸乏味时，当你的内心觉得需要审视自己时，女人该为自己留出一点时间，与自己独处，试着安静下来认真倾听内心最真实的声音。这种倾听可以让我们从生活的繁忙中抽身出来，让我们再度体验自己生命甘泉的甜美。

1/3 给爱情，2/3 给自己

男人就像女人的一把保护伞，他为女人撑起一片晴空。女人常常就像一个虔诚的信徒一样，将自己的全部奉献给了爱情，希望永远躲在这把伞下。有人对爱情进行了量化分析，如果把女人全部的爱分成三等分，那么最好的策略是，1/3 给爱情，2/3 给自己。

爱一个人，无论有多深、多浓，一定要有自己。爱情必须建立在平等的基础上，你可以奉献，但绝不能跪着去爱一个人。爱中一定要包含着自身的尊严，就像《简·爱》中的简那样不卑不亢。身体的依恋是有限的，只有建立在灵魂平等基础上的真爱才能走得久远。

菲曾深深地爱上一个男人，她回忆说：“爱上的时候，那种膨胀的占有欲折磨得我好苦。他和哪个女人多待一会儿，或者哪个女人在追求他，在他面前花枝招展，都会令我醋意大发。而他偶然的一个眼神、一句善解人意的鼓励，都会让我柔情似水，又怅然若失。常常在梦里伴着他，醒来一枕泪。心里不断地数落他不完善的地方，却仍然要被一种力量牵引，陷入情网。可是女性的矜持和骄傲又绝不允许我表白什么。我害怕与他对视，怕无法控制自己，可一旦他走过去，我又会在背后用我的目光追赶他的背影。况且在我的潜意识中，爱情必须男人先表白，或者如欧洲窗下的小夜曲，或者如中国的红梅赠君子，这样才不失一种古典的浪漫气息。”

非望眼欲穿地等待，但仍没有结果，她所喜爱的男人最终选择了别人。对女人来说，寻找自己的保护伞，要有勇气，也要有力量，多要鼓起勇气表白。

爱情，不能对它太慈祥、太宽容，倘若这样，可能会失去你的保护神。你要努力又不动声色地提醒对方，让他感觉到你的存在。同样，对爱情也别太苛刻，太苛

♀ 把 2/3 的爱留给自己 ♀

没有自我、不留任何余地的爱是可怕的，具有毁灭性和颠覆性，很容易酿出悲剧来。

把 2/3 的爱留给自己，一旦对方离开，你还能从对方越走越远的朦胧背影中回头，你还有爱自己的能力和勇气。

如果把十分的爱全给了对方，在爱中丧失了自己，一旦对方变心，你的精神支柱会倒塌。

所以，你千万不能把爱全部投注在对方的身上，不要把生活的赌注全部押到他人身上，去指望他人！

刻也会失去它，苛刻常常意味着你的不信任。

男人喜欢女人撒娇，喜欢女人偶尔耍小孩子脾气，只要不经常、不过分，他会更加宠爱你。不要因为你是女人就将主动权让给男人，美好的东西要去追求，机会要你自己去创造。女人在主动寻找爱情的同时，还应懂得把握好爱情的分寸，因为毕竟主动寻找来的爱情得来不易。

把 2/3 的爱留给自己，女人才能为自己留出个人的空间：那里保存着女人的尊严和价值、生命原则和人格魅力。因为这 2/3 的距离存在，对方会觉得仍有深入和进步的可能，同时也不会让对方觉得太累。在节奏繁忙、凌乱的都市生活中，是没有人愿意负载一份太沉太累的爱行走的。

对于女人来说，爱情是生命中最厚重的，是无价的。男人让女人一生激动、倾慕、依恋，更让女人温暖，因此所有的女人都渴望永久拥有这份情感，彼此牵手走过一生。但很多时候，女人不仅仅要为得到这份情缘而欣喜，更重要的是还需学会守护爱情的技巧。这些技巧包括：不要把你的爱人拿来和别人的比较；不可以整天追问对方爱不爱你；不要摆脸色给对方看；要适度表现你的体贴和柔情；要恰当地把握嫉妒和娇媚；永远把家庭放在第一位；把爱人的父母当成自己的父母。

在茫茫人海中寻觅到自己的最爱真的不容易，而重要的是要积极寻找保持爱情不老的动力。所以，女人应该用自己的智慧，寻找爱情的庇护，掌握守护爱情的技巧，握紧真爱的手，将爱进行到底。

做个不讨人厌的“利己主义者”

从很小的时候，我们就听过“孔融让梨”的故事。家长和老师为了把我们塑造成一个好孩子，常常会教导我们要懂得礼仪，学会谦让。于是，很多女人为了得到“谦让”的美名，把自己喜欢的座位、礼品、食物统统让给了别人。在听到了大人的那一声夸奖之后，自己独自躲在角落里，为了自己的“伟大”而忍受着并不喜欢的事物。

这样的“虚伪”生活难道就是对一个人品德的高度赞扬吗？难道勇敢地追求自己想要的事物，也有错吗？

生活中，并不是所有的舍弃和忍让都是有价值的，比如说，妈妈拿回了两个苹果和一个梨，我们很想要那个大苹果，可是妹妹在，怎么办呢？按照常理来说，我们应该把那个大苹果让给妹妹，可是妹妹并不喜欢吃苹果，她喜欢吃梨，那就直接把梨给她好了，没必要非要因为传统精神的“忍让”而舍弃自己最喜欢的东西，强迫她接受自己不喜欢的东西。

所以，当“谦让”和“放弃自己的利益”不能发挥出价值的时候，我们就应该大胆做一个“利己主义者”，勇敢地成全自己。

家境贫寒的小雪曾经面临两难的选择。她的家境非常不好，爸爸妈妈都没有稳定的工作，收入很不稳定。比她大两岁的哥哥在读高三，已经经历了两次高考，但是由于他不爱学习，所以成绩一直不好，没能考上大学，就在高中一直复习。转眼，小雪也已经上高三了，如果她也参加高考，那么家里的负担就更重了。于是，爸爸妈妈做了这样一个决定，希望她能放弃学业，早一点找到一个合适的工作，赚钱贴补家用，供哥哥上学。

面对这样的情况，小雪为难了:上大学一直是自己的梦想。为了实现这个梦想，她一直都很努力地学习，成绩一直在班里名列前茅。相比之下，哥哥完全没有学习的天赋，虽然他已经读了两三次高三了，但是成绩一直不好，考上大学的希望几乎为零。所以，如果真的需要一个人放弃学业的话，还不如让哥哥放弃，而自己读书。

权衡了其中利弊的小雪将自己的想法告诉了父母，他们对她的想法很不理解，还责怪她只考虑自己，完全不顾及哥哥的感受。可是，哥哥却站在了她这一边，主动放弃了学业，开始赚钱养家。

一年以后，小雪不负众望，考上了名牌大学。四年以后，她被一家大公司录用，赚到了第一笔工资。她把所有积攒下来的钱都交给了父母,帮他们还清了家里的债务，还买了新房子。看到小雪为家里做了这么多，当初一直不理解她的父母，终于原谅了她。邻居们见了，也都纷纷夸赞小雪孝顺，完全忘记了当初对小雪“自私”行为的指责。

小雪的做法是明智的，因为即使她再怎么忍让，哥哥也不具备考取大学的实力，所以与其让兄妹二人都放弃了学业，还不如在开始选择的时候，就坚持自己的想法，给自己一次机会。

对女人来讲，最大的负担之一，就是当自身的能力还没有完善时，就去帮助别人。

在上海一家公司工作的玉茹，是一个来自贫困地区的女人，父母省吃俭用地供她读完了大学，她和父母都松了一口气。为了报答父母的养育之恩，刚刚上班的她，每月都要拿出自己工资的一半寄给父母，她总是觉得自己的父母省吃俭用地供自己读书不容易，自己现在工作了，是应该报答父母的时候了。

但是，在一个物价颇高的大城市里，除了给父母的钱，再支付自己吃穿住行的费用，剩下的钱也就寥寥无几了。所以，玉茹每月几乎没有什么剩余，够自己维持生活就已经不错了，根本谈不上充电学习，继续提高自己。几年后，当同事们都已经升职加薪的时候，她还是在原来的职位上拿着那两千余元的工资。

有很多二十几岁的女人要从拼命工作得来的月薪中，拿出大部分的薪水给父母或者兄弟姊妹花用，剩下的薪水用到自己身上时已是寥寥无几。有些女人甚至还会提供资金帮助男友求学，还没等到男友有所回报，自己早已累得筋疲力尽了。这样辛苦地工作，留给她的只有几句夸她善良的好话以及剩下没有存款的存折和迷茫的未来。

而当你在一开始时把钱都投资在自己的身上，一切都为自己的未来考虑时，肯

♀ 自私与“利己者”的区别 ♀

“利己者”并不等同于自私，两者之间是有区别的：

自私是内心只有自己，完全不顾及他人。

而“利己者”是在自己的牺牲和忍让不能对他人产生价值的时候，才大胆地喊出自己的需求，争取自己的利益。

“利己者”是聪明的，因为他们有自己的主张，才不会造成不必要的牺牲，造成不必要的资源浪费。

定会有人在背后说你是自私鬼，甚至说你忘恩负义。但只要你确实是用这些钱来提高完善自己，那么就让他们说去吧！任何时候都要记得，只有自己有资本的时候，才有可能给需要你帮助的人带来更多的帮助。

二十几岁正是女人学习充电的最佳时期，也是为自己以后美好的未来打基础的阶段，所以，这时候最应该做的事情是多学习，多锻炼自己。等自己确实有了资本，你再去报答父母也不迟。

第三节

生气不如争气，翻脸不如翻身

发现你的潜能，别给自己留遗憾

潜能犹如一座待开发的金矿，蕴藏无穷，价值无限。每一个二十几岁的女人都有一座巨大的潜能金矿。奥里森·马登："我们大多数人的体内都潜伏着巨大的才能，但这种潜能酣睡着，一旦被激发，便能做出惊人的事业来。"

但是，为什么大多数年轻女人不能拥有丰富的知识，获得成功的人生呢？

答案是：潜在的巨大能量没有得到有效的开发和利用。

被称为20世纪最发达的大脑的拥有者爱因斯坦，终究也不过仅仅使用了自身能力的10%！人类的大脑是世界上最复杂、也是效率最高的信息处理系统。别看它的重量只有1400克左右，其中却包含着100多亿个神经元。在这些神经元的周围还有1000多亿个胶质细胞。人脑的存储量大得惊人，在从出生到老年的漫长岁月中，我们的大脑每秒钟足以记录1000个信息单位。著名的苏联学者兼作家伊凡·业夫里莫夫指出："一旦科学的发展能够更深入了解大脑的构造和功能，人类将会为储存在脑内的巨大能力所震惊。人类平常只发挥了极小部分的大脑功能，如果能够发挥一半的大脑功能，将轻易地学会40种语言、背诵整本百科全书、拿12个博士学位。"

可见，每个人的身上都蕴藏着巨大的潜能，这些潜能对人生价值的实现起着举足轻重的作用。

你是不是经常因为一点点小挫折就从心里否定自己，暗自沮丧，丧失了继续前行与奋斗的勇气？如果真是如此，你应该及时改变这种消极的心态，你的潜能宝藏还未被你挖掘出来，你的能力与才华也并未得到正确而充分的展示。

潜能是上天放在我们每个人心中的"巨人"，千万别因为在现实中遇到困难就对

♀ 积极开发自己的潜能 ♀

只要我们有效地开发自身的潜能，不但可以实现人生的种种愿望，甚至可以创造出令人惊讶的奇迹。那么，如何发掘自身的潜能呢？

1. 使用积极和正面的言辞

在我们的潜意识中，积极的信念会比消极的自我暗示更容易产生影响力。

2. 将你的精神标语写下来

将你的精神标语写下来，每天念诵两次你的精神标语，在念诵的时候，你要倾注感情，并且想象你成功的样子。

3. 挑战一次自己的极限

比如当众做一次激情洋溢的演讲，在寻求极限体验的过程中，随着“极限时刻”的来临，你的潜能会一次又一次被激发出来。

自己失去信心，赶快唤醒你心中的“巨人”吧。

1. 每天暗示自己“你做得很好”

想成功的你，要每天在心中念诵自励的暗示宣言，并牢记成功心法：你要有强烈的成功欲望、无坚不摧的自信心。如果你使精神与行动一致的话，一种神奇的宇宙力量将会替你打开宝库之门。

二十几岁的时候，如果在你的潜意识中你是一个幸福的女人，你会不断地在内心的“荧屏”上见到一个充满信心、锐意进取的自我，听到“你做得很好，你会做得更好”这一类的鼓舞信息；然后感受到喜悦、兴奋与力量——而你在现实生活中便会“注定”成功。

2. 构想成功后的自我

伟大的人生始自你心里的想象，即你希望做什么事、成为什么人。二十几岁的女人都有自己的梦想，在你心里的远方，应该稳定地放置一幅自己的画像，然后向前移动并与之吻合。如果你替自己画一幅失败的画像，那么，你必将远离胜利；相反，替自己画一幅胜利的画像，你与成功即可不期而遇。

3. 给自己制造“适量”的压力

我们知道有“狗急跳墙”、“背水一战”的说法，因为在面对险恶绝望的环境时，无论动物还是人，出于求生的本能都易于激发自己的潜能，从而创造令人匪夷所思的奇迹。

明白了潜能激发的道理，我们就可以给自己制造“适量”的压力，例如“在下班之前我务必要拜访 5 个客户”、“3 个小时之内把所有工作完成”，等等。只要这种压力在你的承受范围之内，你就可能开发出无穷无尽的潜能，并能创造性地完成任务。

行动让你迈向成功

要获得成功，必须勇于将计划付诸行动。任何一个伟大的计划，如果不采取行动，就像只有设计图纸而没有盖起来的房子一样，只能是一个空中楼阁。

行动是一件事情成功的关键所在，也就是说行动是化目标为现实的关键。的确，人生伟业的建立、事业的发展，不在于能知，而在于能行。

虽然行动并不一定能带来令人满意的效果，但不采取行动是绝无满意的结果可言的。爱迪生为了一项研究做了 1 万多次实验，尽管 1 万多次行动不一定都能成功，但他却对如何成功越来越清楚。只有付出行动，才能拨云见日，找到事情的真相。

其实，每天都有成千上万的人把自己辛辛苦苦、苦思冥想出来的新构想取消或者埋葬，因为他们拖延着，不敢行动。过了一段时间，这些构想又会来折磨他们。

♀ 行动的要点 ♀

当你养成“现在就动手做”的习惯，那么你就将掌握“行动决定成败”的要义。关于行动的要点有三：

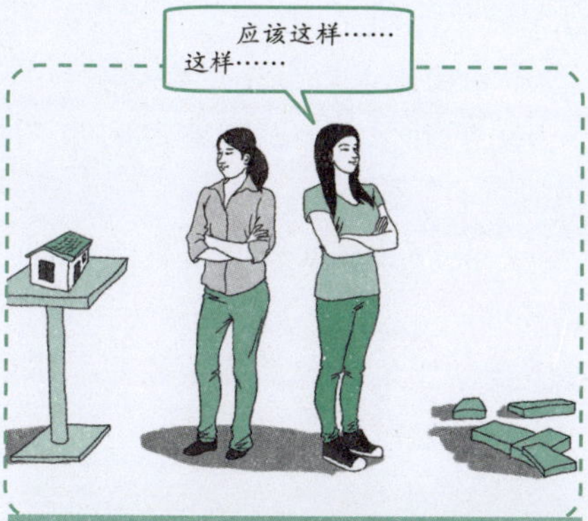

1. 心动更要行动

有些人之所以不能成就大事，是因为他们没有把行动的力量发挥出来。成功与失败的区别在于：前者动手，后者动口。

2. 克服“害怕”心理，直面挑战

当人决心用行动去实现梦想时，就将面临各种艰难的挑战，“不害怕”是为自己设下的最坚韧的防护。

3. 别为拖延找借口

一个人事情还没做之前便想逃避，待事到临头时会觉得更痛苦。拖延是我们必须要改正的坏习惯。

客观地说，我们身边的大多数人其实都想成功，很少有人愿意窝囊地活着。但是，真正成功的人却是少数，因为大多数人只是有这样那样的想法，并没有将计划付诸行动。每天都能听见有人说："如果我当时就开始做那笔生意，早就发财了！"或者是："我早就料到了，我好后悔当时没有做！"天底下没有卖后悔药的，一个好的计划或者创意如果因为不及时行动而胎死腹中，真叫人叹息不已。

总有很多事需要完成，不妨就从碰见的任何一件事着手，这是件什么事并不重要，重要的是，你突破了无所事事的恶习。从另一个角度来说，如果你想规避某项杂务，那么你就应该从这项杂务着手，立即进行，否则事情还是会不断地困扰你，使你觉得烦琐无趣而不愿动手。

现在的你，虽然还很年轻，缺乏人生经验，但只要采取行动，就能给自己的成功创造机会。

二十几岁的女人，如果你梦想成为一名作家，那么从今天开始练习写作；如果你梦想成为一名学者，那么每天抽出时间来阅读和思考，并筹集资金。要知道，实现梦想的秘诀就在于行动，只有行动才能为梦想创造可能。

第十一章

性感是一种气质

第一节

女人性感第一

女人可以不漂亮，但不能不性感

性感是一种状态，一种气质，一种表达。

女人可以不漂亮，但不能不性感。脸蛋是天生的，性感却是可以后天修炼的。当女人外貌的鲜艳随着年岁而逐渐淡去时，还能用什么来留住她心爱的人？成功的女人告诉我们她的秘诀——来自举手投足间的性感和女人味。女人更应该懂得感受和珍爱自我给予的馈赠，爱自己的心灵、身体，并让它们焕发出恒久的光彩。

男人是注重感官的，喜欢性感的女人。一直以来，性感的女人被喻为一朵欲望之花，能够迷惑男人的眼睛。在任何场合，性感女人都会散发出耀眼的光芒。不同的女人有不同的味道，很多男人认为性感女人是最有女人味的。

说到性感，会使人想起感性这个词。性感和感性就好像一对孪生姐妹，如影随形。一个感性的女人，无论是在凝神静思还是侃侃而谈，她的一举手一投足，都是那么细腻和充满感染力。一个很简单的例子，假如你不是个外表充满野性的女人，那么涵养一份内心的野性，也会让别人觉得你充满刺激乃至有种神秘感。而所谓的内心的野性，可以是爱冒险、爱尝试新事物、好幻想及随时为了实践梦想而豁出去。

性感在不同的女性身上，散发出不同的味道，产生不一样的效果。女人的性感是烙在骨子里的。女人真正的性感并不局限于女人的外表，比如相貌是否妩媚迷人，衣着是否风情撩人。女人性感的本质是一种发自内心的活力，这种活力彰显着女人丰富的内心，令男人情不自禁地遐想连篇。千万不要误认为穿得越少越性感，女人不应该把妩媚和性感当作荣耀，男人的“回头率”也不是她们作为女人的资本。如果某个女人在街上穿得过于暴露，人们免不了对她品头论足，尤其是一些在职场里身居要职的女人更是公众目光的焦点，她们应该清楚，“职场”和性感永远都不可能友好携手，上班时穿得太暴露是一种缺乏教养的表现。总之，女人追求性感千万不要采取媚俗的方式。

性心理学研究表明，男人心目中的性感，除了发自女性的性特征和自信心、懂幽默、爱浪漫、刺激及冒险外，神秘也是性感的一种元素。电影史上被称为性感的明星如玛丽莲·梦露、碧姬·芭铎等，哪个没有深不可测的神秘眼神？女人在自己喜欢的男人面前，千万别尽情流露、肆意表现，要给对方留有揣摩与想象的空间。所谓“犹抱琵琶半遮面”，若隐若现、若有若无，留有余韵也是玩神秘感的一种手段，总之，就是不要完全满足对方的好奇心。现代的性感早已超越视觉、身材或是暴露多少的范围，如花灿烂的笑靥、天真或带媚态的眼波、沉溺于思考或想象时忧郁而出神的神态，都是内敛的性感。

现在，越来越多的现代女性都只为自己而不是为讨好男人而性感。正如今天的女性爱好打扮只为“自我感觉良好”，不是为“悦己者”容，而是为“悦己”容。何况，性感本身就是每个女人都有的天赋条件。女性刚醒来时的一对惺忪睡眼、喝酒后的微醉与一脸绯红何尝不性感？故性感无须刻意追求，性感原本就是上帝烙在女人骨子里的性磁力。女人只需自信地彰显自己，你的性感别人自然而然就会感受到了。

“贝蒂”变身“梦露”，一点点性感就足够

当玛丽莲·梦露穿着那条著名的白裙子站在地铁的通风口上，一股自下而上的风将她的裙子吹过头顶——好莱坞历史上最为经典的一刻瞬间定格：全世界的男人都见识到了那双完美的大腿，“性感女神”由此诞生。没有任何一个女人可以从梦露手中抢走“性感女神”的头冠，懒洋洋的金发、前凸后翘的身材、魅惑的美人痣……梦露满足了所有男人对美的憧憬，她任何一个衣边裙角都足以让男人们的血管在刹那间爆掉。

性感并非美丽女子的专利，当在美国电视剧《丑女贝蒂》中戴着红色眼镜，箍着牙套的贝蒂一出现时，不仅所有的男性观众惊恐不已，连大多数女性观众也大吃一惊：世上竟有如此丑陋的女子？而走出《丑女贝蒂》的片场，走上英国版杂志《Marie Claire》时，贝蒂的扮演者亚美莉卡·弗伦拉却是别样的性感美丽，长长的波浪发，时而冷峻时而迷蒙的眼神，微厚的嘴唇流露出莫名的性感味道，黑色礼服包裹下的身体曲线玲珑，酥胸半露。是又一个梦露诞生了么？谁也难以将这样性感的尤物和笨重的丑女贝蒂联系在一起。

♀ 日常生活中的性感表现 ♀

所谓女性的魅力，也就是女人最有别于男人的性别特征。简而言之，就是性感。女人怎样让自己看起来性感呢？

1. 添一点异国情调

很多人都会被异国情调中野性及神秘等因素吸引着。女士们可以穿戴富有民族色彩的衣饰、留又直又长的头发。

2. 添一点醉意

微微的醺醉可以为面颊添上绯红、为眼神添上份朦胧美及柔和美。但谨记不要饮过了头。

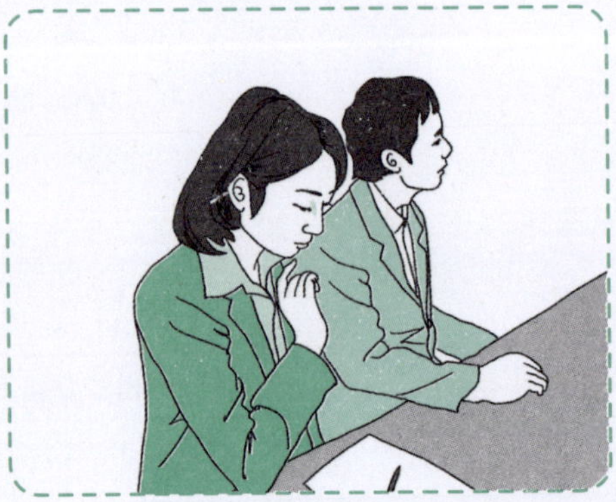

3. 沉思

很多人虽其貌不扬，但一旦沉浸在无边“思海”中，脸上会不期然地多一份韵味。

世界上没有丑女人，只有懒女人。许多女人只知道嫉妒梦露的性感，在心里抱怨自己的贝蒂外形，难以吸引男人的眼光。其实，你只需要给自己增添一点点性感，丑陋如贝蒂的你就能成功变身“梦露”，发出巨大的魅力电波，电倒一个又一个男人。美丽，有时候就这么简单，带一点性感就足够。

性感是一种妖娆的气质美。性感之所以是性感，在于它能引发一种性的吸引力。性感是烙在骨子里的，由内而外散发出来的无言诱惑。性感放诸不同的女人身上，会产生不同的味道和意境，女人要懂得如何张扬自己的性感魅力。

俗话说“女为悦己者容”，女人的每一分美丽和性感，都牵动着身边男人的心，更何况性感本身就是每种雌性动物都有的天赋条件。它不需要什么技巧，是女人本性的自然流露，是上帝烙在女人骨子里的性磁力。

谁说只有美丽、丰满、野性的女人才性感？真正的性感从来都是耐人寻味的，超越视觉之上，成之于内而形之于外。

女人的性感源于内心的活力和生活的体验，这种活力彰显着女人丰富的内心和灵动的思绪，令男人情不自禁地浮想联翩。

第二节

宁可略输文采，不可稍逊风骚

温柔是女人百试不爽的终极武器

不知是不是从《我的野蛮女友》的热播开始，越来越多的男人开始抱怨“现在的女人都一副咄咄逼人的样子，一点儿也不温柔！”柔顺体贴、小鸟依人的女人似乎已经不再流行了，取而代之的，是蛮横刁钻、张牙舞爪的所谓“新潮女性”。对于男士的“悲叹”，你可能会柳眉倒竖、杏眼圆睁、气势汹汹地反驳：“时代不同了，现在我们可是和男人‘平起平坐’的。他大学毕业，我还念过研究生呢；他月收入三千，我还年薪五万呢！我干吗对他百依百顺，作出一副可怜兮兮的‘柔弱’状？”

言谈之间，一副野蛮无礼的“河东狮吼”状。

这些话虽然有理，但是自古，雄性代表阳刚，雌性代表阴柔，无论如何，女人都不应失去女性特有的温柔。

女人最能打动人的就是温柔。温柔而不做作的女人，知冷知热，知轻知重。和她在一起，内心的不愉快也会烟消云散，这样的女人是最能令人心动的。

所谓女人味，是指那种含蓄、优雅、贤淑、柔静的女人味道，也是一种令男性不可抗拒的力量。尤其是处于保守的东方社会，男人所期望的仍然是富有母爱温柔的女性。如果女性的行为太开放，言语太大胆，语气太强硬，男士们都会望而却步。

温柔是女性独有的特点，也是女性的宝贵财富。如果你希望自己更完美、更妩媚、更有魅力，你就应当保持或挖掘自己身上作为女性所特有的温柔性情。须知：做女人，不能不懂温柔；要做个百分之百的好女人，不能丧失温柔；要成为幸福快乐的女人，绝对不能不温柔。

温柔是女人的本色，正如阳刚是男儿的本色一样。缺少温柔的女人会被人视为“没有女人味”，缺乏阳刚的男人会被人叫作“娘娘腔”。

女性的温柔是民族遗风、文化修养、性格培养三者共同凝练所致。一个有魅力的女人，善于在纷繁琐事、忙忙碌碌中温柔，善于在轻松自由、欢乐幸福中温柔，善于在柳暗花明时温柔，善于在关切和疼爱中融合情人与妻子两种温柔，善于在负担和创造中温柔，更善于填补温柔、置换温柔。

温柔是一种足以让男人一见钟情、忠贞不渝的魅力。的确，男人在挑剔的眼光中，盯着女人的美丽的同时心里还渴求温柔。在充满浪漫青年时代，美丽或许会占上风，可当从感性回到理性的认识中时，男人就会越发明白：温柔比美丽可爱。事实上也是如此，在季节的变迁、时间的轮回中，美丽的外表会失去光泽，而温柔将会永驻。女性的温柔古往今来给人间带来多少深情挚爱、温馨和谐，让男人不能忘怀。恋人的温柔若款款的催化剂，催促着爱情的花果早日绽放成熟。夫妻的温柔像缕春天的阳光，像轮秋夜的明月，为生活平添着温馨和明净。

温柔里面包含着深刻的东西，这就是爱。这种爱之所以深刻，是因为不是生硬地表演出来的，而是生命本体的一种自然散发。温柔可不是娇滴滴，嗲声嗲气。这里有真假之分。娇滴滴、嗲声嗲气是假惺惺，是故作姿态。而温柔是真性情，是骨子里生长出来的东西。一个女人站在面前，说上几句话，甚至不用说话，我们就能感觉到这个女人是温柔还是不温柔。

温柔的女人就是上帝派来的爱的天使。人们常说：“水做的女人，泥做的男人。”有了如水般的温情，再硬的顽石也会消融。女人用温柔征服男人，征服世界。

温柔的女人具有一种特殊的魅力，她们更容易博得男人的钟情和喜爱。这样的女人像绵绵细雨，润物细无声，给人一种温馨的感觉，令人回味无穷。

一脸娇羞胜过无数情话

时尚，似乎总与羞涩为敌。吊带裙、露脐装，裸肩露背、大胆奔放。

羞涩，成了现代女性最为缺乏的元素之一。

羞涩，是人类文明进步的产物。然而社会越发展，女人反而越来越不懂得羞涩了。其实，暴露只能唤起肉欲，而性格气质的性感，才是性感的最高境界。

娇羞曾是女人独特的美丽，是一种青春的闪光、感情的信号，是被异性撩动了心弦的一种外在表现，是传递情波的一种特殊语言。当心仪的他出现眼前，女人内心深处的一颗心不由自主地悸动，红晕爬上了青春美丽的脸庞，似一种无声的诱惑语言，撩动了男人内心的爱情之弦。当女人知道了羞涩对男人的魅惑力，便学会了在脸庞涂抹淡淡的红色胭脂，似一抹羞涩的红云，男人看在眼里，心里愈发荡起层层的涟漪。

许多时候，女人一脸的娇羞反而胜过了无数的情话，让男人的心怦怦跳动。娇羞的女人，在男人的眼中有一种别样的魅力，令他们魂牵梦萦，欲罢不能。有男人

♀ 羞涩也要注意 ♀

羞涩的女性更加惹人怜爱，但是需要提醒女士们注意两点。这很重要，女士们一定要牢记。

1. 很多女士存在一个误区，那就是认为羞涩就仅仅是不好意思，甚至是胆怯。可是，如果一味地退让那就是懦弱。女士们千万不要为了得到男人的爱而放弃了自己的原则。

2. 羞涩一定要发自内心，只有发自内心的、最纯真、最朴实的羞涩才是最有诱惑力的。

女士们，请你们牢记，不要刻意表现出羞涩，刻意表现出来的羞涩不但不会给人一种美感，反而会引起他人的反感。

爱煞女人一脸娇羞的表情，曾写诗赞道："姑娘，你那娇羞的脸使我动心，那两片绯红的云显示了你爱我的纯真。"就连著名诗人徐志摩都写诗赞叹道："最是那一低头的温柔，像一朵水莲花，不胜凉风的娇羞。"知名作家老舍先生也以为："女子的心在羞耻上运用着一大半，一个女子的脸红胜过一大片话。"

韩剧《星梦奇缘》中，男主角江民之所以爱上女主角涟漪，正是源于她时时流露出的娇羞女儿姿态，让他内心腾升出一股想要拥她入怀、终生呵护她的欲望。娇羞的涟漪，尽管她也深深地爱着江民，但她总不敢像时下的热情奔放型女人一般，大胆将内心的爱意说出口，总是将那份深深的爱埋藏心底。她和江民相处了那么久，只有唯一的一次告白，那是在相思之苦的煎熬下，才让一句"你知道我有多想你吗"脱口而出，让江民为之动容。虽然涟漪不擅长用言辞表达自己的爱意，但她含情的眼神、绯红的脸颊和温柔的笑容，却在默默地向江民袒露心迹，告诉这个优秀的男人她有多爱他。

娇羞朦胧，魅力无穷。娇羞犹如披在女人身上的神秘轻纱，增添了一种迷离朦胧的美感，这是一种含蓄的美，是一种蕴藉的柔情。温柔似水是大多数女人的天性，纯真善良是女人应有的品质，而娇羞正是二者的结合与体现。娇羞的女人是春天的草，想探头，却似露非露；娇羞的女人是清晨的雾，朦朦胧胧，似古时的女子掩袖遮那颊上的彩云；娇羞的女人是山中的泉，清凉心间；娇羞的女人是一缕风，柔柔拂面，情不自禁伸手去抓。娇羞的目光清澈如皎洁的月光，娇羞的潮红明艳如含露的花瓣，娇羞的语言含蓄委婉地传递女人的兰心蕙质。

娇羞的女人，美在含蓄，美在执意，美在精致，美在柔情，美在朦胧，这样的美，是自然的美，是内心最最真实的心境美。只有这样朦胧的美丽，才能牵扯着他的魂魄，让他日思夜想，惦记在心的中央。

培养女人隐形的品位

女人的妆容、服装都是看得见、摸得着的，只有香水是无形地萦绕在女人周围，但它同样昭示着女人的品位。如果女人少了香水，总觉得缺少那么一点引人入胜的情趣。女人以香水为名片。她们一般选择一种最能表达其个性特征的香水，来展现其独特的魅力。因为她们知道，没有谁会永远在自己的身边，唯有玉体上的那缕芳香，才会分分秒秒与自己在一起。

香水与女人的关系源远流长。在很早以前，香水曾被颇有心计又有地位的女人当作一种实施阴谋手段的工具而备受青睐。美丽的埃及艳后每当温柔时刻，总不会忘了在她的船帆上洒满香水，制造梦幻迷人的陷阱。也因这股芬芳气息的迷惑，因这个美人的千般风情，至少恺撒与安东尼在这种精心制造的温柔乡中沉醉了，艳后满足了她强烈的政治欲望，香水发挥了它的神奇作用。

在古埃及、印度及中国的古老文化中，都有关于香水的记载。那时的人类开始懂得运用熏香提炼的方式来处理香料，并从美妙的香味中享受无以言表的喜悦。到13世纪英国伊丽莎白女王时期，一瓶加入乙醇的名叫“匈牙利之水”的香水，成为世界上第一瓶香水。法国路易十四时期，香水的使用已成为当时上流社会贵妇人最时尚的宠爱佳品。

1920年以前，妇女使用的香水仍是几种简单的花香味。至1920年初，服装设计师们认为，只有香气馥郁的女子才能与华丽的时装相匹配。说到香水，不能不说到一个伟大的人物——可可·香奈尔，这个让人即刻联想到时装、香水、女性解放和自然魅力的名字，被玛丽莲·梦露称之为“唯一睡衣”的女人。香奈尔认为：“一个女人不该只有玫瑰和铃兰的味道，一个衣着优雅的女人同时也应该是个气息迷人的女人，没有味道的女人没有未来，香水会增添她无穷的魅力。”

香水不但会使女人的打扮更趋完美，也会使男人享受一种浪漫的气氛。香水调配师称香水是“液体的钻石”。而女人又称调配师为“调和全世界香味的艺术家”。女人的优雅、女人的娇艳、女人的爱情，甚至女人的命运都同一瓶瓶美轮美奂的香水有着剪不断理还乱的情愫。法国女性认为，与其被男性称赞说“你的穿着十分得体，很漂亮”，不如一句“你的香水多么适合你，你太有魅力了”。对衣饰的赞美只是外在的恭维，可是当一个男人已经注意到你身体散发的香味时，就是从心理上了解你，或者对你有非常的好感了。

由此可见，香水与女人之间，一直存在着亲密而微妙的关系，女人的美丽优雅、性感浪漫、恬静柔情、洒脱活泼借着曼妙的香气暗暗传送，展现着独特的个性宣言。闭着眼睛什么都看不见，但脑海中常常浮现出比睁大眼睛见到的多得多的形象，因为那是想象力最活跃的时候，闭着眼睛就能凭气息来判断她是谁。

香味犹如女人的一张名片，透露着一个女人的故事，不用只言片语。在电影《闻香识女人》中，那位盲人上校从一个女人用的香水中判断出她的家世、性格喜好，并断言她是一个出身好家庭的女人……并非只有电影里才会有这么神奇的故事，人们对气味的敏感程度以及香味对人情绪的影响力，远远超乎我们的想象。

一个女人从你身边袅袅婷婷地走过，尽管她朱唇未启，可她身上特有的幽香，已在不经意中透露了她的品位。“闻香识女人”，一个女人身上所散发的气息一旦被固定，被人记住，这个女人就成了他心中的“名牌”。

童话故事里，是水晶鞋让灰姑娘成为了美丽动人的公主，然而，哪一个公主不是周身香气袭人？要想从灰姑娘变成美丽的公主，光有美丽的衣衫哪里够，还需要一滴香水，你才能完成从灰姑娘到公主的完美变身。

练就余音绕梁的迷人嗓音

生活中，我们有过这样的经验，一个女人看起来年轻漂亮，但是她一开口，声音却低沉得像个上了年纪的老年人，无论如何，这个女人给我们的形象就大打折扣了。通常情况下，一个声音好听的女人，更容易被周围的人接受。

有一个在电子行业工作的先生，在朋友的介绍下认识了一位女人。开始的时候，两个人只是偶尔通一次电话，可是过了不久，两个人就亲密无间了，最终走在了一起。朋友们都很惊讶，那位先生介绍说，虽然她的相貌与他理想中的类型有一些偏差，但是每次听到她的声音，都觉得很柔和、很温暖，让他那颗疲惫的心有了安全的依靠，最终他决定牵起她的手，跟她走完一生。

男人对于女人的声音再熟悉不过了，尽管每天都会跟不同类型的女人打交道，但是并不一定每一种声音都能让男人有触动。但是有这样几种声音，一直是男人喜欢的类型：

柔媚之音：这种声音集中了女性的妩媚、阴柔，甜甜的，软软的，腻腻的，还有一种绕梁三日不绝于耳的感觉，让男人很是着迷。但是这种声音在当今的社会已经很难再见了。偶尔有那么一两个五星级大饭店的接线员可能传递出类似的声音，却都包含了一种职业化的气息，语调过于专业。

甜美之音：最近，电视剧《甜蜜蜜》的热播，又掀起了人们对邓丽君的喜爱。从 20 世纪 80 年代走过来的人，都会深深地记住她的名字：邓丽君，这个女人的声音影响了一代人。她的声音甜美、清新，脱去了俗尘，也去除了浮躁。她的声音温润了一代人，更让迷失与迷茫的男人的心得到了缓解，获得了平静。邓丽君未必是最美的女人，却轻而易举地捕获了所有男人的心。

磁性的声音：男人声音的磁性多带有一定的性感成分，女人的声音磁性则是一种中性化的，既有一部分女性的柔美，又有一部分男性的坚韧。女人低沉磁性的声音更能打动和穿透男人。用这种声音演绎女性柔美的味道，如同一杯陈年的老酒，芳香中带有一种悸动。

性感的声音：性感的声音通常都不好定义，但有一个主要的特点是柔。柔是女性的特质，也是男人对完美女性的期待和渴望。

以上是些比较极致的声音，很多女人并不一定有。女人没有很好的声音并不是特别重要，不过，千万要注意避免不好的声音。以下几点需注意：

（1）调整讲话速度，太快或太慢都不利于自己的表达。适当的说话速度大约是每分钟 120 ~ 160 字。

（2）说话时嘴唇尽量活泼一些，这可增加女性的柔美可爱。

♀ 女人说话时的注意事项 ♀

女人在说话的时候要注意以下几点：

1. 说话不要带鼻音，否则会让人听起来不舒服，显得没有生气。

2. 说话声音切勿高而尖。用尖嗓音说话，会使周围人心情烦躁，应尽量抑制这种尖声，使语气柔和些。

3. 说话的声音切忌单调，通过恰如其分地运用停顿增加语言的表现力，在声音里注入情感。

女人日常生活中注意这几点，并勤加练习，一定可以拥有迷人的嗓音。

第三节

做个有情调的女人

有情调的女人最可爱

“女人不是因为美丽而可爱，而是因为可爱而美丽。”这话不无道理。什么样的女人才可爱？有浪漫情调的女人最可爱。因为浪漫，女人把爱她的男人带向海边去感受大自然，这远比到服装店去包装自己的躯壳更有意境；因为浪漫，女人用自己的主观感受美，又把自己变成美的客观存在的化身。

有浪漫情调的女人通常胸怀比较豁达，不会和别的女人斤斤计较鸡毛蒜皮的小事，她们会把自己的眼光放在远处，对未来的生活充满美好的憧憬和期待。尽管她们知道未来与现实相距十万八千里，但她们并不悲观，在自我精神获得满足的前提下，女人还会把很多乐趣带给周围的人，让周围的人在她的感染下也充满浪漫情调。伴于她周围的人，也因此会感受到她——一个女人因为可爱而显得如此的美丽。

现代人的生活大都很忙碌，生活的压力使得每个人或多或少都感觉有些郁闷，一个喜欢浪漫并善于制造浪漫气氛的女子，不仅会使她的容貌变得非常迷人，而且也能使年龄的鸿沟在人们的概念中不知不觉地减到最浅，从而缔造出美丽的情愫来，使得女人豁达起来。一个外表美丽的女人固然能让人动容，但一个情调浪漫的女人则能用她的浪漫影响他人，这才是最出色的动人的美。

我们的生活可以很平淡，很简单，但是不可以缺少情趣。一个兰心蕙质的灵巧女孩，必定懂得从生活的点滴琐碎中采撷出五彩缤纷的情趣。

小张是一个大三的穷学生。一个男生喜欢她，同时也喜欢另一个家境很好的女生。

在他眼里，她们都很优秀，他不知道应该选谁做妻子。有一次，他到小张家玩，她的房间非常简陋，没什么像样的家具。但当他走到窗前时，发现窗台上放了一瓶花——瓶子只是一个普通的水杯，花是在田野里采来的野花。就在那一瞬，他下定了决心，选择小张作为自己的终身伴侣。促使他下这个决心的理由很简单，小张虽然穷，却是个懂得如何生活的人，将来无论他们遇到什么困难，他相信她都不会失去对生活的信心。

♀ 在日常生活中做一个有情调的女人 ♀

有情调的女人更有魅力。表现情调有很多种方式：

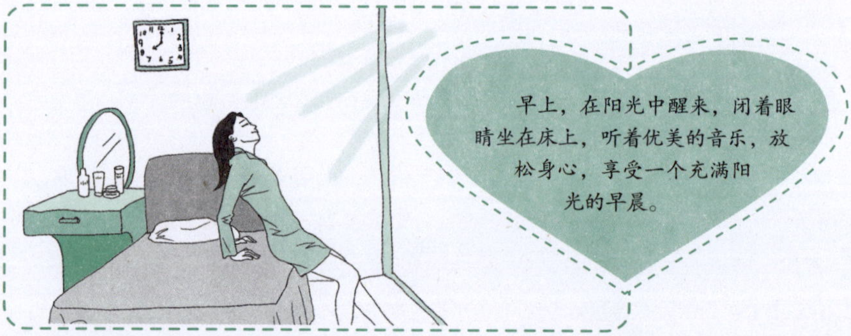

情调的养成不是一蹴而就的，模仿不来，也着急不得。它来自于日常生活的点滴积累。

小王是个普通的职员，过着很平淡的日子。她常和同事说笑："如果我将来有了钱……"同事以为她一定会说买房子买车子，而她的回答是："我就每天买一束鲜花回家！"不是她现在买不起，而是觉得按她目前的收入，到花店买花有些奢侈。有一天她走过人行天桥，看见一个乡下人在卖花，他身边的塑料桶里放着好几把康乃馨，她不由得停了下来。这些花一把才开价 5 元钱，如果是在花店，起码要 15 元，她毫不犹豫地掏钱买了一把。这把从天桥上买回来的康乃馨，在她的精心呵护下开了一个月。每隔两三天，她就为花换一次水，再放一粒维生素 C，据说这样可以让鲜花开放的时间更长一些。每当她和孩子一起做这一切的时候，都觉得特别开心。

生活中还有很多像小张、小王这样懂得生活情调的女人，她们懂得在平凡的生活细节中拣拾生活的情趣。亨利·梭罗说过："我们来到这个世上，就有理由享受生活的乐趣。"当然，享受生活并不需要太多的物质支持，因为无论是穷人还是富人，他们在对幸福的感受方面并没有很大的区别，我们可以通过摄影、收藏、从事业余爱好等途径培养生活情趣。卡耐基说过，生活的艺术可以用许多方法表现出来。没有任何东西可以不屑一顾，没有任何一件小事可以被忽略。一次家庭聚会，一件普通得再也不能普通的家务都可以为我们的生活带来无穷的乐趣与活力。

女人不"坏"，男人不爱

人们常说"男人不坏，女人不爱"，这其实是有一定道理的。女人之所以喜欢"坏"男人是有很多原因的："坏"男人先天具有幽默的本领；"坏"男人行为举止新潮潇洒；"坏"男人表达爱坦率直白；"坏"男人善于标新立异，有很多浪漫情怀……随着社会发展的日新月异，这句话同样可以用在女人身上：女人不"坏"，男人不爱！

在生活中，乖乖的贤良女人总是精心地对待男人，把自己的男人当成是自己的整个世界。她温和平淡，这样就让男人产生比较安全的感觉，没有刺激感，没有新鲜感，生活没有激情。而"坏"女人正好相反，她可以时刻保持清醒的头脑，聪明地把握与男人相处的度，她依恋男人，但也想着法子"折磨"男人、"逗"男人，欲擒故纵，欲语还休。"坏"女人让男人捉摸不透，总保持新鲜刺激的感觉，最终他会觉得，他的生活不能没有你。

所以在我们的现实生活中，要想相处得和谐温馨，女人们就该变得聪明些，恋男人也"炼"男人。不能一味地宠着、顺着、大包大揽，贤惠是应该有度的。让男人感觉到温暖的同时还保持着新鲜感和内疚感，欣然接受但心存感激，努力回报，这需要女人的聪明与智慧。

电影《我的野蛮女友》里全智贤饰演的野蛮女友尽管野蛮粗暴，却以自己的方式驯服了车太贤饰演的牵牛，让他即使面对情敌，也能忍住内心的痛楚，建议情敌记住和她相处的十大规则："第一，不要叫她温柔；第二，不要让她喝3杯以上，否则她会见人就打；在咖啡馆里要喝咖啡，不要叫可乐或者橙汁；如果她打你，那么你要装得很痛，如果真的很痛，那么也要装得无所谓的样子；在你们认识的第100天，一定要去她班上当众送她一支玫瑰，她会很喜欢；你一定要会剑道、打壁球……另外，还要随时有蹲监狱的思想准备。如果她说要杀了你，那么不要当真，这样你会好受一点；如果她的鞋子穿着不舒服，一定要和她换鞋穿——最后，她喜欢写东西，要好好地鼓励她……"

"从现在开始，你只许疼我一个人，要宠我，不能骗我；答应我的每一件事都要做到，对我讲的每一句话都要真心；不许欺负我、骂我，要相信我；别人欺负我，你要在第一时间出来帮我；我开心了，你就要陪着我开心，我不开心了，你就要哄我开心；永远都要觉得我是最漂亮的，梦里也要见到我，在你的心里面只有我。"

《河东狮吼》里的张柏芝饰演的柳月虹在新婚的第一天，就给古天乐饰演的丈夫陈季常定下了这样一个男人的"三从四德"。正是柳月虹的霸道，将陈季常驯服，在家里，柳月虹说一，陈季常绝不敢说二。

女人谁不想成为下一个"野蛮女友"或柳月虹，而自己的恋人就是又一个牵牛或又一个陈季常。女人，抛弃那些"以夫为纲"的陈谷子烂芝麻思想吧，学会驯化男人这种动物。如果他是一只风筝，那你就要牢牢拽住风筝线，将他牢牢掌控在你的掌心。有时候，你只需要花一点小心思，就能将这只雄鹰收服，乖乖地待在你的身边，听任你的调遣。

1. 给他多一点挑战

渴望着得不到的东西，是人类的天性，而对于单身男人来说，这种诱惑特别强烈。女人，面对自己心仪的男人，与其在那儿自怜自艾地怀疑着："他喜欢我吗？他觉得我怎么样？他到底看上我什么？"还不如在脑子里盘算："跟这个家伙在一起，对我有什么好处？"适当有一点傲气，给男人一点挑战感，才会让他对你倍感珍惜。

2. 树立自己的威信

在爱情中，女人总是默默无闻地付出的时代已经远去了，"她时代"的女人，爱他就要告诉他，告诉他你为这段爱情奉献了些什么。

3. 给自己放几天假

天天黏一起容易让他"审美疲劳"，偶尔也要给自己放几天假，给他思念你的机会，制造"小别胜新婚"的浪漫感。

4. 时不时赞美他一下

时不时地赞美他，尤其是在他的朋友和同事面前，要流露出一副幸福小女人状。即便在两人世界里你就是个对他吆五喝六的野蛮女友，在旁人面前也对他言听计从，你在人前给足他面子，他自然会在人后给足你“里子”。

♀ 学习做一个“坏”女人 ♀

做个坏女人不是一件难事，但做个既让男人心仪也放心的“坏”女人可不是一件简单的事，这是需要一定的修养和品位的。

首先要本性善良，不积小怨，拿得起、放得下，不与人纠缠不休。

然后就是要成熟、独立、带点挑衅、内敛又妩媚、含蓄又张扬，把那种或健康或优雅或奔放的性感贯穿到生活的每个细节里。

“坏”女人要有一种“爱我当然好，不爱随便找”的精神，骨子里透着洒脱与大气。

5. 经常鞭策他

经常鞭策他，要让他明白生活的艰辛和肩上的重任，进而发奋图强、勇于拼搏。需要注意的是，鞭策不等于抱怨，更不要动不动就拿他和隔壁的钻石王老五相比，要顾及他的自尊心。

6. 偶尔耍耍小性子

女人是用来宠的，你需要持之以恒地给他灌输这一理念，在一起久了，生活日趋平淡，你不妨偶尔对他耍点小性子，比如故意告诉他你要加班，让他晚上9点来你公司楼下接你，或者缠着他陪你一起看韩剧。

女人，别再抱怨别人的男友怎样温柔体贴，你的男友如何粗心自大，你需要明白，好男人的“好”都是女人驯服出来的。女人，从现在开始，用你的心、你的魅力，化为教鞭，驯服你的男友。

第十二章

一味标榜内涵而轻视门面，也是肤浅

第一节

用好形象“征服”对方

好形象从“头”出发

按照一般习惯，一个人注意和打量他人，往往是从头部开始的。而头发生长于头顶，位于人体的“制高点”，所以更容易先入为主，引起重视。鉴于此，要想打造良好形象，首先应该从“头”出发。

1. 勤于梳洗

头发是人们脸面之中的脸面，所以应当自觉地做好日常护理。不论有无交际应酬活动，平日都要对自己的头发勤于梳洗，不要临阵磨枪，更不能忽略此点，疏于对头发的“管理”。

通常理发的间隔，男士应为半月左右一次，女士可根据个人情况而定，但最长不应长于一个月。洗发，一般可以 3 天左右进行一次。至于梳理头发，更应当时时不忘，见机行事。总之，头发一定要洗净、理好、梳整齐。

如有重要的交际应酬，应于事前再进行一次洗发、理发、梳发，不必拘泥于以上时限。不过切记，此类活动应在“幕后”操作，不可当众“演出”。

2. 发型得体

发型，即头发的整体造型。在理发与修饰头发时，对此都不容回避。选择发型，除个人偏好可适当兼顾外，最重要的是要考虑个人条件和所处场合。

（1）个人条件。

个人条件，包括发质、脸形、身高、胖瘦、年纪、着装、佩饰、性格等，都会影响发型的选择，对此切不可掉以轻心。

在上述个人条件里，脸形对发型的选择影响最大。选择发型时，一定要考虑自

♀ 美化头发 ♀

美发不仅要美观大方，而且要自然，不宜雕琢过重或是不合时宜。在通常情况下，美发的方法有 3 种形式，它们分别是：

烫发

烫发，即运用物理手段或化学手段，将头发做成适当形状。决定烫发之前，先要看一下本人发质、年龄、职业是否合适。

染发

若想将其染成其他色彩，甚至染成多色彩发，则须注意一下发色与自己的肤色是否相配。

假发

头发有先天缺陷或后天缺陷者，均可选戴假发。选择假发，一是要使用方便，二是要天衣无缝，不可过分俗气。

己的脸形特点，例如，国字脸的男士最好别理板寸，否则看上去好像一张扑克牌。Ω 发型，则主要适合鹅蛋脸的女士，头发的下端向外翻翘，可展示此种脸形之美。要是倒三角脸形的女士选择了它，就不太好看了。

（2）所处场合。

在社会生活中，人们的职业不同、身份不同、工作环境不同，发型自然也应有所不同。总而言之，在工作场合抛头露面的人，发型应当传统、庄重、保守一些；在社交场合频频亮相的人，发型则应当个性、时尚、艺术一些。至于前卫、怪异的发型，大约只有对艺术工作者才是适合的。

3. 长短适中

虽然说想要头发或长或短完全是一个人的自由，但是从社交礼仪和审美的角度来说，头发到底该多长或多短是有讲究的。具体来说，其受以下几个因素的影响：

（1）性别因素。

男性和女性的区别，在头发长短上就有所体现。一般大家的观点是：女士可以留短发，但是却很少理寸头；男士的头发虽然也可以稍长，但是不宜长发披肩、扎辫子之类的。

（2）身高因素。

从美观的角度来说，头发的长度在一定程度上应该与个人身高有关。以女士留长发为例，头发的长度应该与身高成正比。如果一个矮小的女生，头发却长过腰，反而会显得自己的个头更矮的。

（3）年龄因素。

如果一头飘逸的长发出现在少女的头上，会有相得益彰的感觉。但是如果一位六七十岁的老奶奶却留很长的头发，则会让人感觉有些怪异，且显得自己没有多大的精神。

（4）职业因素。

职业对头发的长短也有一定的影响因素的。比如，野战军的战士通常会理寸头，这是为了方便负伤的抢救，但是商政界人士则不适合这样。对于在商界工作的女士来说，头发最好不过肩，而且应以束发、盘发作为变通；男士则不宜留鬓角和发帘，长度最好以不触及衬衣领口为宜。

3 项建议帮你打造美丽容颜

想拥有一个美丽的容颜，让自己的形象看起来更吸引人，就要做好美容护理。具体来说，下面的这 3 项建议可以帮到你：

1. 保持乐观的情绪有利于美容

保持平和乐观的心态、愉悦的心情，是必不可少的美容法。

皮肤与情绪之间有着密切的联系，情绪影响到神经—体液—内分泌系统，影响到包括皮肤在内的整个肌体，真正影响人容貌的是其情绪的好坏。

愤怒、恐惧、焦虑、痛苦、惊慌、不满、嫉妒等情绪常常会使神经体液调节发生紊乱，使交感神经兴奋、小血管收缩、毛细血管的脆性增加、心率改变、呼吸频率改变、皮肤温度下降。

由于现在的生活节奏加快，几乎每一个人都生活在重压和紧张的氛围下，这样的紧张会影响血液的正常循环，进而使皮肤变得粗糙干燥。而且，神经自律功能陡降，促使皮脂的分泌旺盛，于是青春痘或面疱就冒出来，也容易产生雀斑、黑斑、皱纹，由紧张所引起的不安、不满、烦躁等现象，会充分反映在皮肤状况上。

无论是在工作中还是生活中，我们都会有不少纠纷与烦心事。但是无论怎样艰难，希望你都能保持乐观的心怀、豁达坦荡的胸怀以及稳定的情绪，它们对保持年轻、健康、美丽起着十分重要的作用。

因此，不要使自己生活在这种压力和紧张下，懂得改变现有的生活状态，让自己的心态平静。

2. 充足的睡眠是美容的法宝

健康充足的睡眠虽然是美容的法宝，但是不少职业女性却没有好的睡眠习惯。

当你年轻的时候，当然有少睡的本钱，第二天早上起来洗漱完，又是一个精神自信的形象。但随着年龄的增长，这样的资本会一天天减少，如果你希望少长皱纹，就需要保证充足的睡眠。

假如你习惯深夜工作，那么你也应该在白天补足睡眠。每个人需要多少睡眠时间，是根据自身的身体状况来决定的。太多或太少的睡眠都对健康有影响。只要你一觉起来，又觉得精神饱满、无疲倦之感就够了。

人的身体有一定的生理节奏。很多人都有过这种经历，就是睡眠不足时，皮肤马上反映出来。皮肤利用人睡觉的时候接受营养的补给，以消除疲劳、恢复元气。可是在没有黑夜的大都市的一些繁华场所，熙来攘往的人潮当中，有很多人是“夜猫族”。

25岁以上的人，如果不充分掌握睡眠的黄金时间，晚睡晚起，肌肤就会过早地出现小皱纹，造成皮肤的衰老。而人到中年往往是操劳最多的时候，况且中年又是皮肤变化最大的时期，过度疲劳与睡眠不足是必须避免的，否则长期疲劳会使你的皮肤失去光泽与老化，平添许多皱纹。

人体生物钟是有规律的，违背自然规律地少睡或不睡，不仅你的眼睛由于深夜的重负会造成周围皮肤过早地松弛，而且你平静的心情得不到及时调养，会出现紊乱，其结果就是皱纹的增多，整体皮肤的未老先衰。

虽然我们对肌体在睡眠过程中停止活动的机理研究还不完全，但我们知道，肌体在睡眠中是很活跃的，简单地说，我们把在醒着时所支出的东西在睡眠中再补充

♀ 正确清洁肌肤的步骤 ♀

正确的清洁方法能使皮肤处于洁净的状态中，为进一步护肤提供良好的生理条件。

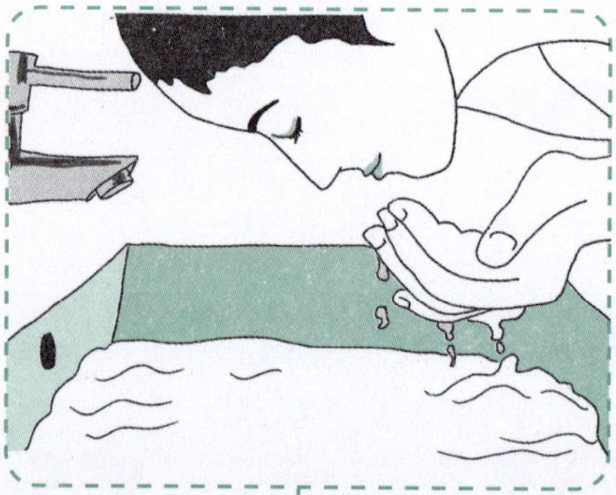

首先用清水冲洗，也可以在脸盆中倒入开水，俯首向盆，持续几分钟，让水蒸气熏蒸面部，使皮肤毛孔舒缓张开。

再将洁面用品抹在脸上，并轻轻按摩。

之后再用温水洗脸，并涂以保湿润肤的护肤品。

如果可以的话，适当做一下面部按摩、软膜敷面护肤，一则可促进皮肤的血液循环，二则也可进一步清除面部的污垢，保持毛孔舒畅和肌肤的光洁。

回来，从而使我们得以复原，而且是身体和精神两方面的复原。美丽的一个必要前提是有足够的睡眠，给你的肌体充足的时间和机会好好休养，积蓄新的力量以开始新的一天。

因此，想要拥有良好的皮肤状况，形象看起来更健康，那么生活作息时间一定要规律，每天要按时起床、按时就寝，避免睡前谈使人兴奋的事。为了晚上能自然入睡，要保持白天有足够的活动与工作，这样晚上自然由兴奋转入抑制，睡眠就有了保证。

3. 自然美容简单而有效

自然美容既简便又易行，且效果也不错，是许多爱美人士的首选。其中最流行、效果也不错的自然美容方法就是蒸面美容法。

蒸汽护肤是一种更为深层的洁面方法，只有在洗脸和面膜都没有达到预期的效果后使用为好。假如你的皮肤光洁而有弹性，又能坚持正确的方法每天洗脸，那么蒸汽护肤和磨砂膏是可以少做和省略的。

蒸面是通过水蒸气的蒸熏，使干燥或粗糙的皮肤毛孔扩张，从而达到去除污垢、增强面部皮肤的血液循环、让皮肤更好地吸收水分和营养、滋润肌肤，使之变得细腻和光洁的效果。国内外不少美容院都用蒸面器来改善顾客脸部肌肤的性能。但是在家中，你一样可以采用一种简单蒸面法来达到同样的效果。

首先，要净面。不管是何种保养法，如果不把面部清洁干净就进行，是不会有好效果的。净面可用洁肤乳、洗面奶，也可用植物油，涂上以后，略加按摩，再用柔软的拭面纸将洁肤物轻轻拭去，用毛巾把头发包好，然后就可以开始蒸脸了。

蒸面的用具很简单，一个水壶或脸盆。用水壶烧开一壶水，在水壶下继续加热，使其能保持一定温度，不断有蒸汽冒出即可。用一块大毛巾将冒着蒸汽的水壶围住，形成一个筒状。闭目俯身，脸与盆相距 10 厘米左右，让蒸汽不断地升到脸部。油性肌肤的人，水温可以高一些，但时间不宜长，持续约 5 分钟，使面部感觉发烫为宜。

需要注意的是，虽然市面上有不少中药面膜和放在蒸面器中随蒸汽一起作用于皮肤的中药美容用品，但是这种药品性的东西对自己的皮肤是否合适，还是应该根据自己皮肤的状况慎重地判断，以免应使用不当，而使面部色素沉着、发黑。

得体的妆容要遵循“8 字箴言”

每个女人都应该学一些基本的化妆技巧，这是女人爱自己的一种表现。化妆不仅能改变女人的外在形象，还能改变女人的内心，让女人更自信、更从容地面对人生。爱美而聪慧的女人都应该懂得用化妆来弥补容貌的缺憾，色彩、线条、层次……这些化妆技巧能让女人瞬间焕发光彩。

看看下面的“8 字箴言”并加以熟练运用，你也可以成为化妆高手。

正确：正确是化妆最基本的要求，是化妆一定要把握的基本原则。比如画眉毛，要知道眉毛正确的起始点和高度、角度等原则，否则即使你画得再用心，也难免会给人不顺眼的感觉。

一般来说，眉头的起始位置和内眼角的位置是一致的，“三庭五眼”所说的“五眼”便是在两个眉头之间可以放下一个眼睛的长度，如果眉头超出内眼角，两眼之间距离过短，人会显得压抑，相反，如果两眉间距离过宽，人会显得呆板、缺乏活力。因此，在初学化妆时，一定要搞清楚各部位化妆的基本要求。

精致：精致其实是化妆过程中比较容易达到的，只需要在化妆过程中多一些细心和耐心，再加上每时每刻保持形象不松懈的意识，就能使自己的妆容给人以精致的感觉。比如涂口红时一定要注意边沿是否整齐清晰，粉底是否薄厚均匀，有无浮粉现象，眉毛修得是否整齐，有无杂乱现象，等等。要做到精致，需要的只是你的反复练习和坚持不懈。

准确：准确是在正确基础上的进一步要求，掌握了正确的化妆原则，在具体操作时还要做到准确，准确地把正确的化妆原则体现出来。比如说唇形化得好不好，不能单从大小、厚薄等方面来评价，还要学会与自己的脸形、气质及将要出席的场合相匹配。要达到准确的化妆效果，需要经过充分的练习。

和谐：和谐是化妆的最高境界，和谐的妆容能自然而得体地表现出你的个性和品位。和谐包含三个层面，一是妆面的和谐，表现在各个部位的化妆上，风格、色彩都要统一，比如眉形如果是属于柔美型的，那么唇形也要画成柔美型的；如果眼影是暖色调的，那么口红也要相应地涂成暖色调的，这样才能在整体上达到一种和谐的效果。和谐的第二个层面是妆面与整体形象的搭配。面部妆容要与你的发型、服饰、饰物等相搭配。和谐的第三个层面是妆容与外环境的和谐搭配。比如你要表达的气质、情感，将要出席的场合，你的职业，等等。

化妆不仅仅是一种美化外表的手段，同时也是情感的表达，它可以体现出女人的生活态度。妆容精致的女人能够传达出她热爱生活、尊重别人、在乎自己以及积极的生活态度，这样的女人往往具有无穷的魅力。

控制体重才是对形象负责任的态度

人的形体美在很大程度上与体重有关系，一个身材臃肿的人给人的印象很难会是干练的，而一个身材过于干瘪的人也会给人无精打采的感觉，而且一般来说，体形不好的人都会显得比实际年龄要老。由此可见，体形对一个人的形象有很大影响，

♀ 减肥小贴士 ♀

减肥并不是一朝一夕的事情，而是不断坚持的结果，想要减肥成功，要注意以下几点：

一定要吃早饭

早餐是一天中最重要的一餐，特别是减肥的时候。这是因为睡觉的时候新陈代谢的速度自然地就会变慢，只有吃点东西才会使它加快速度。

多做运动

多做运动会使你变瘦，因为肌肉要比脂肪少占 1/3 的空间，女性可以选择跑步、瑜伽、游泳等运动项目。

早点上床睡觉

夜里睡眠少于 5 个小时会使身体产生大量的胰岛素，胰岛素又会促使脂肪堆积。

及时控制自己的体重不仅是时代潮流的需要，更是一种对个人形象负责任的态度。

控制体重是一项长期的工作，需要不断坚持和长久的耐心。要控制好你的体重，有很多方法可以选择，你可以不断地尝试，选出适合自己的。但一般来说以下3点是必须要注意的：

首先，要长期控制食量。一般来说，食量应掌握在七八分饱，不能到十分饱，更不能有饱胀的感觉。中国传统的中医养生也讲究“食不过饱”。长期控制食量是件比较困难的事情，最忌在坚持一两天或一段时间后，再大吃一顿，这样不仅不能达到控制体重的目的，还会损害身体的健康。人的胃是有伸缩功能的，如果能把控制食量长期坚持下来，胃的伸缩也会维持在相应的平衡状态下，人就不会再有太多的饥饿感，控制体重就成为身体能够适应的良性循环。

其次，要避免高脂肪和过油的食品。在我们日常饮食中，身体所需要的脂肪含量一般是足够的，不需要再额外补充脂肪。过多地摄取脂肪会造成身体脂肪堆积，严重影响身体健康和形体美。过油的食品不仅会使人长胖，还会加速皮肤的衰老，应该避免吃这些食品。

最后，最好不要吃甜食。在我们的日常饮食中，糖分的摄取已经很充足。所以，甜食在节日的时候稍微吃些就可以了，平时最好不要吃太多。

饮食是控制体重最为重要的一个方面，另外一个方面就是运动。选择一项适合你的运动，并且长期坚持下去，对控制体重也是非常有帮助的，而且还会让你的身体更健康、更有活力。将自己的体重控制在一个合理的范围之内，无论对于男人还是女人来说都是非常有益的，这会让你拥有形体美，也会让你的心态变得更年轻。需要特别注意的是，饮食控制体重时一定要注意营养的搭配和均衡，否则以牺牲健康为代价，可就得不偿失了。

第二节

不修边幅的人是没有影响力的

不同的脸形，不同的美容技巧

除了可以通过化妆技巧对不同的脸形做修正外，还可以通过其他一些方法对脸形做技巧修改，给你的个人形象加分。

1. 圆形脸的修正法

（1）发型修正法。圆形脸的人可以通过采用强调法和弥补法来处理发型。前者，可以将头发处理为短发，向上梳露出脸的轮廓。后者可以采用偏分的直发，用两侧的直线弥补脸部的曲线条，头顶的部分要尽量蓬松，并让发根直立。

（2）领型修正法。用拉长的直线形领，平衡过于圆滑的下巴曲线。

（3）首饰修正法。项链要选择若有若无的直线，吊坠最好选择方形的。耳环要选择小三角形或小正方形的，最好挑选那种在阳光下才会显现的闪光材料。

2. 长形脸的修正法

（1）发型修正法。互补和强调是运用发型修正脸形要遵循的两大原则。互补的作用是“避短”，强调的作用是“扬长”。

但是在日常生活中我们却更愿意选择比较保险的互补法，来达到“避短”的作用，而且越是年龄大的人越爱用互补法。

针对长形脸来说，最好让一部分头发盖住前额，让脸的长度变短一点。另外还要把脸颊两侧的头发做成圆滑的弧线或大卷，以产生蓬松丰满的感觉，利用视错觉让脸蛋儿变胖一点点。

（2）领型修正法。可选择一字领、弧形领、高领及樽形领，从视觉上缩短脸的长度。

（3）首饰修正法。在项链和耳环的选择上要注意回避那种有拉长感觉的设计。可以挑选短链条、包颈设计的，同时注意不要挂吊坠。耳环方面，可以挑选有向外扩张感觉的耳扣，以及大圆环、大粒珍珠等。

（4）丝巾修正法。圆弧形的丝巾轮廓比较合适。一般可采用包住脖子的系法，丝巾最好在侧面或者后面打结。

（5）眼镜修正法。椭圆形框架的眼镜比较适合长脸的人，眼镜框要比本人的脸颊稍稍宽出一点才不显得脸过长过窄。

3. 菱形脸的修正法

（1）发型修正法。将头发向两侧分拢，呈弧形并遮盖住前额部分。

（2）领型修正法。领子的开头可参照长形脸的人的领型选择。

（3）首饰修正法。首饰的佩戴可以参考长形脸的人。

（4）丝巾修正法。丝巾的佩戴方法也可以参照长形脸的人。

（5）眼镜修正法。稍宽的圆形镜框的眼镜比较适合菱形的脸。

4. 方形脸的修正法

（1）发型修正法。将头顶的发向上梳理，盘成高髻，或将头顶的头发整理得很蓬松，呈弧线。两侧的头发可以修剪成有动感的曲线或有层次的碎发。

（2）领型修正法。领子采用向下发展的领型最好，比如大 U 字领。

（3）首饰修正法。选择圆点状的耳环最好。

（4）丝巾修正法。丝巾需要系成正面有花结的下挂式。

（5）眼镜修正法。方形脸的人宜佩戴稍稍上翘的弧线形镜框的眼镜。

不同的脸形有许多不同的修正方法，但是无论是通过哪种方式来修改脸形，都需要经过一段时间的摸索才能找出最适合自己的修正方法。所以，即使一两次没修正好也没关系。如果能请专业人士给予一定的指导，就能够事半功倍。

另外还有一点不能忽略，随着年龄的增长，人的脸形也会有或多或少的改变，所以修正的技巧也一定要随时进行调整。

面容修饰，铸出亮丽容颜

面容是人的仪表之首，也是最能动人之处，所以面容的修饰是仪容美的重头戏，特别是在社交场合，对于面容的修饰更为重要。

由于性别的差异和人们认知角度的不同，男女在面容美化的方式、方法和具体要求上是不同的，他们有着各自不同的特点。

1. 男士面容的基本要求

男士面容最基本的地方，体现在胡须上。男士应该养成每天修面剃须的良好习惯。

如果实在想蓄须的话，男士们也应该从工作的角度出发，看工作是否允许，并应该经常修剪，保持卫生。不管是留小胡子还是络腮胡，整洁大方是最重要的。而没有留胡子的人，在出席各种公共场合或社交活动的时候，切不能胡子拉碴地去。

2. 女士面容的基本要求

一般来说，女士的美容化妆应特别注意如下几点：

（1）化妆的浓淡要考虑时间、场合的问题。

随着时间与场合的改变，女士化妆应有相应的变化。白天，在自然光下，一般

♀ 利用睡眠时间美容 ♀

经常熬夜加班的女人，可以充分利用睡眠时间来美容。

熬夜是最违反生物钟的做法，所以要在熬夜后给自己充足的补充睡眠的时间。

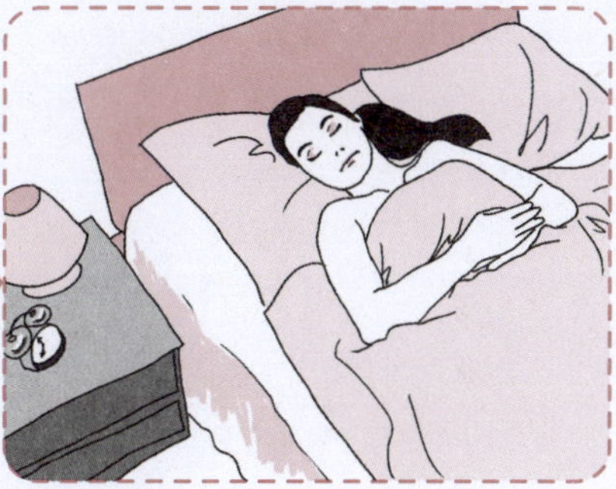

补充睡眠时要制造一个适宜的环境，如拉上窗帘、关上灯等，或者给自己泡泡脚，这样做对于睡眠质量的提升很有帮助。

要注意的是，在补充睡眠前，女士应该彻底清洁眼部的化妆品，然后涂抹上含精华素的眼霜，给眼睛补充足够的营养，这样第二天起床才不会变成“熊猫眼”。

女士略施粉黛即可；在工作的时候也应以清新、自然的妆容为宜。而在参加晚间的娱乐的活动时，浓妆比淡妆更好。

（2）化妆治标而不治本，属消极的美容，应提倡积极的美容。

面部的皮肤比我们想象中更娇嫩，任何不科学的外部刺激都会对其产生不同程度的损伤。正如大家所知道的，任何化妆品中都含有一定量的化学物质，这些化学物质对皮肤多少都会有不良的刺激。不少女士喜欢浓妆艳抹，这样也许会为她增添几分妩媚，但事实上，这是消极美容，会对皮肤产生一定程度的伤害。因此，要想使面容的仪表更好，最好的方法是采用体内调和的美容法。

首先，在生活中要多多参加户外体育活动，促进表皮细胞的繁殖，使表皮形成一层抵御有害物质的天然屏障。

其次，良好的心境与充足的睡眠也是不可少的。这对皮肤的新陈代谢有一定的作用，也会使面容有光泽。

再次，合理的饮食也不可忽略。多喝水，多吃富含维生素 C 较多的水果蔬菜等，少吃辛辣、高糖、高盐的食物。

最后，坚持科学的面部护理与按摩也是十分重要的。它能促进血液的循环，使面容更加红润健康。

无论男性女性，都应该注意自己的面容修饰，让亮丽的容颜增加你的吸引力。

把稀疏头发变“浓密”，让你的形象更有活力

头发较为稀疏的人，常常会给人一种年龄较大或者缺少魅力的感觉。于是，许多人便常常烫发，以使头发看上去变得浓密一些。其实这个方法是不适当的，因为经常烫发会使发质受到损伤，对头发稀疏的人更为不适宜。

那么，到底该如何使稀疏的头发变多呢？可以通过以下一些简单可行的护法技巧，使头发变“浓”。

（1）剪个齐发脚的短发，使人在比例上感到头发浓密。长发会使稀薄的头发显得更稀少，削发也会使头发显薄，所以一定要齐着发脚剪。

（2）可以电卷头发，主要指卷起底层的头发，以增加头发的厚度。

（3）经常梳理头发，能刺激血液循环，有利于头发生长期的延长，避免头发的过早脱落。头发稀少者在梳理的过程中，一定要讲究方法适当。

一是注意步骤。由里向外梳（头部中线向两侧），再从后脑往前梳，然后再顺发型。

二是次数。早晚轻轻各梳一次，不可用力过猛，避免扯断头发。

三是梳具。梳、刷和卷筒要常清洗，以保持洁净。头发稀少者需选用梳齿稍密的梳子，有利于对头皮血管神经的良性刺激，不要用塑胶发梳，以免产生静电，造成对干性头发的伤害。

（4）适当而合理地吹理，不仅能使头发蓬松，显得密、厚，而且从外观上可以掩盖头发稀少的缺陷。但是，应注意吹法的次数不要过多，否则会造成头发的干枯和脱落。

（5）调整膳食。安排膳食要讲究科学性，切忌偏食，这也是防止头发稀疏的重要措施。平时要注意限制动物性脂肪和纯糖类食品，粮、豆类、绿色瓜果、紫菜、海带、黑芝麻、蛋、蔬菜等，这些食物对酸性物质有抑制作用。各种动物的肝脏含铜元素较多，柿子、番茄、马铃薯、菠菜中也含有一定量的铜、铁等微量元素，对于合成黑色素颗粒物、防止头发稀疏和花白颇多益处。此外，头发油腻者应选食富含维生素 A 较多的韭菜、胡萝卜、南瓜、橘子等，这对皮脂溢出有明显的抑制作用。

凡头发稀疏者一定要精神舒畅、劳逸结合和充足睡眠，切忌紧张、忧郁、思虑过度。

如果你有头发稀疏的困扰，从现在开始就行动起来吧，学会上述护理技巧，一定能你的头发变浓密，让你更有自信和活力，让你的形象看起来更健康。

迷人的双眼需要外护和内养

每一个人都想拥有美丽迷人、会说话的眼睛。眼睛不美，即使其他部位再美，也会失色。而如果眼睛明亮动人，那么其他部位即使差了些，也照样可以留给别人美的印象，因此，眼睛的美化是不可忽视的。要想拥有一双迷人的眼睛，就应当对眼睛加以特别的保护，不但使它美丽，而且要使它健康。所以，迷人的双眼需要外护和内养结合。除了化妆之外，基本的保养也是不可或缺的。

1. 外护

如果说眼睛是心灵的窗户，那么我们的眼睑就是它独一无二的窗帘，为眼睛提供保护和清洁。所以说，眼睛的保养，在很大程度上是指对眼部皮肤的护理和滋润。眼部周围的皮肤拥有的皮脂腺非常少，所以是最纤薄、最敏感的，很容易处于缺水的状态。想保持眼睑的平滑明净，要重视补充足够的水分。

每天早晚的眼部护理程序，尤其是在干燥的季节和环境中时更不能忽视。在早晨，轻柔的喱状眼部净化露、凝露是年轻肌肤最理想的选择，而在晚上可以选择更富有滋养以及修复作用的眼部精华液和眼霜。还有定期做眼膜能使眼部肌肤重获生机，让你的眼睛时刻如秋水般澄澈明净。

在眼部使用的产品最关键的原则是安全，一定要选用经过眼科检测的产品。对眼部的彩妆，一定要使用眼部专用的卸妆液，不仅卸妆快捷容易，也不会损伤到娇嫩的眼睛及眼部肌肤。当然即使是选对了产品，仍然要注意卸妆的手势应轻柔细致。

♀ 造成眼睛疲倦的原因 ♀

眼睛应得到充分的休息，眼睛疲倦除了影响美丽之外，还会伤害眼睛。一般造成眼睛疲倦的原因有：

1. 在光线不足的灯光下阅读

阅读时光线要足够，在电灯下阅读，书的位置应当放于灯的一边，才能避免反光，书与你眼睛应保持35 ~ 40 厘米的距离。

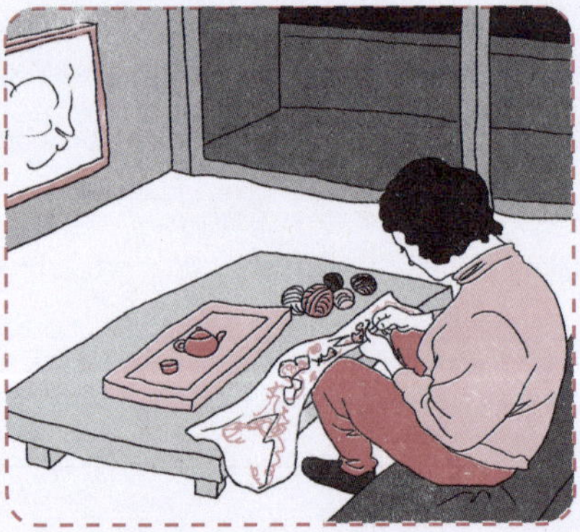

2. 做细微的工作，令眼睛太过专注而产生疲劳

如抄写、统计、做针线等，很容易使眼睛疲倦，所以做一段时间，应让眼睛休息 2 ~ 3 分钟，休息的方法是让眼睛看远处的东西。

女性平时应该及时注意用眼，让眼睛远离疲劳！

2. 内养

眼睛是对光线最敏感的器官，紫外线对眼部肌肤的伤害当然不用多说，同时过多的强光刺激还会增加患白内障的概率。养成在明亮的光线下戴太阳眼镜的习惯，这在保护眼睛的同时，也有效防止因强光照射引起的眯眼而使得皱纹提早出现。

眼睛明亮与否，与营养有密切的关系。食物与这种情形有很大的关联，一般而言，眼睛出现混浊的人，多是由于过分吃肉类、细粮类等食物，而含淀粉、鲜果、蔬菜等食物吸收太少。宜多吃有利于眼睛的食物和水果，例如鱼类、肝脏、橙汁等。

睡眠适量充足、精神愉快、身体健康，自然有动态美的表现。睡眠前若能够用鲜奶洗眼一次，也是最优良的美眼方法，用鲜奶来洗涤，一方面可将眼睛所留存的不需要物质清除，同时由于鲜奶含有酵素及种种营养成分，不只对眼睛有补充营养的作用，还有清洁作用。

茶因含有维生素 C，茶叶中的单宁酸也非常丰富，对清净眼睛都有很大的功效，睡眠前用茶洗眼一次，对眼的美丽极有效果，但以清茶类如水仙、龙井、寿眉等未经制炼的较佳，所以饮茶对美容也是一个良好的方法。

想要拥有闪亮迷人的眼睛，就行动起来吧，外护和内养一个也不能少。

第三节

切莫在细节上因小失大

清新口气让你信心倍增

如果你跟另外一个人讲话，他（她）忍不住掩鼻或憋气，你感觉很不好受吧！口气清新是形象修炼过程中必上的一课。

口气不清新，会让你的自信心大打折扣，而且也大大影响你在他人心目中的形象。如何摆脱这样的尴尬呢？下面教你一些清新口气的技巧。

要防止口臭，就必须了解口臭的原因是什么，这样才能防患于未然。

医生告诉你，有 95% 的口臭是从口部开始的，然而肠胃炎、呼吸道问题以及其他一些生理上的疾病，如糖尿病、肝病以及肾脏方面的病变等都可能导致口臭加重。

为什么每天起床的时候，口气特别难闻呢？因为一夜睡眠，人体分泌的唾液很少，这时需要更多的唾液来清洗嘴里的细菌。嘴里的细菌遇到氧气后，会发生化合作用从而产生硫化物，散发出类似于臭鸡蛋的味道。因此，当你起床后一张开嘴，就会有难闻的味道散发出来。

另一种导致口臭的物质是糖性物质。细菌存活在由糖性物质构成的环境里。大量的糖性物质被分解后，会起到清洁口气的作用。然而当这些糖性物质被分解后，会在口腔中残留下酸性物质。

还有酸性饮料，比如咖啡。酸性饮料会产生一种非常适于硫化物生长的环境，而这种硫化物正是细菌所喜爱的。如果你喜欢吃乳制品，那么你会发现你的口气不再清新。因为高浓度的硫化物蛋白质残留在口腔内，被细菌分解后会导致口臭。

通常，鼻炎、咽喉炎或患有慢性胃病的人都会有不同程度的口臭。

牙龈肿胀并且发红，说明你可能患有牙齿疾病，这也是导致口臭的重要原因之一。

有一些处方药，例如抗组胺剂，就能够导致口干，同时还能减少体内黏液的产生，也可能导致口臭。

那么如何才能消除口臭呢？

起床后，先空腹喝一杯用两片柠檬冲泡的开水，柠檬有使口气清新的作用，白开水可以促进肠胃蠕动，帮助身体新陈代谢。

早餐过后，会有一些食物残渣留在口腔及齿缝中，尤其是习惯在早餐喝酸奶的你，更不要省略掉饭后漱口这个步骤。否则在公车上、在公司里，你都会成为不受欢迎的人。

跟客户通电话，向老板汇报工作，与同事讨论新方案，忙了一上午，连水都没喝上一口，嘴里干干的。这时先喝一大杯水，再含一颗不含糖分的薄荷糖，口气清新了，人也精神了许多。

午饭时不可避免会食用一些有刺激气味的食物和调味品，所以饭后刷牙是必要的，有清洁口气作用的牙膏是办公室的必备物品。

轻松快乐的下午茶时间过后，别忙着马上投入工作，用漱口水漱口。如果没有漱口水，用浓茶水代替也可以，2 分钟后就可以恢复清新的口气。

晚上约了客户在咖啡厅见面，独自匆匆解决了晚饭后，没条件再刷牙，可以喷点口气清新剂补救。小巧的口气清新剂便于携带，可以每天放在包里，随时都可以用。

只要操作方法正确，保证你一天口气都清新，说话的同时嘴留余香。

在一米左右所散发的香味，是最能使人接受的香味

法国的一位很有名的服装设计师让模特儿在一个比较高的天桥上来表演他的服装。为了引起人们的注意，他特地嘱咐模特儿改变往常把香水洒在颈部和上身的做法，而把大量香水洒在腿上，结果效果非常差。因为在她们走路时，坐在下面的人很容易就闻到了浓烈的香味，这强烈的香水味让观众们感觉到很不适，大家也没有心情欣赏表演了，这当然对时装表演是大有坏处的。

好莱坞名片《闻香识女人》生动形象地说明了香水在人际交往中所蕴含的缕缕情怀。恰当地喷洒香水，能够令自己更加引人注目、更出色。然而，运用香水不当，则会像上述事例一样，取得适得其反的效果。香水就如同“必杀技”，用得好则轻松获胜，失误了往往会伤害到自己。所以，喷香水一定要讲究方法，要注意以下事项：

1. 香水要喷洒或涂抹在适当的地方

香水一般洒在耳朵后面或是手腕的脉搏上，手臂内侧和膝盖内侧也是合适的部位。除了直接涂于皮肤，还可以喷在衣服上，一般多喷在内衣和外衣内侧、裙下摆

♀ 香水的礼仪 ♀

用香水并不是随便往身上喷一些就可以，而是应该遵守一定的礼仪：

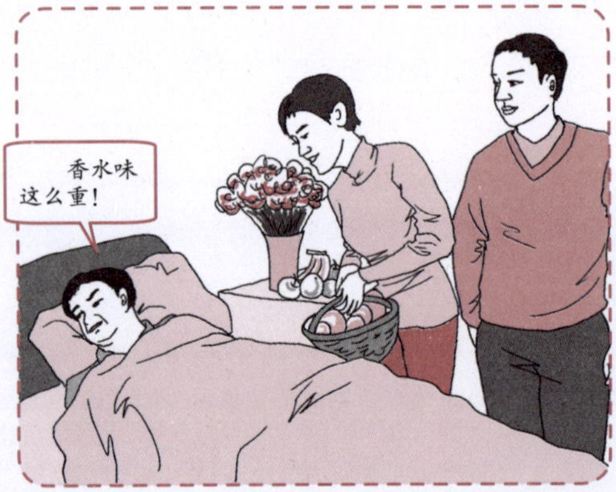

去医院探病或就诊时，用淡香水比较好，以免影响医生和病人。

参加严肃的会议，千万不要用香味浓烈的香水。

在宴会上，香水涂抹在腰部以下是基本的礼貌，因为过浓的香水会影响食物的味道，可能影响宾客的食欲。

以及衣领后面。而面部、腋下的汗腺、易被太阳晒到的暴露部位、易过敏的皮肤部位以及有伤口甚至发炎的部位，都不适合涂香水。

若想保持香味持久，不妨搽在丝袜上。当你希望香味持久，又希望香气由下而上散发缭绕，搽在大腿内侧、脚踝内侧、膝盖内侧以及长筒袜上是很好的方法。

2. 使用不要过量，避免产生适得其反的效果

使用香水时要注意一个浓度问题，欧洲人和中东人因为体味大和习惯问题，用的香水会比较浓，我们没有必要效仿西方，因为大多数东方人还是习惯淡雅的香味，浓烈的香味往往会起到令人反感的作用。如果你想发挥好香水的作用，就一定要谨记这条香水使用黄金原则：在一米左右所散发的香味，是最能使人接受的香味。

3. 应该根据场合和自己的角色来选择适合的香水

在工作时，应用清新淡雅的香水，这样才不会给人以唐突的感觉；在运动旅游场合，就应用各品牌中标有“运动”字样的运动香水；而在私下亲密的时刻，当然可以用浓烈诱人的古典幽香了。在白天和冬季由于湿度低，香水应相应增加浓度。

另外还应选择适合自己的香水。香水是无形的装饰品，没有比香水能更快、更有效地改变一个人的形象的了，你的香水也在表述着关于你的个性、品位、修养等等的信息，所以，选对适合自己的香水，有助于你形象的树立。

4. 香水不仅仅是女士的宠爱，男士也应该适当使用香水

随着时代进步、人们审美情趣的提高，男士用香水也越来越被人们所接受。时至今日，很多男士都被古龙香水等淡香水所吸引。古龙水不仅仅可以驱除臭味，而且是一个有格调、有品位、高雅的男士的正常消费品。

现在，香水几乎已成为衣着的一部分了。无论是擦式的还是喷式的香水，在英文中都用 wear（穿着）这个动词。由此可见人们对香水的重视程度了。男士或女士出席正式场合时选用合宜的香水并适当使用，就能够表现出优雅和品位，能更好地改变一个人的形象。

保护双手就是保护你的第二张脸

在招待客人端茶给对方时，在签字仪式上众目注视时，如果你的手非常漂亮，不但可表现出自己的魅力，同时也会让他人觉得非常舒服。这样一来，岂不是又为成功多增加了一个机会？因此，健康美观的双手是你绝对不可以忽视的部分。

当然，别人看到你的双手，就不可避免地要看到你的指甲，因此，保持指甲的良好状态也是保护双手不可缺少的。

你应该经常修剪指甲，在职场中或是商务交往等场合，没人喜欢留着长指甲的人。指甲的长度，不应超过手指指尖。修指甲时，指甲沟附近的“爆皮”要同时剪去，不要用牙齿啃指甲。在任何公众场所修剪指甲，都是不文明、不雅观的举止。

时下，很多女性都喜欢给自己的手指涂上各色的指甲油，如果在工作之外的场合，涂一点也无妨，但在工作场合，你就需仔细考虑一下了。

如果想让你的手指看起来比较修长，可把指甲稍微磨尖，同时使用一种透明稍带粉红或肉色的指甲油来增加效果，不仅仅是因为这些指甲油的颜色和所有衣服的颜色都很般配，还因为一旦指甲油脱落，看起来也不会太明显。

你可以每月光顾几次专业的美甲店，这样不用花太多时间就能让你的指甲美观一点。经过专业护理的指甲会在你每次看到自己的手时，都会增添一份自信。

如果你由于各种原因不能让专业的美甲师给你设计整修指甲，那么就要靠你自己了，可千万不要找借口对自己的双手置之不理啊，它们可是你的第二张脸。以下提供几条针对指甲的小“规则”，希望你能好好借鉴一下：

（1）长度：手指甲长度不能超过 2 毫米。

（2）缝隙：不能有异物。

（3）习惯：养成“3 天一修剪，每天一检查”的良好习惯。

（4）美甲：日常生活中，涂指甲油要均匀、美观、整洁，不能出现斑驳陆离的现象。

（5）行规：服务行业上班时不允许涂指甲油或只允许涂无色的指甲油。

手的美没有绝对的标准，但对年轻的女子来说，理想的手要丰满、修长、流畅、细腻、平滑，它应具有一种观感上形态的美与接触中感觉的美，因而要对手部进行清洁、保养和美化。

人的双手因为长时间暴露在空气中，而且还要去做各种各样的劳动，因此手部皮肤特别容易干燥、老化。因此就要时刻注意对手部皮肤进行保养，平时饮食要注意营养的摄取，多食富含蛋白和纤维素的食物，少食辛辣食物，多饮水，禁烟。要注意劳逸结合，保证充足睡眠，保持精神愉快。要少晒太阳，烈日下撑伞遮光，如果对光过敏还要外涂防晒霜。搽化妆品时要选择适合自己皮肤的品牌。

保护手部皮肤，清洁是至关重要的一步。要养成勤洗手的习惯，要及时将手上沾到的污物、灰尘等有害皮肤的东西洗净，认真做到“三前三后”，即：上班前、接触入口食物前、下班前要洗手；手脏后、去过卫生间后、吸烟后要洗手。

牙齿不洁净，灿烂笑容也不美丽

王萍是某 4S 汽车店的销售人员，长得很水灵，人也勤劳认真，同事和客户都很喜欢她，再加上她聪明伶俐，凭着伶牙俐齿谈成很多生意，大家都对她刮目相看。这天，有一个亿万富翁来选购豪华跑车，店长就故意安排王萍来接待，希望她能把这个大

♀ 注意牙齿的清洁护理 ♀

只有牙齿健康才能保持美好的笑容，因此一定要注意对牙齿进行清洁护理，要注意以下几个方面：

勤刷牙，勤漱口

不仅早上起床和晚上睡觉前要刷牙，最好在每日三餐后的3分钟之内刷牙或漱口。

注意刷牙的方法

最佳的刷牙方法应该是上下摆动牙刷。这样刷牙可以彻底清洁牙齿缝隙里的残留物。

不要吸烟

吸烟最直接、最明显的后果是让人满口黄牙，而且说话时有一股难闻的烟味。

单给拿下。王萍费劲口舌来推销，富商也听得津津有味，但是当他看见王萍笑容中露出的那一口黄牙，顿时就觉得有点不舒服，于是只有尽量不去看她的牙，只是低头看着车听她的讲解。最后，富翁签下了订单，走的时候，他委婉地向王萍的老板说了："你们这里的工作人员素质不错，要是能更注重一下形象就更好了，例如保持牙齿清洁。"王萍知道后，顿时觉得有点难堪。

牙齿这个小细节，往往容易被自己忽视，但是却容易被对方重视。拥有一口整齐白净的牙齿不仅是整洁外表的第一表象，更会为你增添几分意想不到的魅力。

有些人有这样一种习惯，饱餐一顿之后，就拿起一根牙签，在牙缝间这里剔剔，那里剔剔，显得悠然自得。殊不知，错误的剔牙方式或每天无故乱剔牙，牙缝会越剔越大。试想一个人张口便露出大大的牙缝，那该多难看啊！

另外，剔牙不当还会影响健康。首先，消毒不彻底的牙签易引起疾病。任人抓取的牙签上附带的各种各样的细菌、病毒会通过牙签进入人体内。据消协调查表明，目前市场上的牙签多为"三无产品"，根本没有卫生许可证号，牙签包装和消毒也达不到要求，有的放在盘中，人人随手取用，曾有化验表明，一根小小的牙签上竟"藏"着几万个细菌。

其次，容易导致牙周疾病。无塞牙现象而乱剔牙，或牙签使用不当，极易引发牙龈炎、牙龈萎缩而导致牙周疾病，切不可将牙签用力压入牙间乳头区，因为这样会使本来没有间隙的牙齿间隙增大，造成牙周病。

其实，饭后最好的牙齿保健方法是刷牙或漱口，既能清除食物残渣，又能清洁口腔。保持你清洁干净的牙齿和口腔，会让你的笑容更加自然、更加灿烂！

第四节

露出你的女性美

美胸让你丰满自信

让乳房轻松挺起来

（1）牵拉运动：采取站或坐的姿势，两臂放于身体内侧，缓慢地向两边举起，达到头、肩之间高度后，再缓慢向前举，直到两臂快要相碰时停止；之后两臂分开，还原并使肌肉放松。如此反复慢移 5 ~ 8 次。

（2）反支撑挺身：坐在椅上，两臂撑于椅两侧。上体后靠，重心移至手臂，同时两腿伸直，臀部紧缩向前提髋，抬头挺胸，使身体成直线，持续 5 秒钟，还原。注意自然呼吸，两臂和身体均伸直。

（3）挺胸运动：跪立，两臂自然下垂。上体后移，臀部坐在脚跟上，同时呼气。两臂胸前平屈，手背相对，手指触胸，含胸低头。然后重心前移，挺髋，上体立起，同时吸气，两臂肩侧屈（手心，五指张开），抬头挺胸。反复进行此动作。

（4）俯卧运动：俯撑，双脚分开与肩宽。上体下压，两臂弯曲置体侧，使上臂与地面平行，然后吸气，两臂用力撑地将肘关节伸直，同时抬头挺胸，还原成预备姿势，呼气。每次尽力重复数次。

（5）仰卧运动：仰卧在床上或长椅上，双手握哑铃，两臂平伸，依靠胸肌收缩力直臂上举，然后放松还原，每分钟重复做 20 ~ 30 次。

（6）床上运动：俯卧于床边，将胸部伸出床外，然后上半身抬起，双手交替做“划水”的姿势。每分钟 10 ~ 15 次。

做个丰胸俏佳人

丰满的胸部是女子线条美的特征，乳房对女子胸部健美起着决定性作用。要使胸部丰满而富有弹性，首先要锻炼胸壁肌肉，因为发达的胸肌肉是支托乳房的基础。

胸部锻炼有很多种，除了去健身房锻炼之外，时常做一些小运动也是一种不错的方法。

这里教你几种在不同场合都能够进行的健胸运动。

（1）沐浴是很多人的爱好，但是少有人能够养成利用沐浴来健身的习惯。其实沐浴时是健胸的好时机，利用热水喷射胸部，同时按摩皮肤，促进血液循环，能够预防胸部松弛。

（2）对于经常伏案工作的白领女性来说，利用椅子来锻炼不失为一个好方法。方法是用双手扶着椅背，做突出胸部的运动。此举有利于加强胸部的韧带组织。

（3）睡觉前，在床上俯卧，胸部以上伸出床外，抬起上半身，然后双手有如蛙泳般做划水动作。

传统法美胸

（1）饮食清淡：不偏食、不挑食，合理摄取营养是预防乳腺疾病的有效手段。

（2）坚持哺乳：不进行或不经常进行母乳喂养的女性患乳腺癌的概率要高于与之相反的女性。一些女性为了体形美等因素，不愿用母乳喂养孩子，结果使激素分泌加快，导致各种妇科疾病的发生。哺乳时间在 8 个月左右，是不会影响乳房健美的。

（3）顺应自然规律：城市女性的西方化问题引起全社会的关注，为减少罹患乳腺疾病及妇科疾病，女性应顺应自然规律，不要滥用嫩肤美容、丰乳产品。丰乳霜、丰乳膏确实能使乳房有所增大，但效果并不持久，而且它们大多含有雌性激素，会引起色素沉着、黑斑、月经不调、乳腺疾病等不良反应。

（4）维生素是天然美乳品：维生素 E 可促使卵巢发育和完善，女性应该注意多摄取一些富含维生素 E 的食物，如卷心菜、菜心、葵花籽油、菜籽油等。维生素 B 是体内合成雌性激素不可缺少的成分，富含维生素 B_2 的食物有动物肝、肾、心脏、蛋类、奶类及其制品；富含维生素 B_6 的食物有谷类、豆类、瘦肉、酵母等。

（5）良好的姿势让胸部更动人：走路时保持背部平直，收腹、提臀；坐时挺胸抬头，挺直腰板，这样胸部的曲线就会显得更动人。长期坐办公室的女性，伏案时胸部不要与桌边贴近，应与书桌相距 10 厘米左右；睡觉时以侧卧为好，且左右轮换侧卧。

（6）文胸大小、质地要合适：正确选用适合自己的文胸，可以起到衬托、固定乳房的作用，从而避免因乳房过分摇动而引起韧带松弛、下垂甚至病变。选择文胸时应根据自己的体型以及乳房大小选用适中的，同时还要观察文胸的材质，一定要选择透气材料制成的，一般主张戴棉布或真丝面料的乳罩。

（7）锻炼、按摩不可少：做一些俯卧撑及单、双杠运动以及游泳，或者每天早晚深呼吸数次，也可以促进胸部发育。

每个月丰胸时间有讲究

从月经来的第 11、12、13 天，这三天为丰胸最佳时期，第 18、19、20、21、22、23、24 七天为次佳的时期，因为在这 10 天当中影响胸部丰满的卵巢激素是 24 小时等量分泌的，这也正是激发乳房脂肪囤积增厚的最佳时机，在此时间段进行健胸运动、按摩等，适时的激发乳房都能使乳房慢慢增大。与此同时，适量摄取含有动情激素成分的食物，如青椒、番茄、胡萝卜、马铃薯以及豆类和坚果类等，多喝牛奶，能获取更好的丰胸效果。

使乳房自然丰满的有效方法

决定乳房发育大小的是乳腺，因为女性的胸部主要是由乳腺外覆盖脂肪而形成的。女孩子在青春期（一般在 16 ~ 18 岁）是胸部发育的顶峰,乳房坚挺而富有弹性。20 岁以后，脂肪逐渐增多、胸部变得柔软而丰满。25 岁以后，尤其是哺乳以后，如果不注意乳房的保护，就会因脂肪增多、乳腺萎缩而造成乳房松弛。

乳腺主要由两种激素促成乳房的发育。一是雌性激素，这与妊娠有直接关系。另一个因素是从皮肤直接刺激乳腺，刺激部位以乳房上下侧至腑下间的皮肤位置尤为见效。

方法步骤一:由内而外做圆形按摩。双手握住乳房，轻轻震动，由乳下轻轻拍打，双手交替由胸颈处向上按摩。

方法步骤二：用右手掌面从左乳房根部至右肋骨、左锁骨自上而下，自外而内地按摩，共做 60 下，然后按上述方法用左手按摩右乳房。

方法步骤三：一手放在乳房下侧，从胸谷向腋下按摩，然后再由腋下向外按摩；另一手放在乳房上侧，由腋下向胸谷柔和移动，两手向对进行。按摩 20 次再换一侧。以上为旋转按摩法。此法可以促进胸肌多活动，使乳腺发达，起到隆胸的作用。

先用右手托住右乳房，再将左手轻放右乳房上侧。右手沿着乳房线条之势用掌心向上托，左手顺着圆势向下压。进行 20 次再换一侧。以上为轻压法。此法对整个乳房发育有益处，还可增加乳房弹性。

按照上述方法坚持三个月，可使乳房隆起 2 厘米。同时请不要忘记沐浴时的按摩。

♀ 少女丰胸特效食物 ♀

青春期女性一定要注意营养摄取，不要刻意减肥，在维持适当体重的情况下，胸部才能较好地发育，毕竟乳房主要为脂肪构成。在持续发育的关键性阶段，可多摄取下列食物：

木瓜、牛奶

木瓜、牛奶都有助于胸部发育。另外，青木瓜、地瓜叶和各种莴苣，也都是效果不错的丰胸蔬果。

富含B族维生素的食物

富含B族维生素的食物。如粗粮、豆类、豆奶、猪肝、牛肉等，有助于激素的合成。

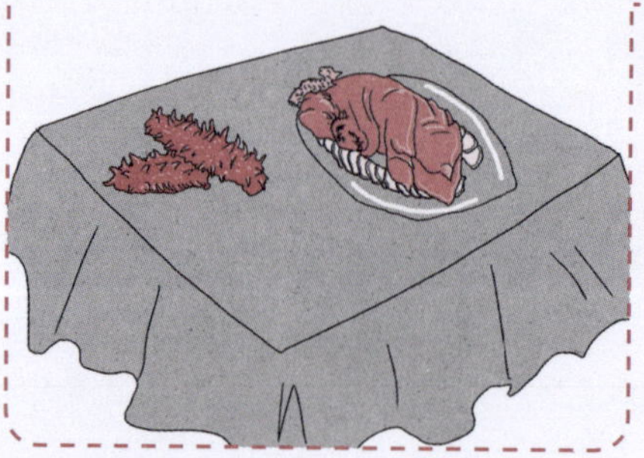

富含胶质的食物

富含胶质的食物如海参、猪脚、蹄筋等，也都是丰胸圣品。

上述这些食物，有助于青春期的乳房发育，也可帮助成熟女性丰胸。

美腰法则

腰部由粗变细的方法

很多人在形容女性的线条美时，都喜欢用纤细的腰肢，当然不是腰越细越好，但腰部的确是女性体现曲线的重要部位，通过如下练习，可使腰部由粗变细的美梦成真。

（1）面朝上躺在床上，双膝弯曲成直角，然后以双脚为支点，以双手为重心支撑在床上，将身体慢慢抬起再放下，连续做 10 次。

（2）仰卧。两腿伸直两臂体侧变曲，掌心向下，右腿变曲用力向左，膝部触地，左腿保持伸直不动，吸气，然后还原到开始的姿势，呼气，以后换左腿做同样的动作，每条腿做 10 ～ 15 次。

（3）仰卧起坐。这个动作有一定难度，但它有一箭双雕的效果，既有助于使腰变细，又可使大腿变细。

5 分钟成细腰美女

消除小腹赘肉的运动：

（1）仰躺，臀部紧缩，两脚分开与腰同宽。

（2）两脚尖向内侧靠拢，双手枕在脑后。

（3)边吐气,双腿边往上抬至离地 5 厘米高,并伸展跟腱。两手支撑着头部往上抬，伸展颈部。充分伸展之后,吸气、憋住,直到憋不住时,恢复原来姿势,重复做 10 次（两脚尖靠在一起时应呈直角）。

改善肥胖体质的运动：

将事先烫热的碗反盖着，铺上毛巾，身体俯卧，腹部贴在碗上面。保持这个姿势，做腹部深呼吸 5 ～ 30 分钟。注意：碗可以稍微移动，使整个腹部都能碰触到。当腹部感觉不舒服时，别勉强，可缩短运动的时间。

10 分钟快速瘦腰

下面三套实用省时的练腰操，只要 10 分钟，每天坚持，相信不久你又能找回你的细腰了。

护理方法一：

（1）躺平，双腿 并拢伸上伸直（运用到腰腹部的力量）；

（2）背和臀部也同时向上挺直（离开接触面）；

（3）然后慢慢放落；

（4）重复次依自己的能力来衡量。

护理方法二：

（1）躺平，双手抱于脑后；

（2）身体伸直（可屈膝），运用腰腹部力量，使身体坐起再躺下；

（3）重复次数可依自己的体能来衡量。

护理方法三：

（1）躺平；

（2）运用身体的腰腹部的力量把双腿向上举，同时上半身向前挺起，双臂平伸（身体此时成屈型）；

（3）试着让双臂和两腿互相碰触到；

（4）可依自己的能力来决定每次运动重复次数。

以上三套动作分别单独进行或整合都可，一天 10 分钟不偷懒，梦想中的纤细腰身即将出现！

“点头哈腰”维护人体“脊梁骨气”

“点头哈腰”是人体脊柱运动的基本动作，可以维护“脊梁骨气”，是防治颈腰痛的简便好方法。

一位北京大学的博士生，由于长期从事电脑操作，颈部酸痛。中医骨科专家韦教授为他检查后说：“你的颈椎没必要治疗，每天点头哈腰 100 次，每 20 次休息一下，一个月就可康复。”点头（下巴点到胸骨呈九十度）后伸腰，就是锻炼颈项韧带，让其恢复弹性和韧性。铁轨直了，车轮也就不跑偏了。韦教授又对博士生说：“你的症状只是生理曲度稍微变直，通过颈项韧带锻炼，就可以自行恢复。”一个月后，博士的脖子不酸痛了。

韦教授告诉读者，“点头哈腰”不仅能防治颈椎病，还能防治腰痛，这对于经常伏案工作的人特别有效。长期坐着工作的人都应该定时起来做一下“点头哈腰”的运动。

美女细腰法则

（1）多喝水，少喝碳酸饮料。碳酸饮料和那些含糖量高的饮料会让你的肚子鼓得像个气球。

（2）不要常吃薯条，尤其是在生理期前。罐头食品也是含盐分高的食品。

（3）让你的下巴休息一下，不要一直嚼口香糖。嚼口香糖会让你吞下过多的空气，肚子因此会发胀而鼓出。

（4）如果感觉排便不顺，多喝咖啡。一杯或两杯咖啡有助于通便。

（5）束身内衣，高腰束裤或腹带，可以使人看上去比较瘦。内衣的束身效果好，不过，多余的赘肉在过紧的内衣里会凸显出来，所以要避免穿太紧的内衣。

♀ 使腰变细的运动 ♀

1. 在瑜伽垫上，采用坐姿，双腿向前伸直坐正，臀部肌肉收紧。

2. 双手各持毛巾的一端，两臂向上伸直。（肩膀不可用力，手臂不可弯曲）。

3. 保持手持毛巾、手臂伸直的姿势，向左右转动，臀部也要同时迅速扭动。

运动到稍微出汗为止，最少 10 次。运动时，脸朝向正前方，手臂要伸直。

（6）选择最适合你的礼服，不要考虑尺码，没有人会去看你礼服的标签，但如果你的衣服太紧，你可能会把肉肚子暴露。所以，要把自己身材最好的部分显示出来，吸引别人的目光，把注意力从你发胖的腹部转至细腰上。

快速消除小肚腩

消除腹部多余脂肪的方法

腹部是女子体型健美的重要部位，此处肌肉紧而富有弹性，使身体显得轻盈、苗条。所谓腹部健美，就是要消除腹部多余的脂肪。

为使腹部减肥而采用无限制的节食是不理智的。节食应以每天七成饱为度，但要注意蛋白质的摄入。这样可促进体内脂肪的消耗。另外，还应少吃糖、淀粉、动物脂肪等。

有效的锻炼，如跑步、爬山、骑车、游泳、跳绳等可使腹部脂肪减少。以下介绍减腹的方法。

方法一：

（1）坐在椅子上，两手握紧椅子两边，手臂下垂，身体紧缩并稍稍从椅子上抬起一点。

（2）躺在床上，屈膝，两脚板固定在床上，两手伸向两膝的位置，身体放低，躺回床上。重复运动 10 次。

方法二：

（1）举腿收腹。主要是发展下部肌肉。身体平卧，双腿伸直尽可能抬高，接着再缓慢放下，反复练习。

（2）扭腰。手握把手或拉一定重量的重物，作各种姿势的扭腰和转身练习，以锻炼腹外斜肌和腰部肌肉。

每种方法重复 15 次以上。

“六步”减掉腹部脂肪

第一步，坐在椅子上，两腿慢慢往上抬。

第二步，两手轻轻放在小腹上，慢慢地吐气，吐气的同时渐渐收紧小腹。

第三步，吐气慢慢加快，小腹越收越紧，肩膀保持轻松。

第四步，小腹已收到最紧的程度时，气也同时吐完。

第五步，肩膀与小腹都放松后，慢慢地开始吸气。

第六步，尽量吸气，此时小腹不用刻意收缩，转而换成腹部向下压的方式。

这种体操主要目的是为了消除小腹的赘肉，只做两三次是看不出任何效果的，至少得持之以恒的每天上下午各做两三次，每次至少做八拍，持续三个月后，你一定能看出效果来。

另外，凡事追求完美的你，在晚上洗浴后最好用一些美体的产品（纤体塑身类的）涂于身上，并在腹部做一会儿按摩，不仅可以消除多余的脂肪，也有利于睡眠。

腹部自然平坦法

腹部是全身最容易堆积脂肪的部位，这里的脂肪因距离心脏较近，又最容易进入血液循环造成危害，是名副其实的“心腹”之患。因此，当腹围在 90 ~ 100 厘米以上，或腹围与臀围的比值男大于 0.9，女大于 0.85 时，腹部的脂肪就非减不可了。

怎样才能较快地减少腹部多余的脂肪，使它显得平坦？

方法：

（1）热身活动 10 分钟，至全身微微出汗后，再用保鲜膜捆扎腹部 5 ~ 6 层。

（2）平卧位做腹肌运动。脐上练习：下身固定不动，仰卧起坐，旨在使胃部凸出部分收紧平坦。脐下练习：上身固定不动，双脚抬起做屈伸腿和头上举练习，目的是收紧和减去整个腹围。腹外斜肌练习：完成上下腹部练习后，再做各种腰部转体练习。这种练习作为辅助练习，使上下腹部练习的减肥效果更加明显。

（3）揉捏腹部，“驱赶”脂肪。有道是：“七分运动，三分揉捏。”在腹部运动后再以顺时针和逆时针做环形按揉各 100 次，“驱赶”脂肪，促进脂肪代谢。

以上方法每次做 30 分钟，每周 3 ~ 4 次，坚持两月后必有效果。

生完孩子，肚子要回去

在怀孕期间，孕妇的腰围大约增加了 50 厘米，因此产后你会感到腹部是如此的伸张与松弛。你可以做一些简单的运动，让肌肉尽量恢复原来的形状与力量。

仰躺，屈膝，脚底贴于地面或者床上，用力拉你的腹部肌肉，并将头与肩膀抬离地面。同时，伸出一只手，朝脚掌方向平伸。另一只手的手指置于肚脐下方，你可感觉到两条有力的腹直肌正在用力。

新妈妈美丽的收腹计划

怀孕期女性为了满足胎儿生长发育的需要，会在体内储存大量脂肪，而产后缺少运动和营养过剩，就会造成腹部肥胖。难道完美身材真的一去不复返了吗？想拥有一个平坦的小腹，新妈妈的“收腹计划”就要从早上开始。

第一步：喝一大杯凉开水。一大杯凉开水喝下去可以刺激肠胃蠕动，加速排便，并使内脏进入工作状态，其功劳甚至大于每天跑步或做操。

第二步：形成排便规律。在早上排出体内垃圾，可以减轻肠胃负担。如果你有便秘的毛病，可每天吃定量的蔬菜水果和粗纤维食品。

第三步：使用收腹霜。戴上专用按摩手套，取适量（3 克左右）膏体，均匀涂抹在腹部（避开肚脐），用掌心按在腹部，分别以顺时针和逆时针打圈按摩，直至完全吸收。

第四步：有效的腹部运动。双腿稍微分开站直，两手合拢向下尽量触摸地面，重复此动作 30 次。

♀ 转臂巧去“将军肚” ♀

腹部脂肪一多，必然“中部崛起”，人们戏称为“将军肚”。简单的转臂运动可去除“将军肚”，此法简便易行，坚持几个月可见功效，发胖者不妨一试。

1. 身体放松、直立，两腿自然放开，约与肩同宽，呼吸均匀。

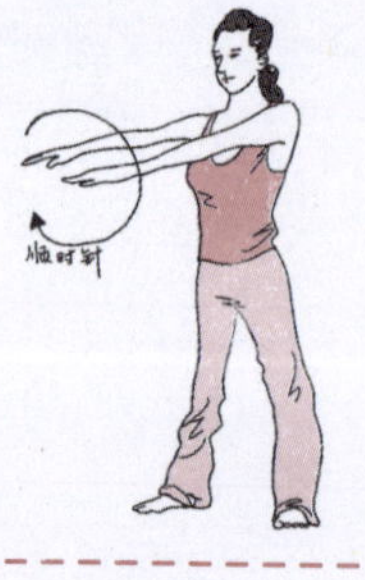

2. 两臂向前平举，从左至右，顺时针方向画圆，然后从右至左，逆时针方向画圆，左右交替各做 30 次，每日可做 2 ~ 3 遍。

注意：手臂向上画圆时，吸气，转至水平向下划圆时，呼气。旋转手臂划圆动作不宜过快，速度要适中，手臂要自然放松，两手高度不要超过头顶，以感到腰、腹部在用力为佳。

第五步：吃营养早餐。早餐不仅要吃，而且以吃饭为宜。最好多吃一些豆制品、水果。

美腿凸显修长身材

大、小腿由粗变修长的方法

修长、匀称且协调的双腿，给人以美感。如果你的大腿太粗或过细，小腿过细或过粗，都会给人带来不愉快。女性的腿外露机会很多，腿部的健美更有必要。

1. 大腿变细的锻炼方法

（1）仰卧，两臂体侧伸直，两脚做模仿蹬自行车的动作，主要是两条大腿用力蹬直，腿弯曲时肌肉要充分放松，节奏要快，一开始每分钟蹬 40 次，以后可逐渐加快节奏增到 150 次。

（2）仰卧，两腿放松，稍屈上举，两臂体侧伸直，做两腿交叉动作，即左腿在右腿前，接着右腿在左腿前，节奏要快。同时做到放松，随意呼吸，做 150 次。

（3）仰卧，两腿并拢伸直，两臂体侧伸直，掌心向内。两腿迅速弯曲，两膝贴胸，两手抱膝，吸气，然后慢慢还原到开始的姿势，呼气，做 5 ～ 8 次。

（4）站立，两臂自然下垂伸直。一开始为便于做动作，两脚左右分开站立，但以后两脚间距离可逐渐缩小。上体前屈，两手尽力触地，两腿保持伸直不动，吸气，然后还原到开始的姿势，呼气，做 5 ～ 8 次。

2. 小腿变细的锻炼方法

（1）足跟提起，用足尖行走。

（2）足跟不着地的跳绳。

（3）在沙坑内做连续向上的弹跳。

（4）肩部负重足尖行走。

（5）肩部负重原地弹跳。

锻炼时要逐渐增加强度和密度，每次练到疲劳为止，而且要持之以恒。另外，游戏、跳舞、打球、踏自行车等，都能使小腿修长。

给小腿减肥

如果能去掉腿部因循环不良所引起的瘀血，再借助由运动送入的良好的血液，就能让腿部呈现出美丽健康形态曲线。

想瘦小腿，先要检查自己小腿的肌肉是松弛还是紧绷。若有肌肉紧绷的话，要瘦就会较困难。所以首要的减小腿计划，要由打松结实的小腿肥肉开始。

方法一：平日可坐在地上，将一只腿抬高成直角，涂上促进微循环、紧肤消脂的纤体产品并用拳头拍打小腿，或以手掌按摩，每边做 10 分钟即可。

方法二：睡前将腿抬高，成九十度，放在墙壁上，二三十分钟再放下，将有助于腿部血液循环，减轻腿部浮肿。

站姿、走姿美腿方法

1. 站姿

（1）左脚往前呈弓步，身体重心转移至左腿，右脚绷直，保持 15 秒。左右轮流 15 次，可让大腿内侧脂肪减少。

（2）以基本姿势站立，双手叉腰，两脚向左右跨开，背脊挺直，臂部夹紧，向下蹲马步。重复 20 次，可美化腿部线条。

2. 走姿

常常用脚尖走路，以脚尖支持全身的重量，把腿部的肌肉尽量拉长，并且稍倾向前，用手叉腰，把双脚尽量向前踢和向后踢，就能收到美腿的效果。

动感单车骑出你的腿部线条

起源于美国的"动感单车"是一个很受欢迎的有氧运动项目，这种单车之所以称为"动感"，是因为其音乐的动感力强，而周围的模拟环境也很特别，配合单车本身的新潮设计，让人感觉置身于科幻世界之中。

单车的设计是模仿日常所骑的自行车制造的，前面是一个很大的飞轮，这个轮子很有分量，这样骑起来会有些阻力。车上有一个调节阻力大小的摩擦片，可以调节不同的训练强度。座位、手柄和速度都可以根据骑车人的身体比例来调节。

具体的方法如下：

（1）5 分钟的热身，35 分钟的主要训练，再加上 5 分钟的放松动作。

（2）15 分钟的时速单骑等于 40 分钟的慢跑，不仅可减脂，还可提高心肺功能，令腿、臀部的线条更美。

动感单车最大的功效就是让你最大限度地流汗，这样就可以很轻松地将身体里的毒素排掉，并且减掉脂肪，减脂也就在不知不觉中完成了。

10 种美腿食物

下面介绍的 10 种美腿妙食法，也许会使你的双腿变得美丽性感。

（1）芝麻：芝麻提供人体所需的维生素 E、B_1、钙质，特别是它的亚麻仁油酸成分，可去除附在血管壁上的胆固醇。

（2）香蕉：香蕉含丰富的钾、脂肪，而钠的含量很低，符合美丽双腿的营养需要。

（3）苹果：苹果所含水溶性纤维质果胶可清肠，防止下半身肥胖。

♀ 告别大象腿 ♀

对每个女人来讲，决定形体美的重要因素之一是腿。大腿脂肪过多，很难减，怎么办？

以双腿为主的锻炼

锻炼大腿和臀部肌肉的最佳运动是步行、骑自行车（包括在室内骑健身车）、越野滑雪、爬楼梯。

步行与跑步

以步行为主，途中进行几次短距离跑步，每次跑一两百米，习惯后，逐渐将跑步的时间延长。

游泳

水的阻力会使双腿活动比较费力，却不会像在地面上跑步那样承受较大的震荡，因此游泳是减去腿部和臀部脂肪的好方法。

（4）红豆：可增加肠胃蠕动，减少便秘，促进排尿，所含纤维素可帮助排泄体内水分、脂肪等，对美腿有百分之百的效果。

（5）西瓜：西瓜利尿，钾含量也不少，它修饰双腿的能力不可小瞧。

（6）沙田柚：热量低，含钾量丰富，若想成为美腿小姐，可先尝尝沙田柚。

（7）芹菜：芹菜含有大量的胶质性碳酸钙，可补充笔直双腿所需的钙质，还含有丰富的钾，可预防下半身浮肿。

（8）菠萝：多吃菠萝可促进血液循环，将新鲜的养分和氧气送到双腿，恢复腿部元气。

（9）猕猴桃：猕猴桃含有丰富的纤维素，吸收水分后膨胀，产生饱足感，避免过剩脂肪让腿变粗。

（10）西红柿：西红柿有利尿及去除腿部疲劳的效果，长时间站立的美女，可以多吃西红柿保证腿部的力量。

穿拖鞋可以美腿

长期困坐于电脑桌前的上班族们，因为缺乏运动，容易造成臀部与腿部肥胖。英国著名体操家、电视明星苏珊娜女士发现穿拖鞋对腿部健美有微妙的作用，可使踝、小腿和大腿变得匀称健美。因为穿稍微宽松的拖鞋走路，会迫使人们动用平时用不上的腿部肌肉，脚趾必须“抓”着才能防止拖鞋脱落，不仅锻炼了腿肌，还有助于腿脚肌肉的协调活动、促进腿部的血液循环。

但是，穿拖鞋式凉鞋的鞋跟不宜太高，那样走起路来，着力点会转移到前脚掌，容易摇摇晃晃、重心不稳，从而导致足部伤害。美国人所钟爱的高跟拖鞋的鞋跟高度一般约三四厘米。

第十三章

气质女人只穿对的，不穿贵的

第一节

服装不仅让你看起来漂亮，更重要的是增加自信

学会用衣服来掩饰臀部的缺陷

李文是个非常爱美的人，对穿衣打扮十分讲究，家里的衣柜里塞满了她购买的衣物。一个周日，她要去参加同学聚会，大早上起来就开始翻箱倒柜地搭配衣服，想穿得漂漂亮亮的，在同学们面前保持以往的风光。可是，她试了二十几套衣服，还是觉得自己穿得很臃肿，她看了又看，想了又想，终于发现是臀部下垂的原因导致她穿上以前的这些衣服没有了以往的光彩。看来身材变了，衣服也得跟着变了，不然怎么看都不顺眼。

和李文一样，很多女性，特别是职业女性，因为经常久坐和年龄的增长，臀部会有不同程度的下垂。臀部下垂的人一定要知道如何用衣服来掩饰不足，才能让你更加精神有型。

臀部下垂者可利用短圆裙和阔褶的长裙拉长身形线条；也可以利用深色无花样的长裙和格子裙掩饰缺点；还可以选择穿有后袋的长裤或短裤。

美化掩饰下垂的臀部的各种方法中，以细褶或收腰的长白衬衫盖着冷色系裙子的掩饰方法最简单又最漂亮。这种格子裙的腰侧皮带，是掩饰臀部下垂的重点。上半身设计简单的服饰和其他饰物，可强调裙子的效果。

还可以利用裤子后面的口袋及皮带来掩饰。将上衣束入有后袋的裤子，并以深色的皮带束着，颇具立体感，这样的穿法相当出色。

选择裙子掩饰臀部时，阔褶的长裙最为理想，上衣则选择同一色系的服装。这款组合整体轻便，显露出时髦。

贴紧臀部的窄裙、直筒裙，不适合臀部下垂者穿着，而摇曳生姿的及膝圆裙才是最佳选择。

用衣服包装自我，用自信打动他人

美国商人希尔在创业之初，就意识到了服饰的作用，他清楚地认识到，商业社会中，一般人是根据一个人的衣着来判断对方的实力的，因此他首先去拜访裁缝。靠着往日的信用，希尔定做了3套昂贵的西服，共花了275美元，而当时他的口袋里仅有不到1美元的零钱。然后，他又买了一整套最好的衬衫、衣领、领带、吊带及内衣裤，而这时他的债务已经达到了675美元。

每天早上，他都会身穿一套全新的衣服，在同一个时间里、同一个街道与某位富裕的出版商"邂逅"相遇，希尔每天都和他打招呼，并偶尔聊上一两分钟。这种例行性会面大约进行了一星期之后，出版商开始主动与希尔搭话，并说："你看起来混得相当不错。"

接着出版商便想知道希尔从事哪种行业。因为希尔的衣着所表现出来的这种极有成就的气质，再加上每天一套不同的新衣服，已引起了出版商极大的好奇心，这正是希尔盼望发生的情况。希尔于是很轻松地告诉出版商："我正在筹备一份新杂志，打算在近期内争取出版，杂志的名称为《希尔的黄金定律》。"出版商说："我是从事杂志印刷及发行的，也许我可以帮你的忙。"

这正是希尔所等候的那一刻，而当他购买这些新衣服时，他心中已想到了这一刻。后来，这位出版商邀请希尔到他的俱乐部和他共进午餐，在咖啡和香烟尚未送上桌前，已"说服了希尔"答应和他签合约，由他负责印刷及发行希尔的杂志。希尔甚至"答应"允许他提供资金并不收取任何利息。

发行《希尔的黄金定律》这本杂志所需要的资金至少在3万美元以上，而其中的每一分钱都是从漂亮衣服所创造的"幌子"上筹集来的。

希尔的成功很有力地证明了衣着对一个人的巨大作用，如果当初他根本不注重衣着，那么那位出版商肯定连看都不愿看他，更不会帮他出版杂志了。

据社会心理学家估计，第一印象的93%是由服装、外表修饰和非语言信息组成。服饰是一种无声语言，不但能给对方留下一定的审美观感，而且它还能反映出你个人的气质、性格、内心世界。它在很大程度上决定了别人对你的喜欢程度。

美国的心理学者雷诺·毕克曼做了以下有趣的实验：在纽约机场和中央火车站的电话亭里，在任何人都可以看到的地方，放了10美分，等到一有人进入电话亭，约2分钟后敲门说："对不起，我在这里放了10美分，不知道你有没有看到？"结果退还钱的比率差异较大，询问者服装整齐时占77%，而询问者衣服较寒酸时则占38%。

♀ 得体穿衣的原则 ♀

衣服只有穿着得体才能让自己更加自信，给他人舒服的感觉。想要穿衣得体，应该注意以下原则：

不要盲目跟风，一定要选择适合自己的。

学一些有关色彩的知识，让自己懂得如何进行搭配。

款式不一定要新潮，但一定要能突出你的优点。

因此可以看出，衣服一定程度上决定了别人对你的印象和态度。一套得体的服装会带给你自信，从而使别人更愿意与你交往。着装艺术不仅给人以好感，同时还直接反映出一个人的修养、气质与情操，它往往能在尚未认识你或你的才华之前，向别人透露出你是何种人物。因此，在这方面稍下一点功夫，是会事半功倍的。

所以，你要学会用服装来包装自我，选择带给你自信的优质服装，不但可以掩盖你身材的不足，还可以衬托形体的优势，并在心理上消除由于对外表不满带来的焦虑。优质的服装还可以积极地调整穿衣者的态度，它有强烈的暗示作用，在心理上提示自己表现得要如同自己的服装一样出色。另外，它还能够增加着装人的成就感，让你表现得自豪、沉着、优雅。

因而，你不一定穿自己喜欢的衣服，但你一定要穿让你自信的衣服，它绝对会在很多层面上影响你的工作、你的生活。你穿着自信的衣服时，你在 3 秒钟之内可以抓住别人的视线；如果你抓住别人的视线，你在 3 分钟之内才可以得到别人的注意力；如果你得到别人的注意力，才有后面 30 分钟跟别人交谈的机会。所以每天出门的时候，你要先照一下镜子，看看自己有没有穿着吸引别人的服装。

衣着对一个人的影响非常大，一个不讲究衣着、对衣着缺乏品位的人，人际关系的效果势必会受到影响。因此，你若想有个好形象，从现在起，请立即注重你的衣着。用衣装来包装自我，用自信来打动他人。

让身高不再是美丽的距离

很多人为自己长得矮小而烦恼，他们认为身材矮小让自己与美丽产生了距离。其实个子矮小的人完全可以凭借衣服让自己看起来更高些，而完全不必为此烦恼。掌握了下面这些穿衣方法，你就能显得更高，更有自信！

1. 穿对颜色就显高

一般来讲，浅色比深色显高，暖色比冷色显高，艳色比浊色显高，从人对色彩视觉感知和心理感知来讲，浅色、暖色、艳色都是膨胀色，深色、冷色、浊色都是收缩色。所以，个矮的人应多选择穿浅色、暖色和艳色的服装，尽量回避深暗、灰浊的色彩。并且全身服装色调最好相同或相近，这样可以修长身形，如果色彩搭配对比太强烈，个子就会显得矮。上下身不同颜色的衣服也可以穿，但要注意颜色面积的比例，上下身颜色的面积比例以 2 ： 3 或 3 ： 2 为宜。最好上浅下深，把别人的注意力引向头部或肩部。

同色的鞋和袜，或式样简单、狭长的裤子可使腿部看起来修长，以增加身体高度感。高跟鞋的式样宜斯文大方，丝袜不宜过花、过浅。

2. 选对款式就显高

个子矮的人在选择上衣时应避免选择过长、过复杂的款式，简洁大方的短款或不到膝盖的直线条小长款能起到拉长身段的效果，让你看起来干练而不拖沓。选择裤子时最好避免过于肥大的裤型，选择直筒裤或小微喇，采用短衣配长裤，就能在视觉上起到拉长腿型的效果。还有一个小细节要注意，裤袋的开口应尽量以纵切线或斜切线来代替横切线，因为纵向线条会显高，线条越少越显高，而横切线往往会显矮、显胖。

如果你喜欢穿裙子，裙子的长度很重要，最好不要超过膝盖，太长的裙子会显得更矮。若穿衣裙套装，上衣或外套的长度最好在臀部最宽处 3 厘米以上，或刚刚长及腰部，这样会使人看起来较高。裙子上千万不能有印花或绣花等，以免穿上后显得又矮又胖。

3. 挑对面料就显高

个子矮的人选择服装面料以光滑平整为佳。服装式样也应尽可能地简单，但一定要制作精致，上装的腰线可以略微提高一点。衣料可选择柔软贴身的那种，使穿起来的你有种颀长的感觉。衣料的图案、花纹宜小而碎，颜色不必太抢眼。

另外，单襟、直褶都适合矮个子的你。而脚花、带子缚上足踝的鞋子都应避免。佩戴的珠宝饰物也不宜过大，而丝巾或领带会使人看起来文雅而修长。

记住，个子矮的人只要懂得一些服装的搭配方法，保持你的自信与苗条身材，你一样可以吸引别人的目光。

女性自信着装的 3 大原则

我们经常说：“女性可以用美丽征服世界。”这种美丽，肯定不只是长得美，而是兼含内在与外在和谐统一的美感。而表现外在，最迅速、最有效的就是女性的着装。

当今时代，是崇尚自由的时代，这种自由，也渗透到了穿衣打扮之中。但是，这并不是说我们就可以随便着装了，在必要的场合，遵循着装的基本原则还是必不可少的。如果我们遵循了着装的这些原则，不仅可以使我们看起来更加得体，也会使女性更加自信。下面，我们就介绍一下女性着装的 3 大原则。

1. 季节与着装色彩的搭配原则

一年四季，严寒酷暑，不停地变换。为了保持体温，我们的服装也会随着发生变化。但是，不同的季节，着装的色彩也要遵循一些基本的原则。

（1）春秋季节。

春季是万物复苏的季节，因此，这个阶段的着装应采用暖色系的色彩来体现这时的生机勃勃。秋季是丰收的季节，也是一个充满诗情画意的季节，此时可采用中间色和中明度色来体现秋天的成熟。

春秋季节是服装种类最多、没有什么特殊限制的季节，可以根据自己的特点和爱好来选择。在面料和款式上，柔软而有光泽的质料比较受人们的欢迎。

（2）夏季。

夏天气温很高，很容易使人浮躁不安。因此，此阶段的服装色彩应以冷色、浅色为主。尤其是蓝色，能让人眼睛一亮，倍感清新。蓝色与其他颜色搭配也可以相得益彰。在面料选择上，由于人体易出汗，所以应选透气性强、吸湿性好的纯棉、纯麻和丝绸面料。

（3）冬季。

冬季寒冷，因此可以选用色彩鲜艳、热烈的颜色格调，给人以温暖的感觉。面料上可以选择保温性强的呢、绒、毛料、皮等。

2. 流行与适合自己的个性相结合的原则

对于爱美的女性来说，选择当前最流行的服装是必要的。因为流行代表着充满活力、永远年轻的生活态度。但是，也不要忘了是否与自己的个性相符。

每一季流行的清单上，女人最应该注意的是哪些适合自己。女人的装束，不一定每件都是名品，但一个季节至少应该选择一套略高于自己消费能力的高档时装，这会使你自信心倍增。

高级和廉价可以混着来穿。比如一些 T 恤衫之类的可替代性较强的服饰，可以不必买名牌，只要借鉴一下名牌的款式和色彩就可以了，然后和自己高级的服饰搭配，这样就可以用比较少的钱穿出大牌的品位。

3. 总体着装原则

（1）不要在办公室穿太紧、太透、太性感的衣服。如果穿得过于性感，只会使你看起来不专业，像个花瓶，还会影响男同事的工作。

（2）不要穿得过于男性化。

（3）不要盲目追赶时装潮流。

（4）要每天改变上班穿的裙子长度、款式和颜色。

（5）在办公室与人洽谈业务时，不要一会儿脱掉外衣，一会儿又穿上，这样会分散对方的注意力，也会给对方带来不稳定的感觉。

（6）佩戴的饰品不要太低廉、太累赘，这样会给人带来俗气的印象。首饰佩戴应该大方得体。

（7）衣服上不要喷太浓的香水，这样会使人觉得俗不可耐，并且不敢靠近。

（8）不要穿抽丝的丝袜或者露出线条的内裤上班。这样，你的腿形再美，也失去了和谐的美感。

（9）在穿衣打扮之前，先问问自己要和什么样的人会面，再来决定穿什么样的衣服。

（10）衣服的色彩搭配十分重要。一般而言，正式场合，不要穿色彩反差太大的衣服。

总之，合适、得体的着装可以把女性变得更加可爱、更加具有吸引力。从女性自身来说，出色的着装，可以使自己具备饱满的自信和工作热情，进而在工作和社交中给大家留下良好印象，使自己获得成功。

♀ 衣服的颜色要和肤色相协调 ♀

要根据自己的皮肤颜色来选择服装的色调，以求得互为映衬、浑然一体的效果。

1. 肤色白皙的女人

对服装色彩的要求不很严格，适应度较宽。

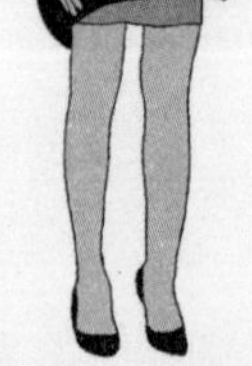

2. 肤色较深的女人

肤色较深的女人不宜穿黑色的服装，也不宜穿太鲜嫩的颜色；可选择咖啡色、茶色系列色彩。

如果不知道自己适合什么颜色的衣服，可以选择白色或海军蓝，因为这两种颜色几乎可以适合各种肤色的人。

第二节

根据职业特点选择职业装

职业女性——穿出你专业领域里的“THE TOP”（首席）架势

艾斯蒂·劳达是世界化妆品王国中的皇后。她拥有几十亿美元的化妆品王国，是世界化妆品领域的主要代表。但艾斯蒂出身贫穷，并没有受过多少教育，她是以推销叔叔制作的护肤膏起家的。最初，为了使自己的产品能够多销售一些，她不得不走街串巷。后来，她决定将产品定位于高档次上。刚开始她的推销没有什么效果，有一天，她终于忍不住问一个拒绝购买产品的客户：“请问，您为什么拒绝购买我的产品呢？是我的推销技巧有什么问题吗？”

那位女士答道：“不是技巧有问题，是你的形象不好。你的形象告诉我：你根本就是一个低档次的人，让我怎么相信你的产品是高档次的？”这位女士的话明显带有对艾斯蒂·劳达轻视甚至污辱的成分，但聪明的劳达却兴奋异常，认为自己找到了问题的关键：那就是产品的高档次，首先在于自己的高档次。她想，换成自己也会是这样，推销人员本身的档次不高，自己也确实会怀疑产品的质量和品位。于是，她决心对自己的形象进行精心改造、包装。她模仿富贵名门和上层妇女，像她们一样穿着打扮，模仿她们的举止。另外，她注意培养自己的自信，让整个人看上去魅力四射。慢慢地，越来越多的人买下了她推销的产品。从此，她一发不可收，直至建立自己的化妆品王国……

由此可见，得体的穿着是迈向成功的必修课，对于每一个向往成功的人来说，如何正确地穿着与如何正确决策并行动同样重要，穿着得体虽然不能保证你一定会成功，但是穿着不当往往会失败。

女性在穿着前，首先要衡量自己在事业与生活中扮演的角色和所处的地位，以选择适宜的穿戴。职业女性的穿着一定要符合自己的职业身份，也适合个人不同的气质和体形特点。下面我们对部分不同职业性质的女性穿着作一番分析。

1. 女医生的穿着

正如大家对医生的想法一样，穿白色外衣，加上听诊器、笔及文件夹的装扮是年轻女医生们最合适的服装。这种典型的医生装扮，明确地告诉了其他工作人员及病人“我是医生”，而大家通常也会以对医生的态度来对她。

建议女医生们穿淡色的上衣时，最好不要穿白色的。白色上衣与白色外套混在一起会降低女医生的权威性及存在反效果。上衣最好是衬衫型或圆领针织衣，要不就是没有荷叶边、花边等女性化的装饰。而只要是在诊治病人，一定要穿上白外套。千万不要戴各种装饰物，这会造成反效果。

2. 女会计师的穿着

对女性会计师的穿着而言，最好的衣着是纯灰色套装配上白色上衣，其次是深灰色套装配上白色上衣，第三个选择是淡灰色套装配白色上衣。对会计师而言，灰色与白色通常是最佳选择。蓝色系列的效果也不错。其中以海军蓝及中等蓝色的套装配以白色上衣为最佳。花格子套装对女性会计师而言并不是太合适。

另外，对于女会计师来说，应该拿的是一个大的、皮的、看起来男性化的公文包，而不宜拿手提袋。当女会计师到客户处办公事时，穿一套比较保守的裙子套装，携带一个合适的公文包，会给对方一个好的印象，而且很容易进入工作状态。

3. 女科学家及女工程师的穿着

对在实验室工作的女科学人员而言，如果因工作需要，大家都穿实验衣，那么你也应该与大家一样穿戴。在实验室里边，应该穿淡色上衣配以深色、素色的裙子，但上衣不要与实验衣是同一颜色。如果你的实验衣是白大褂，那么配以淡蓝色上衣最好；若是蓝色实验衣，则要配黄色或浅褐色上衣为好，同时穿无跟、无鞋带的鞋子最佳。

时髦的衣服在实验室里是无法被接受的。即使有一副模特身材的人，也不要将这些衣服穿进实验室。因为穿时髦衣服上班，与其他较传统的女科学人员来比，这种人反而显得没有地位，也不被认为是科技工作者。在这一点上，对女工程师们也是相同的。

4. 女记者的穿着

如果你是位女记者，你当然不愿意采访对象不合作。你希望的是被采访者能够轻松地发表他们的意见。因此，如果是与一般大众接触，应该要避免穿具有权威性的衣服。在采访企业主管或是政府高级官员时，则可以穿有端庄感的裙子套装。

5. 女艺术教员的穿着

女音乐教师的穿着，应以简洁多变为宜。除了在音乐课上给学生以艺术上的享

♀ 避开职业着装的 3 大忌讳 ♀

对职业装最基本的要求是得体、整洁、典雅。一般而言，职业着装有“破、脏、短”的忌讳。

1. 忌破

破，是指服装破损、伤残。任何一个公司都不允许职员穿着破损的衣服来工作，这是对公司形象的一种损害。

整天穿着脏兮兮的衣服上班的人，多会给人一蹶不振的感觉，而且还会让人怀疑其心灰意冷，对生活丧失了信心。

2. 忌脏

3. 忌短

短在这里是指着装过于短小，将不应显露在外的肌体暴露了出来。根据礼仪规范，职业人士在办公时，背心、马夹、短裤，都是不适宜穿着的。

受之外，女音乐教师在服装上也应带给学生视觉上的美感，简洁、庄重、大方，不过分夸张与花哨，以获得与工作环境的协调。当然，要求款式简洁，并不意味着服装的单一乏味、一成不变，可以在面料质地、花边及饰物的点缀上稍做点文章。

女舞蹈教师的穿着，讲究随意舒适。女舞蹈教师大都身材修长，苗条似柳，曲线优美，四肢灵活。但是由于其工作性质的特殊性，使得她们在课堂上的服装大受限制，衣裙翩翩、佩玉叮咚之类的装束对于她们不太合适。在课堂上，作为舞蹈教师，她们的服装应该舒适、随意，便于活动。

随着人们生活水平的提高，年轻而精干的职业女性越来越将大量的资金和时间用在穿着上。但是，无论什么时候，都要注意，自己的穿着应该符合自己的职业，这样才会使你的形象具备专业领域里的“THE TOP”（首席）架势。

套裙——打造职场女性的优雅魅力

套裙是西装套裙的简称，一般分为两种基本类型：一种是用女式西装上衣和随便的一条裙子进行的自由搭配组合成的“随意型”；一种是女式西装上衣和裙子成套设计、制作而成的“标准型”。套裙是最适合职业女性在正式场合穿着的裙式服装，可以塑造出职业女性端庄干练的形象。

关于套裙的选择，有下列几点需要注意：

1. 质地

一套在正式场合穿着的套裙，应该由高档面料缝制，上衣和裙子要采用同一质地、同一色彩的素色面料。在造型上讲究为着装者扬长避短，所以提倡量体裁衣、做工讲究。上衣注重平整、挺括、贴身，较少使用饰物和花边进行点缀。裙子要以窄裙为主，并且裙长要到膝盖或者过膝。

2. 颜色

套裙的颜色应以冷色调为主，清新、淡雅、凝重，以体现着装者的典雅、端庄和稳重。藏青、炭黑、茶褐、土黄等稍冷一些的色彩都可以。不要选鲜亮抢眼的。有时套裙的上衣和裙子可以是一色，也可以是上浅下深或上深下浅等两种不同的色彩，这样形成鲜明的对比，可以强化它留给别人的印象。

3. 图案

正式场合穿的套裙，要讲究朴素而简洁，可以不带任何图案。以方格为主体图案的套裙，可以使人静中有动，充满活力。套裙上尽量不要添加过多的点缀，否则会显得杂乱而小气。如果喜欢，可以选择少而且制作精美、简单的配饰物。如穿着同色的套裙，可以用和套裙不同色的衬衫、领花、丝巾、胸针、围巾等衣饰来加以点缀，显得生动活泼。另外，还可以采用不同色彩的面料，来制作套裙的衣领、兜盖、前襟、下摆，这样也可以使套裙的色彩看起来比较活泼。为避免显得杂乱无章，一套套裙的全部色彩不应超过两种。

4. 长短

套裙的上衣和裙子的长短没有明确的规定。一般认为裙短不雅，裙长无神。最理想的裙长，是裙子的下摆恰好抵达小腿肚最丰满的地方。套裙中的超短裙，裙长应以不短于膝盖以上 15 厘米为限。

关于套裙的穿着和搭配，还应该注意以下几点：

1. 大小

套裙的上衣最短可以齐腰，裙子最长可以达到小腿中部，上衣的袖长要盖住手腕。

2. 端正

套裙属于正式服装，一定要穿得端端正正。上衣的领子要完全翻好，衣袋的盖子要拉出来盖住衣袋或披、搭在身上；衣扣一律全部系上，不允许部分或全部解开，更不允许当着别人的面随便脱下上衣。

3. 场合

女士在各种正式活动中，一般以穿着套裙为好，但当出席宴会、舞会、音乐会时，就可以选择和这类场面相协调的礼服或时装。在这种场合还穿套裙的话，会使你和现场风格“格格不入”，还有可能影响别人的情绪。

4. 妆饰

穿套裙一定要注意着装、化妆和配饰的风格统一，维护好个人的形象，不能不化妆，但也不能化浓妆。选配饰也要少，在工作岗位上，不佩戴任何首饰也是可以的。

5. 仪态

当穿上套裙后，站要站得又稳又正。就座以后，务必注意姿态，不要双腿分开过大，或是跷起一条腿来，抖动脚尖；更不可以脚尖挑鞋直晃，甚至当众脱下鞋来。走路时不能大步地奔跑，而只能小碎步走，步子要轻而稳。拿自己够不着的东西，可以请他人帮忙，千万不要逞强，尤其是不要踮起脚尖、伸直胳膊费力地去够，或是俯身、探头去拿。

6. 衬裙

穿套裙的时候一定要穿衬裙。特别是穿丝、棉、麻等薄型面料或浅色面料的套裙时，假如不穿衬裙，就很有可能使内衣“活灵活现”。

衬裙可以选择透气、吸湿、单薄、柔软面料的，而且应为单色，如白色、肉色等，必须和外面套裙的色彩相协调。不要出现任何图案。大小也要合适，不要过于肥大。

另外，穿衬裙的时候裙腰也不能高于套裙的裙腰，不然就暴露在外了。要把衬衫下摆掖到衬裙裙腰和套裙裙腰之间，不可以掖到衬裙裙腰内。

穿套裙时，要注意鞋袜的选择。首先，用来和套裙配套的鞋子，应该是皮鞋，并且黑色的牛皮鞋最好。和套裙色彩一致色彩的皮鞋也可以选择。袜子，可以是尼龙丝袜或羊毛袜，肉色、黑色、浅灰、浅棕色都可以，避免艳丽的颜色。

鞋、袜、裙之间的颜色要协调。鞋、裙的色彩应深于或略同于袜子的色彩。不论是鞋子还是袜子，图案和装饰都不要过多。一些加了网眼、镂空、珠饰、吊带、链扣，或印有时尚图案的鞋袜，只能给人肤浅的感觉。另外，穿套裙时要注意不要暴露袜口。暴露袜口，是公认的既缺乏服饰品位又失礼的表现，特别是穿开衩裙时一定要注意。

总之，一套适合自己的套裙，可以让职业女性看起来专业而不失女性风韵，拥有干练而不失优雅的魅力形象。

♀ 女性穿套裙要配长袜 ♀

女性穿套裙往往显得更有气质和修养，或者显示自己干练的一面，这样的着装一定要配长袜，不能选择短袜或者中筒袜。

女性穿套裙时应该穿长筒袜或连裤袜，最好是肉色、净面，不能穿图案夸张、有明显的金银线的长袜。

短袜只适合穿长裤时穿，穿短袜配套裙会让别人质疑女性的素质和修养，更不要说欣赏她的气质了。

不合时宜的性感会削弱你的权威和信任度

过分的性感是商业会晤和事业成功的杀手，但是，不修边幅的、不在乎外表的习惯也一样是抑制女人事业发展的因素。而这正是在一些中国女性中所常见的。她们忽略甚至完全不在乎自己的外表，常常不修饰自己，穿着质量低劣、没有风格和品位的服装就走进了办公室的大门。

很多女人依靠自己的本能，选择了自己认为最得体的服装。还有很多女人在对服装的选择中，并不考虑服装对于事业的影响，而仅仅考虑到实用和舒适。更加让人遗憾的是，当一个女人穿衣不当、不修边幅时，却很少会有人直率、真诚地告诉她，这样的着装会破坏她的事业发展。因此，很多兢兢业业的女人根本不知道自己的事业长期停滞不前的重要原因。

还有一些人，喜欢穿过分性感的衣服，比如透装或露装。透明的衣装已成为当今城市夏天一个美丽的时尚重点。但是，如果不懂区分场合，“透”、“露”装的情形就更为微妙，往往让人好生尴尬。比如，有的女性喜欢把“透”、“露”装穿到办公室里去，这不仅与办公室的气氛格格不入，降低了办公的效率，还有损自己的形象。

在我们的生活中，很少有人告诉我们女人在各种场合下应该如何着装，没有人告诉我们着装不当的恶劣后果，我们的意识中没有这样的概念：引人注目的、高质量的、有品位的外表让别人尊重你，女人的着装反映了一个女人的能力，出色的外表对女人的事业起着推波助澜的作用。因此，很多女人并不对自己的外表付出任何努力，其结果是她们自己的事业付出了代价。

性感的女人能吸引更多的目光，因此，很多女士都喜欢把自己装扮的性感一些，然而并不是任何时候的性感都能取得良好的效果。因此，女性在职业着装时，应该特别注意，不要让不合时宜的性感削弱了你的权威和信任度，损坏了你的职业形象。

女性外出办事时，也要注重整体的职业形象

小李是一位公司职员，每天都穿着职业装，在办公室里进行着按部就班的工作。

有一次，经理通知她第二天陪自己出去见一位客户，注意一下穿着。于是当晚，小李不惜重金给自己置办了一套最新款的时装，还找出了一些自己平时都不舍得戴的饰品。

第二天，小李打扮妥当，焕然一新地来到公司，没想到经理却看着她皱了皱眉，然后通知她不用去了。小李很疑惑。经理说：“我们是去见客户的，不是去走T台的。”

很多爱美的女士，不大喜欢稳重严肃的职业装，一有机会就赶紧换上时尚前卫的服装。有些女士在外出工作时，认为离开办公室就可以自由装束了，于是擅自换上自己的时尚装，而给商务合作对象留下不良的印象。外出工作，最忌着装具有强烈的表现欲，这是需要尽量克制和避免的。色彩不可以复杂，而且应该注意与发型、妆容、手袋、鞋统一，不宜咄咄逼人，干扰对方视线，以至于造成视觉压力。所用饰品更不宜夸张。手袋可以选择款型稍大的公务手袋，也可选择优雅的电脑笔记本公文手袋，表现女性本身自信、干练的职业风采。

总体而言，外出职业装既要庄重，又不局限于沉闷，在沉稳中隐含着对自身职业的诠释，让合作伙伴看到你的时候就可以对你产生良好的第一印象，那么你的着装就成功了，你的工作也就成功了一半。

♀ 外出职业服装的选择 ♀

外出职业服装款式应注重整体的职业形象，要舒适、简洁、得体，便于走动，不宜穿着过紧或过于宽松、不透气或者面料较为粗糙的服装。

1. 正式的场合仍然以西服套裙最为合适，可选用简约、品质好的上装和裤装，并配以女式高跟鞋。

2. 较为轻松的场合，虽然可以在服装和鞋的款式上稍作调整，但职业特性是着装标准，不可不留意。

第三节

风格是穿出来的美丽

选对衣服穿出个性品位

选衣服绝对是一门学问。虽然我们没有服装造型师那么的专业，但是用心琢磨这门学问还真可以让你受益匪浅呢。

1. 自己喜欢的，并不是最好的

作为平常人来说，大多没有经受过专业的有关时尚方面的训练，所以大多数自己喜欢的穿着方式。从时装的角度来看，往往并不是入流的，有些甚至可能是恶俗和低劣的，回想一下大街上的某些镜头，真的是这样。所以，不要认为自己的就是最好的，就是必须坚持的。能领导潮流的人毕竟只是少数，而且必须是有时尚功底的人才有可能完全做到。

2. 时尚品位需要不断“学习”

每个人喜欢和偏爱的东西，比如花布裙、蕾丝、蝴蝶结等等，它们本身并没有错，关键还是看组合的方式，就是如何用时尚的而且是适合自己的方式表达出来。了解时尚讯息是最最关键的一步，也绝对是最快捷的一种方法。找一本适合自己风格和穿着的服饰书固定下来，每个月买一本就可以了。

3. 固定服装品牌

商场的衣服琳琅满目，但是我们必须要记住的是：并不是所有的衣服都是适合你的。适合一般主要表现在价位和风格上。要尝试着尽快确定价位和风格都合适的 3 ~ 4 个品牌，并尽量尝试着固定下来。固定的意思并不是说每一件衣服都挑选这些品牌之内的，但是外衣（就是外套、大衣、西装等）必须尽量选择这些品牌。因为外衣往往是个人服饰风格最关键的部分，也是最能体现个人品位的。

4. 固定着装风格

对于25岁以上的普通人来说，一般应该开始着手尝试并选择固定的服装品牌。选择期可以有2～3年。2～3年后，也就是快30岁的时候，应该已经确定了服装品牌。下一步工作就是确定固定的个人着装风格。

风格，这对一个人或一件衣服来说，几乎是最重要的了。看一件衣服的时候，先不要单纯考虑颜色或者款式，应该做的是大致揣摩这件衣服的整体体现出来的风格，这种风格与自己的是否吻合。如果风格不是自己的，那就坚决放弃。如果风格吻合了，再考虑颜色和款式等方面的细节。

另外，在固定个人风格的时候要注意多样化，就是最少确定上班风格、休闲风格和晚会风格这三种风格，那样的话才不会太单调。

5. 确定自己的主打色系和辅助色系

根据自己的肤色、喜好等确定个人衣橱的主打色系，并尽量保持衣橱中60%衣服的颜色在主打色系之中。同时根据当季流行的色彩确定衣橱的辅助色系，并保持40%衣服的颜色在辅助色系中。

6. 确定基础款和流行款的比例

把个人衣橱中基础款式和流行款式的比例尽量保持在3：2之间。这点其实很难做到，一般来说，每个人购物的时候，总想买那些款式最流行、颜色最耀眼的衣服，但如果每次购物的时候总是买这些的话，那么可以想象你的衣橱一定很糟糕。黑色长裤、米色风衣、白衬衫、圆领黑T恤之类的基础款衣服，它们在你衣橱中的比例一定要占60%以上，否则你的品味就可能有问题了。

7. 摈弃模式化

在前面6点全部做到之后，可以相信你的衣橱、着装已经做到了基本不大容易挑出明显的毛病了。当然，这6点只是提高品位的捷径，但要有最佳的品位，单纯靠这6点是绝对不行了。答案很明显，那就是太模式化了。模式化本质上是与瞬息万变的时尚潮流完全不合拍的。所以，在模式化的基础上，适当加一些小小的灵感的大胆点缀，将让你的品味大大提升。小小的配饰等一些属于个人的东西，都可以尽情尝试。

提高自己的衣饰修养

服饰巧妙的搭配是女性流动的风景线。春天它把女人变成欢乐明亮的女神；夏天让女人成为热情奔放的情人；秋天它使女人成为风韵犹存的妇人；冬天则令女人成为冷艳绝色的美人……

但是在现实生活中，每个女人都会迷失、彷徨，“永远都缺一件衣服”更成了女人在出门前常常拿来自嘲的一句话。不过不要紧，只要你够勤奋，真正地认识自己，并读懂服饰语言，每个女人都会变得分外美丽。

1. 建立自己的穿衣风格

我们不能妄谈拥有自己的一套美学,但应该有自己的审美倾向。而要做到这一点，就不能被千变万化的潮流所左右。我们应该在自己所欣赏的审美基调中，加入时尚的元素，融合成个人品位。比如，如果你只喜欢穿裙子的淑女感，也不必排斥宽腿长裤、九分裤等同样能传递出优雅感觉的裤装。融合了个人的气质、涵养、风格的穿着会体现出个性，而个性是最高境界的穿衣之道。

2. 衣服要与你的年龄、身份、地位一起成长

西方学者雅波特教授认为，在人与人的互动行为中，别人对你的观感只有 7% 是注意你的谈话内容，有 38% 是观察你的表达方式和沟通技巧（如态度、语气、形体语言等），但却有 53% 是判断你的外表是否和你的表现相称，也就是你看起来像不像你所表现的那个样子。因此，踏入职场之后，那些慵懒随意的学生形象，或者娇娇女般的梦幻风格都要主动回避。随着年龄的增长、职位的改变，你的穿着打扮也应该随之改变，记住，衣着是你的第一张名片。

3. 基本服饰是你的镇山之宝

虽然服饰的流行没有尽头，但一些基本的服饰是没有流行不流行之说的，比如及膝裙、粗花呢宽腿长裤、白衬衫……这些都是“衣坛常青树”，历久弥新，哪怕 10 年也不会过时。这些衣物是你衣橱的“镇山之宝”、必备之品，所以选购时要注意材质上乘、剪裁得体的衣物。多花点儿钱买件优质品,不仅穿起来好看,而且穿着时间长，绝对值得。

4. 资金受到限制时务必求精

把眼光放得高些，学会挑剔，从款式、材质、颜色到剪裁、工艺……道道门槛都要过，不要因为偏爱某一个元素而忽视其他方面。如果你在买的时候就是犹豫不决的，那么几乎可以肯定，买回来后的这件衣服你肯定也很少光顾它。所以，哪怕只拥有几件出色的衣服也比有一柜子穿不出去的衣服强。

5. 买和自己身材、肤色、气质能够“速配”的衣服

专卖店精美的橱窗和优雅的店堂都是经过专业人士精心设计的，其目的就是营造出一种特别的气氛，突出服装的动人之处。但是，那些穿在模特身上或者陈列在货架上的漂亮衣服不一定适合你，不要在精致的灯光和导购小姐的游说造成的假象中迷失了自己。为了避免被一时的购物气氛迷惑，彻底了解自己是非常重要的基础课程，读懂自己的身材、气质、肤色，才不会买回错误的衣服。

♀ 根据自己的形体选择服装 ♀

形体对服装款式的选择也有很大影响。

身材较胖、颈粗圆脸形者，宜穿深色套装。浅色高领服装则不适合。

而身材瘦长、颈细长、长脸形者宜穿浅色、高领或圆形领服装。方脸形者则宜穿小圆领或双翻领服装。

身材匀称，形体条件好，肤色也好的人，着装范围则较广，可谓“浓妆淡抹总相宜”。

整理一下你的衣橱

作为一个女人，可以没有电脑，没有跑车，没有花园洋房，但绝不可能没有一个属于自己的衣橱。而且，不论这衣橱是原木的还是塑料的，它里面的内容都一样地多姿多彩，气象万千。但是懂得修饰自己的女人往往不一定能打理好自己的衣橱，许多女人的衣橱打开后，都有相同的“症状”：塞得满满的，太多不合穿却舍不得丢掉的服装，而当有些场合需要自己展示魅力时，却一件得体的也找不到。你是否也有这种毛病？如果有，该是你整理衣橱的时候了。

首先一定要清楚自己的“基本服饰骨架”，它是一个人衣橱的“基础”，有了“基础”，再添加其他的物品，就会变得很好搭配。但大多数人并不知道“基本服饰骨架”的重要，因此衣服裤子不要只照着一时的感觉去买，虽然每一件看起来都还可以，但相互搭配起来不合适，造成尽管衣橱衣满为患，实际能派上用场的衣服却不多的现象。

衣橱保持八分满是保护衣服的大原则。一个拥挤的衣橱，空气无法流通，纤维不能呼吸，会对服饰造成意想不到的伤害；尤有甚者，你可能会发现，明明送洗、整理好放进去的衣服，拿出来穿时又皱了。

其实，只要想想：如果让不常穿、不能穿的衣服去破坏掉常常穿的、心爱的衣服，不是很得不偿失吗？因此你就要作出决定：什么是要的、什么是不要的。以下就是整理衣橱的几个步骤。

步骤 1：先将太大、太小，不合尺寸的衣服都拿掉

若真舍不得，或真的有减肥或增肥的计划，可以先将这些不合尺寸的衣服分类装箱，等达到目标后再拿出来穿也不迟。

接下来，你可以将不符合现在工作、身份、地位、年龄的衣服一并清出来，若某件衣服有特别的纪念价值，或者让你每次看到它或穿起它就感到温暖快乐，可以用其他更有创意的方式收藏起来，而不是全吊在衣橱里，和其他衣服相互挤压。

超过一年没穿的服饰，你也要重新审视，最好也扔掉。对于那些不适合你身材的衣服，就更加不要考虑立马扔掉。经过这种大清除后，你的衣橱会多出很多空间，你就可以自由安排了。在任何时候，若衣橱又太满，说明又有些衣服你要扔掉了，这时只要稍作清理即可，不会再占用你太多的时间。

步骤 2：检查留下来的衣服

在清理衣橱的同时，你更应该让决定留下来的每件服饰都派上用场，当下拿出立即可穿，而不是事后还需要烫、需要缝补，甚至是需要修改。想想也是如此，千挑万选留下来的衣服，当你决定今天要穿时，却发现它竟然有一块很明显的污渍，或者拉链坏了，岂不是完全白费心机，徒增烦恼。因此现在就赶快将所有留下来的服饰仔细检查一遍，将该缝的、该补的、该改的、该洗的、该烫的，都做“修复计划”，如果当下有时间处理，就赶快把所有需要修复的服饰都拿出来一次搞定；如果当下实在没空，建议你记在笔记本里头，安排时间进行衣物的修复工程。虽然费一番工夫，却为往后的生活带来无穷方便，绝对值得。

除了衣物之外，配饰也要记得整理。帽子、皮包、腰带、手套、袜子、鞋子、丝巾、首饰，也以同样的过程加以过滤。所不同的是，配饰难以修复如新，对于常需要佩戴、却已显岁月痕迹的，请马上写在购物卡上，添购补替。

步骤 3：有系统地吊挂、摆放

如此这般整理后，现在的服饰都已经是适合你的，并且随时可穿可用的衣物了。你要更进一步有系统地吊挂摆放服饰，才能在打开衣橱后一目了然，易取易配。

先依款式分类：你可以将“春夏”与“秋冬”的服饰分开吊挂。要是在炎热的夏日里，夏装混着厚厚的冬衣，你岂不是又要皱眉头了。不管是“春夏”或“秋冬”的衣橱，都先以款式做分类，例如衬衫类、外套类、夹克类、洋装类、长裙类、短裙类、长裤类等等，将同一类的衣服吊挂在一起。此外，吊挂的次序也是非常重要的，逻辑的次序可以方便你的取物和搭配，譬如长裤、长裙、短裙，接着是衬衫、外套、夹克，再下来则是洋装。

你最好是将套装的外套和裙子也分开吊挂，因为如果套装的外套、裙子挂在一起，你会发现一辈子可能就只有一种穿法。现在，你已经将外套、裙子分开吊挂了，当你决定穿某件外套后，可以到下身区去检视所有的选择，你会忽然发现：原来这件外套还可以搭配另一条长裙、格子及膝裙、某件长裤等第。一件外套忽然增加了好几种穿法，它的“身价”也立即水涨船高了。

再依颜色、材质或性质区分：款式分好后，再依照颜色、图案、正式或休闲的性质作出区分，如此会让衣橱更有条理。例如衬衫群里，所有白衬衫挂在一起、淡颜色的在一起、鲜艳的在一起、印花的在一起、正式豪华的在一起；长裙区里，黑色的在一起、有图案的在一起、休闲的在一起等等。

步骤 4：为你的服饰做搭配

现在，你的衣橱已经是整齐而系统化了，你可以开始为所有的服饰做一下搭配。

例如一件西装外套，你好好看一下自己的衣橱，把你认为适合它的上身，无论衬衫、毛衣、针织衫皆可，下身（裤子或裙子）、鞋子、首饰，全都摊到床上看所有的选择；或者作橱窗设计般地摆出整体搭配，如果看起来的效果不错，接下来你就可以试穿一下，依照刚才的搭配实际穿上，看看效果如何。

步骤 5：列出衣柜新成员的采购清单

在你的衣橱里，可能会有某些单品，找不到它理想的伴侣，你需要添一些新衣

♀ 整理衣橱的注意事项 ♀

女人的衣橱应该经常整理，在整理衣橱时应注意以下几点：

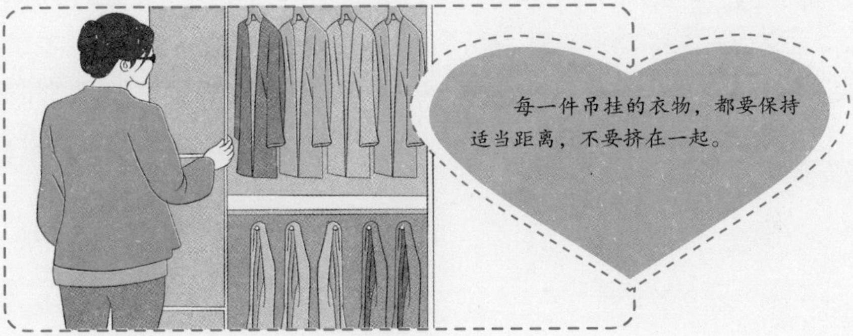

服。例如有一条裙子，始终找不到合适的上衣；或者一件心爱的洋装，永远都缺少一双可搭配的鞋子。对于这些服饰，你就要认真做一张购物提醒卡片，上面记录着：某某裙子，缺衬衫一件，或者某某长裤，缺外套一件。

另外，逛街时别忘了把这张购物卡片随身携带，如此就会清楚地知道自己实际上到底需要或想要些什么，而不再是漫无目的地乱逛，买回你已经有的或其他怎么配也配不起来的东西。

总之，衣橱应该像活水一样，新鲜的水不断流进来，旧的水不断排出去。你可以每次淘汰 1/3 或 1/4 的量，重点是每隔一段时间要检视衣橱一次，不让不合时宜的“过期”衣服阻碍你的美丽。等到衣橱里全换成目前最需要而且是最“新鲜”的服饰时，你的穿着和心情也就会非常非常愉悦。

第十四章

你不是圣诞树，不必戴那么多配饰

第一节

点睛配饰，助你形象增值

戒指不能随便带，小心“被结婚”或“被单身”

晓梅大学毕业后，在一家事业单位从事行政工作。天生丽质的她长着一张明星脸，标致的瓜子脸上嵌着一对水汪汪的大眼睛，高高的鼻梁下有张樱桃小嘴，一笑起来还有两个小酒窝。美丽动人的她从小就很受欢迎，走到哪儿都是引人注意的焦点，学生时代追她的男生数不胜数。毕业后，因为工作地点的原因，晓梅不得不与相隔甚远的男友分开了，告别情伤的她希望在新的单位、新的城市找到自己新的幸福。可是，她却发现单位里的男同事甚至这个城市里的异性朋友都对她敬而远之，这是为什么呢？难道自己已经没有吸引力了吗？她百思不得其解，有一次，她鼓起勇气问了一个异性朋友：“我现在是不是很难看啊？为什么都没有人喜欢我呢？”朋友笑了，说：“你还没人喜欢啊，都有老公的人了！”“啊！谁说我有老公，我可没有结婚呢！”“那你左手无名指上不是戴着结婚戒指吗？”晓梅一听，恍然大悟，红着脸说：“哎呀！这不是结婚戒指，我就是特别喜欢这个戒指就买了，然后觉得戴无名指好看就一直戴着了，原来大家都以为我结婚了啊！”

戒指，是很多人喜欢的饰品，也是使用率最高的佩饰。很多人都戴戒指，但却不是所有人都懂戒指的含义，因此经常造成误会。正如晓梅一样，因为错戴了戒指，就“被结婚”了。

戒指的戴法不是凭空而来的，是国际上约定俗成的。西方早期医学认为，左手无名指在双手十指中有一条动脉血管直接与心脏相连，所以将代表婚姻的戒指戴在左手无名指上，进而体现出爱情的神圣地位，并流传至今。

♀ 戴戒指要遵循传统 ♀

在今天，戒指已不仅是美化生活的装饰品，还成为了爱情的信物。戒指的佩戴可以说是一种沉默的语言，往往暗示佩戴者的婚姻和择偶状况。

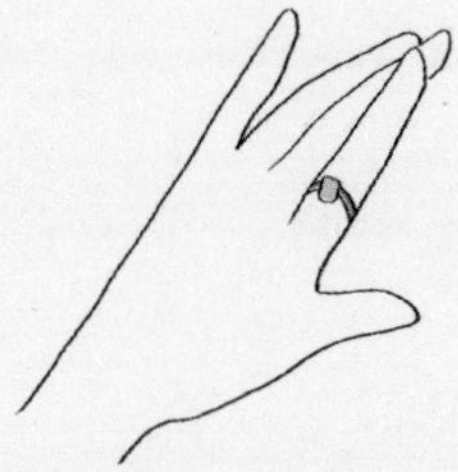

食指上戴戒指，表明正在寻找恋人。

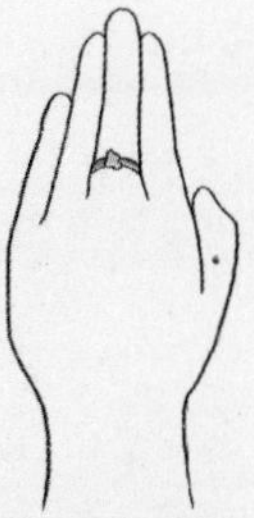

中指上戴戒指表示已有恋人

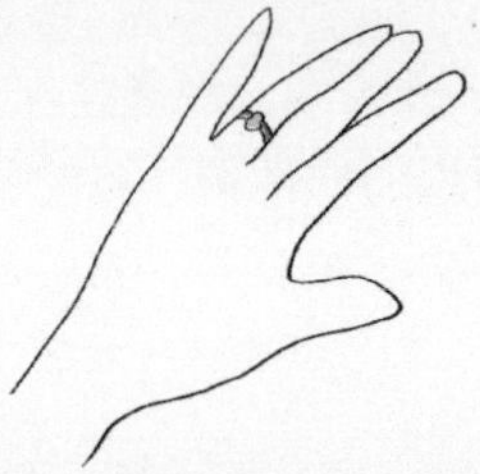

无名指上戴戒指表明已婚

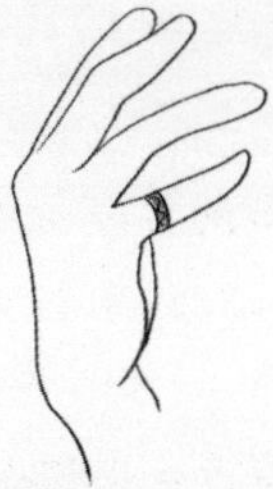

小指上戴戒指表示独身。

戒指一般应戴在左手上，并且戴一枚就足够了。戒指戴得太多有自大之嫌，戒指戴错了手指会引起麻烦。

另外，戒指一般只戴在左手，而且最好只戴一枚，至多戴两枚。戴两枚戒指时，可戴在左手两个相连的手指上，如中指和食指、中指和无名指或无名指和小指，千万不要中间隔着一座“山”。在同一只手上戴两枚戒指时，色泽要一致，而且当一枚戒指复杂时，另一枚一定要简单。此外，也可以戴在两只手对应的手指上。

戒指是高贵的点缀，但是也可能物极必反，有些人手上戴了好几个戒指，不仅破坏了美观，而且让人感觉是在炫耀财富。

戒指是个“会说话”的装饰品，你在佩戴的时候千万要懂它的话语，不要稀里糊涂地“被结婚”或“被单身”，以免影响自己的异性缘或者给自己招来不必要的麻烦。

佩戴合适的耳环，让你的形象熠熠生辉

凯莉是一位年轻有为的女企业家，才年过三十就已经拥有上亿身家。她是典型的女强人，一心扑在事业上，其他什么都不关心，更不注重自己的打扮。有一次，她受邀参加一个女企业家联会的高级聚会，人人都必须精心打扮，身穿华服出席。凯莉拿出了设计师给她配的名牌礼服，穿好衣服后觉得颈部和耳朵空荡荡的，就随便找来一对耳环戴上，优雅地去赴聚会了。谁知道她一到，就让迎面而来的女企业家好友莫林大笑起来：“你今天的混搭风格真有趣啊，这方方正正的大耳环配上这件洋装，你显得好像脸更大了呢！不过，还是挺可爱的。”凯莉一听，脸红起来，自己拿出镜子一看，确实有些不妥，自己的国字脸好像更加方正了，都是这耳环的错！

耳环是女性扮靓容颜最倾心的饰物，它能给女性添加知性美、可爱气或者典雅美感，然而，凯莉的故事告诉我们，耳环也不是随便戴就好看的，佩戴耳环也必须有所讲究：

1. 应根据脸型特点来选配耳环

圆形脸不宜佩戴圆形耳环，因为耳环的小圆形与脸的大圆形组合在一起，会强化“圆”的信号。圆脸的人应戴垂吊式耳环，能起到拉长脸型的作用。不要戴极小型的耳环，那会使整个脸看起来更大。方形脸也不宜佩戴圆形和方形耳环，因为圆形和方形并置，对比之下，方形更方，圆形更圆。也千万不要再选择方形的饰物，或者摇摆的长形耳坠，以免脸显得更长。倒三角形脸的人应选择上窄下宽型，如三角形、梨形的耳环，使下颏略微显宽。

2. 耳环的色彩应与肤色相衬

肤色较暗的人不宜佩戴色彩过于饱和、明亮、鲜艳的彩色宝石类或者水晶类的耳环，应该选择质感和色彩相对柔和的，例如珍珠耳环。而皮肤白嫩的女士，假如

佩戴暗色系耳环，更能衬托肤色的光彩。此外，耳环的色彩还应与着装色彩相得益彰：同色系搭配可产生和谐的美感，反差比较大的色彩搭配假如恰如其分，也会有富于变化的动感。

3. 耳环和服装一样，要与年龄、个性和身份相符

上班时可佩戴简洁的耳环搭配套装，而夸张的几何图形、粗犷的木质耳环、吉卜赛式的巨型圆环等有野性味道的耳环，与休闲类的牛仔衣、夹克相匹配，可使人富有豪放的现代感。佩戴耳环还应与年龄相协调，年轻的少女宜戴多边形等造型感、动感较强的耳钉、耳环，以塑造充满青春活力、朝气蓬勃的形象，对于制造耳环的材料，不一定要太过苛求。而中年女性一定要佩戴有质感的珠宝类耳环，品质上乘的观感远比造型的出位独特更加重要。

还要注意的是，太长的耳环是不适合的。特别在工作场合，耳环要选择固定在耳朵上，如果太长，会看起来不够庄重。如果耳环在工作时会发出声音，为了不影响别人的工作情绪，应该立即取下，切忌让为你增色的佩饰反而成为让你减分的累赘。

总之，女性只要在适当的场合佩戴适合自己的耳环，耳环就能让你的形象熠熠生辉。

完美佩戴项链，为你大添光彩

项链也是非常重要的佩饰，是人们视觉的焦点。它的种类很多，大致可以分为普通材料项链（如金属材质、玻璃、琉璃等）和珠宝项链（如宝石、钻石、珍珠等）两大系列。项链是绝大部分女性的饰品，如果佩戴得当，就会给人视觉上的冲击，为你的形象大添光彩，所以女性要懂得如何佩戴项链。

1. 不同的颈形应搭配不同的项链

佩戴项链的要诀是要造成视觉变化以弥补颈项的不足。脖子长的人要选择有横纹、较粗的短项链或者颗粒大而短的项链，使其在脖子上占据一定的位置。由于对比而造成的层次丰富感，在视觉上能缩短脖子的长度。脖子长而体形和皮肤都比较好的人可以走两个极端：即色彩鲜艳的和色彩比较暗的彩金项链，都会产生好的效果。

对于脖子比较短的人来说，则宜佩戴较长的项链或“V”字形的项链，因为直线条可将对方的视线由上往下引，这样就可增加颈部的修长感。佩戴细长的项链也很漂亮，如果项链下面再悬着一颗钻石吊坠，就更完美了。

2. 不同的服装应搭配不同的项链

穿礼服时，应佩戴珍珠项链或与礼服相称的金属钻石类项链。穿黑色礼服时，

♀ 不同的脸形应佩戴不同的项链 ♀

方形脸的女人戴“V”字形加吊坠的项链最漂亮，而中长度的项链也是首选，因为它可以让脸看起来较修长。

尖形脸的女人应该选择横条纹项链以及短项链，这样可以使你的脸形更显柔和。

圆形脸的女人宜佩戴长一些的项链，例如用中型大小的珍珠制成的长项链，可以使你脸看上去瘦一些。

椭圆形脸是最符合东方女性的传统审美标准。这种脸形在项链的佩戴上，几乎各种款式都能与之相配。

最好能搭配上三连式珍珠项链。

在项链与套装的搭配上，项链的材质、色彩、款式、质地、长短、粗细及风格等因素，都是需要重点考虑的。这些要素既要与套装的面料、色彩、款式相协调，也要与套装的职业性和整体性特征以及端庄、简洁的风格等相衬。

在穿便装、休闲装时，可以随自己的喜好，根据衣服的颜色、质地等因素，佩戴木质、陶质、石质项链，这样的搭配可以让你轻松拥有休闲韵味。

领子和颈饰的边缘模糊不清，或者有相交的衣服是不应搭配项链的。与项链最配的衣服是"V"字领衣服，另外是比较大的圆领，然后是合身的高领。穿着这类衣服时，能够比较容易搭配适合的项链。

3. 项链的质地要与年龄相匹配

年轻人肤色红润，选用象牙项链、珍珠项链，会显得平和、恬静和文雅；而如果选用五颜六色的珠宝项链则会显得神采奕奕；选择铂金项链，细细的一条就能体现出浓浓的女人味；而古拙的藏银、松绿石等质地的项链则显得酷感十足。

年龄大的人宜选择配有翡翠、钻石、蓝宝石等华贵宝石的项链来佩戴，因为这些宝石能突出一个人经过岁月洗礼后的沉稳和端庄来。如果能佩戴铂金等稀有金属制成的项链，也是不错的选择。

另外，项链宜和同色、同质地的耳环或手镯搭配佩戴，这样可以收到最佳效果。如果上衣领子是两条常打成蝴蝶结式的，最好不要戴项链，否则会有累赘感。

第二节

小部件也能体现竞争力

巧戴丝巾，彰显女性魅力

丝巾是魅力女人最女性化的饰物，奥黛丽·赫本说：“当我戴上丝巾的时候，我从没有那样明确地感受到我是一个女人，美丽的女人。”

丝巾能为女性增添无限的魅力，要想使女性的妩媚、魅力通过丝巾传达出来，就要先了解一下丝巾与脸形的搭配法则。

1. 圆形脸

圆脸的人，要想拉长脸部轮廓，最好将丝巾下垂的部分尽量拉长，强调纵向感，并注意保持从头至脚的纵向线条的完整性，尽量不要中断，这样脸就会显得长些。

在系花结的时候，应选择那些适合个人着装风格的系结法，如钻石结、菱形花结、玫瑰花结、心形结、十字结等。应避免在颈部重叠围系，或系过分横向以及层次感太强的花结。

2. 长形脸

选择左右展开的横向系法，能展现出领部朦胧的飘逸感，并可减弱脸部较长的视觉。如百合花结、项链结、双头结等，都很适合长形脸的女性。另外，蝴蝶结也很适合长形脸女性。系法就是先将丝巾拧转成略粗的棒状后，再系出蝴蝶结。应该注意的是，不要围得过紧，尽量让丝巾自然下垂，渲染出朦胧的感觉。

3. 倒三角形脸

从额头到下颌，脸的宽度渐渐变窄的倒三角形脸的人，会给人一种严厉的印象和面部单调的感觉。可利用丝巾让颈部充满层次感，再系一个稍微大一点儿的结，会有很好的调节作用。如带叶的玫瑰花结、项链结、青花结等。

这类女性在佩戴丝巾时应注意减少丝巾围绕的圈数，下垂的三角部分要尽可能自然展开，避免围系得太紧，并注重花结的横向及层次感。

4. 四方形脸

两颊较宽，额头、下颌宽度和脸的长度基本相同的四方形脸的人，容易让人觉得不够柔媚。因此，系丝巾时，尽量做到颈部周围干净利索，并在胸前打出些层次感强的花结，再配以线条简洁的上装，就可演绎出优雅的气质。丝巾的花结可选择基本花、九字结、长巾玫瑰花结等。

高跟鞋要穿稳当才有“范儿”

穿鞋不仅要穿得好看，穿出自己的气质，还要穿得舒服。但对大多数女士来说，很多情况下都只注重追求鞋子的样式好看，而忽略了舒适这一重要的环节。

很多女士都爱穿高跟鞋，但注意不要穿太高太细的高跟，鞋跟一般不宜超过 5 厘米，以免走路时东摇西摆，步履不稳，影响形象。

高跟鞋从来不是为走远路而发明的。曾见过一位女士，胯部的姿势极不自然，像踩跷跷板似的在街上走着。这样一来，高跟鞋不仅没有帮助你美化形象，反而使你的形象打折扣。所以，女士们要根据自己的情况和所在地点，选择合适的高跟鞋。即便是你不喜欢穿着旅游鞋走在城市的街道上，穿上一双行走轻便舒服的半高跟鞋也应当是个聪明的主意。

王薇因为高跟鞋的原因造成了足踝扭伤。当时，王薇忙着赶车，走急了，不小心就扭伤了右足踝部，医院经诊断为外踝韧带撕裂。这是由于穿着高跟鞋，身体为了保持平衡，下半身肌肉长时间处于一种过度紧张状态，引起局部酸痛无力，极易发生扭伤，严重的甚至造成内外踝骨折。另外，脚跟部跟腱位置受压绷紧，会增加扭伤机会，甚至引发跟腱炎。

因此，女士们应当穿一双舒服合脚的鞋子，后跟尽可能矮一些。有一些很漂亮的矮跟鞋子，穿着也很时尚。你需要这样的鞋子，因为很有可能你需要走较长的路，或者在公众场合站立相当长的一段时间。

年轻女孩大都喜欢穿高跟鞋，且为了使自己的脚看起来小一些，还爱买小号鞋穿，这样一来，脚可受苦了。而脚被称为人的第二心脏，对全身的血液循环起着重要的作用，从心脏流出的血液通过足部，又被返送到心脏。如果脚上穿了一双小得走起路来脚都发疼的鞋子，就会导致足部受压、血液循环不良。最终影响上半身的血液循环，成为肩膀酸疼的一个重要原因。

♀ 学会选择高跟鞋 ♀

穿高跟鞋会让自己的形体更加优美，但是很多女士却不适应穿高跟鞋，其实，选择适合自己的鞋穿起来会舒服一些。

选择合适的高度和宽度

如果你以前没有穿过高跟鞋，最好选择跟粗些的，因为鞋跟越粗你就会感到越稳定（受力面积更大，更容易平衡）。

选择有鞋襻的或者有鞋带的鞋子或者靴子

穿有鞋襻的或者有鞋带的高跟的鞋子走路时会比较稳，因为你的脚是安全的。

如果你没有穿高跟鞋的习惯，在开始的时候可以高跟鞋与平底鞋交替着穿，慢慢适应穿高跟的鞋子。

高跟鞋在给你带来美丽的时候，也往往会给你带来这些附加的伤害，这些伤害不仅让你的身体吃尽苦头，还会影响你的形象，所以，要想穿高跟鞋既有“范儿”又舒适，就要听从医生的建议，采取以下美丽又健康的穿法：

（1）女人在选购高跟鞋时，先要确定鞋底跟自己脚的弧度是否相符。脚趾前端与鞋子顶端应留有 2 ~ 3 厘米的空隙，鞋跟不宜太小，鞋头宜宽松。鞋跟高 2 ~ 4 厘米最合适。

（2）选购高跟鞋的最佳时间是在下午 3 ~ 4 时，此时试穿几分钟及多步行，以确保鞋子真正合脚舒适。穿新鞋要有一定的磨合期，女人可以先在家里穿一段时间后再外出穿着。

（3）穿高跟鞋时，可在脚前掌或脚跟等受压处做个软鞋垫，减低脚底所承受的压力，高跟鞋的鞋跟高度不宜过高，最好不超过 5 厘米，鞋跟不宜太小，否则难以稳定地支撑体重，而鞋头宜稍宽松，让脚掌及脚趾多一点空间。

（4）穿着高跟鞋走路时，姿势应该正确，脚尖往前伸直，臀部夹紧，上半身挺直。这样可以避免压力分布不均，从而改善腿部、足部水肿的现象，促进血液循环，远离腿部酸痛。

（5）穿高跟鞋时要注意场合，避免在挤车时穿，也不宜疾走快跑，更不能上山爬坡。并且平时不能总穿相同高度的高跟鞋，以免脚部同一处经常受到挤压。

（6）在穿高跟鞋走路时，应该注意休息，可以把脚尖翘起，活动一下小腿。

（7）脚趾甲不要剪得太短，以防甲沟炎的发生。

爱美的女士们，不要迷恋那些跟特别高而穿起来不舒适的鞋，不如多花一些钱买几双大方、好看又舒服的鞋子，注意使它们保持良好的形状，让舒适稳当的高跟鞋给你带来挺拔的身姿和高挑的形象吧！

不要忽视袜子的搭配

很多人从上衣到鞋子都穿得很好，很有品位，给人的印象非常不错，但是一坐下来，露出鞋里的袜子时，在黑色的皮鞋里面若穿一双雪白的袜子，就会有损个人形象。

一个人的形象是非常系统的整体，你穿了不错的衣服和鞋子当然对提升你的形象大有帮助，但是要想打造完美的形象，还需要注意任何一个微小的细节。一个有品位的人绝对不会在一双名牌鞋子里面穿上廉价的尼龙丝袜，也不会穿套裙的时候配一双短的丝袜。有品位的人无论何时出现都会是一副完美的形象，没有一丝纰漏。下面就介绍一下袜子与鞋子以及衣服的搭配法则。

1. 男性袜子与鞋子的配色

相信很多人对于告诫男人穿皮鞋不要穿白袜子的内容并不陌生，这里不再赘述，也无须追究原因了，这就好像我们穿着睡衣逛商场或者拜访朋友一样失礼。穿一套深色西服，脚踏黑皮鞋，却搭配一双白袜子在视觉上落差太大。

一个很简单的方法可以避免错误，就是袜子的颜色与裤子一样或者比裤子的颜色更深一点就可以了，这是一个很常规的穿法，一般不会出错。

2. 女性袜子的搭配原则

现在很多女性深受影视明星穿衣打扮的影响，但是要知道，明星是在标榜个性或者是角色的需要，而你作为一个职业女性是不可以打扮得非常前卫的，否则会让别人对你的身份产生怀疑。

很多影视演员在角色中会以短装、七分裤配短丝袜的形式出现，显得活泼俏皮，而对于职业女性来说，这种打扮是不被接受的，穿着露在外面的短丝袜是职业女性搭配中的禁忌。穿套裙的时候应该穿长筒袜，穿裤装的时候就要搭配与裤子颜色相近的袜子，即使是穿短装，也要搭配短的毛线袜或棉袜，而不是短丝袜。

其实，很多搭配的禁忌都是从视觉感受出发的，就像黑皮鞋白袜子的搭配，给人的感觉就是很扎眼。所以，穿着搭配并不是什么难事，你也不必被这诸多的禁忌弄得眼花缭乱。只要不忽视袜子搭配的问题，穿好衣服站在镜前好好地打量自己一番，通常就能发现问题。

袜子搭配看似是小节，但是绝对不能不注意。因为有的时候，就是这些细节的东西破坏了你整体的形象。为了使你的形象从整体上完美，要注意袜子的搭配。

妙穿丝袜，魅力加倍

有一家专做女人丝袜的成衣公司曾经有过这么一个广告说：“丝袜就是女人的第二层皮肤。”这句话说得并不夸张，一双好的丝袜可以弥补你腿部肌肉的粗糙，使你的腿从任何一个角度来看都是那么光润。然而大部分女性都很讲究着装搭配，对身上衣着的每一部分都格外注意，但是往往只顾搭配服装、佩戴饰物，而忽略了丝袜。丝袜搭配不当，或穿着失态，都会破坏着装的整体效果。所以女性一定要学会必要的丝袜搭配技巧。

1. 搭配要和谐

丝袜的色彩要与时装、鞋子的色彩谐调一致。穿浅色的衣服时，请勿穿深色丝袜。如黑裙、黑鞋配黑色透明丝袜。如果鞋子本身颜色很杂，要尽量选择接近裙子底色或鞋上较深颜色的袜子；花色衣服宜配素色袜子；带花点的丝袜可配素色衣服。肉色丝袜与任何服装色彩搭配都较和谐。其次要与服装、鞋子的款式相一致。如较正规的西装、礼服就不可配穿花色丝袜；在穿旗袍或短裙时最好配穿连裤袜；着薄裙时应穿透明丝袜，给人以轻快活泼感；大花图案和不透明丝袜适宜配平跟鞋，图案细小和透明丝袜宜配高跟鞋。服装款式越复杂，丝袜越应简单、清爽。

2. 配合腿形穿丝袜

腿粗的女性适合穿深色、直纹和细条纹丝袜；腿形短的人宜着深色无图案的丝袜；腿部较瘦的人宜穿浅色丝袜、不透明丝袜或颜色鲜艳的丝袜；腿形优美者不妨选择色彩鲜艳的丝袜。

另外，穿丝袜时不可“露空”，即不能穿短得使腿分为两部分的丝袜，不论是裙是裤，下摆、裤角都要盖过袜头，不要让袜头露出裙摆、裤角外面，以免失态。没有弹性的袜子应使用吊袜带，否则袜子总往下褪，频频撩裙提袜不雅观。

第三节

迷上打扮，追求时尚的正确方式

时髦不等于时尚

羽西牌化妆品是所有女性耳熟能详的化妆品牌，而它的创始人靳羽西女士更是让女人无限羡慕的女性美的代表。她既是著名的女企业家，又是有名的女主持人，依靠自己的气质彰显独特的魅力，一本《魅力何来》更让她魅力四射。《纽约时报》称她为“中国化妆品王国的皇后”，她还是美国电视六强人之一，获得了许许多多的成就奖，影响了一代的中国人和电视主持人，同时她更是个漂亮的、充满女人味的女人。

但是，在25岁以前，她也和爱赶新潮的年轻人一样，喜欢尝试新的东西，以此显示自己的与众不同。她那时赶时髦、追流行，把头发染成金色，涂蓝色的眼影。25岁以后，她才开始知道什么才是使自己漂亮的东西，并给自己的衣着打扮做了定位。也可以说，她从盲目的追求时尚中进行了反省。

从此靳羽西不再花时间和金钱去追求那些虽然流行、时尚但并不能使她变得漂亮的所谓的时髦。为了事业的成功，她需要一个成熟的、有品位的自我形象。她选择的“整齐刘海、扣边短发”的发型，使她看上去既比同龄人年轻，又保持了她内在的青春活力，尽显朴素高雅的魅力。这一发型似乎成了她的固定选择。她对流行色有独到的见解，能使皮肤白嫩、细腻、年轻、更漂亮的颜色就是永恒的流行色。在众多女性追求和崇尚西方的金发碧眼，并为自己的黄皮肤、黑发、黑眼睛感到自卑时，靳羽西却认为黑发就是美，因此她保留了黑发的黑、真的特点。她同样认为黄皮肤也是美丽肤色的一种，关键是要使这种肤色成为一种健康色，打扮的效果是要使这种肤色更美丽，而不是要改变它。显然，她的定位——新色彩、新风格和新服装使她光彩照人，她的形象设计得到了全世界女性的认可。

华丽的衣裳不一定能装扮出灵魂的美来，而朴素的衣服也不一定能掩盖住一个人的精神风采，这就是气质的魅力，它来源于精神世界的充实与丰富。

著名京剧表演艺术家云燕铭对自己的穿衣之道曾做过精妙的总结："我不想成为时髦的先驱，正因为这样我的服装很少受外界的干扰，都是我自己投入内心的情感，根据自身的特点精心设计的。我把我的愿望和爱好深深地寄托于服装中，使服装充

♀ 穿出自己的个性和气质就是时尚 ♀

时髦并不一定就是美丽，穿出自己的个性与气质才能真正彰显自己的魅力。

低胸、露背式的晚礼服穿在性格开朗的女性身上，会使她在宾朋满座的晚宴上充满信心、应酬自如、光彩照人。

但若穿在生性胆怯的女性身上，难免会令她局促不安、手足无措，显出不自然的忸怩状。

所以说，服饰的风格如果不能与自身的气质相配，那么再华丽时髦的装饰也只能是一堆赘物。

分体现我的个性。”

遗憾的是，大多数的女性似乎过于容易被光怪陆离的时尚所迷惑，在不惜花费大量金钱奋起直追中踏入了歧途。“越是新奇的东西命越短”，越是时髦、流行的东西也就越容易大众化。在越来越多的女性争相模仿中，时髦也就日见俗气，开始令人望而生厌。流行服饰界的观念瞬息万变:今天兰格弗德饰有荷叶边的裙子一统天下，明天凯琳的扎脚管长裤又会主宰乾坤。今天的流行很可能被明天唾弃。即使是最善于“赛跑”的女性，也很难追赶上如此迅捷变化的流行新潮，而只能无可奈何地面对一衣橱的过时服饰叹息一声：“永远少一件衣服！”

服饰界不存在永远新奇的衣饰，却存在永不过时的品位。拥有几套款式大方、质地较好、色彩含蓄的服装，再经过巧妙的搭配、适度的点缀，就可以在任何场合都不失其优雅且又免于流俗。

因此要想拥有永恒的魅力，就要保持不变的个性，永不为外界所干扰。

创造时尚的人将会把自己的形象铭刻在他人的脑海里，使模仿者黯然。时装模特的风采令人如痴如醉，但T形舞台不等于现实生活。女性在追求时尚之前，一定要仔细琢磨一下自己的个性、体形、肤色、身份和生活方式是否具备了追求的条件。如果抱着“别人有的我也要有”的观念不放，那你最多也只能是一个成功的购买者。一味追求他人创造的时尚，说明你对自己缺乏基本的自信。

现代时尚女性要学会的是用自己的眼睛观察自己，相信自己具有与众不同之处。如果仅仅生活在他人创造的流行与时尚中，那么你所拥有的也只能是茫然和盲从。

追求时尚的女人，避开时髦的陷阱吧！为什么不穿出自己的个性，创造出自己的风格呢？只有当你的内涵和外表协调统一时，你才是最有魅力的时尚女性。

让你的美丽性感而不越位

性感究竟是什么？简单地说，性感就是一种气质。

现实生活中，有不少女性误解了性感，性感不是卖弄，是更高境界的感性，那才是我们应该追求的性感，是存在于“骨子里”的性感。

在生活中，要想成为一个人见人爱的美女，就要学会从内至外、从头到脚去发掘、释放及表达你潜藏着的性感魅力！

让自己性感起来

性感这回事，放诸于不同的女性身上，自然会散发出不同的味道。例如，“看”来性感与本身就性感，引起人性冲动与诱人遐想的性感，媚俗的性感与优雅的性感自然是不同的层次。

把肉感当性感的女人，为了所谓的性感，不顾一切地表现和张扬。殊不知，弄巧成拙，不仅无法让人体会到性感的美，反而让人觉得有些妖艳。其实，性感是一种高境界的美，性感溶在女人的骨子里。

1. 得体的妆容，化出你的性感

女人的容貌是否性感由五官决定，五官的精致与均称非常重要，因为它能表示出一种与众不同的生动，感染与影响周围的人。只要心地善良，即使五官有些不尽如人意，也可以通过化妆来弥补，突出眼、鼻、嘴这些性感部位，使自己的脸如阳光般灿烂。

但性感的化妆有个底线，那就是无论如何也不要把自己化成一张大花脸。越是真实自然的脸，越容易被别人喜欢，这是由人渴望肌肤相亲的天性所决定的。所以对于女人来讲，30 岁之前素面朝天、清爽润泽是最迷人的状态，30 岁之后略施粉黛，用优雅与性感来继续你的精彩。

性感化妆重点主要有 3 点：

（1）用飘逸的线条在眼线和唇线上下功夫。因为线条流畅的眼睛和嘴唇能使你显得魅力十足。

（2）让嘴唇显得厚些。因为厚实的嘴唇本身就充满诱惑，若再用唇妆加以强调，使嘴角上翘，唇峰曲线浑圆，就会显得更加成熟性感。

（3）用色鲜明清爽。唇红齿白本就迷人，如果再配上脸上其他部位的生动颜色，即使仅是点到为止，依然会有精彩的效果。

但必须注意的是，性感的化妆绝不是浓墨重彩，虽然这样做舞台效果不错，但在日常生活中，人与人之间的距离是如此接近，浓妆只会令人退避三舍，即使你性感万分也是白费劲。

一个女人，只需拥有一个简单的化妆包，再花些心思，就能做到性感十足。在这个化妆包里面配备：

（1）一支口红。唇妆不强调过分的光泽,但要有盈润的质感,一抹之间,丰润立现。

（2）一款眼影。眼妆能否与整个脸面的妆容贴切，主要取决于眼影的选择，要选有些微珠光的眼影，可以渲染出洗练明亮的眼妆效果。

（3）一支纤细型的睫毛膏。要达到有妆似无妆的效果就必须用极细的睫毛膏才能描画出这种状态。

（4）一款腮红。性感的气色当然要靠腮红帮忙，用带有自然血色感的腮红，轻轻涂抹就会有无妆的纯然效果。

（5）一款指甲油。纯正优雅的米色指甲油会给你的性感妆容添上完美的一笔。

2. 巧妙着装，搭配出你的性感

对于女人来说，得体大方的着装，会使女性的性感显露无遗。

巧妙的服装搭配，通过给人恰到好处的感官享受，可以很好地表现出女人的性感。女人通过服装来体现性感，不是暴露，不是粗俗，更不是玩酷，而是精心选择搭配出来的效果，无论色调、面料，款式，舒适中的飘逸都会产生一种唯美的极致，把女人的身段完美无缺地衬托出来，也把女人超凡脱俗的品位表现出来。

上身穿得短一些，少一些，透一些；下身穿得长一些，薄一些，飘一些，自然就会款款深情，把女人的俏丽妩媚展现得淋漓尽致。

当然，在细节上必须处处显示精致的美感，将高贵和浪漫糅合得天衣无缝，你才能凭借自己的性感着装赢得最高的回头率。

说到底，衣服该怎样搭配怎样穿，其实没有什么固定的标准，只要看上去顺眼和养眼，能够叫人眼前一亮，击节赞叹，你怎么穿都可以。

下面为女性介绍几种最能体现性感的着装风格：

（1）露肩着装。露肩分单露和双露，衣服款式也有吊带和松紧带两种，露单肩比较有风情，露双肩比较性感。

（2）露背着装。露背不太容易，因为拥有光滑性感后背的女人并不多见。通常来讲，稍有些斑点瑕疵的已经没有资格再去露背，因为后背面积太大，只要稍有问题，别人一览无余后难免就会扫兴。所以除非后背天生丽质，否则还是点到为止，只在后脖颈下方最娇嫩白皙的地方开一扇小窗，其余的就让别人去想象好了。

（3）露脐着装。女人的肚脐最性感的当属棱形状和猫眼形状，前者是垂直的，有点像菱形；后者比较有棱角，看起来玲珑精巧。此外，微笑形也很有味道。但是，一般只有发育得非常性感的妙龄少女才有这样令人羡慕的条件，所以露脐展示的是青春活泼，它与穿低腰裤露股沟同样可爱，前者炫耀的是曲线毕露的小蛮腰，后者显摆的是曲线玲珑的翘屁股。只是一旦过了这个年龄，就最好不要选择露脐装了。

打造性感女人的妙方

女人只有凭借内在的潜质和修养，加强自我修炼，才能释放出性感迷人的光彩。但是，凡是懂得经营性感魅力的女人都会注意到：其实每个女人从头到脚都潜藏着性感的音符。这需要女人们用心去发掘，并让它们释放出无限魅力。

1. 自我触摸小动作

如今的性感指数已超越视觉、身材或是暴露多少的问题，它是一种“全感官”的表达与享受。灿烂的笑脸，天真或带媚态的眼波，沉溺于思考或想象时忧郁或出神的神态，等等，都是比较内敛的性感。

2. 会弹奏乐器或跳舞

会弹奏乐器及跳舞的人总会流露出一种夹杂着性感的感性与温柔，而这种感觉其实比性感更诱人。其中尤以男人弹琴、吹萨克斯，女性拉小提琴或大提琴，跳西班牙舞及探戈时流露的委婉或冷艳的眼神，最能显现性感的魅力。

♀ 让自己更性感的方法 ♀

女人的性感并非与生俱来的，而是通过后天一点一滴的修炼得来的。那么，如何让自己更性感呢？

1. 性感特区戴配饰

在脚踝部位带条小脚链，在耳垂上吊个大耳环或小圆圈，在锁喉部位戴条精巧的项链，都能令女人的性感指数明显地上升。

2. 擅用眼波

无论是忧郁的、迷惘的、缥缈的、含羞带笑的或是眼中藏着火焰的，只要有神有韵、眼波流转，便能成为性感的发源地。

3. 阳光健康的肤色

肤如凝脂固然如树上熟透的新鲜桃子，令人垂涎，但一身阳光健康的肤色配上标准的身材，何尝不散发性感魅力？

3. 保留性感小痣

若你的脸上有小痣，请不要脱之而后快，在适当位置的小痣可以说是“美人痣”。有些本身性感的女人，例如名模辛迪・克劳馥等就是有些小痣，以致让人看来更加动人。

4. 率性而为

除非你天生冷艳或清高得不可亲近，否则，不敢或不愿外露真我个性的女人，凡事抱着不冷不热姿态，又处处约束着情感的女人，性感都极有限。而那些敢爱敢恨、想笑就笑、想哭就放声大哭、对生命充满热情与敏锐的女性会显得更具感性的性感。

5. 呢喃软语绕耳边

法国人之所以被誉为具有最性感的气质，正是因为法国人表达时充满感性、跌宕有致，而法语就像一种呢喃软语，在适当地方停顿，富有节奏感，韵律优美，让聆听者漫游于你的思维里，这种像叫人与你的思维一起舞蹈的说话风格，不也是一种性感吗?

6. 培养野性的心

若你不是外表带有野性，那么培养一份内心的野性，一样让人觉得你充满刺激及神秘感。

7. 感性与性感

性感与感性从来都是相辅相成的。感性是母性，一个感性又温柔的女人，无论思考、语调、一举手一投足都更细腻和更具感染力。因此说，女人缺少感性就不真切、不温柔，缺少性感就寡味、没有激情，最妙的是感性融合了性感。

8. 拥有童真

曾经流行冷酷性感，但在主张返朴归真的大趋势下，所推崇的性感却是那种有若孩子般的好奇、天真与热情，眼神里流露出的夹杂着纯真及孩子气的另类性感。例如，碧姬芭铎、玛莉莲・梦露、莉芙泰莱等好莱坞女星本身都很孩子气，又长着一张孩子脸，再配合其魔鬼般的身材，凑在一起便是无敌的性感。

9. 适时流露懒态

有人认为，唐代之所以有那么多的美女，除了与当时轻纱妙曼的服饰有关外，还是因为生活于那个盛世时代的女性都沉湎于一种缓慢之美，而脸上及四肢又总挂着一种诱人的懒态。古代女性宽衣解带时的专注与缓慢，秋波流转的神态，说话时的快慢有致，已足以构成一种叫人觉得性感的风情。从“回眸一笑百媚生”的杨贵妃身上，你就能发觉她的丰满、懒态所致的美妙与性感。

第十五章

用快乐美容，绝无副作用

第一节

关键时刻封杀你的小心眼

学会比别人先说“是我的错”

没有人敢保证自己不犯错误，有时甚至还一错再错。错误本身并不可怕，可怕的是不知悔改。

如果能坦诚面对错误，再拿出勇气去承认并改正它，那么不仅能弥补错误所带来的不良后果，在今后的工作中更加谨慎，而且有助于在别人心里树立良好形象，从而原谅你的错误。

每个人都喜欢听赞美的话，这是人的天性，哪怕是虚伪的赞美也爱听。忠言逆耳，当有人，尤其是和自己平起平坐的同事对自己狠狠数落一番时，不管那些批评如何正确，大多数人都会感到不舒服。有些人更会拂袖而去，连表面的礼貌功夫也不会做，实在令提意见的同事尴尬万分。这样一来下一次就算你犯更大的错误，相信也没有人敢提醒你了，这岂不是你最大的损失？

如果你总是害怕向别人承认自己曾经的错误，那么，请接受以下这些建议：

（1）即便错了，也不要自责太深，更不要自怨自艾，看轻自己。你应当把这次犯错当作一种新经验，从中吸取教训，获得智慧，吃一堑，长一智。

（2）假若你的错必须向别人交代，与其替自己找借口逃避责难，不如勇于认错，在别人没有机会把你的错到处宣扬之前，对自己的行为负起责任。

（3）在工作上出错时，要立即向领导汇报自己的失误，这样当然有可能会被大骂一顿，但上司会在心中认为你是一个诚实的人，将来或许对你更加倚重。你所得到的可能比你失去的还多。

（4）如果你犯的错误可能会影响其他同事，无论同事是否已经发现这些不利影响，都要赶在同事找你“兴师问罪”之前主动向他道歉、解释，千万不要企图自我辩护，推卸责任，否则只会火上浇油，令对方更加愤怒。

如果你觉得听到人家指出自己的错误是一种耻辱，会令你面红耳赤、无地自容，以下这些建议或许能帮你克服这种心理障碍，慢慢懂得从批评中吸取教训：

（1）要明白，别人的批评无损你的价值，与你意见相左的人并不一定对你有敌意，可能是诤友。

（2）如果别人对你的工作表现颇有微词，你要知道人家是针对事情提出意见，而不是故意与你作对或瞧不起你。

（3）切勿把“我的工作不被接受”理解为“我不被接受”。

每个人都会犯错误，只要遇错能改，必然对你今后的人生大有益处。

面对嘲笑，多点雅量

面对他人的嘲笑，聪明女孩一定要有胸襟、有雅量，这同时也是一种做人的智慧。

曾任美国总统的福特在大学里是一名橄榄球运动员，体质非常好，他在62岁入主白宫时，仍然非常挺拔结实。当了总统以后，他仍滑雪、打高尔夫球和网球。

在1975年5月，他到奥地利访问，当飞机抵达萨尔茨堡，他走下舷梯时，他的皮鞋碰到一个隆起的地方，脚一滑就跌倒在跑道上。他跳了起来，没有受伤，但使他惊奇的是，记者们竟把他这次跌倒当成一项大新闻，大肆渲染起来。在同一天里，他又在丽希丹宫的被雨淋湿了的长梯上滑倒了两次，险些跌下来。随即一个奇妙的传说散播开了：福特总统笨手笨脚，行动不灵敏。自访问萨尔茨堡以后，福特每次跌跤或者撞伤头部，记者们总是添油加醋地把消息向全世界报道。后来，竟然反过来，他不跌跤也变成新闻了。哥伦比亚广播公司曾这样报道说：“我一直在等待着总统撞伤头部，或者扭伤胫骨，或者受点轻伤之类的来吸引读者。”记者们如此的渲染似乎想给人形成一种印象：福特总统是个行动笨拙的人。电视节目主持人还在电视中和福特总统开玩笑，喜剧演员切维·蔡斯甚至在《星期六现场直播》节目里模仿总统滑倒和跌跤的动作。

福特的新闻秘书朗·聂森对此提出抗议，他对记者们说：“总统是健康而且优雅的，他可以说是我们能记得起的总统中身体最为健壮的一位。”

“我是一个活动家，”福特抗议道，“活动家比任何人都容易跌跤。”

他对别人的玩笑总是一笑了之。1976年3月，他还在华盛顿广播电视记者协会年会上和切维·蔡斯同台表演过。节目开始，蔡斯先出场。当乐队奏起《向总统致敬》的乐曲时，他“绊”了一脚，跌倒在歌舞厅的地板上，从一端滑到另一端，头部撞到讲台上。此时，每个到场的人都捧腹大笑，福特也跟着笑了。

当轮到福特出场时，蔡斯站了起来，佯装被餐桌布缠住了，弄得碟子和银餐具纷纷落地。蔡斯装出要把演讲稿放在乐队指挥台上，可一不留心，稿纸掉了，撒得

♀ 正确面对嘲笑 ♀

对别人的嘲笑，聪明的女人会用自己的智慧去面对。

面对嘲笑，最忌讳的做法是勃然大怒，大骂一通，其结果只会让嘲笑之声越来越烈。

要让嘲笑自然平息，最好的办法是一笑了之。不予理会，也不争辩，这样对方自觉无趣也就停止了嘲笑。

一个有确定目标的人，不会在意别人的想法，而是有风度、有气概地接受一切非难与嘲笑。

满地都是。众人哄堂大笑，福特却满不在乎地说道：“蔡斯先生，你是个非常、非常滑稽的演员。”

生活是需要睿智的。如果你不够睿智，那至少可以豁达。以乐观、豁达、体谅的心态看问题，就会看出事物美好的一面；以悲观、狭隘、苛刻的心态去看问题，你会觉得世界一片灰暗。两个被关在同一间牢房里的人，透过铁窗看外面的世界，一个看到的是美丽神秘的星空，一个看到的是地上的垃圾和烂泥，这就是区别。

聪明的女孩，收起你的抱怨

有些年轻女孩每天抱怨连连，今天抱怨这个，明天抱怨那个，仿佛一刻不说抱怨的话，就感受不到心理的平衡。可是，只是一味地抱怨对于改善处境没有丝毫益处，只有先静下心来分析自己，并下定决心去改变它，付诸行动，它才能向你所希望的方向发展。一分耕耘，一分收获，不要企望在抱怨或感叹中取得进步，事情的进展是你的行为直接作用的结果。事在人为，只要你去努力争取，梦想终能成真。

画家列宾和他的朋友在雪后去散步，他的朋友瞥见路边有一片污渍，显然是狗留下来的尿迹，就顺便用靴尖挑起雪和泥土把它覆盖了。没想到列宾却生气了，他说，几天来他总是到这儿来欣赏这一片美丽的琥珀色。

在生活中，当你老是埋怨别人给你带来不快，或抱怨生活不如意时，想想那片狗留下的尿迹，其实，它是“污渍”，还是“一片美丽的琥珀色”，都取决于你自己的心态。

不要抱怨你的专业不好，不要抱怨你的学校不好，不要抱怨你住在破宿舍里，不要抱怨你的男友穷，不要抱怨你没有一个好爸爸，不要抱怨你的工作差、工资少，不要抱怨你空怀一身绝技却没人赏识你，现实有太多的不如意，就算生活给你的是垃圾，你同样能把垃圾踩在脚底下，登上世界之巅。

孔雀向天后朱诺抱怨，它说：“天后陛下，我并非无理取闹，但是您赐给我的歌喉，没有任何人喜欢听，可您看那黄莺，唱出的歌声婉转，它独占春光，风头出尽。”

朱诺听到如此言语，严厉地批评道：“你赶紧住嘴。嫉妒的鸟儿，你看你脖子四周，如一条七彩丝带。当你行走时，舒展着华丽羽毛，出现在人们面前，就好像色彩斑斓的珠宝。你是如此美丽，你怎么好意思去嫉妒黄莺的歌声？和你相比，这世界上没有任何一种鸟能像你这样受到别人的喜爱。一种动物不可能具备世界上所有动物的优点。我赐给大家不同的天赋，有的天生长得高大威猛；有的如鹰一样勇敢，如鹊一样敏捷；乌鸦则可以预告未来之声。大家彼此相融，各司其职。所以我奉劝你去除抱怨，不然的话，作为惩罚，你将失去你美丽的羽毛。”

喜欢抱怨的人认为自己经历了世上最大的不平，但他忘记了听他抱怨的人也可能同样经历了这些，只是心态不同，感受不同。

宽容地讲，抱怨实属人之常情，然而抱怨并不可取，因为抱怨等于往自己的鞋里倒水，只会使以后的路更难走。喜欢抱怨的人在抱怨之后不仅让别人感到难过，自己的心情也往往更糟，心头的怨气不但没有减少，反而更多了。

常言道，放下就是快乐。与其抱怨，不如将其放下，用超然豁达的心态去面对一切，这样迎来的将是另一番新的景象。

用微笑面对一切

“我已经结婚 18 年多了，在这段时间里，从我早上起来，到要上班的时候，我很少对太太微笑，或对她说上几句话。我是最闷闷不乐的人。

“既然你要我对微笑也发表一段谈话，我就决定试一个礼拜看看。因此，第二天早上梳头的时候，我就看着镜子对自己说：‘威尔森，你今天要把脸上的愁容一扫而空。你要微笑起来。现在就开始微笑。’当我坐下来吃早餐的时候，我以‘早安，亲爱的’跟太太打招呼，同时对她微笑。

“现在，当我要去上班的时候，就会对大楼的电梯管理员微笑着说一声‘早安’。我以微笑跟大楼门口的警卫打招呼。我对地铁的出纳小姐微笑，当我跟她换零钱的时候。当我到达公司，我对那些以前从没见过我微笑的人微笑。

“我很快就发现，每一个人也对我报以微笑。我以一种愉悦的态度，来对待那些满肚子牢骚的人。我一面听着他们的牢骚，一面微笑着，于是问题就更容易解决了。我发现微笑带给我更多的收入，每天都带来更多的钞票。”

微笑是人的宝贵财富，微笑是自信的标志，也是礼貌的象征。人们往往依据你的微笑来获取对你的印象，从而决定对你所要办的事的态度。用微笑去征服，办事将不再感到为难，人与人之间的沟通将变得十分容易。

现实的工作、生活中，一个人对你满面冰霜、横眉冷对，另一个人对你面带笑容、温暖如春，他们同时向你请教一个工作上的问题，你更欢迎哪一个？显然是后者，你会毫不犹豫地对他知无不言，言无不尽；而对前者，恐怕就恰恰相反了。

一个人面带微笑，远比他穿着一套高档、华丽的衣服更引人注意，也更容易受人欢迎。因为微笑是一种宽容、一种接纳，它缩短了彼此的距离，使人与人之间心心相通。喜欢微笑着面对他人的人，往往更容易走入对方的天地。难怪学者们强调：“微笑是成功者的先锋。”的确，如果说行动比语言更具有力量，那么微笑就是无声的行动，它所表示的是：“你使我快乐，我很高兴见到你。”笑容是结束说话的最佳“句号”，这话真是不假。

有微笑的人，就会有希望。因为一个人的笑容就是他传递善意的信使，他的笑容可以照亮所有看到它的人。没有人喜欢帮助那些整天愁容满面的人，更不会信任他们。

任何一个人都希望自己能给别人留下好感，这种好感可以创造出一种轻松愉快的气氛，可以使彼此结成友善的关系。一个人在社会上就是要靠这种关系才可立足，

♀ 微笑时也要注意别犯错 ♀

笑更容易获得好的人缘，但是在笑的时候也应该注意以下两点：

1. 笑过了头

这种情况就是在微笑时嘴咧得太大。嘴咧得过大，会给人一种不礼貌的感觉。

2. 假笑

也可以叫作皮笑肉不笑，这是因为，微笑者并没有投入感情，只是机械地在摆动作。

不要把别人当成傻瓜，每个人都是敏感的，如果你笑不真诚，别人一眼就能看出来。只有真诚的微笑才能打动别人。

而微笑正是打开愉快之门的金钥匙。

有人做了一个有趣的实验，以证明微笑的魅力。

他给两个人分别戴上一模一样的面具，上面没有任何表情，然后他问观众最喜欢哪一个人，答案几乎一样：一个也不喜欢，因为那两个面具都没有表情，他们无从选择。

然后，他要求两个模特儿把面具拿开，现在舞台上有两张不同的脸，他要其中一个人把手盘在胸前，愁眉不展并且一句话也不说，另一个人则面带微笑。

他再问观众："现在，你们对哪一个人最有兴趣？"他们选择了那个面带微笑的人。

如果微笑能够真正地伴随着你生命的整个过程，这将使你超越很多自身的局限，使你的生命自始至终生机勃勃。

用你的笑脸去欢迎每一个人，那么你会成为最受欢迎的人。

第二节

告别“比较战”

解开你的心结，让“出丑”变为“出众”

每个人都想使自己显得聪明，都怕在众人面前出丑。这看上去似乎是截然对立的两件事，聪明人绝不会出丑，出丑的人必然是笨蛋。然而，实际生活并非如此，聪明的人有时简直如一个大傻瓜，他们当众出丑，却若无其事，他们被人嗤笑却自得其乐，他们就这样走向了成功。

罗茜读书时网球打得不好，老是害怕打输，不敢与人对垒，所以她的网球技术一直很蹩脚。罗茜有一个同班同学，她的网球比罗茜打得还差，但她不怕被人打下场，越是输越打，后来成了令人羡慕的大学网球代表队队员。

聪明是令人羡慕的，出丑总使人感到难堪。但是，聪明是无数次出丑练就的，不敢出丑，就很难聪明起来。

那些勇敢地去干他们想干的事的人是值得赞赏的，即使有时在众人面前出了丑，他们还是洒脱地说：“哦，这没什么！”就是这么一类人，他们还没学会反手球和正手球，就勇敢地走上网球场；他们还没学会基本舞步，就走下舞池寻找舞伴；他们甚至没有学会屈膝或控制滑板，就站在了滑道上。

艾米只会说几句法语，她却毅然飞往法国去做一次生意旅行。虽然人们曾告诫她：巴黎人看不起不会讲法语的人，但她坚持在展览馆、在咖啡店、在爱丽舍宫用法语与每个人交谈。她不害怕结结巴巴，不怕语塞傻笑、出丑吗？一点也不。艾米发现，当法国人对她使用的虚拟语气大为震惊之后，许多人都热情地向她伸出援手，为她的“生活之乐”所感染，从她对生活的努力态度中得到极大的乐趣。他们为艾米喝彩，为所有有勇气做一切事情而不怕出丑的人欢呼。

生活中有些女孩由于不愿成为初学者，总是拒绝学习新东西。她们因为害怕“出丑”，宁愿放弃自己的机会，限制自己的乐趣，禁锢自己的生活。

若要改变自己的生活位置，总要冒出丑的风险，除非你决心在一个地方、一个水平上“钉死”了。不要担心出丑，否则你会无所作为，而且更重要的是你同样不会心绪平静、生活舒畅。你会受到囿于静止的生活而又时时渴望变化的愿望的痛苦煎熬。我们也许应该记住这一点，由于害怕出丑，也许我们会为失去许多生活机会而长久地感到后悔。我们应该记住法国的一句谚语：“一个从不出丑的人并不是一个他自己想象的聪明人。”

不做“复仇女神”

年轻女孩，在面对别人带来的伤害时，应该选择宽容忍让，还是睚眦必报？有些女孩会选择后者，她觉得，谁伤害了她，就理应付出同样的代价，甚至有些偏执的女孩还会认为，你伤害了她一次，她就应该伤害你十次，只有加倍的伤痛才会让你吸取教训，才能解她的心头之恨。

人生之中，很多人不会遇到杀父之仇、夺夫之恨，所以即使是有一些牵绊，也没有必要拼个你死我活。其实，有时候一直把仇恨放在心里，总想着对别人报复，反而会让自己失去很多快乐。

一位青年，风华正茂时被人陷害，在牢房里待了6年，后来冤案告破，他终于走出了监狱。他发誓要报复，他有仇恨，可是他不知道陷害自己的人是谁，他还是不甘心。出狱后，青年开始了常年如一日的反复控诉、咒骂：“我真不幸，在最年轻有为的时候竟遭受冤屈，在监狱度过本应最美好的一段时光。那样的监狱简直不是人待的地方，狭窄得连转身都困难。唯一的细小窗口里几乎看不到阳光，冬天寒冷难忍，夏天蚊虫叮咬……真不明白，上帝为什么不惩罚那个陷害我的家伙，即使将他千刀万剐，也难解我心头之恨啊！”

40年匆匆而去，在贫病交加中，他奄奄一息。弥留之际，牧师来到他的床边：“可怜的人，去天堂之前，忏悔你在人世间的一切罪恶吧……”

此时，病床上的他声嘶力竭地叫喊起来：“我没有什么需要忏悔，我需要的是诅咒，诅咒那些施予我不幸命运的人……”

牧师问：“您因受冤屈在监狱待了多少年？离开监狱后又生活了多少年？”他恶狠狠地将数字告诉了牧师。

牧师叹息着说：“可怜的人，您真是世上最不幸的人，对您的不幸，我真的感到万分同情和悲痛！他人囚禁了你区区6年，而当您走出监牢本应获取永久自由的时候，您却用心底里的仇恨、抱怨、诅咒囚禁了自己整整40年！”

总是想着报复别人，却在不知不觉中浪费了自己的青春和岁月，其中的代价可想而知。其实，报复就好像是在挖两个坟墓，其中的一个通常都留给了自己。因为在选择报复的时候，必定会将所有的精力投放在曾经的伤痛里，使自己的心灵无法获得解脱。

生活，远没有我们想象的那么艰难，并不是每一种伤痛都没有办法忘却。只要你有一颗宽容的心，就一定能看到更为广阔的天地。

一个匈牙利的骑士被一个土耳其的高级军官俘获了。这个军官把他和牛套在一起犁田，而且用鞭子赶着他工作。他所受到的侮辱和痛苦是无法用文字形容的。土耳其军官所要求的赎金出乎意外的高，这位匈牙利骑士的妻子变卖了所有的金银首饰，典当出去他们所有的堡垒和田产，他们的许多朋友也募捐了大批金钱，终于凑齐了这个数目。匈牙利骑士终于从羞辱和奴役中获得了解放，但他回到家时已经病得支持不住了。

没过多久，国王颁布了一道命令，征集大家去跟敌人作战。这个匈牙利骑士一听到这道命令，再也安静不下来。他无法休息，片刻难安。他叫人把他扶到战马上，气血上涌，顿时就觉得有气力了，而后向前线驰去。他把那位曾把他套在轭下、羞辱他、使他痛苦万分的将军变成了他的俘虏。

现在已经是俘虏的那个土耳其军官被带到匈牙利骑士的城堡里，一个钟头后，那位匈牙利骑士出现了。他问土耳其军官说：“你想到过你会得到什么待遇吗？”“我知道！”土耳其军官说：“报复！但是我怎样做你才能饶恕我呢？”“一点也不错，你会得到报复！”骑士说，“但我已决定宽恕你，放心地回到你的家里，回到你亲爱的人中间去吧。不过请你将来对受难的人温和一些，仁慈一些吧！”

土耳其军官忽然大哭起来：“我做梦也想不到能够得到这样的待遇！我想我一定会受到酷刑和痛苦的折磨，因此我已经服了毒，过几个钟头毒性就要发作。我必死无疑，一点办法也没有！”

当你宽容别人的时候，你就不会感到自己和别人站在敌对的位置，你也不会感觉到，生活中总是存在敌人，而没有朋友了。

人是群居动物，在生存的环境里，不可能互不干扰。如果对于每一件事情都耿耿于怀，那么你永远也不会快乐。人生苦短，所以，年轻的女孩，不要再想着做“复仇女神”了。与其在报复的墓穴里苦苦哀叹，不如用宽容和爱填平墓穴，向快乐的生活前进。

♀ 学会宽容 ♀

要学会宽容，掌握了下面两条就会很简单。

1. 要学会看到自己的缺点，看到别人的优点。你要明白自己并不是一个完人。

2. 你得承认，自己也曾得到别人的宽容，自己也需要别人的宽容。

所以，考虑问题时要试着从对方的角度出发，以求大同、存小异，这样你才能够宽容他人，也善待自己。

批评是被掩饰的赞美

当人类世界被现代技术网罗成一个村庄的时候，无论你身在何处，也不管你是为了学习还是为了工作，都无法和网络撇清关系。身为天王级巨星的刘德华也经常上网，但是他上网和我们经常看到的上网聊天、打游戏有所不同，用他自己的话说：

“他们将全球有关我的信息集合起来给我看，让我知道世界各地的人对我的看法，他们感觉我是一个怎样的人，这是我很想知道的事。加上地球上有时差关系，所以我每天不止上一次网去看这些有关我的信息。”

原来，刘德华上网是为了接受更多的批评，让自己更加了解自己。有勇气接受别人的批评，才能够不断取得进步；同时，敢于接受别人批评，也显示了莫大的勇气和自信。相反，一个听到别人的批评就暴跳如雷、反唇相讥的人，不但缺乏涵养、心胸狭窄，而且这种冲动的做法还会造成难以预测的后果，使每个想帮助他的人都敬而远之。坦然接受他人的批评，你才能成为一个心胸宽广、受别人欢迎的人。

刘德华刚出道时，香港有家知名电台的老板听了他的歌后，当即表示，“这个人不懂唱歌，也没有歌唱的天分”，从此不再听他唱歌，并在很多场合坦言刘德华是歌坛“四大天王”里最差的一个。但是刘德华并没有因为别人的打击和嘲笑而气馁,从此，他每逢演唱会必定要给这个人送票，邀请他去听歌。十几年后，那个老板终于肯去听他的演唱会，并且为华仔的歌声所打动，不禁夸赞道：“原来是我错了，华仔真的很会唱歌。”

刘德华能够在别人的批评和讽刺之下不气馁，用自信做支撑，用实力去说话，才逐渐走出了一条属于自己的星光大道。

世界是五光十色的，人们用各不相同的视角来看待生活。不同的人站在不同的方位看待同一个事物,也会产生不同的观点。刘德华面对人们对他的褒贬不一说：“世上当然会出现有人喜欢或不喜欢我的情况，好评语自然会吸引我多看，但对我不好的评语我也会清楚地看一次，这样可以完全了解网友是如何看待我，让我加深对自己的了解，并且为我提供改进的空间。”每个人都需要面对世界、面对别人的评论，不管你愿意不愿意。所以，年轻的女孩，在面对别人的评论时，最好的解决方式就是像刘德华那样，把别人的批评当成一种被掩饰的赞美，这样我们看到的就不会是别人的苛刻和刁钻，而能够从中获得自己继续提升的信心和纠正错误的力量。

在现实生活中，我们总是希望按照自己的想法去勾勒世界，希望一切都按照自己的计划进行，所以我们总是不愿意听到不同的声音，不希望有人给予我们批评和指责。按照自己的理想搭建的世界，毕竟只是一厢情愿，虽然我们一直希望自己是最完美的，可是任何人身上都有不足。有时候，因为过于理想化，我们常常只看到自己身上的优点，而忽略了其他的缺点。所以，经常听一听别人的声音，虚心地接受别人的批评和指正，也未尝不是一个让自己更加完美的方法。

对于敢于批评和指正你的人，不要总是把他们当成你的敌人来对待。当你从他们的话语里了解了一个你看不到的自己的时候，你就应该给予他们最真诚的感谢。

洒脱应对同性的嫉妒

有人说，女人的天敌还是女人。有些年轻女孩常常忍受不了其他女孩的成功，只要对方有一些方面是强于自己的，就有可能会对其产生一种嫉妒之感。

某大学曾经发生过一个悲惨的故事：一名生物系即将毕业的女研究生，用水果刀将自己的导师刺伤，随即举刀自尽。这位女生自小就有自卑心理，虽然在升学的道路上，她成绩优异、一帆风顺，但她孤僻而善妒的性格始终没有改变。在就读研究生时，她的刻苦精神深得导师器重，但导师更喜欢另一位女生灵活而幽默的性格。于是她妒火中烧，数次在导师面前中伤那位同学。导师明察之后，发现多数事情纯属子虚乌有，便委婉地批评了她。由此，该女生怒不可遏，干出蠢事。

由此可见，嫉妒心是可怕的。为了自己心理上的平衡感，嫉妒者可能会做出一些违反常规的事情。可是，为什么女孩对待同性的嫉妒心理会这么强烈呢？

单纯地看女孩对于同性的嫉妒，我们就会发现，很多时候她们都是被一种身不由己的心态驱使着。与男性相比，女性要考虑的问题可能会多一些。她们常常要求自己完美，不允许自己有一点不足。所以，女性常常将“精装版”的自己展现在别人面前，为了维护自己的形象，她们已经花费了全部的心思，浪费了几乎所有的精力。这个时候，她们的内心是渴望得到别人的肯定和赞扬的。这样的心态，使女性对别人的评价太过重视，这是产生嫉妒心理的前提之一。

另外，不少女性是很排外的。即使是最好的朋友圈内，她们也会希望自己才是唯一的主角，其他人都成为自己的陪衬。一旦这样的期待没有实现，还出现了反效果，自己成为别人的配角，这时候，她们的内心就如同经历了一次重大的打击，嫉妒之感由此而生。

作为一个女孩，应该怎样克制自己的嫉妒并且应对来自同性的嫉妒呢？

首先，对待自己的嫉妒心理要摆正心态。要常常告诫自己：嫉妒并不能让自己拥有对方的优势，没必要因为别人的好而让自己变得更加不好。

其次，洒脱面对同性的嫉妒，不要因为别人的态度而改变自己。只要掌握了方法，就能控制自己烦忧的情绪，并且弱化别人的嫉妒。

（1）把对方的嫉妒当成同情。别人嫉妒你，说明你在一些方面已经出类拔萃了。如果带着这种心态与之共事，你不会烦躁，反而觉得踏实。久而久之，在工作上，同事间都能坦然相处，你就把她们的嫉妒当作是对你的同情，因为以后你也可能会遭遇类似的事情。这样，必然就不会觉得别人是在刺痛你的神经了。

（2）向对方的嫉妒报以感激。嫉妒你的人，可能会千方百计地找出你的不足，让你难堪。可是，这个过程恰好可以让你发现自己更多的不足，从而完善自己。所以，你完全可以将别人的嫉妒当成是促进自己进步的阶梯。

♀ 让自己不再嫉妒 ♀

嫉妒，尤其是嫉妒同性，是很多女人都有的消极心理，那么，女人应该如何克服这一心理呢？

自我认知，客观地评价自己和他人

客观地评价自己，当认清了自己后，再评价别人，自然也就能够有所悟了。

自我宣泄

嫉妒心理也是一种痛苦的心理，在不严重时，用各种方法来宣泄、舒缓一下是相当必要的。

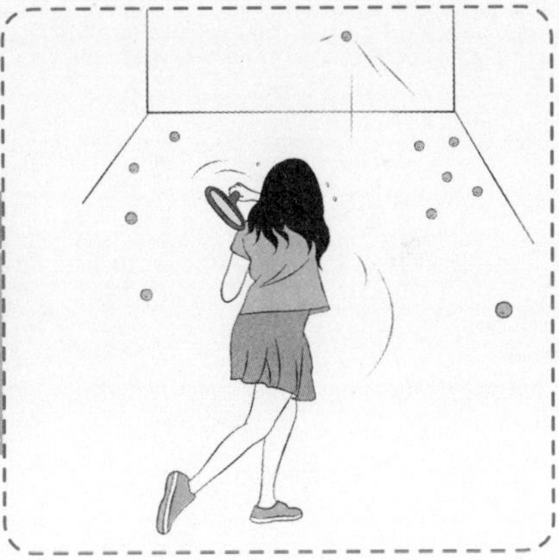

快乐可以治疗嫉妒

快乐是一种情绪心理，嫉妒也是一种情绪心理。何种情绪心理占据主导地位，主要靠自己来调整。

（3）把利益也分给那些嫉妒你的人。有些女人天生善妒，也天生爱贪小便宜。如果能够分给她们一些利益，从而收买她们，她们就会弱化对你的敌意，甚至可能成为你的朋友。

可见，每个人都可能会遇到同性的嫉妒，但这并不是一个无解的难题。只要能够掌握方法，洒脱面对，一切问题都能迎刃而解。

第三节

“糊涂”女孩也可爱

聪明不要过了头

女孩的美丽离不开智慧的浇灌，但是美丽的女孩却不是聪明“过人”的女孩。当你仗着自己的聪明在人前逞强好胜时，没有人会喜欢你。

关于这一点,《红楼梦》中的王熙凤给了我们一个深刻的教训。

王熙凤，贾琏之妻，她聪明能干，深得贾母和王夫人的信任，成为贾府的实际大管家。书中是这样描写她的外貌的：“彩绣辉煌，恍若神妃仙子；头上戴着金丝八宝攒珠髻，绾着朝阳五凤挂珠钗，项上戴着赤金盘螭璎珞圈，裙边系着豆绿宫绦，双衡比目玫瑰佩，身上穿着镂金百蝶穿花大红洋缎窄裉袄，外罩五彩刻丝石青银鼠褂，下着翡翠撒花洋绉裙。一双丹凤三角眼，两弯柳叶吊梢眉，身量苗条，体格风骚，粉面含春威不露，丹唇未起笑先闻。”可见王熙凤是个美貌与智慧并重的难得的女子。可就是这样一位不可多得的女人，到头来却众叛亲离，凄凄而终。究其原因，就是因为她的“聪明”，凡事太过算计钻营，才落得个“机关算尽太聪明，反误了卿卿性命”的下场。

生活中我们常会遇到一些聪明过头的女人，她们圆滑老练，一到危急关头就过河拆桥，反咬一口，或者事事斤斤计较，你的我的都要划分得一清二楚，稍微吃点亏都不行。这样的女人认为自己很聪明，也乐于让人感受到她很“聪明”。

下面，我们来具体欣赏一下王熙凤这类女子的高超演技吧。

1. 善于逢迎，长于机变

林黛玉进贾府，王熙凤姗姗来迟。“一语未了，只听后院中有人笑道：我来迟了，不曾迎接远客！”王熙凤未见其人，先闻其声，精心策划的出场，使自己的亮相引人注目，不同凡响。

王熙凤见到黛玉，先是“携着黛玉的手，细细打量了一番”，待到送黛玉至贾母身边坐下，王熙凤便笑道：“天下真有这样标致的人物，我今儿才算见了！况且这通身的气派，竟不像老祖宗的外孙女儿，竟是个嫡亲的孙女，怨不得老祖宗天天口头心头一时不忘。”“真有”表明黛玉的美丽出乎熙凤意料，“才”字刻意强调她本人相见恨晚的心情。王熙凤不遗余力恭维黛玉，目的当然是为了讨贾母的欢心。“竟不像外孙女儿，竟是个嫡亲的孙女”这两句在夸赞了黛玉的同时，也没有忘记讨好三个小姑子，她知道黛玉再好到底是外人，三春毕竟是家里人，其中的亲疏远近她心里是一清二楚的。

“只可怜我这妹妹这样命苦，怎么姑妈偏就去世了！”王熙凤话锋一转，哀叹黛玉命苦，痛惜姑妈去世，流下了“同情”的眼泪。她料到黛玉之母去世，贾母必然悲痛万分，可出乎意料的是贾母此刻很坚强。王熙凤拍马屁拍在马腿上，这是她始料未及的，于是她“忙转悲为喜”道：“正是呢！我一见了妹妹，一心都在他身上了，又是喜欢，又是伤心，竟忘了老祖宗。该打，该打！”王熙凤转向之快，不愧为见风使舵的高手。

2. 尊卑贵贱，区别对待

邢夫人虽是凤姐的婆婆，但由于她的出身并不怎么高贵，凤姐对她也只是面子上过得去，采取了彼此相安的态度。对待贾政的妾赵姨娘和儿子贾环是任意欺凌，经常教训、申斥，与对待宝玉关切备至的态度完全不同。她看出贾母、王夫人偏爱宝钗，就加倍铺张地为宝钗过生日；看出王夫人选定了袭人为宝玉的候补侍妾，就从各方面去优待袭人。从农村来告帮的刘姥姥忽然为贾母所欣赏，她立刻发觉了这是老太太最妙的消遣品，就把这乡下老太婆当作“宝贝”看待了。

3. 见钱眼开，唯利是图

王熙凤极度贪婪。“弄权铁槛寺”，她很直接地对老尼说：“你是素日知道我的，从来不信什么是阴司地狱报应，凭是什么事，我说要行就行。你叫他拿三千两银子来，我就替他出这口气。”为了这三千两银子，她派人连夜奔走，以势强使守备公子与张家金哥退亲，直接造成了两个年轻人一个自缢、一个投河自尽，其贪婪冷酷令人发指。她除了索取贿赂外，还靠着迟发公费月例放债，光这一项就翻出几百甚至上千银子的体己利钱来。抄家时，从她屋子里就抄出五千万金和一箱借券。王熙凤的所作所为，无疑是在加速贾家的败落。

4. 笑里藏刀，背后算计

贾瑞借酒性挑逗王熙凤，她一面假意含笑应付，一面心中已预为筹划：“他如果如此，几时叫他死在我的手里，他才知道我的手段！”果然，贾瑞这不知死活的东西色令智昏，不知是计，结果被凤姐调兵遣将尽情戏弄一番以后染上一身的病痛，最后一命呜呼。

贾琏娶了尤二姐，王熙凤先将尤二姐骗入荣国府，经常在贾母和王夫人面前说尤二姐的好话，一面操纵官府，教唆张华（尤二姐最初许配的人）向贾家施压。当事情越来越糟时，贾家的头面人物们就把怨恨集中到了尤二姐的身上，最后迫使尤二姐吞金自尽。

王熙凤一生算计，处处争强好胜，终于得罪了大太太，加之贾母撒手人寰，她没了靠山，又被贾琏休了送返南京，最终身心交瘁而死。

《老子》中说："大巧若拙，大辩若讷。"意思是最聪明的人，往往看起来很笨拙；虽然能言善辩，但看起来就好像不会讲话一样。

年轻的女孩，无论是做事，还是一般的人际往来，都不可锋芒毕露，"树大招风"，懂得匿才显缺、平和待人，才是真正聪明的女人。

不要"吃"下所有的苦再来享受幸福

中华民族是个吃苦耐劳的民族。从古至今，我们的文化里都在宣扬一种甘于吃苦的精神，比如"吃得苦中苦，方为人上人"，"天将降大任于斯人也，必先苦其心志"、"头悬梁，锥刺股"等，强调的是一种克己、勤勉的生活方式。这种文化无疑是有其积极意义的，但有时也会给女孩们带来过重的心理负担。

生活中许多女孩有意无意地将幸福当作一种奢侈品，认为自己只能在储存了许多的"苦"之后，才能有资格享受"昂贵"的"幸福"。比如有的女孩在读书的时候，明明家里不缺钱，还省吃俭用，每天用白菜、萝卜打发自己。这种精神虽然可嘉，可青春期的女孩正是长身体的时候，平时学习又辛苦，不注意调节营养怎么行呢？到头来，不少女孩落下了痛经、月经不调、贫血等一大堆毛病。当然这些病在她们看来同样不值一提，她们并不在意，能走会跳的上医院多浪费啊，她们二话不说，一律硬扛下来。可是这些毛病都是积攒不得的，年轻时抵抗力好，能经得住，可30岁后，毛病就好像突然一下子冒出来，现在省的是小钱，那个时候花的可就是大钱了。

还有的女孩规定自己每天工作或学习要达到12个小时，也不管身体是不是受得了，一旦某天工作或学习状态不理想，尤其在受到别人"奋发图强"精神的刺激后，她们会义无反顾地甚至"开夜车"到天亮，用以惩罚自己的"不刻苦"。这些女孩一般来说意志力都很坚强，品性也不错，却用功过了头。日复一日惩罚和约束自己，会令大脑失去创造热情，意志力虽在坚持着，心智却是消极的，在这种状态下，效率并不高，因为大脑的兴奋度不够。另外，这样还会加重身心负担，不利于个人健康。

你也许会对自己说，"如果我考上理想的大学……"，"如果我进了知名的外资企业……"，"如果我付清住房的贷款……"，"如果我得到提升……"，"如果我退休，我就可以永远地享受人生"。但或迟或早，你就会明白，生活中根本不存在什么驿站，生活中真正的乐趣就是旅行。

寻找生命本真的乐趣，不因任何顾虑而战战兢兢，不为任何流俗而感到压抑，这样，在生命的终点，就不会因为突然醒悟而痛悔不已了。

活着，就尽情享受人生。幸福不在于目的的达到，而在于追求的本身及其过程，珍惜现在，尽可能享受当下的美好时光吧。

♀ 享受人生的每一秒 ♀

生命就像一次旅行，有既定的路线，路旁有着美丽的风景。任何人的生命都只有一次，每一秒对我们来说都是弥足珍贵、无法再生的。

有时候，人太在乎目的地本身，一门心思扑入其中，就会忘记生命中还有许多美好的事物值得珍惜。

等到老去的时候，才惊觉自己只顾着赶路，却从来没有轻松享受过。这难道不是人生的悲哀吗？

幸福无法“零存整取”，你需要在每分每秒中去体会，而不是把所有的幸福“储存”起来，待尝遍了所有的苦再一次性享受幸福。

不要陷入自己画的悲伤牢

在现实生活中，每个女孩都可能遭受这样或那样的打击和挫折：因为高考落榜而精神萎靡，因为失恋而忧伤，因为无法适应快节奏的工作而垂头丧气……这些心理多半是意志薄弱、心态不成熟的一种表现。而这些异常悲观的心理往往会使你的人生陷入痛苦之中，影响你对世界的正确看法。

悲观的女孩实际上是以自己悲观消极的心境来看待这个客观世界，在悲观者心中，现实或多或少地被丑化了。社会上许多人对未来和生活，往往持有一种悲观的迷茫心理，对自己的过去，无论辉煌与否，都一概加以否定，心里充满了自责与痛苦，口中有说不完的遗憾和悔恨。她们对未来缺乏信心，认为自己一无是处，什么事都干不好，否定自己的优势与能力，无限放大自己的缺陷。她们经常出现失眠多梦、嗜睡懒动等症状，或觉得自己比平时更敏感、更爱掉眼泪等，甚者自我意志消极，时常自怨自艾，或情绪低落、待人冷漠。

20 世纪的女作家张爱玲的一生完整地诠释了悲观情绪给人带来的巨大的负面影响。

在张爱玲的身上我们可以看见很多矛盾，她是一个善于将艺术生活化、生活艺术化的享乐主义者，又是一个对生活充满悲观情绪的人；她是名门之后，贵族小姐，却宣称自己是一个自食其力的小市民；她悲天悯人，时时洞见芸芸众生“可笑”背后的“可怜”，在实际生活中却显得冷漠寡情；她通达人情世故，但她自己无论是待人还是穿衣均是我行我素，独标孤高。她在文章里同读者拉家常，却在生活中始终与人保持着距离，不让外人窥测她的内心；她在 20 世纪 40 年代的上海大红大紫，一时无二，然而几十年后，她在美国又深居简出，过着与世隔绝的生活。所以有人说：“只有张爱玲才可以同时承受灿烂夺目的喧闹与极度的孤寂。”这种生活态度的确不是普通人能够承受或者是理解的，但用现代心理学的眼光看，其实张爱玲的这种生活状态源于她始终抱持着一种悲观的心态，这种悲观的心态让她无法真正地深入生活，因此她总在两种生活状态里不停地徘徊。

张爱玲悲观苍凉的色调，深深地沉积在她的作品中，无处不在，产生了巨大而独特的艺术魅力。无论她用怎样流利俊俏的文字，写出怎样可笑或传奇的故事，终不免露出悲音。那种渗透着个人宿命感的悲剧意识，使她能与时代生活中的悲剧氛围相通，从而在更广阔的历史背景上臻于深广。

张爱玲所拥有的深刻的悲剧意识，并没有把她引向西方现代派文学那种对人生彻底绝望的境界。个人气质和文化底蕴最终决定了她只能回到传统文化的意境，且不免自伤自怜，因此在生活中，她时而沉浸在世俗的喧嚣中，时而又沉浸在极度的寂寞中，最后孤老死去。

张爱玲的悲剧人生让我们看到了悲观情绪对一个人的戕害，所以，年轻女孩要追求幸福的生活，就要让自己的心灵从悲观的冰河里挣脱出来。

那些生长在废墟之下的植物，它们被压在沉重的瓦砾之下，一年又一年，几乎已经丧失了生存的机会。然而，一旦它们见到阳光，就立刻恢复了勃勃生机，绽开一朵朵美丽的鲜花。

聪明的女孩同样如此，不管经受了多少苦难，一旦信念的阳光照耀在她身上，她就能获得蓬勃的力量，这力量会推动她去改变生活，拥抱幸福灿烂的明天。

装装傻，让他的心疼一下

当一个男人觉得身边的女人处处不如自己的时候，他就会很有成就感，就会觉得这个女人正被自己的无所不通征服。所以，当他说世界上只有两种人时，你千万不要说三种；当他说英国的首都是纽约，你千万不要说是伦敦，你要无比崇拜地看着他，“啊，你知道得真多”；电脑系统坏了，你让他去修，哪怕你自己会，你也不要去修，你得多交给他一些你能轻易做成的事，并适时地说：“亲爱的，你真行，我怎么就不会呢？”一个真正聪明的女孩是知道怎样让自己适当地“笨”一点的，把男友调教聪明了，就是你最大的成功。

有人把女孩分成三种：一种是真傻，智商、情商都很低，男人当然不喜欢；第二种是聪明女孩，在这样的女孩面前，男人会感到有压力；第三种女孩最讨男人喜欢，她们聪明，却经常装傻。

吴艳艳毕业于数学系，专业的本能使她在生活中也精于算计。然而，正是她的精于计算，让她的男友倍感压力，最终和她提出了分手。她和男友交往了一年多，刚开始时两人的关系还比较融洽，渐渐地，吴艳艳精于计算的个性让男友有些吃不消了。比如，男友喜欢打牌，经常约朋友周末一起打牌，有时候吴艳艳也跟着玩。吴艳艳打牌特别会算，又好胜，而且说话不饶人，每次男友出错牌，她不是给他脸色看，就是当场数落，让他在朋友面前很没面子。本来打牌是为了放松，可被她一搅，变成了做奥数，脑筋动足，吃力得很。生活中类似这样的事情越来越多，最终男友以彼此性格不合为由，提出了分手。

这段失败的感情让吴艳艳认识到了自己过于算计的缺点，她开始改变，尝试着做一个“傻”一点的女孩子。这时，她的爱情也驶到了下一站，她有了新的男友——张林。

无独有偶，张林也喜欢打牌，也喜欢在周末带上女朋友一起去和朋友打牌。张林偶尔也会出错牌，但吴艳艳不再像以前一样横加指责，而是很宽容地笑笑或扮个鬼脸；到了胜负关键时刻，她还会偷偷给他做暗号。赢了，她又拍手、又欢呼；输了，她要惩罚他，但这种惩罚让张林觉得比奖励还舒服——她要他送她回家，并要背她上二楼。所以，有时张林还故意输牌。

一年后，张林成了吴艳艳的老公，他们还是经常在周末和朋友打牌，吴艳艳还

♀“傻”女孩更得男人心♀

很多男人都说，最喜欢“傻”女孩，即那种看上去傻傻的、心里却很有谱的女孩。

男人总有自尊或虚荣，所以那些故作聪明、十分外露的女孩是抓不住男人心的，男人最怕女孩工于心计、过分尖锐。

而大智若愚的女孩却能迷住男人，与这种“傻”女孩在一起，男人会觉得既安全又温馨。

再成熟的男人，在恋人面前也像个小孩，都希望自己的恋人有一份童心，能跟自己快乐、真实地相处。

是会做个“傻”女人，只不过输牌的惩罚变成了背老婆上楼回家。

聪明女孩面对自己深爱的恋人，偶尔也要装装“傻”，让他的心疼一下，对你百般呵护。在爱情中，“傻”女孩才能占尽天时地利人和。韩剧《我的女孩》中裕玲可谓是深谙装“傻”之道，她的招牌装傻表情让功灿觉得没有她全世界都失去了颜色。要想在爱情中大获全胜，女孩子“装傻”这招不可不用!

第十六章

乐观淡定，繁华落尽也笑对

第一节

气质女人从不较真

不较真的女人更顺畅

有一首歌唱道："女孩的心思你别猜，猜来猜去也猜不明白……"女人的那颗心永远都在变幻不定，你永远都无法把握她胸中蕴藏的是风暴或是柔情。事实上，女人自己也不能理解她们为什么会在某一瞬间，陷入纠结：我今天是穿裙子还是衬衣？我是去逛街还是宅在家里……

女人的一生都与"纠结"这个词联系在一起。羡慕别人的完美身体又无法抵抗美食的诱惑；想优雅示人又怕化妆细节的烦琐；明明走到理发店却还在卷发直发之间犹豫；用"纠结"来概括女人一生的状态，似乎一点儿也不为过。

纠结的女人内心永远也无法淡定，因为她们从早上醒来就陷入了深深的纠结之中。起床洗头呢，还是不洗头再多睡一会儿呢？左右为难的选择令女人一天都心事重重。心境无法安静，生活怎能快乐？从旭日东升中感受成长的力量，从和风细雨中感受自然的美丽，在湍波激流之下，不受侵扰，保持安宁。也许，这样的人生才是生命最为宽广的地方。

梅子有一个从小一起长大、青梅竹马的男友，高考时，男友升了杭州一所大学，而梅子由于分数稍低，只得选择了江西老家的一所专科学校。小城市就业压力相对较小，梅子很顺利地在老家找到一份教学的工作，安心在家等待一年之后毕业回来的男友。

一年之后，男友毕业，可他觉得杭州是个大城市，发展机会也多，就不打算回老家工作。这下可急坏了梅子，为了追随男友，也为了自己的爱情，梅子特地辞去江西老家的工作，来到杭州和男友一起打拼。

但由于男友刚毕业处境也不好，梅子也是刚到一个新环境。能找到工作就算不错了，就这样，两人工作地点一个在东，一个西，梅子和男友只得分别距自己工作方便的地方租了房间。来回要两个多小时，很不方便。也只有到了双休日，两人才能相聚。

刚开始，每当周五一下班，梅子就兴冲冲、急匆匆地往男友的住处赶，充满着甜蜜和幸福。梅子挤两个多小时的车赶到男朋友住的地方，赶紧做饭。吃完饭男友洗碗，合作倒也默契。整整两天，两个人一起洗衣服，收拾屋子地忙活，很是甜蜜快乐。

慢慢地，梅子发现男友越来越不像话，吃完饭不再主动洗碗；梅子洗衣服、收拾屋子时也不再帮忙，不是看电视就是打游戏。又一个周末，梅子没去找男友，自己在家生气。她越想越气愤。

想到总是自己挤两个小时的公交车，男友还让自己做饭，一点不知道心疼她；每个周末，总是自己跑去找他，他却很少来看自己；他发的工资也从来没给过自己，而自己却经常用自己的钱来买菜什么补贴他；过情人节那天，他竟然没有送花给自己……

想到这一系列的事情，梅子觉得不能再这样惯着男友了，为了跟他较劲，她决定以后的双休日都不去他那里了。如果他不来找自己，就关掉手机，然后让他找不到人。一直冷战到男友妥协为止。

周五的晚上，梅子的男友由于加班回家有些晚，看到梅子没在，就打电话。谁知梅子接了电话只说了一句“我睡了”就挂了。

周末两天，男友都没有联系梅子。梅子心里那个纠结呀！难道他都不觉得自己错了？都是我平常太惯着他了，这周不找下次让你找也找不到。

又到了周一，梅子还是没有接到男友的电话，她坐立不安。怎么了？再忙也该发个信息，难道他跟别的女孩好上了？不管了，反正我不会主动联系他，这次必须给他点颜色看看。

整整一个星期，梅子都在矛盾中挣扎着，痛苦着，工作中有几次都出现失误。为此，领导不高兴，还批评了她。

又到了周五，梅子又在犹豫着自己要不要去找男友，直到走到公司楼下，还在纠结着去还是不去？突然听到有人喊自己的名字，原来是男友。

看着男友手里捧着花，梅子还装作一副不高兴的样子爱答不理的。男友说：“怎么了？我出差几天，出什么事了？”梅子心中这才释然，接着又问：“那你咋不给我打电话？”

男友说：“还说我呢？我给你打电话，你不等我说完就挂了。同事有急事，领导临时派我去的，出差的地方是山区，信号特别不好。我特意在今天赶回来给你过生日。”梅子这才笑了。

梅子这些天的纠结与痛苦，都是因为她自己太较真了。其实男友并没有她想象的那么不解人意。女人，千万别较真，别跟自己过不去。否则，人生就是一场较不完的劲，那么我们的心情不会快乐，生活也不会顺畅。

♀ 不要和自己较真 ♀

别跟自己过不去，我们要学会从容地走自己选择的路，做自己的事。

一个人快乐，不是因为他得到得多，而是因为他计较得少。

一个人痛苦，不是因为他拥有太少，而是因为他欲望太多。

任何事都有一个度，超过这个度，很多事就可能变得极其荒谬。所以我们应时常反省自己，让内心保持一份悠然自得。

生活中，我们也许会跟自己的上司或者对手暗暗较劲，谁也不想低头，谁也不想善罢甘休。事实上，喜欢较劲的人，到了最后，都是在跟自己较劲。

所以，女人别处处跟自己过不去，永远保持对生活的美好认识和执着追求，学会享受生活，才能做到更加珍惜生活，积极创造生活，这样生活才会有奇迹出现。

腾空心灵，缓解生活的压力

女人在有了一些经历之后，那颗纯洁的心灵多少都会沾染上尘埃，使原本洁净的心灵受到污染和蒙蔽。或许是曾经受过的伤害；或许是不堪回首的心理阴影；或许是某个心理陋习；或许是对金钱物质的贪婪，使女人变得麻木功利。这些都可能是存在女人内心的“垃圾”，长期下去会加重心的负荷。

这些心灵垃圾我们需要好好地扫除，因为真正的平静来自于内心的宁静。内心的平静是智慧的珍宝，它和智慧一样珍贵，比黄金更令人垂涎。女人拥有一颗宁静之心，比那些汲汲营营于赚钱谋生的人更能够体验生命的真谛。

清扫心灵垃圾不像日常生活中扫地那样简单，它充满着心灵的挣扎与奋斗。因为这些真正的垃圾常被人们忽视，甚至是由于担心和阻碍不愿主动清理。有时明知道要清理，我们又不知道怎样去做才好，想去好好理清整理，却又无从下手的，好像越理越乱，甚至心会更痛的，最终都是选择逃避麻木的多，整天麻木疲倦地过生活。

的确，我们总是处于人群之中，在喧闹的人群中听不见自己的脚步声。我们总是被家人、朋友围绕着，耳边充斥着噪音、喧哗，忍受着繁忙工作、家庭琐事的无穷折磨。我们每天的神经都绷得紧紧的，得不到一丝喘息的机会。

生活中，忙于工作家庭而无暇自顾的女人，在这种时候，我们找一个时间让自己静一静，清除掉心灵的“垃圾”，把宁静从自己的心中重新找回来。

安娜是国外某航空公司的一名经理。面对繁重和紧张的工作压力，她觉得自己的内心正变得越来越浮躁，开始只是回到家里对丈夫喋喋不休地抱怨工作和生活，后来对同事和客户也变得不再耐心。她觉得自己必须想个办法阻止这种坏情绪。

一次偶然的邂逅让她学会了一种“坐在阳光下”的艺术，这让她第一次能够在忙碌的生活中找回宁静的心境。

那是一个春天的早晨，安娜正匆匆忙忙走在加州一家旅馆的长廊上，手上满抱着刚从公司总部转来的信件。虽然她是来加州度寒假的，但是仍无法逃脱工作所带来的困扰，一大早就得处理公司邮件。当她快步走到旅馆的大厅，准备花两个小时来处理信件时，一位久违的朋友坐在摇椅上，帽子盖住他部分眼睛，忽然叫住了她，用他缓慢而愉悦的声音说道："你要赶到哪儿去啊，安娜？在今天这样如此明媚的阳光下，你这样匆忙赶来赶去不觉得是浪费了这美好的时光吗？过来这里，好好'嵌'在摇椅里，和我一起练习一项最伟大的艺术。"

"和你一起练习一项最伟大的艺术？"安娜听得一头雾水，好奇地反问。

"对，"他答道："没错，而且是一项逐渐没落的艺术。现在已经很少人知道怎么做了。"

安娜还是表示怀疑，问道："请你告诉我那是什么。我没有看到你在练习什么艺术啊！"

"我正在练习'只是坐在阳光下'的艺术。"他说道。

看到安娜不信任的目光，他解释说："你看，坐在这里，让阳光洒在你的脸上。感觉很温暖，闻起来很舒服。你会觉得内心很平静。你曾经想过太阳吗？"

面对他的问题，安娜只是摇了摇头。

接着，他又说："太阳每天都是东升西落，总是那么淡定自若。只是一直洒下阳光，而太阳在一刹那间所做的工作比你加上我一辈子所做的事还要多。它使花儿开，使大树长，使地球暖，使果蔬旺，使五谷熟；它还蒸发了水，然后再让它回到地球上来，它还使你觉得有'平静感'。"

"所以请你把那些信件都丢到角落去，"他说道："跟我一起坐到这里来。"

安娜照做了。她发现当自己坐在阳光下，让太阳在身上时，它洒在身上的光线给了她能量。这是她花时间坐在阳光下的赏赐。

当她后来回到房间去处理那些信件时，她几乎一下子就完成了工作。这使得她还留有大部分的时间来做度假的活动，也可以常"坐在阳光下"放松自己。

的确，太阳从来不会匆匆忙忙，不会太兴奋，它只是缓慢地善尽职守，也不会发出嘈杂声——不按任何钮，不接任何电话，不摇任何铃。但是却能给人无限的能量，这无疑是缓解压力，清除心灵垃圾的一个方式。

人生在世，总会遇到很多悲伤与痛苦，如果不能掌控自己的情绪，就会成为情绪的奴隶。斯摩尔曾经说过："做情绪的主人，驾驭和把握自己的方向。"心里不是堆积"垃圾"的地方，必须及时清空自己的坏情绪。情绪的控制完全在于自己，完全把握自己的情绪，积极主动，使得自己的情绪不会被别人所左右。很多乐观的人都善于控制自己的情绪，让自己活在快乐之中。

如今，越来越多的人开始学习追求内心的平静。淡定的女人当工作疲倦，面对生活感到压力重重时，她们会调整自己的情绪，比如，可以试着多观察一下我们喜欢的植物、动物，思考一下自己感兴趣的问题或者只是站在窗口忘记所有的工作，放下所有的压力和束缚，看看蓝天白云，让思维从纷繁中跳出来。

内心有多强大，气场便有多强大

气场，是一种强大的内在吸引力，它就像是一种气势，一般有气场的人，他们的眼神是自然的，是不拘束的，更不会被周围的环境左右。他们不需要刻意在人群中显示自己的不同和出色，甚至对于大家的目光毫不在意，但是，越是这样，就越会吸引别人的目光。

有气场的人，别人尊重你、靠近你、被你吸引，不敢随意忽视你、轻视你。气场是一种心态，外貌和道具固然有作用，但最终还是发自于内心。气场强大不仅表现在气质与品位，也表现在自信与张扬，也就是大家所说的艺人范儿，能镇住台面惊艳的那种感觉。

气场强大的女人不一定非要一个眼神杀死谁，它只是让你成为自己，而不是随便哪一个人。著名演员袁莉就是一个只做自己的、气场强大女人。

在第 14 届华表奖的红毯上，众明星华服亮相。袁莉以一袭镂空透视装 hold 住全场，秒杀了无数的媒体菲林。一时间，袁莉成了话题人物。“出位”、“雷人”、“大胆”，这些词汇仿佛成了她的“御用”形容词。她硬是顶得住舆论的压力，可见内心有多么强大。

这些言论无关她的作品，只关乎她的身材、她的言论，以及她的着装。围观的人们有为她的勇气鼓掌，有出言不逊的谩骂，袁莉照单全收，淡定自若。虽然自己瞬间被无数人围观，但袁莉依然十分淡定，她还不忘在微博上发发照片，调侃一下自己，透没事，当凉快！

尽管袁莉解释说：“试衣服的地方灯光不够亮，没想是这么透。”事实上，即使没有强光，这件裙子也非常大胆。袁莉选择穿它，应该料想到之后的反应。说实话，这套衣服真不是一般女星能撑起来的，就需要袁莉这种肉感十足的身材来把控。

袁莉从来都不是个胆小的人，虽然屡次被大家攻击说服装品位差，但她依然想穿什么就穿什么。记得有一年金鸡百花，袁莉的白色西装裙的造型“雷倒”众生。袁莉当时写了一篇博客，带着自嘲的口气“我确实把大家雷倒了！”但是她并不后悔。

面对袁莉的洒脱，大家不再谩骂指责，开始说着一些发自肺腑的感叹。现在，攻击她的人已经在减少了。人们似乎喜欢这样从容的女人。

从容来源于自信，袁莉对自己的性感深信不疑，她曾经说：“到了我这个年龄，才确确实实地感受到做女人的美好。既然上帝让我做了女人，何不痛快淋漓地做个真女人。如果说表现性感会让人感觉不舒服，那完全是观赏者的心态需要调整。人性是多面的，性感也是其不可或缺的一部分。它客观存在，并将永远存在下去。”

没有多少人，在面对千夫所指的时候，依然能淡定地自嘲。袁莉演过很多大女

♀ 如何营造强大的气场 ♀

气场是可以培养的，女人们要学会从生活中的言行举止开始营造强大气场！

1. 注意姿势美

我们从小被教导："站有站相，坐有坐相。"有强大气场的女人，站着的时候永远都是优雅的姿态。

2. 衣着得体

每个人都有自己穿衣的风格，但是不管你穿什么，一定要得体。

3. 避免浓妆艳抹

浓妆总会让人想到夜店和轻浮。优雅的淡妆提升面部色调，让我们看起来光鲜可人，更让人觉得大方得体。

人的角色。从《永不瞑目》里的欧阳兰兰到《婚姻保卫战》中的兰心，从任性女孩到强势女人，10年的花开花落云卷云舒，袁莉给我们的印象始终是个大女人。

袁莉饰演的角色只代表了她的一面，还有许多个侧面大家没有看到，她的性感造型可能就是大家平常忽略的一面。如果你喜欢她，应该像她一样，学会包容。包容是一种境界，袁莉显然已经悟出了其中道理。

人是世界上最复杂的动物，面对担当与承受，多数人更喜欢安逸与呵护。作为一个女人也是如此，环境使然许多变故其实你无法逃避，所以袁莉选择了一种淡然的态度去对待，一切都云淡风轻。

气场来自于内心的强大。虽然有先天的成分，但也并不是不能培养的。一个人行为举止，都反映了自身的修养和自信心；反之，如果我们能够在日常行为中保持优雅的仪态，同样会给我们的气质加分，并最终形成自己的风格。

不随波逐流，闲庭信步品味人生

现代社会快节奏的工作和生活很难使生命保持一种舒缓有律的节奏，就像音乐中的中速与慢板。快节奏、高压力使人常感觉到活着很累，幸福感也会大大降低。但是有这样一种女人却让自己活得很惬意，她们把一切安排得有条不紊，又有情致，享受当下的闲适，品味生活中的美好。

生活节奏加快诚然是事实，但我们并不能被生活困住手脚，自由的心只有飞翔才能更快乐。“宠辱不惊，看庭前花开花落;去留无意，望天空云卷云舒。”心有多大，世界就有多大，追求心的闲适我们一样可以感受如此生活。

据说有一位行吟诗人，他永远都在路上，居无定所，一生都住在旅馆里。他看完了一个地方的风景，就转向另一个地方。不断地从一个地方到另一个地方。几乎每一天都在各种交通工具和旅馆中度过的。当然这并不是因为他没有能力为自己买一座房子，他一路上观看风景，写下优美的文字，早就出版了几本诗集和专著，并且深受读者的喜欢。他说自己喜欢这种生活的方式，能够让自己感觉到生命的意义。

后来，他年龄越来越大了，政府鉴于他为文化艺术所作的贡献，决定免费为他提供住宅。这在别人看来无疑是天上掉馅饼的一件事，让人意外的是他竟然拒绝了。对此，他说：“有房子就要置办东西，有了这些就会成为我的牵挂。我不想为了一个固定的住所而束缚了自己的内心。”就这样，这位特立独行的行吟诗人，在旅馆和路途中度过了自己的一生。

他死后，朋友为他整理遗物时发现，他一生的物质财富就是一个简单的行囊，行囊只有用来写作的纸笔和简单的衣物；而在精神财富方面，他给世界留下了10多卷优美的诗歌和随笔作品。

这位诗人的生活是简单而富有意义的。他的人生是一种去繁就简的人生，没有太多不必要的干扰，没有太多欲望的压迫，是一种简单而又纯粹的人生。我们要在现实世界中享受如诗般的生活，需要在心中辟出一块田地。一杯茶、一本书、一个阳光灿烂的下午……

但我们要时常打理自己的心灵，因为它随时会杂草丛生，贪欲是最难耕除的杂草。贪图享受、贪图自由、贪图……一旦贪念生成，一切便染上了目的性和功利性，闲适也会离之远去。素黑就是一个自在如女巫般的美女作家，行走在天地之间，诗意生活。

提起素黑，人们都知道他有一连串的头衔，香港著名心性及情感治疗师，文化研究硕士，注册临床催眠治疗师，专栏作家。已出版有多本畅销身心灵著作，《放下·爱》、《一个人不要怕》、《在爱中修行》、《两个人的孤独》、《出走年代》等。

这个永远不能被定位的女子做过很多工作，包括艺术行政、文化编辑、网站高级管理、网上电视主持、情绪教育顾问，曾在香港多所大学担任客席讲师，及做客席演讲嘉宾。

素黑其实不大喜欢说话，不爱上镜头。四方八面的人却喜欢走近她，希望知道她的一切，聆听她的心灵指引。

素黑说生活常常只在一念之间，就看你自己是想找自在还是找不自在。她不关注物质，不穿名牌服饰，她喜欢自己做衣服，黑色的，一件可以穿十多年二十多年。只关注活着，自在地、自由地、有尊严地活着。

素黑创立的“黑洞治疗法”，就是从黑色里面去学习接受，接受自我，接受世界，去热爱自己，去热爱世界。休息也很重要，它是平衡和配合生活元素的重要一环。发脾气是没用的，我们不能只是爆发，而要花更多的心思去调节内在。平常要修行，遇到问题的时候自然会迎刃而解。

素黑到过很多地方，1997 年她曾抛下一切去往英国南部小镇布莱顿隐居，出走是她学习自爱和心灵净化的重要食粮，边写游记边感受生命和爱。

工作之余，她喜欢到海边、山林里行走，去英国出走的那段时间，在海滩上，她感觉那边的阳光、水，放下了所有的一切。让自己彻底回应自然和宇宙，完全融入其中，这是在都市里完全体会不到的。让人感觉自己变得越来越透明，越来越年轻……

吹“尺八”（一种乐器）也是素黑调节心情的方式之一。她说掌握尺八非常难，因为它太简单，反而需要很高的技巧和全部的心思来掌握微细的音调变化，使人与尺八合二为一。为了找到一个好的尺八，素黑会用日本的明竹自己学习制作尺八。

♀ 做自己情绪的主人 ♀

只有心灵宁静自由了，我们才能真正做到闲庭信步品味人生，不盲目追随他人。那么，怎样才能让自己的心灵宁静自由呢？

累了，去散散步

到野外郊游，到深山大川走一走，散散心，荡涤一下心中的烦恼，唤回失去的理智和信心。

读一本书

在书的世界遨游，将忧愁悲伤统统抛诸脑后，让你的心胸更开阔，气量更豁达。

生活中许多事情我们都不能左右，但是我们可以左右自己的心情，不再做悲伤、愤怒、嫉妒、怀恨的奴隶，而要以一颗积极健康的心去面对生活中的每一天，不随意听信他人，也不盲目追随他人，而是让自己的心灵更加自由更加宁静，“宠辱不惊，看庭前花开花落；去留无意，望天空云卷云舒”。

这时，她会将自己最大的爱倾进去，专心地、纯粹地去做一件事，过程就相当于修行。

素黑这个特立独行的女子，活得自在又洒脱，工作生活一样都没落下。这是因为她无论做哪一件事，都会将自己最大的爱倾进去，专心地、纯粹地去做一件事。活在自己的选择中，对自己的选择负责乃至尊重，无悔、无怨。

做能做的，量力而为。别忘记休息，保存正能量。觉知自己正在做的，随时调校质量。

人生总是瞬息万变，计划赶不上变化，有多少偶然，又有多少如果？意外总是不期而至，而我们能做的只有保持一颗平常心！宠辱不惊，看庭前花开花落；去留无意，望天空云卷云舒。把握住当下能够把握住的东西，才是应对无常最好的方法！

第二节

在乐业中雕刻时光

淡定生活，人生中的“慢活法”

在现代生活中，人们受尽了快节奏的困苦。一个“快”字，让我们要挑战自我，超越极限，甚至不惜透支我们身心健康；习惯性的行事匆匆让我们错失了身边的风景；狼吞虎咽的快餐方式使我们忽略了美食的口味；速恋闪婚使我们无暇享受爱情的甜蜜。

随着生活节奏的不断加快，无数厌倦了繁忙生活的人们发起了“慢生活”的运动，他们希望生活的脚步慢下来。“慢餐饮”、“慢旅游”、“慢运动”等正悄然来到。越来越多的人们开始审视自己的生活，正试图换一种“慢活法”。

广州就有一群人在萝岗区的帽峰山下成立了一个“懒人部落”，过着惬意的世外桃源般的生活。“懒人部落”是由一群在事业上已小有作为的人组成的，他们都有着一段段“搏命”的奋斗史。部落族员的年龄介于30岁至45岁，学历较高，有一定的经济基础。这样的人一般都经历了一门心思扑在事业上的日子，所以格外渴望放下劳累的生活，回归自然。

发起人之一的张先生说，长期的城市快节奏生活让人很累，他们要返璞归真，不再“搏命”，要让生活变成“慢板”，静下心来细细体会和品味生活的细节。

大学刚刚毕业的小王也是“懒人部落”的成员，她说：“大学里虽然可以欣赏艺术、培养个性、发展兴趣爱好，可是飞快的生活节奏磨灭了我的个性和爱好。快生活让我们失去了太多。不仅是健康，还包括对生活的热爱、激情和享受，对周围的一切丧失了新鲜、好奇、体会与感动，生活的细节已被完全的忽视。”

很多人认为，“慢生活”要有足够厚的“家底”，起码生活无忧才行。事实上，完全不是。“慢活法”更多的是个人选择。

作为发起人之一的杨先生说，能否像他们这样过“慢生活”，并不是非要有经济基础做后盾，这更多是一种生活理念和追求。在以前，上海人总是奔着“上有天堂，下有苏杭”的美景去旅行，而现在去杭州的人更多，却不怎么玩，连相机都不想带。他们直奔西湖边，找一家茶楼，一个下午就喝茶，有时还到湖上泛舟几小时，晚上就沿着湖边散步。不管穷人还是富人，一到这里，心情都放松了。

“我喜欢骑着自行车出游，还不确定具体的游玩地点，沿途看到哪里好玩，就把车靠在一边，尽情地享受，从来不赶时间。这样既省钱，又玩得尽兴。”这是大学生小刘的慢活法。

广州国际旅行社经理刘先生说：“随着青藏铁路的全线开通，入藏游客数量大大增加。以前人们多数选择飞机去西藏，而现在他们更愿意放慢生活的节奏，坐着火车慢腾腾地‘游’西藏。”

职场精英李先生说：“我最近两年来，上下班都不再开车，而是骑车。生命在于运动，我不想等自己老了，落下一身的职业病。平时工作忙，没时间健身，利用上下班时间，不仅可以锻炼身体，而且可以调节心情。骑车如今是我最主要的健身方式。如果有假期，我也会骑车去远郊外，真正享受了都市快节奏下的‘慢生活’”。

针对越来越快的生活节奏，反对“快餐”的“慢餐文化”也开始盛行。北京有景王阁餐厅是国际慢餐协会的会员店。在这里用餐的人士一般一顿饭会吃两个小时以上。他们放慢了饮食速度的同时，更放慢了心态，以慢餐引导那些被物欲横流的大潮包围着的人们放慢脚步，形成一种健康的心理态势。

当然，除此之外，乒乓球、羽毛球、游泳、瑜伽、太极拳等慢运动也如火如荼地展开。这些运动成本不高，甚至零成本，但是让疲惫的人群身心都得到了放松。其实，不管经济实力怎样，在工作之余给自己身心放松，享受“慢生活”，这是一种快乐的生活方式。

由此可以看到，越来越多的人喜欢人生中“慢活法”。美国社会学家杰里米·里夫金指出，我们正在进入一个历史的新阶段——一个以工作不断地和不可避免地减少为特点的新阶段。看来，“慢生活”将是历史发展的趋势，越来越多的人将会体验“慢生活”。

“慢生活”的倡导者、漫塑艺术家王增丰退休后在白云山下开了一间漫塑工作室，本来轻松休闲的他一下子忙碌起来，可他说，他现在潜心研究漫塑艺术，心无杂念。虽然忙碌，可心里依然在享受“慢生活”。

“慢生活家”卡尔·霍诺指出，“慢生活”不是支持懒惰，放慢速度不是拖延时间，而是让人们在生活中找到平衡。“当然，工作重要，但闲暇也不能丢。”他指出，正

♀ 适合女人的慢性运动 ♀

以下是几种适合女人的慢性运动，让你把生活的节奏放慢一些，以感受路上美丽的风景。

1. 慢跑

慢跑是生活中最为常见又最容易的运动方式。在慢跑的过程中，应保持有节奏的呼吸，不必拘泥于每次慢跑的时间和速度。

2. 瑜伽

练习瑜伽可以提高人们生理、心理、情感和精神方面的能力，它是一种达到身体、心灵与精神和谐统一的运动形式。

3. 太极拳

这种运动既自然又高雅，可亲身体会到音乐的韵律，哲学的内涵，美的造型，诗的意境。在享受中，使疾病消失，使身心健康。

是因为现在快节奏让我们觉得疲惫了，所以才要学着放慢脚步，这样才能在工作和生活中找到平衡的支点。

“慢活法”是一种生活态度，是一种健康的心态，是一种积极的奋斗，是对人生的高度自信。在以“数字”和“速度”为衡量指标的今天，每个女人都有快乐人生的能力。也许有些女人会说：“现在的生活节奏太快了，跟都跟不上。哪里还有时间放慢脚步呢？”其实，要放慢生活的脚步并不难。

只要你有心，时间总能挤出来。工作再忙但心不忙，就是说要学会控制情绪、放飞心灵。

乐观处世，张弛有度

淡定的女人会乐观处世，并平衡好工作和生活，让自己的人生张弛有度，用随和的态度对待生活，这样才能取得更大的进步。中国传统说法中也常说过犹不及，凡事有度。高兴的时候不疯狂，沮丧的时候不长期萎靡不振。做任何事情都保持一个平衡，包括自己的工作、生活。只有有度的生活才能带来健康的身体。

在第一台蒸汽机的轰鸣声中，人类进入了工业时代。这个时代以速度为尊，一切追求快节奏、高效率，只有竞争、只有不断“搏出位”才能获得短暂的“安全感”。可是，这却让老年疾病年轻化，人类病谱复杂化，死亡的降临神速化。

2002 年 1 月 22 日，澳大利亚年纪最大的寿星洛基特欢庆了他的 111 岁生日，家人为他举行了隆重的庆祝活动。1891 年出生的洛基特曾在欧洲参加过第一次世界大战，多次负伤，是目前澳大利亚健在的一战老兵中年纪最大的一位。洛基特有三子一女，年龄都在 70 岁以上，和父亲一样，他们的身体也都十分健康。洛基特被他所居住的城市看作是“镇城之宝”。在他 111 岁生日的庆祝活动上，身体依然十分硬朗的洛基特希望自己能够成为世界上最长寿的人。当人们问到他长寿的秘诀时，洛基特毫不犹豫地说：“保持乐观，永远都不要着急！因为忧虑会令你折寿。”

人生就是在不断地衡量与把握“度”中度过的。生活、工作、学习要张弛有度；亲情、友情、爱情要张弛有度；成功的人生就是张弛有度的人生，这样才能前进。很多人永远把放松的生活状态当作一个梦在做，其实这个梦是自己可以实现的，是你想不想实现的问题。有些人说我放不下来，其实一定能放下来。放弃即得到，得到必放弃，常人谓“舍得”。

许多在事业上有伟大建树的人并不是夜以继日，永不停息地工作，学习的。适当的“张”与“弛”正是他们成功的秘诀。鲁迅惯于夜深人静时秉烛而书，但他下午是必须休息以保持体力的。马克思常在长时间写作之余，写几首小诗，或演算几道数学题来调节大脑，现代文学巨匠老舍喜欢在写作的余暇时间去养花等等。张弛有度的女人方可做到收放自如，这是何等的潇洒。

陈蓉是某电器公司销售部的一名店长，工作中，她绝不含糊，特别认真。每一天总是第一个到店里，下班时却是最后一个离开。她手下的员工在她的带领下，工作都是那么积极主动，因此，她们店的销售业绩在公司所有分店中总是数一数二。

工作出色的陈蓉，其实并不是一个工作狂，她同样也是一个享受生活的人。她说每个周末都会尽可能去放松紧张了一周的身心。陈蓉还是一个喜欢运动的人，喜欢有挑战、有征服感的运动，例如爬山。她还喜欢游泳，它可以让她心情放松，有一种自由自在的感觉。

当然，因为工作的缘故，她不得不放弃许多家庭的责任，6 岁的女儿都快上小学了，但一家人聚在一起的机会依然很少，与孩子之间产生了很多疏离感。所以只要一有空闲，陈蓉就会全身心地陪在她身边，以享天伦之乐。

英国时间专家格斯勒曾说："我们正处在一个把健康变卖给时间和压力的时代。"而且，这种变卖是不需要任何契约的，是以一种自愿的方式把我们的健康甚至幸福抵押出去。

这就是我们这个时代的主旋律，在这样的社会大环境下，各个年龄阶段的人都无一幸免，不知不觉被卷进"快餐生活"的大潮。可是我们很快就发现快餐生活危害健康。

著名相声演员侯耀文猝然离世，再度引起人们对当前城市生活节奏的关注。家人朋友和医学专家纷纷指出，诱发侯耀文因心肌梗死猝死的主要原因，便是其生活节奏太快，压力过大。

一只小老鼠路上拼命奔跑，乌鸦问它："小老鼠，你为啥跑得那么急？歇歇腿吧。"

"我不能停，我要看看这条道的尽头是个啥模样。"小老鼠回答，继续奔跑。一会儿，乌龟问："你为啥跑得这么急？晒晒太阳吧。"小老鼠依旧回答："不行，我急着去路的尽头，看看那里是啥模样。"一路上，问答反复。

小老鼠从来没有停歇过，一心想到达终点。直到有一天，它猛然撞到了路尽头的一个大树桩，才停下来。

"原来路的尽头就是这个树桩！"小老鼠喟叹道。

更令它懊丧的是，它发现此时的自己已经老迈："早知这样，好好享受那沿途的风景，该多美啊……"

紧张而繁忙的都市生活让现代人在忙中变成了"茫人"。他们整天将自己像根绳子一样紧紧地绑在一个地方，久而久之，精神变得萎靡不振，事实上，乐观的心境与健康的身体离我们并不远，只要我们懂得张弛有度地生活，就能获得它的垂青。

♀ 张弛有度 ♀

女人要处理好生活与工作的关系。累了，就要休息、放松一下。

不要做像机器一样的工作狂，为了工作而工作，不要让自己的思想长期处于紧张状态。

给自己放松的时间，才能保持最佳的工作状态。比如，工作之余和家人出去旅游或者野餐，享受自然的宁静等。

做一个乐观处世、张弛有度的女人，因为人生还有许多的路要走，需要自己一步一个脚印地走好。

新节俭主义：简约不吝啬

随着人们生活水平的提高，当梦寐以求的丰富物质以惊人的速度将人们团团围住的时候，很多人又开始渴望田园般的简约生活。他们气定神闲，把过度的奢华和过度的烦琐统统扔掉，去追求简单健康快乐的生活。

有这么一群人，在日常消费中不作无谓的浪费与铺陈。吃饭时打包，购物时不为价格所迷惑，聚餐出游时提倡AA制，装扮、着装告别名牌崇拜……在经济生活的进化中，我们要理性消费，把钱花到刀刃上。

新节俭主义的幸福男女，追求的是在不影响生活品质的情况下花尽量少的钱来获取尽量多的愉悦，甚至在省钱的过程和细节中都会情趣盎然——这是一种有钱以后，主动选择的“抠门”。

新节俭主义的实施基础首先是：不降低生活品质。“新节俭主义”并不是因为穷困而刻意节省，只不过是选择在满足物质需求的同时，能够不铺张，尽量达到节约的目的，新节俭主义推崇的是一种修养，一种返璞归真的气度。

事实上，大多拥有财富的人往往是节俭的奉行者，他们会在充满鲜花和掌声的舞台上，悄悄隐退，收起“装腔作势”、“打肿脸充胖子”的排场，质朴简约地生活。世界首富的比尔·盖茨就是低调而不张扬的新节俭主义者。

据美国《福布斯》杂志公布：比尔·盖茨以其名下的净资产466亿美元，仍排名世界富翁的首位。但是，让出人意料的是，比尔并没有自己的私人司机，甚至是公务旅行他也从不坐飞机头等舱而坐经济舱，衣着更不讲究什么名牌；最让人不可思议的是，他还对打折商品感兴趣，不愿为泊车多花几美元……为这点“小钱”，如此斤斤计较，难道他是一个现代的“吝啬鬼”？

事实上，比尔·盖茨自己崇尚简约生活，但他却投入巨额的钱财用在其他的地方。比如，微软员工的收入都相当高；比尔·盖茨创办了目前全球规模最大的慈善基金会，每年都为慈善事业捐出大笔善款，他甚至还公开表示要在自己的有生之年把95%的财产捐出去……这一系列的事实显示，比尔·盖茨并不是那种悭吝的守财奴。

由此看来，这位世界首富跟那种“一掷万金、摆谱显阔”的富翁迥然相异。那么，他对金钱持有怎样的理念和规则？比尔生活的信条就是：“我只是这笔财富的看护人，我需要找到合适的方式来使用它。”“一个人只有用好了他的第一分钱，他才能做到事业有成、生活幸福。”

对比尔而言，创业是他人生的旅途，财富是他价值量化的标尺。比尔曾经说过：“我不是在为钱而工作，钱让我感到很累。”他经常告诉那些向他取经的朋友：“当你有了1亿美元的时候，你就会明白钱只不过是一种符号而已。”

比尔在生活中遵循他的那句话：“花钱如炒菜一样，要恰到好处。盐少了，菜就会淡而无味，盐多了，苦咸难咽。”所以即使是花几美元钱，比尔也要让它们发挥出最大的效益。

据说，比尔和朋友一起外出吃饭。到了地方，朋友看比尔将停在离饭店门口有一段距离的普通车位。他的朋友建议将车停放在距饭店门最近的贵客车位，比尔拒绝了朋友的建议。他的朋友以为比尔是舍不得多出钱，于是，他的朋友说：“钱可以由我来付。”比尔还是不同意。比尔说：“我认为泊在普通车位与贵宾车位，对车子来说都是一样的，有个位置放，不影响他人就行了。而贵客车位需要多付12美元，那是超值收费，我为什么白白浪费12美元？”

对于自己的衣着，比尔从不看重它们的牌子或是价钱，只要穿起来感觉很舒服，他就会很喜欢。一次比尔应邀参加由世界32位顶级企业家举办的“夏日派对”，那次他穿了一身套装，这还是美琳达先前在泰国普吉岛给他买来拍照时穿的衣服，样子还不错，只是价格还不及某个富翁洗衣服的钱。但比尔不在乎这些，很高兴地穿着这套衣服参加了这次会议。

平日里，如果没有什么特别重要的会议，比尔会选择便裤、开领衫，以及他喜欢的运动鞋，但是这其中没有一件是名牌。婚后，比尔与妻子美琳达很少去一些豪华的餐馆就餐，一般情况下，他们会选择肯德基，或是到一些咖啡馆。有时由于工作上的需要才不得不光顾一些高级餐厅。

一次，比尔与美琳达来到一家被公认是西雅图最实惠的食品店。没想到的是，刚一进店门，比尔就看到不远处的葡萄干麦片的大盒包装上的确写着“50%优惠”几个字。比尔似乎不敢相信这个广告语。因为同样的商品在本地的一些商店要比这里的价格高出一倍。比尔便上前仔细端详。当他确认货真价实时，立即付钱买了下来，并告诉美琳达：“看来这里的确如人们所说的那样，我今天很高兴自己没有多掏腰包。”

都市生活方式的流行，有时就在你不经意间已经出现。当许多人还在为是吃荤的好还是吃素的好争论不休时，都市中的一部分新潮族开始“返璞归真”，让新节俭主义在生活中唱起了主角。

和比尔·盖茨相比，许多所谓的成功人士却在挖空心思地张扬自己，唯恐人所不知，人所不晓：住的要是高级饭店，吃的要是山珍海味，坐的必须“宝马奔驰”，连“情人”、“外遇”也成了他们相互攀比的条款项目。

这显然是一种粗俗又不益健康的处世态度。要知道花开总有花落时，人生得意也顶多百年，又何必如此大张旗鼓地让自己又累又不安全呢？节俭正成为一种健康的力量。就像我们现在很难接受满嘴大金牙的美容，我们对浪费资源的奢侈也开始愈加地反感。

随着新节俭主义的盛行，曾一度爱赶时尚潮流的他们现在消费越来越理性，不仅不再盲从流行、追时髦、比阔绰，而且也跟着父母开始学会勤俭持家。比如把洗衣洗菜水攒起来冲厕所，省钱是一方面，关键是节省了紧缺的水资源。

摒弃挥霍和浪费是新节俭主义的精髓，是更理性地安排生活。“只买对的，不买贵的”，新节俭主义在购物上考虑最多的是消费时机、性价比和使用率。

依然在追求品牌、盲目消费的女人，请加入到新节俭主义中来吧！

健康是乐观、快乐的起点

许多职业女性总是感到“很累，也不想工作，看到办公桌和电脑就开始烦”，“浑身无力、思想涣散、头痛、眼睛疲劳”，“整个白天都容易疲倦，想睡觉，上了床却经常睡不着”。到医院查来查去医生也说不出所以然，因为，各种指标都在正常范围内。

据调查，我国亚健康人数约占全国人口的70%，其中沿海城市高于内地城市，脑力劳动者高于体力劳动者。高级知识分子、企业管理者的亚健康发生率高达70%以上。以往是35岁的白领占多数，而现在许多35岁以下的年轻人也出现了不同程度的亚健康症状。

当然，亚健康状态的形成与很多因素有关，比如，遗传基因的影响、环境的污染、紧张的生活节奏、心理承受的压力过大、不良的生活习惯、工作过度疲劳等，这些都可以使健康的人们逐渐转变为亚健康状态。

为了生活不顾一切把健康都交出去，赔进去的是永远无法赚回来的生命。身体健康是良好心态的根本，身心健康才能保证生活的幸福。对女人来说，只有健康才能说美，女人的美丽是灵性加弹性——拥有活生生肉体的健康女人，才会永远吸引男人的目光，也才会成为社会生活中最美的风景。

健康是女人的本钱，女人得从爱惜自己开始。有健康，才有爱和被爱；有健康，才有追求和梦想；有健康，才有快乐和幸福；有健康，才能幸福快乐一生。

几年前，美国IMG公司有一位精力异常充沛的女业务员，她负责在高尔夫球场及网球场上的新人当中发掘明日之星。美国西岸有位网球选手特别受她赏识，她决定招揽对方加盟IMG公司。

于是，她每天在纽约的办公室忙上12小时，依然不忘时时打电话到加州，关心这个选手受训的情形。当这个选手到欧洲比赛时，她也会趁着出差之际抽空去看望，为他打理生活。有好几次，她居然连续三天都未合眼，忙着飞来飞去，追踪这个选手的进步状况，虽然手边还有一大堆积压已久的报告。可悲的事终于在法国公开赛上发生了。

按照原定日程，这位女业务代表不必出席这项比赛，但是她说服主管，为了维持与那位年轻选手的关系，她要求到场。主管勉强应允，但要求她得在出发前把一些紧急公务处理完毕，结果她又几个晚上没合眼。

抵达巴黎当天，在一个为选手、新闻界与特别来宾举行的宴会上，她依旧盯着那位美国选手，并且时时为他引见一些要人。当时是瑞典名将柏格独领风骚的年代，他刚好又是IMG公司的客户，也是那位年轻选手的偶像，自然她就介绍了他俩认识，然而，令人难堪的事却发生了。由于对时差的不适应及连日来的极度疲惫让这位非常积极能干的女士到最后已是大脑空空。柏格正在房间与一些欧洲体育记者闲聊，

♀ 养成良好的生活习惯 ♀

女人要想保持健康的身体，养成良好的生活习惯是很重要的。

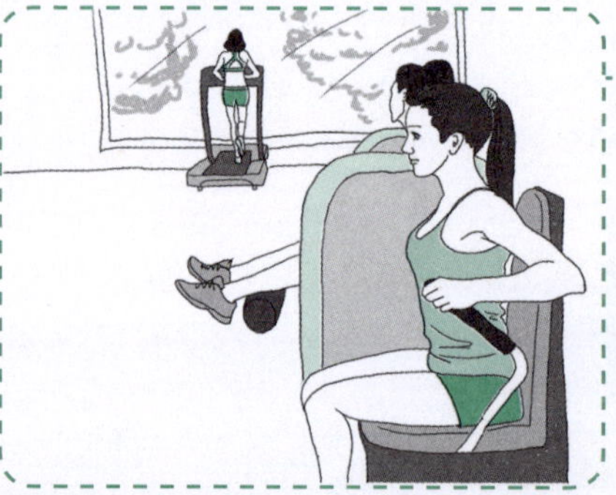

1. 多运动

女人要多运动。通过加强自我运动，可以提高人体对疾病的抵抗能力，还能放松心情。

2. 少烟少酒

吸烟会让女人的抗病能力下降。少酒有益于健康，嗜酒、醉酒、酗酒会降低人体免疫功能，必须严格限制。

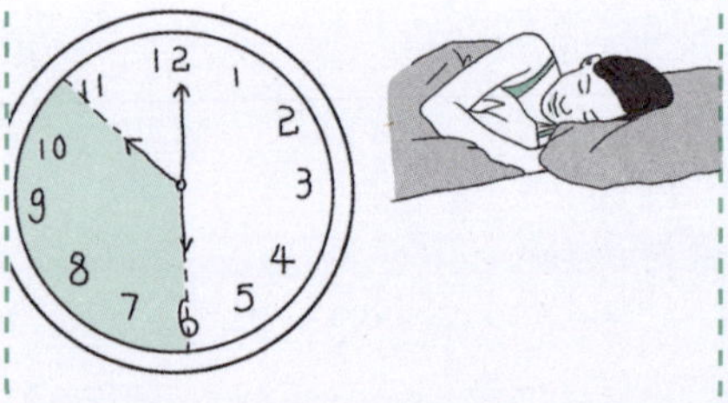

3. 保证睡眠

很多女人喜欢熬夜，殊不知，熬夜是最伤身体的。一般来说，人们睡眠应占人类生活的1/3时间。

她与年轻选手迎上前去。

对方望向这边时，她说："柏格，容我介绍这位……"天哪！她居然忘了自己最得意的这位球员的姓名！她实在是精疲力竭，过度疲劳使她大脑刹那间一片空白。好在柏格有风度，主动招呼起来，才及时挽救了当时尴尬场面，可是这位年轻选手却再也不相信IMG的业务代表是真心对他了。

可悲的是，她一片苦心，她发掘的这位选手后来果真打入世界排名前十名，却从此再也不是IMG公司的客户了。她也陷入自责中忏悔不已，曾一度心情低落到没心思工作，郁郁寡欢得了抑郁症。

这位女业务代表由于疲劳过度而造成无可挽回的失误，还影响了自己的生活。人的生命都只有一次，任何一秒对于人来说都是弥足珍贵无法再生的。快乐无法"零存整取"，你需要在每分每秒中去体会幸福，而不是把所有的快乐"储存"起来，尝遍了所有的苦再一次性享受幸福。

泰戈尔曾说过："休息与工作的关系，正如眼睑与眼睛的关系。"很多女人，因为想要获得事业上的成功，总是强迫自己无休止地工作。她们拒绝休假，公文包里塞满了要办的公文。如果要让她们停下来休息片刻，她们也会认为纯粹是浪费时间。这些人都成功了吗？没有，她们中很多人不但没有成功，相反，使自己身心疲惫，有的甚至疏远了亲人，造成家庭的破裂。

追求高品质的生活，是女性的生活信条；健康是一切生活的根本。乐观的心态、快乐的心情是人体健康的基石，要想保持健康的身体，你必须从日常生活的细节中着手。

有不少著名的营养学家认为，正确的饮食、合理的休息、愉快的笑声，是世界上最好的三位医生。饮食是健康的关键，是保持健康的第一要诀。

第三节

耐得住寂寞，守得住繁华

得意不忘形，内敛也是美

我们经常用“得意忘形”来形容一个人的狂喜状态。“得意忘形”常常用来形容那些浅薄的人稍稍得志，就高兴得控制不住自己，忘乎所以，从而失去常态。得意忘形会造就一个转折，使人和事由盛转衰，甚至一蹶不振，出现乐极生悲的惨痛局面。而得意不忘形却能让人虽折不断、愈挫愈勇。

身为女人，每天操持家务、为工作奔波忙碌似乎已成为一种常态，在这乏味的生活中，偶尔也会出现某个令人精神愉悦的时刻，比如刚刚搬进位于中心城区的高档住宅，击败部门所有同事荣登经理的宝座……遇到如此令人欣喜的事情，得意一下也无妨。

然而，得意和失意往往会在瞬间转换。你尽可以“春风得意马蹄疾”，但不要放浪形骸，无所顾忌，尤其是不要忘记了自己的位置，抢了他人的风头。所以，低调做人、内敛处事的女人也是一种智慧。

从前，有一位身居要职的高官。每当他忙完公事后，就喜欢和别人下棋，而且自认为已经达到了国手的水平。常常表露出洋洋得意之形。

这天，高官同门下的一名下属对弈。那个下属对于自己的棋艺颇为自负，是个很狂妄的家伙，下属刚走了几步棋，就表现出咄咄逼人的凌厉之势，让他知道遇上了劲敌。过了一会，高官就被逼得心神大乱，额头上的汗珠也纷纷滚落。看见对方焦急慌乱的神情，下属格外高兴，便故意露出一个破绽。高官发现后，就立即大举进攻，满心以为自己能绝处逢生，转败为胜。

谁知下属竟然使出撒手锏，拿起一颗棋子放入盘中，得意扬扬地说：“这回，你还不想死吗？”高官突然受到这种打击，马上怒火中烧，站起来转身就走。

这位高官平时非常注重个人修养，胸襟和度量都远远超过一般人，但他也受不了这种突如其来的刺激，因此他对这名下属得意忘形的神态和无礼的言辞，始终耿耿于怀。而这位下属也一直想不通为什么高官从此不再与他下棋。

实际上，高官原本是打算提拔下属的，但是就为了这一件令他深感不快的事情，他把下属晾在了一边。于是，下属没有获得重用，以至于抑郁终生。

一般来说，人在得意的时候，就容易自我感觉良好，虚荣心会极度膨胀，甚至变得眼高于顶，无视别人的存在，这就常常会给自己带来不良的后果。我们可以得意，但不要忘形，特别是千万不能因为他人相信、看重自己，就开始胡言乱语，指手画脚，更不能恃才傲物以至于遮盖他人的光彩。这名下属就是由于在棋艺上技高一筹，抢了高官的风头，甚至还出言无状，最终落得一个被“冷藏”的结局。

由此看来，事可以做大，话不能说大；官可以做大，人不能做大。得意不忘形方为人生之真谛。女人应当时刻提醒自己：大可以得意，却绝不能忘形；得意而不忘形，才能马到成功。

在现代职场中，我们必须明白：你得意过度，背后就会有更多的人反感你。每个人都有自尊心，特别是当你的得意之心侵害了他人的自尊时，后果就会变得很严重。在职场上，面对你的领导时，你要懂得，每个领导在心理上肯定会有强烈的优越感和做主角的欲望。身为下属，你一定要懂得迎合领导的这种微妙心理。遇到抛头露面的场合，下属千万不要忘了将领导推到前面，在大众面前给领导留足面子。

而且，领导与员工之间永远有着鲜明的界线，他是给你提供工作机会、掌握你未来晋升的人。没有哪个领导希望下属抢自己的风头：心胸狭窄的领导，可能很快做出反应，给你点颜色瞧瞧；心胸宽广的领导，开始或许并不在意，但随着时间的推移，不满情绪会越积越多。当你一旦突破领导的心理底线时，你在公司里也就无处容身了。

按照老板的安排，陆雯到威尼斯出差，并计划给自己添置一些新的“行头”。因此，只要稍微有点时间，她就马上出门逛街，到大大小小的商场、店面去“淘宝”。一路搜寻下来，她确实满载而归，最让她感到满意的是一款意大利名牌的女用手提包：上好的皮质、典雅的外观、精巧的设计、适宜的价格，都让陆雯觉得爱不释手。可回到公司以后，陆雯无意中发现女老板的包和她的竟然是同一个品牌，但样式已经明显过时了。

不久她又察觉到，自从拎上这个手提包后，老板就动不动对自己横挑鼻子竖挑眼。陆雯一向机灵，很快就明白了老板的心思：自己的新包抢了老板的风头，她有点儿嫉妒了，看来是太过得意给自己招来的祸患。陆雯想来想去，决定再也不拎着这个包上班。于是，老板对她又变得和从前一样了。

试想，如果你是一位女性领导，而你的下属穿着装扮比自己更胜一筹，遮住了你的风采，压住了你的气势，你心里会舒服吗？正如娱乐明星特别忌讳“撞衫”的情况发生，而一般的女性看到别人的衣服或配饰比自己的还要奢华名贵，她们就可能会觉得不舒服、不自在。而且女人大多很看重自己的外表，别人无意的赞扬或批评，都会让她琢磨好半天。

聪明的女人，在自己得意的时候，会适当地掩饰自己的得意，她知道自己应当谨言慎行，适度收敛。得意忘形者多半遭人嫉妒、暗算、排挤，为了自己的明天，适当收敛也是一种含蓄谦虚的美。

每个人都有自己的寂寞天堂

很多在都市生活的女人，内心总有一种挥之不去的寂寞，也许是忽略了与他人之间的关系，也许是职场竞争大，有着被人排挤的经历，抑或是内心深处的莫名空虚感，甚至是被社会遗弃的无奈，总之，这是一种长期内化出来的恐惧和不安。

寂寞来袭时，总是让女人无所适从。尘世的人们，无不自觉地选择使用麻药或安慰剂，来减轻症状。寂寞，不是感冒，用再多的消炎剂或特效药，都没有用。当你用药愈重，它的抗药性就愈强，反扑力也愈惊人。

唯一能救你的解决方案，就是用清醒的心，去观照它的虚幻不实，找到自己的寂寞天堂，它才会彻底消失不见。很多时候，我们无法排遣寂寞。所以，当寂寞来时，微笑与之相伴。只有学会与之为舞的人，才能拥有一颗平和的心态，才能更好地走出去。享受与人交往之乐。

独坐一隅，望着远处，天气很糟，云无力地飘浮着，似乎无法承受那灰暗的天空，仿佛要飘落了下来。一阵风过，又有几片枯黄的树叶飘落下来，飘进了记忆的深处。片片落叶，仿佛都在述说着那曾经的缠绵，那遥远的往事……

王争是北京某个公关公司的经理，上班应付客户，下班周旋于餐桌应酬，每天说着言不由衷的话，做着于公于私有利的事，就是没有时间去关照自己的内心。最近，他感到特别疲惫，决定周末宅在家里。

但周六早上一醒来他就急着检查手机，看是否有朋友或客户的来电。

让他失望的是，手机没有任何声音，于是他开始了一天无所事事的生活。

没有洗漱，直接打开冰箱，发现还是上周吃剩的饭菜，早就没了食欲。索性出去吃早餐，出门之时还不忘带上手机。

整个早饭时间，他的目光一直盯着手机。

手机依旧没有任何动静。既然没有朋友来约，不如回家翻翻书，清静一下。

♀ 排解寂寞的方式 ♀

一般来说，日常生活中，女人可以通过以下几种方式排解寂寞。

1. 静思

寂寞的时候，我们可以回想一下过去的事情，以明得失；也可以计划一下未来，以未雨绸缪。

2. 读书写字

寂寞的时候，我们也可以静下心来读点书，或者写写字，让知识滋养一下干枯的心田。

3. 散步

散步可以使大脑皮层的兴奋、抑制和调节过程得到改善，从而收到消除疲劳、放松、镇静、清醒头脑的效果。

王争想到这里，又返回家。打开门，翻开书，还是把手机放在手边，生怕漏掉一个电话。他时不时地就检查来电纪录。

一个上午过去了，书没翻到几页，手机也没有如他期待的响起。索性上网，看看有没有人在线聊几句。让他失落的是，线上也没人，也许是周末大家有安排吧。

王争想到这里，决定主动出击，尽管他翻遍了通讯簿，打了许多电话或传了简讯，仍没有人响应。这个周末，他似乎不知如何安排自己。

整整一天，不管他到哪里，他都拿着手机，因为，失去手机，就等于失去了和寂寞对抗的唯一武器，也失去生存下去的勇气。

周日的早晨，王争不想一个人太无聊地打发时间了。突然之间，脑中浮现去年和一票朋友去海边玩的画面，那种忘掉寂寞，只剩下快乐的感觉，顿时涌上心头，唤醒了全身的细胞记忆。他决定开车出去走走。

一个小时后，王争驱车来到了海边，他下意识拿起手机，检查讯号强度，讯号良好，检查来电纪录，仍是没有未接来电。在这一刹那，他的心苦到了极点，他大声嘶喊，用尽所有的力气。

喊过之后，王争发现内心平静了不少。他站在高耸岸边，看着冷冽的浪花，在灰蒙蒙的空气中翻滚着。突然感觉，人的心其实可以像大海一样宽阔。自己的烦恼与寂寞瞬间消失了。

王争在海边走着，看到嬉笑的孩子，便与之逗乐；遇到晒太阳的老人，就与之攀谈；路过甜蜜的情侣，报之以微笑。这样一来，王争感觉生活原来是如此美好，心中也变得更加宁静了。他决定关掉手机，好好享受这难得的时光。

在密密麻麻的水泥丛林中，住着很多寂寞的人。寂寞无法避免，但并非无药可治。当寂寞来敲门，如果我们能保持觉知，勇敢地正眼看它，看穿它虚幻的外相，看清它的真面目，我们就可以在这红尘幻影中，优游自在地体验一切，远离苦恼和寂寞，自在无碍。

很多人都说，寂寞是人的天性。如果没有觉知，而让寂寞吞噬你，这种寂寞，会变成精神病或恐慌症。每个人都有属于自己的寂寞天堂，解决寂寞的彼岸，自然就是快乐和悠然。

“鸡肋”无味，一个人的世界也精彩

由于社会和个人的原因，剩女是越来越多了。而那些适龄的女人为了早早地把自己嫁出去，不断地周旋于亲人朋友给安排的相亲之中，如此一来，却迷失了自己。忘记了自己内心的最初的坚持。于是，开始了一场可有可无的恋爱，不淡不咸的交往着。事实上，所谓的“鸡肋”享受不到甜蜜与快乐的滋味，还不如一个人精彩。

杨修曾说：“鸡肋者，食之无肉，弃之有味！今进不能胜，退恐人笑……”鸡肋，纵使在饥饿时不足以果腹，但嚼之有味，所以弃之可惜。鸡肋一样的爱情，缺少爱情的激情与甜蜜，虽然心头仍存一丝不舍，但对于女人来说，最输不起的就是时间，怎能让这样的爱情填满了青春的保鲜期呢，所以，鸡肋爱情，女人当弃之不惜。

大学毕业后，幼师专业的敏很顺利地进入一所市立中心幼稚园。和孩子在一起，敏总觉得自己没有长大。可转眼间自己已经过了25岁的生日了，父母开始念叨她的终身大事了。

后来，父母的一位朋友热心肠，主动介绍小丁与她认识。小丁是某机关公务员，家庭条件也比较好，在市内有两套房子，父母都是做生意的。

见了一面之后，敏并不同意，她觉得自己的工作相对比较封闭，性格也比较内敛，她本身也不太喜欢接触浮华的场合。但敏的父母认为小丁这个小伙子为人活络，这个社会就适合这种人。而且家庭条件好，自己的女儿嫁过去就不会再为生活所累了。

在父母的强烈建议下，敏答应接触一段时间看看，倒是小丁听了别人说了一些关于敏的情况后，性格温柔，为人低调，觉得很合心意，便几次主动邀请敏约见。敏终于面对“盛情”难以回绝。有时候，想想父母的话确定有道理，也许与小丁的结合也是一种相对稳定的婚姻。

两个人便正式约会了。

几个月过去了，敏好像觉得自己“有一点动心”了！因为小丁总是对她嘘寒问暖。两人也会偶尔出没在影院、咖啡厅和公园，享受着旁人目光中“情侣”的待遇！小丁甚至开始计划着结婚的事宜。

但敏觉得小丁似乎在有意识地隐藏敏不喜欢的一面，尽量维护在她面前的美好的一面。而敏也不觉得两个人是在恋爱，这种不咸不淡交往更像是两个普通朋友的相处，这不是她心中想要的爱情。让她奇怪的是，自己却从来没想过去主动约小丁出来，不见的时候不会想念。敏开始反思他们之间是不是真的有爱情。

爱情可以使人堕落，也可以使人升华，每个人当然都希望是后者那么完美。那么这个完全在于我们自己去选择，不要屈就自己，更不要违背自己的心意，纵有千万的理由，也要选择一个彼此都相爱的人。也许这样寻找等待的时间会很漫长，但我们要有耐心。而鸡肋爱情，让我们离它远点吧。

女人大多都是感性的，一旦爱上便会百分之百的投入，并且希望最终可以走入婚姻的殿堂。但如果婚姻不是以爱情基础，只是为了外面上看似的般配，那么这根鸡肋早晚都有丢掉的一天。爱情就是要年轻的时候爱最爱的人，看最美的风景。我们不能为了某个看似合适的人而凑合自己的一生。

梅子和杨阳是最传统的相亲认识的，他们之间没有惊喜，没有波折，两个人顺理成章的相识相处了。每天像做功课一样到时间打个电话，发些信息，也会见面吃个饭，喝个茶。也许两个人可以一直这样下去，然后自然而然地像父母希望的那样，结婚生子，过日子。这样想来，也没什么不好。

这样看似没有问题的恋爱，梅子却开始反思。这样的恋爱实在太平淡太无味，

♀ 学会舍弃鸡肋爱情 ♀

因此，与其品味一段无味的鸡肋爱情，不如回到一个人的世界，活出自己的精彩。

心里没有一丝波澜。这样的爱情，有多少的意义，这样的结合，又有多少的价值。人生苦短，却不能忠于自己的心，年老色衰之时，只能默默地遗憾地流眼泪。

经过反思，梅子放弃了这段感情。决定等待一份想要的爱情。于是，她又开始了一个人的生活。一个人的世界虽然没有爱情，但至少友情还在，闲暇的时候和闺蜜逛街买自己喜欢的衣服，把自己收拾得优雅得体。一个人的时候可以有音乐相伴，手捧一本书，在知识的海洋中畅游。一个人的时候抑或去远方旅行，享受那种永远在路上的感觉。一个人的世界一样很精彩，当寂寞和孤独演化成一种嗜好，一声叹息之后，一个人的浪漫仍能营造。

毕竟，两个人，朝夕相处，是要一辈子的，那么将就干什么呢？这样的结合只能是一种悲哀,最后也只能是一场“悲剧”。如果你遇到了一个对爱情同样迷茫的男人，他没有能力或者是惧怕去承担一个女人的喜怒哀乐，鸡肋爱情中的女人还是选择一个人走吧。